土力学实验教程

主　编　李　旭
副主编　刘　丽　陈立宏　王　睿　吴礼舟
主　审　张建红　陈正汉　孙德安　李　涛

U0268397

清华大学出版社
北京交通大学出版社
·北京·

内 容 简 介

室内土力学实验是测量土体性质的最有效手段，是开展岩土工程实践和科研工作的基础。为了给岩土工程专业的学生和技术人员提供指导，本书系统地阐述了室内土力学实验的原理和方法，并提供了相应的数据处理电子表格、实验数据分析案例、土力学实验教学视频，从而在实验方案制订、执行及数据分析等 3 个方面给从事土力学实验的人员提供切实可行的帮助。

全书分为 14 章，主要包括 3 个方面的内容：① 土力学实验的基本原则和数据分析方法；② 土的基本物理性质实验，包括土的分类、实验试样的制备、土的物理特性实验、土的物理状态实验、固结实验、三轴实验、直剪实验、击实实验、渗透实验等；③ 一些土体复杂特性测量实验，包括非饱和土土水特征曲线、渗透系数函数测量实验、土体动三轴实验、土体微观孔隙结构测量实验等。

为了便于学生建立理论和实验之间的桥梁，每个章节对理论部分都配有适当的解释，用于阐明各土力学实验的基本假定、适用条件和应用场景。

本书可作为高等学校土木工程、水利工程、地质工程、农业工程等专业的土力学实验教材，也可作为大专院校相关专业的参考书及岩土工程技术人员的技术参考书。

图书在版编目（CIP）数据

土力学实验教程 / 李旭主编. —北京：北京交通大学出版社 ：清华大学出版社，2023.9
ISBN 978-7-5121-4938-0

Ⅰ. ① 土… Ⅱ. ① 李… Ⅲ. ① 土力学–实验–高等学校–教材 Ⅳ. ① TU43–33

中国国家版本馆 CIP 数据核字（2023）第 061596 号

土力学实验教程
TULIXUE SHIYAN JIAOCHENG

责任编辑：严慧明

出版发行：清 华 大 学 出 版 社   邮编：100084   电话：010-62776969   http://www.tup.com.cn
　　　　　北京交通大学出版社   邮编：100044   电话：010-51686414   http://www.bjtup.com.cn

印 刷 者：北京时代华都印刷有限公司

经　　销：全国新华书店

开　　本：185 mm×260 mm   印张：22.25   字数：556 千字

版 印 次：2023 年 9 月第 1 版   2023 年 9 月第 1 次印刷

定　　价：59.00 元

前　言

　　土力学是高等院校土木工程、水利水电工程、地下工程、道路与铁道工程及环境工程等专业的一门重要专业基础课程，具有很强的实践性。在土力学课程教学中主要包括理论教学和实验教学两个部分，其中土力学实验占有相当重要的基础地位，通过土力学实验教学能够加强学生对基本概念、基本原理的理解和应用，培养学生了解实验仪器、掌握实验技能、整理实验成果和编写实验报告的能力，同时引导学生深入开展创新性实践活动。

　　本书是土木工程类本科生、研究生培养计划中的主干课程"土力学""高等土力学""非饱和土力学"的配套教材，除了介绍各类土力学实验的基本方法外，着重介绍土的基本物理性质和力学指标的概念。全书分为 14 章，分别介绍了土的分类、实验试样的制备、土的物理特性实验、土的物理状态实验、击实实验、固结实验、直剪实验、三轴实验、渗透实验、非饱和土的土水特征曲线和渗透系数函数测量实验、动三轴实验等。鉴于不同专业土力学实验依据的规程存在一定的差异，而"土力学"课程面向土木类、水利类等专业开设，因此，本实验教材的基本实验方法主要依据现行国家标准《土的工程分类标准》（GB/T 50145—2007）和《土工试验方法标准》（GB/T 50123—2019）编制而成。

　　为了保持实验课程与理论课程的无缝衔接，也为了使学生能更好地理解和掌握每一种实验项目，每个章节对理论部分配有适当的解释，同时提供实验教学视频，便于学生参考学习。

　　此外，从实验数据得到土体参数是土力学数据处理的重要一环，为此本书还配套了各种实验的自动化处理电子表格。由于基于实验数据得到本构模型参数是一件非常重要的工作，而北京航空航天大学姚仰平教授等学者建立的 UH 和 CSUH 模型是当前弹塑性本构模型中具有代表性的模型，因此本书针对如何基于土力学实验数据确定 UH 和 CSUH 模型参数进行了专门的介绍，以便读者学习和使用。

　　本书由北京交通大学李旭、刘丽、陈立宏，清华大学王睿，重庆交通大学吴礼舟等人编写完成。在编写过程中得到了中国水利水电科学研究院陈祖煜院士、清华大学张建红教授、中国人民解放军陆军勤务学院陈正汉教授、上海大学孙德安教授、北京交通大学李涛教授、天津大学雷华阳教授、北京交通大学杜赛朝博士等的指正和支持，在此表示由衷的感谢！

　　感谢北京交通大学岩土工程系、北京交通大学土木工程实验中心、北京交通大学出版社和郑州拓路网络科技有限公司的支持和帮助。感谢朱丙龙博士，感谢他编制了 UH 和 CSUH 模型参数标定电子表格。感谢郑双飞、赵煜鑫、刘阿强、王麒、张栋、李晓康、王祥、王昊、张志远、于策、石硕、唐悦诗等研究生在本书编写过程中给予的帮助。

本书中少量图片和推荐视频链接来自互联网不知名的作者，版权归原作者所有，在此诚挚感谢这些作者的分享。如有侵权，请和我们联系，我们将及时改正，敬请谅解。

为方便读者交流，我们特建立了 QQ 群，欢迎感兴趣的朋友进群交流（QQ 群号：586061308）。由于水平有限，本书中肯定有不妥或不完善的地方，敬请广大读者给予批评和指正。欢迎热心读者将宝贵意见发送至 geo_bjtu@163.com。

李　旭
2022 年 12 月 18 日

目　录

第1章

绪　　论

1.1　土力学实验的任务与意义

土体不仅是自然界分布最广泛的承载体，而且是土木工程中应用最为广泛的建筑材料。土是地表岩石经长期风化、剥蚀、搬运和沉积作用后的产物，它是各种矿物颗粒的松散集合体（见图1-1）。

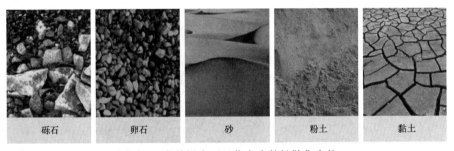

|砾石|卵石|砂|粉土|黏土|

图1-1　土是经岩石风化产生的松散集合体

土力学实验主要针对土的复杂性质对其物理性质指标、力学性质指标、渗透性指标及持水特性等进行测量，为土力学理论的研究、土木工程设计和施工提供可靠的指标和参数，同时为正确评价建筑场地工程地质条件提供重要依据。

作为一种松散的孔隙介质，土体对外界的荷载、水分等环境影响因素非常敏感。土力学实验是认识土体性质最主要、最有效的手段。土力学实验在土力学学科发展和工程实践中占有非常重要的地位。在岩土工程实践中，土力学实验被认为是人们认识土的性质、完善土力学理论和计算模型、进行可靠的工程和数值模拟计算的主要途径。土力学中的重要定律如达西定律、有效应力原理和固结理论无一不是在实验的基础上建立起来的。

因此，土力学实验也就成了土力学学习中不可分割、极为重要的一个组成部分，它与土力学的理论研究和数值计算相辅相成。土力学实验是土力学及基础工程学科教学的重要内容之一，也是岩土工程勘察和推动土力学深入发展的重要手段之一。

1.2 土力学实验的作用

由于土体性质的复杂性和强变异性，土力学实验具有不可替代的作用，主要表现在以下几个方面：

（1）只有通过实验才能揭示土作为一种碎散多相地质材料的一般和特有的力学性质。土体具有极强的空间变异性。不同地区，甚至同一场地不同位置，土体性质都会存在极大的差异，如图1-2所示。只有对具体的土样进行实验，才能掌握不同类型、不同产地土体的物理力学性质。

（2）土体性质对其密实、湿度、应力状态极为敏感。只有对不同状态下土样进行测试，才能揭示密实、湿度、应力状态对土体物理力学性质的影响。土力学实验是确定各种理论和工程设计参数的基本手段，也是验证各种理论的正确性及实用性的主要手段。

（3）原位测试、原型监测能够反映具体场地土体的物理力学性质，具有不可替代的作用。原位测试、原型监测的结果是进行工程设计、数值计算和工程施工的重要依据。

因此，土力学的研究和土工实践从来不能脱离土力学实验工作，它是人们深入认识土的性状和发展完善理论和计算方法的正确途径。深刻地理解并正确地开展土力学实验，是从事岩土工程实践和科学研究必不可少的重要环节。

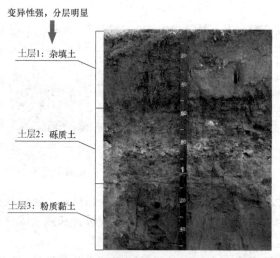

图1-2 土体剖面一定程度上描述了土体在空间上的变异性

为了测得土体的工程性质，需要使用和现场土样性质近似的土样进行土力学实验。很多土力学实验需要使用给定形状和尺寸的土样，这时也会将其称为试样。按照土样（或试样）获取的方法不同，可以把土力学实验的测试对象分为以下5种：

1）原位土

为了获得最真实的情况，应尽可能地在野外现场，在原有的土体天然结构、天然含水率、应力水平下进行实验，获得最可靠真实的实验数据，包括测定天然土的渗透系数、压缩系数和抗剪强度等。这种实验称之为原位实验，其实验对象称之为原位土。

2）原状土样

原状土样又称不扰动土样，指的是在野外现场取得的土样。原状土样直接在野外取样后带回实验室，常常具有一定的结构性。原状土样的取得，不可避免地解除了其天然应力水平；但是并没有物理成分和化学成分的改变，并保持着天然的结构和含水率。原状土样可用于测定天然土的物理力学性质，如重度、天然含水率、渗透系数、压缩系数和抗剪强度等。

3）扰动土样

在野外现场通过工程地质钻探取得的土样称之为扰动样。扰动土样也不可避免地解除了其天然应力水平。扰动土样的获得、运输和存储过程，应尽可能地保持试样的天然结构和含水率。按照取样方法和实验目的，岩土工程勘察规范对土样的扰动程度分为以下的质量等级：

Ⅰ级——不扰动，即原状土样。

Ⅱ级——轻微扰动，可进行土类定名、含水率、密度测量实验。

Ⅲ级——显著扰动，可进行土类定名、含水率测量实验。

Ⅳ级——完全扰动，可用于土类定名。

4）重塑土样

由于重塑土样的成本低廉、制作和使用方便，实验室常使用重塑土样代替原状土样进行物理力学性质的测定。为了制作重塑土样，实验人员将从现场取来的整块土先打碎，然后烘干，加水配成所要的含水率，最后再进行实验。相对于原状土样来说，重塑土样的自身固有结构和状态已经被人为破坏，不具备结构性。当原状土样结构性较强时，即使二者的土体类型和含水率相同，其强度也要远高于重塑土样。对于填方工程，或者当岩土工程中涉及的土体结构性不强时，可采用重塑土样进行实验。

为了更好地反映现场土体性质，重塑土样不仅应具有与实际工程土体相同的密度和湿度（如具有相同的干密度和含水率），而且应能最大限度地模拟现场原状土的结构、含水率和应力水平。

5）重构土样

在实验室，按照一定的干密度、含水率、制样步骤制作的土样，称之为重构土样。在科学研究中，常采用重构土样进行实验，以便获得普适性的规律。重构土样应根据实验目的，进行精心的设计和制备。一般来说，重构土样的制样过程和实验过程应可以复现。

综上所述，土力学实验所采用的土样可分为原状土和重塑土两大类，其中原状土又可细分为原位土、原状土样、扰动土样三大类，重塑土可细分为重塑土样和重构土样两大类。

1.3 现代室内土力学实验的主要内容

为了满足岩土工程实践和土力学理论研究的需求，室内理想条件下各种土力学实验控制技术逐渐产生和发展起来。这里提到的理想条件指的是：对现场复杂的情况和条件进行简化，在其中选择最主要的控制条件，在室内土力学实验中进行模拟。通过室内土力学实验模拟现场应用场景中的控制性条件，从而把握土体在现场环境和条件下的物理力学行为，为岩土工程实践和科学研究服务。

目前比较成熟的岩土工程室内土力学实验主要包括以下3个方面：

（1）土的物理力学指标室内实验，主要包括土体含水率实验、土体密度实验、土体颗粒分析实验、土体界限含水率实验、相对密度实验、击实实验、回弹模量实验、渗透实验、固结实验、黄土湿陷性实验、三轴剪切实验、无侧限抗压强度实验、直剪实验、循环直剪强度实验、土体动力特性实验、自由膨胀率实验、膨胀力实验、收缩实验、冻土密度实验、冻土温度实验、未冻土水含量实验、冻土导热系数实验、冻胀量实验、点荷载强度实验等。

（2）岩石的物理力学指标室内实验，主要包括含水率实验、颗粒密度实验、块体密度实验、吸水实验、渗透性实验、膨胀性实验、耐崩解性实验、冻融性实验、岩石断裂韧度测试实验、单轴压缩强度和变形实验、三轴剪切强度和变形实验、抗拉强度实验、点荷载强度实验等。

（3）岩土工程模型实验，主要包括岩土工程开挖施工过程围岩破坏规律实验、岩土工程加固机理研究、地下工程开挖引起的地表损害规律研究、岩爆机理研究、地下洞室支护设计优化分析、常规模型实验和土工离心模型实验等。

1.4 土力学实验的一般原则和流程

土力学实验一般将土样当作均匀连续的理想单元体，然后采用合适的装置测量该单元体的性质。因此，土体是否满足均匀连续单元体的条件，是开展土力学实验和数据分析时需要重点关注的问题。例如，单元体中的应力，应该满足均匀性的假设。1988 年 Gourves 开展了如图 1-3 所示的实验，测得了圆棒和底板之间的接触力，结果发现：给定圆棒直径 d，当底板直径 D 增大时，板上不同部位所受接触力的离散程度大幅度减小，当 D 与 d 二者之间的比值大于 10 时（$D/d>10$），平均应力的变异系数小于 10%。因此，在土力学实验中，一般要求试样尺寸大于最大颗粒尺寸的 10 倍。

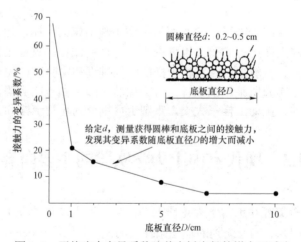

图 1-3 平均应力变异系数随着底板直径的增大而减小

需要强调的是，大部分的土力学实验都引入了单元体（又称代表性单元体）假定，即试样中各处物理量（如密度、孔隙比、应力、应变、渗透系数、强度参数等）的平均值能够近似代替整个单元的特征值。因此，在土力学实验中，应采用合理的制样方法来保证土样的均质性，并采用合适的设备和方法来保证土样应力和变形的均匀性。当单元体假定无法满足时，土力学实验的结果就可能具有较强的尺寸效应，在应用时需要予以考虑。例如，可将给定尺寸的非单元体土样看作是一个宏单元，其实验结果可当作该宏单元的整体行为予以考虑和使用。

由于自然土体变异性极强，在岩土工程实践活动中，常通过土力学实验确定场地土体的性质，进而有针对性地进行工程设计和施工。同时在岩土工程科学研究中，土力学实验还是揭示应力、水分等环境因素对土体性质的影响规律所需的主要手段。下面将在土样满足均匀连续性条件下，分别介绍这两种类型土力学实验的特点和需求。

1.4.1　服务于岩土工程实践的土力学实验

为了进行岩土工程设计、施工和运行，除了进行现场测试外，还需要通过室内土力学实验对场地的天然土体或者人工填土进行测试，以便获得准确的土体物理力学参数。这些室内土力学实验大多针对原状土样进行，应按照以下原则和流程进行：

（1）确定室内土力学实验所使用的土样，包括：① 土体的类型，是砾石土、砂土、粉质黏土，还是其他类型的土体；② 土样的类型，是原状土样，还是重塑土样。

（2）确定室内土力学实验的测试目的和条件，包括：① 根据现场关心的问题，明确需要测量的物理量；② 明确现场的主控因素，根据主控因素的变化范围来选择室内实验所使用的测试条件。表 1-1 总结了常见岩土工程问题应选择的实验类型和条件。一般来说，自重应力可以根据场地的有效重度和深度估算得到，最大荷载根据场地的自重应力和附加应力之和估算得到。

（3）根据土体类型、实验类型和测试条件来选择合适的实验仪器。一般来说，土样的尺寸要大于最大颗粒粒径的 10 倍。对于黏土，宜采用小尺寸的试样和小型仪器进行实验，以便节约排水固结时间；而对于粗粒土，应采用大尺寸的试样和大型仪器进行实验，以便满足土工测试的单元体条件。

（4）对仪器进行调零和标定。

（5）执行实验计划，记录实验数据，然后进行数据分析，计算得到所需的土体物理力学指标。

表 1-1　常见岩土工程问题应选择的实验类型和条件

工程问题	实验类型	实验条件
地基总沉降	压缩实验	根据自重应力和荷载水平，确定最大荷载
地基沉降稳定时间	固结实验	保证试样土性和干密度与现场相同
地基承载力	三轴 CD 实验	根据自重应力选择固结压力
施工期的细粒土地基承载力	三轴 CU 实验	根据自重应力选择固结压力
基坑稳定性	三轴固结拉伸实验	根据自重应力选择固结压力
挡土墙土压力	三轴固结拉伸实验	根据自重应力选择固结压力
拱桥桥台土压力	三轴 CD 实验	根据自重应力选择固结压力

工程问题	实验类型	实验条件
土石坝长期稳定性	三轴 CD 实验	根据坝高选择固结压力
水位骤降条件下的边坡稳定性	三轴 CU 实验	根据自重应力选择固结压力
边坡稳定性	三轴 CD 实验	根据自重应力选择固结压力
降雨期的边坡稳定性	非饱和土实验	根据场地气候选择降雨条件
土石坝填筑	击实实验	选择具有代表性级配的土料进行实验
路基填筑	击实实验	选择具有代表性级配的土料进行实验
基坑降水	渗透实验	选择原状土样进行实验
土石坝渗漏	渗透实验	选择具有代表性级配的土料进行实验

1.4.2　服务于岩土工程科学研究的土力学实验

1. 一般原则

土力学实验是认识土体性质、掌握土体性质演化规律的主要途径之一。服务于科学研究的土力学实验往往需要考虑多个因素，或者采用常规土力学实验所没有考虑的条件，因此开展服务于科学研究的土力学实验的原则和流程如下：

（1）根据实验目的，事先制定详细的实验方案，明确其中的主控因素、可能引起误差的原因。

（2）尽一切可能消除可能引起误差的因素。例如在实验中，需要尽可能地保证土料颗粒级配具有一致性、土样制样步骤具有一致性、土样具有良好的均匀性和相同的初始干湿密应力状态，从而避免因这些因素的差异造成土样性质产生显著差别，进而导致实验数据比较离散、难以分析利用。可以说这些细节对土力学实验的成败至关重要，很多初学者都会因为不注意这些细节，导致实验数据质量低，不具备分析价值。

（3）改造、改装甚至定制专门的实验仪器来实现对主控因素的控制。当主控因素缺少合适的控制手段时，可不控制主控因素的数值，改用监测传感器在实验过程中实时测量主控因素的数值。

（4）制定并执行实验计划。这一环节和 1.4.1 节中提及的土力学实验流程基本相同。对于多因素影响问题，应采用正交实验等设计方法来制定合适的实验方案。

（5）及时分析实验数据，根据结果对实验计划进行适时调整和完善。

2. 实验设计

如果是探究实验因素 x 对实验观测指标 y 的影响，则可以称这种实验为单因素影响实验。单因素影响实验的设计比较简单，即针对单因素在 3～5 个水平下开展实验即可。由于土力学实验具有相对较高的离散性，因此建议在每一个水平下做 2～4 个平行实验。而且，当结果的离散性越强时，相应平行实验的数量应更大。最后，去除平行实验结果中的异常值（如离群值等），取平均值进行规律分析。

以研究围压对土体抗剪强度的影响为例，一般采用相同的土样，在 3～4 个围压水平下进行抗剪强度测量实验，如表 1-2 所示。

表 1-2　单因素影响实验的设计（以抗剪强度实验为例）

围压/kPa		50	100	200	400
抗剪强度实验结果/kPa	平行实验 A 组	√	√	√	√
	平行实验 B 组	√	√	√	√
	平均值				
应采用相同的土样进行实验（相同的干密度、含水率、制样方法等）					

如果是探究多个实验因素对实验观测指标 y 的影响，则可以称这种实验为多因素影响实验。显然，如果问题包含 q 个影响因素，每个因素有 n 个水平，如果按照各种情况都做一次实验，需要开展的实验次数为 n^q 次。

当实验次数过大时，则需要按照一定的取样规则来开展实验，称之为实验设计。根据研究的需要，应用数理统计原理做出合理的安排，力求用最少的人力、物力和时间，最大限度地获得丰富而可靠的资料，进而通过分析得出正确结果，明确回答拟揭示的实验结论或者影响规律。常用的实验设计方法有：

1）中心复合设计

中心复合设计首先需确定各影响因素的统计特征，包括均值和标准差；然后将各因素的均值 μ_{xi} 作为取样空间的中心，进而按照一定的规则围绕中心进行取样。

按照取样规则的不同，中心复合设计又分为外切中心复合设计（CCC）、内切中心复合设计（CCI）和面心立方设计。其中，外切中心复合设计最为常用，它使所有设计点与中心等距，这些设计点形成了一个圆，如图 1-4 所示。

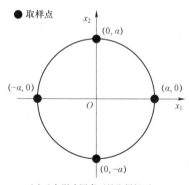
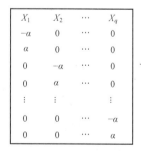

(a) 2个影响因素下的取样规则　　(b) q个影响因素下的取样规则

图 1-4　外切中心复合设计的取样方法

假定 μ, σ 分别为影响因素 x 的均值和标准差，对于因素 x_i 的取值 X_i 可以按照下式计算：

$$X_i = \mu_{xi} \pm \alpha\sigma_{xi} \tag{1-1}$$

式中：α 一般大于 1，其取值可以根据影响因素的数量确定。当影响因素数量 $q=2$ 时，α 可取 1；当影响因素数量 $q>2$ 时，α 可按照下式计算：

$$\alpha = 2^{q/4} \tag{1-2}$$

对于中心复合设计，对于某个因素 x_i，按照式（1-1）计算其两个取值水平，其他因素此时取均值。图 1-4（a）为两个影响因素下的外切中心复合设计，共计 $2×2=4$ 个样本，每个样本和中心的距离都是 α。依次类推，图 1-4（b）为 q 个影响因素下的外切中心复合设计，假设共有 q 个因素，则共计有 $2q$ 个取样点。

2）Box-Behnken 设计

虽然中心复合设计非常简单，但是有时中心复合设计中的样本会出现极端的取值，进而对实验结果造成不便或者不利影响。因此，常需要采用其他较优化的取样方法。Box-Behnken 设计被认为是一种取样数量少、样本代表性强的取样方法。尤其是在影响因素较多时，Box-Behnken 设计具有非常明显的优势。

如图 1-5 所示，为 3 因素 3 水平的 Box-Behnken 取样设计。具体的取样数学规则如图 1-5（b）所示，Box-Behnken 设计一般需要 3 个或以上代表性的水平，分别称为低水平因子 X_1、中心 X_2 和高水平因子 X_3，用编码-1，0，1 代替。当某因素 x_i 的均值和标准差已知时，取样水平的统计特征应和 x_i 的统计特征相同；当该因素的统计特征未知时，可以根据经验选择代表性的 3 个水平。

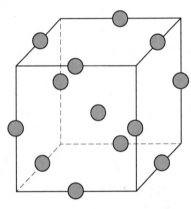

Box-Behnken取样设计			
重复次数	X_1	X_2	X_3
1	−1	−1	0
1	+1	−1	0
1	−1	+1	0
1	+1	+1	0
1	−1	0	−1
1	+1	0	−1
1	−1	0	+1
1	+1	0	+1
1	0	−1	−1
1	0	+1	+1
1	0	−1	−1
1	0	+1	+1
3	0	0	0

(a) 空间示意图　　　　　　　　　　(b) 取样数学规则

图 1-5　3 因素 3 水平的 Box-Behnken 取样设计

需要注意的是，对于 Box-Behnken 设计，需要在中心点重复取样。对于 3 因素 3 水平的 Box-Behnken 设计，中心点需要取样 3 次，用于后续的统计或数据分析。

【例 1-1】某抗剪强度实验的 Box-Behnken 设计。

以某土体抗剪强度实验为例，考虑压实度、围压、初始含水率 3 个因素对该土抗剪强度的影响。结合该土的工程应用条件进行 Box-Behnken 设计，根据工程经验，其低水平因子、中心和高水平因子的取值分别选为：

- 因素一压实度的 3 个代表性水平：0.8，0.9，1.0；
- 因素二围压的 3 个代表性水平：50 kPa，100 kPa，200 kPa；
- 因素三初始含水率的 3 个代表性水平：13%，18%，23%。

3）正交实验设计

当实验涉及的因素在 3 个或 3 个以上，而且因素间可能有交互作用时，实验工作量就会变得很大，甚至难以实施。针对这个困扰，日本统计学家田口玄一（Taguchi Gen'ichi）将正交实验选择的水平组合列成表格，称为正交表。

实验者可根据实验的因素数、因素的水平数及是否具有交互作用等需求查找相应的正交表，再依托正交表的正交性从全面实验中挑选出部分有代表性的点进行实验，可以实现以最少的实验次数达到与大量全面实验等效的结果。因此应用正交表设计实验是一种高效、快速而经济的多因素实验设计方法。

正交表的命令规则为

$$L_n\left(m^k\right) \tag{1-3}$$

式中：L 是正交表代号，没有实际意义；n 是实验次数，也就是正交表的行数；k 是影响因素的数量，即正交表的列数；m 是水平数。

和 Box-Behnken 设计类似，首先要确定各因素的取值水平。正交实验的取样水平较为灵活。当 $m=3$ 时，正交实验的取样水平和 Box-Behnken 设计的取样水平相同，即包括低水平因子、中心和高水平因子。类似地，当某因素 x_i 的均值和标准差已知时，取样水平的统计特征应和 x_j 的统计特征相同；当该因素的统计特征未知时，可以根据经验选择代表性的水平。

表 1-3 为一个典型的正交表 $L_9\left(3^4\right)$，其中每一行代表一个实验，共需进行 9 次实验，即 $n=9$。设计该实验时，考虑 4 种影响因素 X_1、X_2、X_3 和 X_4，即 $k=4$；每种影响因素包含 3 个取值水平，即 $m=3$，编码分别为Ⅰ、Ⅱ和Ⅲ。表 1-3 中第 1 列为实验编号，第 2～5 列分别为 4 个因素的取值水平。例如第 1 行为 No.1 号实验，4 个因素的取值均为水平Ⅰ；第 2 行为 No.2 号实验，其中第 1 个因素取值水平Ⅰ，另外 3 个因素取值水平Ⅱ；……；第 9 行为 No.9 号实验，其中第 1 个和第 2 个因素取值为水平Ⅲ，第 3 个因素取值为水平Ⅱ，第 4 个因素取值为水平Ⅰ。

表 1-3 正交表 $L_9\left(3^4\right)$

实验编号	因素			
	X_1	X_2	X_3	X_4
1	Ⅰ	Ⅰ	Ⅰ	Ⅰ
2	Ⅰ	Ⅱ	Ⅱ	Ⅱ
3	Ⅰ	Ⅲ	Ⅲ	Ⅲ
4	Ⅱ	Ⅰ	Ⅱ	Ⅲ
5	Ⅱ	Ⅱ	Ⅲ	Ⅰ
6	Ⅱ	Ⅲ	Ⅰ	Ⅱ
7	Ⅲ	Ⅰ	Ⅲ	Ⅱ
8	Ⅲ	Ⅱ	Ⅰ	Ⅲ
9	Ⅲ	Ⅲ	Ⅱ	Ⅰ

在选择正交表时，各因素的水平和正交表的水平必须相同；准备开展实验影响因素的数量应小于或等于正交表的因素数量。例如对于 2 因素 3 水平、3 因素 3 水平或 4 因素 3 水平，

均应选择 L_9（3^4）正交表。对于 3 因素 2 水平，则可选择 L_4（2^3）（正交表）。

当影响因素超过 3 个时，正交实验在降低实验数量方面具有非常明显的优势。例如对于 6 因素 5 水平，如果要完全考虑各种因素的影响，完全取样的实验数量为 5^6，即 15 625 个。这个实验数量过于庞大，难以执行。如果采用正交实验设计 L_{25}（5^6）时，实验数量将降低到 25 个，易于执行。

常用的正交表有 L_4（2^3）、L_8（2^7）、L_{10}（2^{15}）、L_{32}（2^{37}）、L_9（3^4）、L_{27}（3^{13}）、L_{16}（4^8）、L_{25}（5^6）。为了方便读者使用，这些正交表已在本章的电子资源中给出。

此外，当所研究的问题包含主要影响因素和次要影响因素时，应对主要影响因素取较多的水平（如 3~5 个），同时对次要影响因素取较少的水平（如 2~3 个）。这种情况下的实验设计需要用到混合正交表。混合正交表一般借助工具生成，如统计分析软件 SPSS。

【例 1-2】某含细粒砂土的抗剪强度实验的正交实验设计。

针对某含细粒砂土的抗剪强度进行研究，共需考虑 3 种因素，即细粒含量、土体含水率和施加荷载。每个因素又有 3 种水平，见表 1-4。

表 1-4　实验的影响因素和取值水平

取值水平	细粒含量/%	土体含水率/%	施加荷载/kPa
I	10	8	100
II	20	12	200
III	30	15	300

本实验为 3 因素 3 水平的实验类型。由于没有直接和 3 因素 3 水平对应的正交表，因此应给定 3 水平，选用大于 3 因素的正交表，即选取 4 因素 3 水平的正交表 L_9（3^4）来进行实验设计。这个正交表虽然不能完全匹配 3 因素，但是可以向下兼容 3 因素，能够满足我们实验的需求。按照 L_9（3^4）来进行实验设计，忽略第 4 因素，采用表 1-4 中的因素和取值水平，结果见表 1-5。

表 1-5　实验计划表

实验编号	细粒含量/%	土体含水率/%	施加荷载/kPa
1	10	8	100
2	10	12	200
3	10	15	300
4	20	8	200
5	20	12	300
6	20	15	100
7	30	8	300
8	30	12	100
9	30	15	200

【例 1-3】采用 SPSS 软件生成混合正交表。

针对某 5 因素影响下的强度问题，进行正交实验设计。假定其中 2 种主控因素采用 5 水平，另外 3 种次要因素采用 2~4 水平。采用 SPSS 软件针对该问题生成混合正交表，具体步骤如下（见图 1-6）：

（1）首先打开 SPSS 软件，在工具栏执行【数据】→【正交设计】→【生成】，如图 1-6（a）所示。

（2）在弹出的【生成正交设计】对话框中，输入某因素的名称、标签和取值，如图 1-6（b）所示。其中标签并无实际的意义；取值的数量为 m，对应多少个水平。

（3）依次输入多种影响因素的信息和取值，然后对数据集进行命名，并单击【确定】，如图 1-6（c）所示。

（4）最后返回主界面，切换到【数据视图】，就可以看到 SPSS 软件生成的正交表 [见图 1-6（d）]。图 1-6（d）的正交设计中共有 5 种因素，其中饱和度和细粒含量各有 5 个水平、围压有 4 个水平、压实度和温度各有 2 个水平，最后生成的混合正交表包含 25 次实验。

(a) 进入【正交设计】界面

(b) 设置影响因素及水平

(c) 为正交表命名并确定

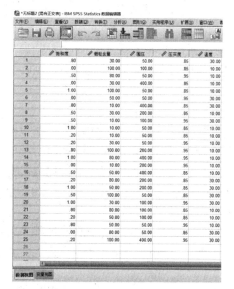

(d) 最终生成的正交表

图 1-6　采用 SPSS 软件生成混合正交表示例

3. 误差分析

在岩土工程实验中，所获得的实验结果总是包含一定的误差。因此需要了解误差产生的原因，并采取针对性的方法将误差减小到最小，从而提高实验结果的准确度，得到高质量的实验数据。

根据误差产生的原因和性质，可将误差分为系统误差和偶然误差两大类。其中系统误差是由实验过程中的某些特定原因造成的，在重复测定时，它会重复表现出来，对分析结果的影响比较固定。因此系统误差是在重复性条件下，对同一被测量进行无限多次测量所得结果的平均值与被测量的真值之差。系统误差包括：

1）仪器固有误差

这种误差是由于仪器本身不够精密所造成的。由于存在一些无法消除的摩擦等作用，仪器设备都存在一定的固有误差。例如常规三轴仪的轴向压杆和轴室之间存在一定的摩擦作用。虽然这个摩擦力很小，大部分情况下可以忽略不计，但是它客观存在，在某些特定情况下（如应力水平很小时），这种误差可能对实验结果产生重要的影响。

仪器误差还有可能由于使用未经校正的设备、量力环等因素造成。因此定期对仪器进行标定和校准至关重要。通过标定和校准能够最大限度地降低仪器的固有误差，提高实验数据的准确度。

仪器固有误差一般是难以消除的，并且随着仪器设备的不同存在一定的差异。不同仪器的固有误差不同，为避免不同仪器固有误差的影响，应尽可能使用同一台（套）设备进行同一批次的实验，以便进行横向比较，避免仪器固有误差的影响。

2）方法误差

这种误差是由于实验方法本身造成的。例如在粗粒土的强度测量中，采用直剪实验方法测量得到的粗颗粒土强度总是高于采用三轴实验方法测量得到的强度。不同方法的测量精度不同，实验人员需要知晓不同方法的优劣、误差水平，从而对实验结果有一个正确的认识。

3）操作及人为误差

在实验过程中，由于操作不熟练、个人观察器官不敏锐、实验过程中的边界条件未精确控制等因素，都会导致实验结果存在一定的操作及人为误差。

4）随机误差

除了系统误差之外，实验数据还包括一定的偶然误差。偶然误差也称之为随机误差，是指测定值受各种因素的随机波动而引起的误差。例如，测量时的环境温度、湿度和气压的微小波动，以及仪器性能的微小变化等，都会使分析结果在一定范围内波动。一般认为，随机误差符合均值为 0 的正态分布。因此在重复性条件下，随机误差是对同一被测量进行无限多次测量所得结果的平均值之差。

随机误差的形成取决于测定过程中一系列随机因素，其大小和方向都是不固定的。因此，随机误差无法测量，也不可能校正，它是客观存在的，是不可避免的。

5）过失误差

除以上 4 类误差外，还有一种误差，即过失误差，这种误差是由于操作不正确、粗心大意而造成的。例如碰撞仪器、读错读数、样品存在缺陷等因素，皆可引起较大的误差。对于这种存在较大误差的数据，在找到误差原因之后应弃之不用。绝不允许将过失误差当作偶然误差。只要工作认真、操作正确，过失误差是完全可以避免的。

由于误差的存在，实验结果的表示一般采用以下方法，

（1）单次实验的结果的表示。对于单次实验的结果，其测量结果 x 表示如下：

$$x = x_{测} \pm \sigma_{仪}$$

式中：$x_{测}$ 为实际测量结果，$\sigma_{仪}$ 为仪器的测量精度。

（2）多次实验的结果的表示。对于多次实验的结果，其测量结果 x 表示如下：

$$\bar{x} = \frac{1}{n} \sum_{i=0}^{n} x_i; \quad S = \sqrt{\frac{\sum_{i=0}^{n} (x_i - \bar{x})^2}{n-1}}; \quad \sigma_x = \sqrt{S^2 + \sigma_{仪}^2}; \quad x = \bar{x} \pm \sigma_x$$

式中：x_i 为第 i 次测量的结果；n 为实验总数量；i 为实验编号；$\bar{x}$ 为测量的均值；S 为测量样本的标准差；σ_x 为测量值的标准差。

要提高分析结果的准确度，必须考虑在分析过程中可能产生的各种误差，采取有效的措施将这些误差减小到最小。针对不同误差的特点，可按照以下原则开展土工实验，从而减少误差的来源，提高实验数据的精确度。

（1）保证试样的均匀性、可重复性。

岩土工程的实验对象是土体，其性质随其颗粒级配、干密度、含水率、应力历史、干湿循环历史等因素影响。因此必须保证试样的以上因素一致，从而避免因试样的均匀性不同、性质不同等因素造成的误差。这一点尤为重要，是从事土工实验的第一个关键性挑战。很多学生和新手实验人员，都会由于没有保证试样的均匀性和可重复性，导致实验数据误差很大，实验结果离散，毫无规律性可言。基于这种实验数据进行工程设计和科学研究会导致错误的结论。

（2）进行平行实验。

通过平行实验，可以有效减小随机误差。按照统计学可知，随机误差的均值为 0。因此随着实验数量的增加，平行实验结果的平均值所包含的随机误差趋近于 0。在土工实验中，一般应进行 2 次以上的平行实验，当其实验结果相差小于一定的阈值时，取二者的平均值作为最终结果。这种方法可以有效减少随机误差的影响。

（3）选择合适的设备和方法进行实验。

不同设备的固有误差不同，因此应预估所需测量物理量的量级和测量精度，然后根据需求选择合适的设备和方法进行实验。例如在某土工实验中要求测量土样的体积变形，预估其体积变形为 $1 \sim 10 \text{ cm}^3$，则应该选用测量精度在 0.01 cm^3 及以上的实验设备进行实验。否则，实验数据将包含过大的实验误差，精度很低，难以使用。

（4）开展标定实验。

可以通过标定实验（如不加试剂、采用具有准确体积和质量的标准试样）来进行实验。可以基于标定实验结果，通过调零、计算校正系数等方法对仪器的系统误差进行校正，以消除仪器不准确所引起的系统误差。

经过标定实验后，可以再进行一次测试，考察校正后的实验结果是否符合公差要求。如果校正后的实验结果符合公差要求，则说明该仪器和方法可靠；否则说明仪器或者方法不可靠。

（5）去掉异常数据。

由于随机误差的存在，在对同一试样进行的多次测定结果中，测定值不可能完全相同。因此，一组测定数据存在一定的离散性。在一组测定值数据中，有的数据明显处于合理的偏差范围之外，明显偏离一组数据中的其他测定值，则称之为离群值。

离群值的检验最常用的是 3σ 原则，即首先计算所有数据的均值和标准差 σ；然后对于超出 3σ（或 2σ）范围的值，可视为离群值。离群值还可以采用 Q 检验法作为取舍标准，这里不详述，可参阅有关书籍。

离群值可能是异常值，也可能不是异常值，所以必须对离群值进行检验和判断，以决定其取舍。对于异常值，则应舍去。对于非异常值，则应明确其原因。很多时候，非异常的离群值意味着新的科学发现。

（6）保留正确的有效数字。

每一个仪器或方法都有各自不同的测量精度。因此实验数据应根据仪器或方法的精度保留正确的有效数字。有效数字是指具有实际意义的数字。测定数据时，应只保留 1 位不准确数字，即该数据除去最末 1 位数字为估计值外，其余数字都是准确的。因此，有效数字的位数取决于测定仪器、工具和方法的精度。

比如采用滴定管读取溶液的体积时，因为滴定管的最小刻度是 0.1 mL，所以只能读准至 0.1 mL，因而记录的体积有效数字位数为准确数外加 1 位估计数，如 45.25 mL 为 4 位有效数字。

关于有效数字及位数应注意以下几个问题：

① "0" 在数据首位不算有效数字位数，在数据中间及末尾可作为有效数字位数计算。

② 单位换算时，要注意有效数字的位数，不能混淆。例如：1.37 kg 不能换算成 1 370 g，而应换算为 1.37×10^3 g。

③ 非测量数据应视为准确数，如平行实验的数量、重力加速度等。对于准确数（如圆周率和重力加速度），其位数应和其他测定值的有效数字位数一致。

④ 有效数字修约采用 "4 舍 6 入 5 取舍" 的修约规则，即有效数字后面第一个数字若小于或等于 4，应舍去；而大于或等于 6 时应进位；而当刚好等于 5 时，则看 5 前面的数，该数为偶数时，5 进位，该数为奇数时，5 舍去。

⑤ 有效数字进行数学运算时，在运算过程中，每步可多保留 1 位有效数字参加运算，其最终运算结果的有效数字位数应以参与运算所有数字中最少的一个为准。

4. 数据分析和参数敏感性评估

获得实验数据后，需要分析实验因素对实验观测目标的影响规律，常用的方法包括：

（1）绘图分析法。通过绘图可以直观地得到实验因素 x 对实验观测指标 y 的影响。对于单因素常采用点线图展示。对于 2 个影响因素，可以分别针对 2 个因素各绘制一幅点线图展示。

【例1-4】图示聚丙烯纤维含量对某改良土抗剪强度的影响。

当研究聚丙烯纤维含量对某改良土抗剪强度的影响时，可分别绘制抗剪强度与聚乙烯醇溶液浓度关系图和抗剪强度与垂直应力关系图，如图1-7所示。

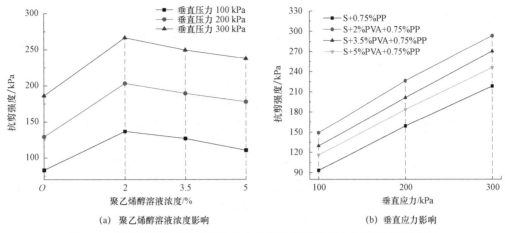

(a) 聚乙烯醇溶液浓度影响   (b) 垂直应力影响

图 1-7　聚丙烯纤维含量对某改良土抗剪强度影响实验结果的绘图分析法

（2）曲线拟合法。在获得实验数据后，可以对实验结果进行函数拟合，获得经验模型。

【例 1-5】通过回归分析得到结晶量对盐胀体积膨胀变形量之间的函数关系。

例如通过实验获得了硫酸盐盐渍土中的结晶量与盐胀体积膨胀变形之间的关系图，结果如图 1-8 所示。对该实验数据，拟合可得二者的经验关系如下式：

$$\varepsilon_v = -0.175\theta_c + 7.496\theta_c^2 \pm 0.01315 \qquad (1-4)$$

式中：θ_c 为硫酸盐盐渍土中的结晶物体积百分比；ε_v 为土样盐胀体积膨胀应变。可以看出式（1-4）给出了二者的经验关系和 95% 的置信区间。

由于岩土工程中的不确定性较强，因此在进行实验结果函数拟合时应给出置信区间。它代表了实验误差的大小，能够为土体行为的可靠性评估和基于保守原则的岩土工程设计提供依据。

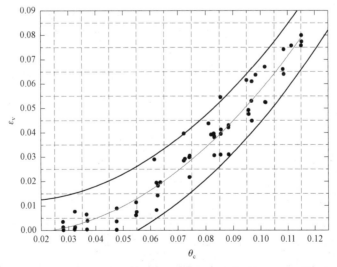

图 1-8　硫酸钠粉质黏土盐胀实验 $\theta_c - \varepsilon_v$ 拟合曲线和 95% 置信区间

（3）局部敏感性的方差分析法。在获得实验结果后，常对数据进行方差分析（也称极差分析）。方差分析就是在考虑 A 因素时，认为其他因素对结果的影响是均衡的，从而认为，A

因素各水平的差异是由于 A 因素本身引起的。在方差或者极差分析中，首先需要基于实验数据，按下式计算观测指标 y 在某个因素 i 水平 x_i 下的平均值：

$$k_i = E(y \mid x_i) = \frac{1}{n} \sum_{j=0}^{n} y_j(x_i, X) \tag{1-5}$$

式中：k_i 为实验观测指标在给定 x_i 条件下的观测指标平均值；x_i 是某实验影响因素的取值；y 是实验观测指标；n 是全部样本中该因素取值为 x_i 的样本数量；j 为样本编号；X 为其他实验影响因素。

在得到 k_i 后，可以绘制 $k_i - x_i$ 的关系图，明确该影响因素对观测指标的影响，进而还可以基于 k_i 的计算结果，按照下式计算该影响因素的极差或者方差：

$$D_1 = \max(K) - \min(K) \tag{1-6}$$
$$D_2 = V(K) \tag{1-7}$$

式中：K 为给定影响因素 x 条件下的观测指标平均值，即按照式（1-5）计算得到的 i 个观测指标平均值；D_1 为 K 的极差；D_2 为 K 的方差；V 为方差计算符号。

在得到不同影响因素下的极差（或方差）后，可以按照极差（或方差）排序，得到不同因素对实验指标的影响大小，从而明确问题的主控因素。

【例 1-6】采用极差分析方法确定硫酸盐侵蚀膨胀的主控因素。

下面介绍一个极差分析的例子，帮助读者理解该方法的一般流程。为了研究硫酸盐侵蚀膨胀的主控因素，在封闭系统中进行一维盐胀实验。所有土样的熟石灰含量为 4%。实验中考虑 4 种影响因素，分写在 3 种水平进行实验，即不同含水率（0.115、0.155、0.195）、不同压实度（0.85、0.90、0.95）、不同温度（20 ℃、30 ℃、40 ℃）和不同硫酸盐含量（2%、3%、4%），采用正交表 $L_9(3^4)$ 进行实验设计，实验中的观测目标变量是盐胀变形量。实验结果见表 1-6。

表 1-6 盐胀变形实验结果（4 因素 3 水平正交实验）

实验编号	影响因素				最终变形量/mm
	压实度	含水率/%	温度/℃	硫酸盐含量/%	
1	0.85	11.5	20	2	0.51
2	0.85	15.5	30	3	0.93
3	0.85	19.5	40	4	0.63
4	0.90	11.5	30	4	1.41
5	0.90	15.5	40	2	0.27
6	0.90	19.5	20	3	0.91
7	0.95	11.5	40	3	0.87
8	0.95	15.5	20	4	1.86
9	0.95	19.5	30	2	0.22

基于表 1-6 的实验结果，可以得到不同因素影响下的盐胀变形均值矩阵 $K_{i \times j}$，结果见表 1-7。$K_{i \times j}$ 共有 $i \times j$ 个元素，i 代表取值水平，j 代表影响因素个数。以表 1-6 中（低水平，

压实度）对应的盐胀变形均值 $k_{1×1}$ 计算为例，其值可参考表 1–6 中的前 3 行变形值按照下式计算其均值：

$$k_{1×1}=\frac{1}{3}×(0.51+0.93+0.63)=0.69$$

表 1–7　4 种影响因素对变形影响的极差和方差分析

影响因素	取值水平			极差	方差
	低水平	中水平	高水平		
压实度	0.69	0.86	0.98	0.29	0.02
含水率/%	0.93	1.02	0.59	0.43	0.05
温度/℃	1.09	0.85	0.59	0.50	0.06
硫酸盐含量/%	0.33	0.90	1.30	0.97	0.24

得到表 1–7 中的 $K_{i×j}$ 后，其中每一行代表一种影响因素，因此可以绘制平均变形和该影响因素取值之间的关系图，如图 1–9 所示。根据图 1–9 可以分析各影响因素对盐胀变形的影响规律。

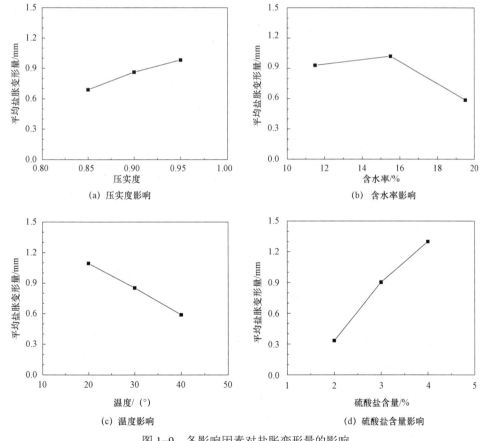

(a) 压实度影响　　　　　　　　(b) 含水率影响

(c) 温度影响　　　　　　　　(d) 硫酸盐含量影响

图 1–9　各影响因素对盐胀变形量的影响

同时还可以基于表1-7各行的取值，分别对其按照式（1-6）和式（1-7）计算不同影响因素条件下的极差和方差，结果见表1-7和图1-10。根据图1-10可以看出硫酸盐含量是本实验中的主控因素，其他次要影响因素的排序是：温度＞含水率＞压实度。

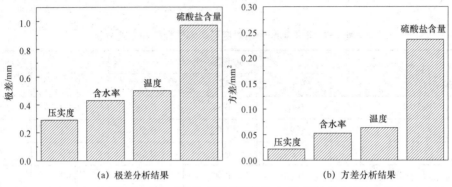

图1-10　平均变形的极差和方差对比

（4）局部敏感性的导数分析法。方差或极差分析可以在取样范围内定量分析各因素对观测目标的影响大小，但是其贡献百分比并不清楚。因此，有必要通过敏感性分析来阐明各因素的贡献百分比。假设共计有 i 个独立影响因素对目标 y 产生影响，则目标 y 的方差可以按照下式计算：

$$V(y) = \sum_{i=1}^{n} \left(\frac{\partial y}{\partial x_i} \right)^2 V(x_i) \tag{1-8}$$

基于式（1-8）的结果，可以按下式计算各因素对目标 y 方差的贡献百分比：

$$p_{x_i} = \frac{V_{x_i}}{V(y)} = \frac{\left(\dfrac{\partial y}{\partial x_i} \right)^2 V(x_i)}{V(y)} \tag{1-9}$$

需要指出的是，式（1-8）是一个近似公式，其计算结果存在一定的误差，因此和 y 的真实方差有一定的区别。只有采用式（1-8）计算的方差，不同影响因素的贡献百分比之和才是100%。

【例1-7】采用导数分析法确定硫酸盐侵蚀膨胀的主控因素。

下面以表1-6和表1-7的结果为例，说明导数分析法的具体过程。记 y 为平均变形量，R，w，T，c 分别为压实度、含水率、温度和硫酸盐含量4个影响因素。首先基于表1-7的变形量结果对影响因素求导：

$$\frac{\partial y}{\partial R} = \frac{0.98 - 0.69}{0.95 - 0.85} = 2.90$$

$$\frac{\partial y}{\partial w} = \frac{0.59 - 0.93}{19.5 - 11.5} = -0.04$$

$$\frac{\partial y}{\partial T} = \frac{0.59 - 1.09}{40 - 20} = -0.03$$

$$\frac{\partial y}{\partial c} = \frac{1.30 - 0.33}{4 - 2} = 0.49$$

然后计算每一个变量对目标方差的贡献值：

$$V_R = \left(\frac{\partial y}{\partial R}\right)^2 V(R) = 2.9^2 \times 0.002\,5 = 0.02$$

$$V_w = \left(\frac{\partial y}{\partial w}\right)^2 V(w) = (-0.04)^2 \times 16 = 0.03$$

$$V_T = \left(\frac{\partial y}{\partial T}\right)^2 V(T) = (-0.03)^2 \times 100 = 0.09$$

$$V_c = \left(\frac{\partial y}{\partial c}\right)^2 V(c) = 0.49^2 \times 1 = 0.24$$

对上面 4 个部分求和得到目标 y 的方差：

$$V(y) = 0.38$$

最后采用式（1–9）计算基于每一个变量对目标方差的贡献百分比，结果如图 1–11 所示。由图 1–11 可知，对于盐胀变形来说：硫酸盐含量是本实验中的主控因素；其他次要影响因素的排序是：温度＞含水率＞压实度。

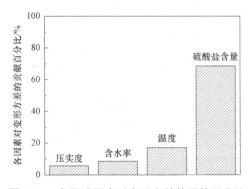

图 1–11　各影响因素对变形方差的贡献百分比

1.5　室内实验技术发展展望

随着岩土工程的不断发展，对完善土力学理论和提高岩土工程施工技术的要求越来越高。为了适应新时代、新科技的发展，室内实验技术也需要与时俱进，具体发展趋势如下：

（1）针对岩土工程中的新问题和新需求，研发新型仪器和实验方法。针对室内实验中出现的新问题，依靠现有仪器和方法难以完成相应的实验任务，需要在理论的指导下，研发出适合新问题的新仪器和新方法，如针对非饱和土、冻土、可燃冰等非传统土力学材料或者复杂环境下的土力学实验新技术。

（2）采纳最新的传感技术和控制技术，提升土力学实验系统的自动化水平和数据可靠性。

一方面，传统室内实验仪器自动化、信息化程度较低，需进一步研究室内实验的原理、方法和过程，设计出可实时监控、标准化流程和及时反馈的智能实验设备，从而减少因人为因素而产生的不可避免的失误；另一方面，目前新一代传感技术发展迅速，位移、体变、温度等很多传统物理量都发展出了具有更高精度小型传感器，含水率、含冰量、表面位移等物理量也有了新的观测手段，吸纳这些新的传感技术可以显著提升土力学实验的数据采集种类和可靠性，拓展其数据分析空间和使用价值。

（3）改进国产设备或进口设备国产化，降低造价。目前，国产的室内实验设备信息化程度和精度需要进一步提高，以满足当前日益提高的岩土工程测试技术的要求。国外昂贵的高性能设备在一定程度上限制了室内实验技术领域的应用，因此需要学习国外先进的室内实验设备，促进仪器国产化，降低土力学实验成本。

（4）实验规范和标准的统一。由于历史原因和行业壁垒，目前国内的土力学实验规范和标准，在公路、铁路、水利、水电、矿山、农业等不同行业都存在一定的区别。这些区别会造成数据分析和交流的不便，亟需打破行业壁垒，统一实验规范和标准。

1.6 习　题

1. 对于 2 因素 5 水平和 3 因素 3 水平的混合正交实验，其极差分析应该如何进行？
2. 岩土工程中为什么要进行平行实验？
3. 导数分析法中各因素的影响之和为 1。这种说法对不对，为什么？
4. 正交实验所需要的实验次数为因素数量和水平数量的乘积。这种说法对不对，为什么？
5. 在导数分析法中，应如何计算观测目标对影响因素的导数？
6. 极差分析和方差分析有什么区别，其结论是否一致？

为方便读者学习本章内容，本书提供相关电子资源，读者通过扫描右侧二维码即可获取。

扫码，获取本章电子资源

第2章

土体工程分类标准

为了使用和交流的方便，岩土工程中将性质相近的土分成一类，并给予明确的名称与代号。所有岩土工作者都可以通过土的名称和代号对土的工程性质有一个定性的了解。可以说，土体工程分类能为岩土工程的研究、应用和交流提供一个共同的基础，方便了岩土工程的设计与施工。

土的工程分类根据土的粒径、界限含水率、有机质存在情况等基本特性进行。我国涉及主要土的工程分类的规范有：《土的工程分类标准》（GB/T 50145—2007）、《土工试验方法标准》（GB/T 50123—2019）、《公路土工试验规程》（JTG 3430—2020）、《建筑地基基础设计规范》（GB 50007—2011）等。这些规范和标准只存在细微的区别，其土的工程分类体系基本相同，即：

① 先依据土中有机质存在情况分为有机土和无机土；
② 对于无机土，再按照土的平均粒径大小确定是巨粒土、粗粒土还是细粒土；
③ 巨粒土与粗粒土根据粒径与级配分类；
④ 细粒土则按塑性指数与液限进一步分类。

本章将系统地介绍有关土分类的基本术语、符号、代号及分类方法。

2.1　粒　组　划　分

土是由大小不等的颗粒组成的散粒体的集合。为了方便描述，工程中将大小、性质相近的颗粒分为一组，称为粒组。粒组的划分是人为确定的，不同的国家、不同的行业可能有一定的区别。表 2-1 是《土的工程分类标准》（GB/T 50145—2007）关于粒组的划分，该划分用图 2-1 来表示更为清晰。

表 2-1　《土的工程分类标准》（GB/T 50145—2007）关于粒组的划分

粒组统称	颗粒名称	粒径 d 的范围/mm
巨粒	漂石（块石）粒	$d>200$
	卵石（碎石）粒	$200 \geqslant d>60$

粒组统称	颗粒名称		粒径 d 的范围/mm
粗粒	砾粒	粗砾	$60 \geqslant d > 20$
		中砾	$20 \geqslant d > 5$
		细砾	$5 \geqslant d > 2$
	砂粒	粗砂	$2 \geqslant d > 0.5$
		中砂	$0.5 \geqslant d > 0.25$
		细砂	$0.25 \geqslant d > 0.075$
细粒	粉粒		$0.075 \geqslant d > 0.005$
	黏粒		$0.005 \geqslant d$

	200	60	20	5	2	0.5	0.25	0.075	0.005 (mm)
	巨粒组		粗粒组						细粒组
	漂石 (块石)	卵石 (碎石)	砾(角砾)			砂		粉粒	黏粒
			粗	中	细	粗	中	细	

图 2-1　土的粒组划分图

土粒的大小及其组成情况，由土中各个粒组质量占土粒总质量的百分比来表示，称为土的级配。土的级配通过筛分法和密度计法测定，实验方法详见第 4 章。土的级配常用土的粒径分布曲线表示。某土料的粒径分布曲线如图 2-2 所示，其横坐标是对数坐标，为土的粒径（mm）；其纵坐标为小于某粒径之土颗粒的质量占比（%）。

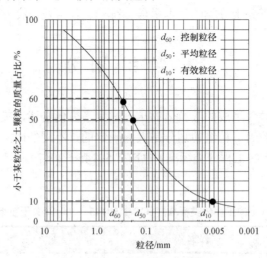

图 2-2　某土料的粒径分布曲线

由图 2-2 中的曲线可以得到土的平均粒径 d_{50}，即小于该粒径的土颗粒质量占全部土颗粒质量的 50%。根据 d_{50} 是否大于 0.075 mm（有的规范规定是 0.1 mm）可以判断土是粗粒土还是细粒土。

从曲线上还可以得到 d_{60}、d_{30} 和 d_{10}，从而求得土的不均匀系数（C_u）与曲率系数（C_c）。不均匀系数按下式计算：

$$C_u=d_{60}/d_{10} \tag{2-1}$$

式中：d_{60} 为在土的粒径分布曲线上的某粒径，称之为控制粒径，小于该粒径的土粒质量为总土粒质量的 60%；d_{10} 为在土的粒径分布曲线上的某粒径，称之为有效粒径，小于该粒径的土粒质量为总土粒质量的 10%。不均匀系数 C_u 用于判定土的不均匀程度：如果 $C_u \geqslant 5$，为不均匀土；反之，如果 $C_u < 5$，为均匀土。级配不均匀的土，其小颗粒可以填充其粗颗粒骨架中的大孔隙，容易形成一种密实稳定的孔隙结构，因此具有较好的压实性。

曲率系数 C_c 按下式计算：

$$C_c=(d_{30} \times d_{30})/(d_{60} \times d_{10}) \tag{2-2}$$

式中：d_{30} 为在土的粒径分布曲线上的某粒径，小于该粒径的土粒质量为总土粒质量的 30%。曲率系数 C_c 用于判定土的连续程度：如果 $C_c = 1 \sim 3$，则为级配连续土；如果 $C_c > 3$ 或 $C_c < 1$，则为级配不连续土。级配连续的土，由于其大小颗粒相互咬合、小颗粒无法穿过大颗粒骨架中的孔隙，因此在水分作用下不易发生颗粒流失，具有较好的水稳定性。

综合不均匀系数 C_u 和曲率系数 C_c 可判定土的级配优劣：如果 $C_u \geqslant 5$ 且 $C_c = 1 \sim 3$，则为级配良好的土，其压实性和水稳定性较好，是较好的填方材料；如果 $C_u < 5$ 或 $C_c > 3$ 或 $C_c < 1$，则为级配不良的土，其工程性质存在一定的缺陷，需要扬长避短，根据实际情况合理选用。

2.2　液限与塑限

细粒土的物理状态会随着土体含水率的增加，逐步从固态、可塑态转化为液态，并导致土体的性质发生显著改变。为了描述细粒土这一特征，特引入液限和塑限指标。其中液限 w_L 是细粒土呈可塑状态的上限含水率，即液态和可塑态之间的界限含水率；塑限 w_p 是细粒土呈可塑状态的下限含水率，即可塑态和固态之间的界限含水率。液限和塑限的测定方法将在第 5 章详细介绍。

液限 w_L 和塑限 w_p 两者的差值称为塑性指数 I_p。I_p 表示黏土吸附弱结合水的能力。由于弱结合水是使土具有黏性和可塑性的原因，而黏性和可塑性是细粒土的重要属性，因此 I_p 常被用作进行细粒土工程分类的依据。

2.3　土的分类和代号

土一般根据土的颗粒组成或液塑限进行分类，并采用土类代号来指代其类别与特征。土的基本代号的含义与相应的符号见表 2-2 和表 2-3。

表 2-2　工程用土的土类代号

名称	漂石（块石）	卵石（碎石）	砾	砂	粉土	黏土	细粒土（C 和 M 合称）	混合土（粗、细粒土合称）	有机质土
符号	B	Cb	G	S	M	C	F	SI	O

表 2-3　工程用土的特征代号

特征	级配良好	级配不良	高液限	低液限
符号	W	P	H	L

土类的代号按下列规定构成：

（1）一个代号即表示土的名称（见表 2-2），如 G 代表砾石。

（2）由 2 个基本代号构成时，第 1 个基本代号表示土的主成分（按照表 2-2 选择），第 2 个基本代号表示副成分（按照表 2-3 选用），或土的级配，或土的液限高低。例如：符号 GW 为级配良好砾石；SP 为级配不良砂；ML 为低液限粉土；CH 为高液限黏土。

（3）由 2 个土体代号构成时，靠前的代号代表其主成分，质量占比超过 50%；靠后的代号为其次要成分，其粒组质量占比仅次于主成分，即低于 50%并高于 10%（有些规范是 15%）；并且每一个代号都应符合上述第（1）条和第（2）条的命名原则。例如：符号 BSI 为含有一定比例混合土的漂石，其中漂石 B 为主成分，混合土 SI 为次要成分；GW-ML 为包含低液限粉土的级配良好砾石，其中级配良好砾石 GW 为主成分，低液限粉土 ML 为次要成分。

2.4　常用的土体分类

岩土工程中常将土分为无机质土和有机质土两大类。当土中有机质的含量大于 5%时为有机质土，反之为无机质土。由于有机质土容易因为有机质的降解发生变形等，工程中一般会尽可能地移除有机质土，避免有机质土在地基、路基、土石坝等岩土工程构筑物中出现。对于无机质土，可按其不同粒组的相对含量划分为巨粒类土、粗粒类土和细粒类土三大类，这三大类土将根据不同的特点做进一步细分。本节将针对无机质土的分类进行介绍。

此外，岩土工程还将一些性质较为特殊的土称为特殊土，包括黄土、膨胀土、红黏土和冻土等。这些土具有一定的区域性，具有各自不同的特点，因此常采用专用的分类方法进行辨别和细分，对此暂不进行介绍。

2.4.1　有机质土的判定

土中有机质应根据未完全分解的动植物残骸和无定形物质判定。有机质呈黑色、青黑色或暗色，有臭味，有弹性和海绵感，可采用目测、手摸或嗅感判别。当不能判别时，可采用下列方法：将试样放入 100~110 ℃的烘箱中烘烤，当烘烤后试样的液限小于烘烤前试样液限的 3/4 时，试样为有机质土。

2.4.2 巨粒类土的分类

试样中粒径大于 60 mm 的巨粒组质量大于总质量 15% 的土称为巨粒类土。巨粒类土根据巨粒含量多少进一步细分，如图 2-3 所示。巨粒类土按粒组进一步分为 3 类：土中巨粒组质量超过总质量 75% 的，称为巨粒土；巨粒组质量为总质量 50%～75% 的，称为混合巨粒土；巨粒组质量为总质量 15%～50% 的，称巨粒混合土。试样中巨粒组质量小于总质量 15% 的土，可扣除巨粒，按粗粒土或细粒土的相应规定分类定名；当散布在土内的巨粒，其体积对土的总体性状有影响时，可不扣除巨粒，然后按粗粒土或细粒土的相应规定分类定名，并予以注明。巨粒类土分类的详细规定见表 2-4。

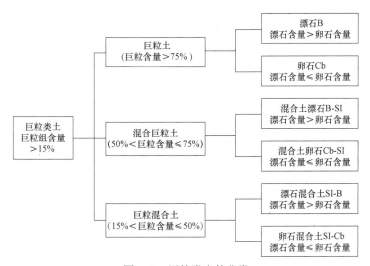

图 2-3 巨粒类土的分类

表 2-4 巨粒类土的分类

土类	粒组含量		土名称	土代号
巨粒土	巨粒含量 75%～100%	漂石含量＞卵石含量	漂石	B
		漂石含量≤卵石含量	卵石	Cb
混合巨粒土	巨粒含量 50%～75%	漂石含量＞卵石含量	混合土漂石	B−Sl
		漂石含量≤卵石含量	混合土卵石	Cb−Sl
巨粒混合土	巨粒含量 15%～50%	漂石含量＞卵石含量	漂石混合土	Sl−B
		漂石含量≤卵石含量	卵石混合土	Sl−Cb

2.4.3 粗粒类土的分类

粗粒类土按粒组、细粒含量大小和级配情况分类，如图 2-4 所示。试样中粒径大于 0.075 mm 的粗粒组质量多于总质量 50% 的土称粗粒类土。粗粒类土分为砾类土和砂类土。试样中粒径大于 2 mm 小于 60 mm 的砾粒组质量多于总质量的 50% 的土称砾类土，反之称为砂类土。其中砾类土应根据其中的细粒含量及类别、粗粒组的级配，按表 2-5 分类。砂类土应根据其中的细粒含量及类别、粗粒组的级配，按表 2-6 分类。

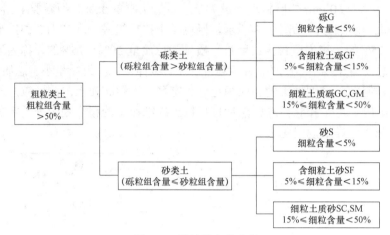

图 2-4　粗粒类土的分类

表 2-5　砾类土的分类

土类	粒组含量		土代号	土名称
砾	细粒含量<5%	级配良好	GW	级配良好砾
		级配不良	GP	级配不良砾
含细粒土砾	细粒含量 5%～15%		GF	含细粒土砾
细粒土质砾	细粒含量 15%～50%	细粒为黏土	GC	黏土质砾
		细粒为粉土	GM	粉土质砾

表 2-6　砂类土的分类

土类	粒组含量		土代号	土名称
砂	细粒含量<5%	级配良好	SW	级配良好砂
		级配不良	SP	级配不良砂
含细粒土砂	细粒含量 5%～15%		SF	含细粒土砂
细粒土质砂	细粒含量 15%～50%	细粒为黏土	SC	黏土质砂
		细粒为粉土	SM	粉土质砂

2.4.4　细粒类土的分类

试样中粒径小于 0.075 mm 的细粒组质量不小于总质量的 50% 的土称细粒类土。细粒类土按塑性图、所含粗粒类别划分，如图 2-5 所示。具体分类为：① 试样中粗粒组质量小于总质量 25% 的土称细粒土；② 试样中粗粒组质量为总质量的 25%～50% 的土称含粗粒的细粒土；③ 若土中有机质含量达 5%～10%，则该土称为有机质土。

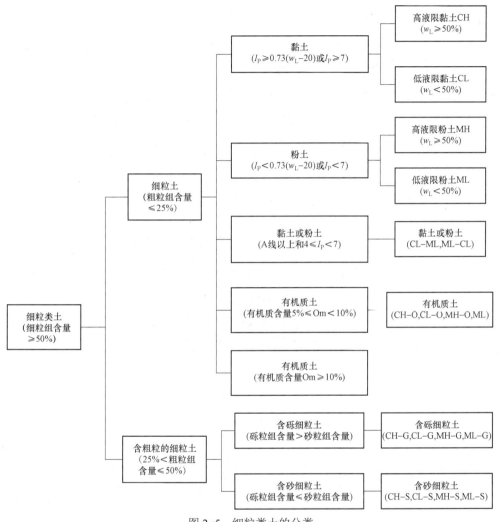

图 2-5　细粒类土的分类

细粒土应根据如图 2-6 所示的塑性图分类。塑性图的横坐标为土的液限 w_L，纵坐标为塑性指数 I_P。根据图 2-6 区分粉土、黏土及液限的高低，得到的细粒土的分类见表 2-7。

含粗粒的细粒土应首先根据细粒土的塑性指标在塑性图中的位置确定其主成分，然后根据其所含粗粒的类别做进一步细分：

（1）粗粒中砾粒占优势，称为含砾细粒土，应在其细粒土主成分代号后补充次要成分代号 G，如 CH-G、CL-G、MH-G 或 ML-G。

（2）粗粒中砂粒占优势，则称为含砂细粒土，应在细粒土主成分代号后缀以次要成分代号 S，如 CH-S、CL-S、MH-S 或 ML-S。

（3）有机质土，应在各相应土类代号之后应缀以代号 O，如 CH-O、CL-O、MH-O 或 ML-O。为了使用的方便，有时土体命名中的 "-" 可以省略，如 CH-O 可以简写为 CHO。

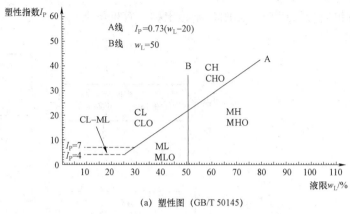

(a) 塑性图（GB/T 50145）

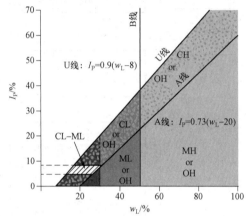

（b）塑性图（ASTM D2487-06）

图 2-6　中国和美国规范中细粒土分类方法（塑性图）

表 2-7　细粒土的分类

塑性指数 I_P	液限 w_L	土代号	土名称
$I_P \geqslant 0.73(w_L-20)$ 和 $I_P \geqslant 7$	$w_L \geqslant 50\%$	CH	高液限黏土
	$w_L < 50\%$	CL	低液限黏土
$I_P < 0.73(w_L-20)$ 和 $I_P < 7$	$w_L \geqslant 50\%$	MH	高液限粉土
	$w_L < 50\%$	ML	低液限粉土

注：黏土～粉土过渡区（CL-ML）的土可按相邻土层的类别细分。

　　需要注意的是：虽然中国国标 GB/T 50145、英国国标 BS5930、美国国标 ASTMD2487-06 都采用塑性图进行细粒土分类，但是这 3 个分类无论是实验设备、实验方法，还是分类标准，都存在很大的区别。例如美国的液限测定方法主要是碟式仪法，英国主要是圆锥仪法，中国主要是液塑限联合测定法。中国和美国的塑性图上有粉土-黏土过渡区（即图 2-6 中的 CL-ML），而英国的塑性图上没有过渡区。对于黏土和粉土过渡区的土，按相邻土层的类别考虑细分。

即使在中国国内，不同规范中的塑性图和指定的液限测定方法也有一定的区别。其中，以国标为代表的第一类规范，其液限指标为：质量为 76 g、锥角为 30°的液限仪锥尖入土深度为 17 mm 时对应的含水率。而以铁路规范为代表的第二类规范，其液限指标为锥尖入土深度为 10 mm 时的含水率，称之为 10 mm 液限。最新的国标《土的工程分类标准》（GB/T 50145—2007）已取消了《土的分类标准》（GBJ 145—1990）中入土深度为 10 mm 的液限塑性图。

2.5　土按简易鉴别分类法分类

土的简易鉴别分类法就是通过目测法和手捻实验等简单方法对土进行分类，适用于除特殊土外的所有工程用土的分类。该方法是国内外大量实践经验的总结，可用于现场勘探采样和实验室开启试样的初步鉴别。

确定土粒粒组含量时，可将研散的风干试样摊成一薄层，凭目测估计土中巨、粗、细粒组所占的比例，确定其为巨粒土、粗粒土（砾类土或砂类土）或细粒土；土中有机质可采用目测、手摸或嗅感等方法判别。对于巨粒土和粗粒土，可根据目估结果，按实验室分类法相关表格的规定进行分类定名。

细粒土的分类则需要进行一些简易实验，根据简易实验结果，按表 2-8 进行分类和定名。细粒土的分类的简易实验包括干强度、手捻、搓条、韧性和摇振反应实验，其具体做法如下。

（1）干强度实验。将一小块土捏成土团，风干后用手指捏碎、掰断及捻碎。根据用力的大小区分为：① 很难或用力才能捏碎或掰断——干强度高；② 稍用力即可捏碎或掰断——干强度中等；③ 易于捏碎和捻成粉末——干强度低。当土中含碳酸盐、氧化铁等成分时，会使土的干强度增大，其干强度宜再用湿土做手捻实验，予以校核。

表 2-8　基于简易实验结果的细粒土分类

半固态时的干强度	硬塑-可塑态时的手捻感和光滑度	土在可塑态时		软塑-流动态时的摇振反应	土类代号
		土条可搓成的最小直径/mm	韧性		
低-中	粉粒为主，有砂感，稍有黏性，捻面较粗糙，无光泽	>3 或 3~2	低-中	快-中	ML
中-高	含砂粒，有黏性，稍有滑腻感，捻面较光滑，稍有光泽	2~1	中	慢-无	CL
中-高	粉粒较多，有黏性，稍有滑腻感，捻面较光滑，稍有光泽	2~1	中-高	慢-无	MH
高-很高	无砂感，黏性大，滑腻感强，捻面光滑，有光泽	<1	高	无	CH

注：凡呈黑灰色有特殊气味的土，应在相应土类代号后加代号"O"，如 MLO、CLO、MHO、CHO。

（2）手捻实验。将稍湿或硬塑的小土块在手中揉捏，然后用拇指和食指将土捻成片状，根据手感和土片光滑度可区分为：① 手感滑腻，无砂粒，捻面光滑——塑性高；② 稍有滑腻感，有砂粒，捻面稍有光泽——塑性中等；③ 稍有黏性，砂感强，捻面粗糙——塑性低。

（3）搓条实验。将含水率略大于塑限的湿土块在手中揉捏均匀，再在手掌上搓成土条，根据土条不断裂而能达到的最小直径可区分为：① 能搓成直径小于 1 mm 的土条——塑性高；② 能搓成直径为 1～3 mm 的土条而不断——塑性中等；③ 能搓成直径大于 3 mm 的土条即断裂——塑性低。进一步，根据搓条的长度，可以进一步判断土体的类型（见图 2-7）。

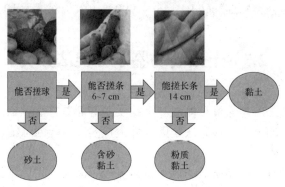

图 2-7　土的简易鉴别分类法

（4）韧性实验。将含水率略大于塑限的土块在手中揉捏均匀，然后在手掌中搓成直径为 3 mm 的土条，再揉成土团，根据再次搓条的可能性，可区分为：① 能揉成土团，再搓成条，捏而不碎——韧性高；② 可再揉成团，捏而不易碎——韧性中等；③ 勉强或不能再揉成团，稍捏或不捏即碎——韧性低。

（5）摇振反应实验。将软塑至流动的小土块捏成土球，放在手掌上反复摇晃，并以另一手掌振击此手掌，土中自由水将渗出，球面呈现光泽；用拇指和食指捏土球，放松后水又被吸入，光泽消失。根据上述渗水和吸水反应的快慢，可区分为：① 立即渗水及吸水——反应快；② 渗水及吸水中等——反应中等；③ 渗水吸水慢或不渗不吸——反应慢或无反应。

2.6　土　样　描　述

在现场采样和实验室开启试样时，应对土的状态进行描述。土的状态可按下列各项进行描述。

（1）粗粒土：通俗名称及当地名称；土颗粒的最大粒径；土颗粒风化程度；巨粒、砾粒、砂粒组的含量百分数；土颗粒形状（圆、次圆、棱角或次棱角）；土颗粒的矿物成分；土颜色和有机质；细粒土成分（黏土或粉土）；土的代号和名称。

（2）细粒土：通俗名称及当地名称；土颗粒的最大粒径；巨粒、砾粒、砂粒组的含量百分数；天然密实度；潮湿时土的颜色及有机质；土的湿度（干、湿、很湿或饱和）；土的稠度（流动、软塑、可塑、硬塑、坚硬）；土的塑性（高、中或低）；土的代号和名称。

除了上述描述外，土的状态还应根据土的不同用途按下列各项分别描述：

（1）当用作填料时：其天然含水率、密实度，有机质含量，粗细粒的搭配情况，土层分布及厚度等直接影响土料的适宜性和蕴藏量的估计等。

（2）当用作地基时：土的分布层次及范围、类别、结构性、天然密实度和稠度。

2.7　习　　题

1. 如何区分粗粒土和细粒土？

2. CL、SP、GW 分别指代的是什么土体类型？

3. 界限含水率测试时，测得 w_L=58%，w_P=28%，w=25%，试判断该土样的状态。

4. 某原状干燥黏土浸水后，其塑限是否发生改变？

5. 粗粒土里面是否含有细颗粒？有没有黏性？为什么？

6. 某粗粒土含有砾石 20%、粗砂 20%、中砂 20%、细砂 20%、粉土 20%，则该土的土体分类代码是什么？

为方便读者学习本章内容，本书提供相关电子资源，读者通过扫描右侧二维码即可获取。

扫码，获取本章电子资源

第3章

土体试样制备

为了测得土体的工程性质，土力学实验需要使用和现场土样性质近似的土样进行实验。土力学实验的对象称为土样，共分为原位土、原状土样、扰动土样、重塑土样、重构土样 5个类型，详见本书 1.2 节。

本章将对土力学实验中的土样获取方法进行介绍，主要包括原状土样的取样方法、试样的制备方法和试样的饱和方法。

3.1　原状土样的采集

3.1.1　土样质量等级

取样是开始土力学实验的第一步。采集、运输和制备等过程，都会对试样产生一定的扰动，从而改变土样的原位应力状态、含水率、结构和组成成分等。取样会导致土样应力状态发生变化，并引起一定的卸荷回弹，这是不可避免的。而其余的扰动，则应通过适当的取样器具和操作方法来克服或减轻，从而让土样尽可能地保留其组成成分、结构、含水率、先期固结压力等特征，使其工程性质尽可能地和现场土体一致。

土样所受的扰动小，说明土样的质量高，能更好地反映真实情况；反之，则土样质量较差，不利于反映真实情况。不同类型的土的实验对土样质量有不同的要求。土样质量分为 4个等级，不同的等级适用于不同的实验，见表 3-1。

表 3-1　土样质量等级划分

级别	扰动程度	实验内容
I	不扰动	土类定名、含水率、密度、强度实验、固结实验
II	轻微扰动	土类定名、含水率、密度实验
III	显著扰动	土类定名、含水率实验

级别	扰动程度	实验内容
Ⅳ	完全扰动	土类定名实验

注：（1）不扰动是指原位应力状态虽已改变，但土的结构、密度、含水率变化很小，能满足室内实验各项要求。

（2）如没有条件采用Ⅰ级土样，在工程技术要求允许的情况下，可以采用Ⅱ级土样代替，但事先宜对土样受扰动程度做抽样鉴定，确定能否用于实验，并结合地区经验使用实验成果。

3.1.2　取样工具

取样的主要工具是取土器，取土器是影响土样质量的重要因素。取土器的基本要求：尽量使土样不受或少受扰动；能顺利切入土层中，尽量减小摩擦阻力；要有可靠的密封性能，能较好地取得土样；结构简单且使用方便。

取土器根据壁厚可以分为薄壁式、厚壁式两种。薄壁取土器壁厚 1.25～2.00 mm，取样扰动小，质量大，但薄壁取土器不能在硬的密实土层中使用。取土器的分类详见表 3-2。

表 3-2　取土器的分类

取土器名称	适用土类	取样等级
固定活塞薄壁取土器、水压固定活塞薄壁取土器	可塑至流塑黏性土、（粉砂）、（粉土）	Ⅰ
单动三重（二重）管回转取土器	可塑至坚硬的黏性土、粉土、粉砂、细砂	
双动三重（二重）管回转取土器	硬塑至坚硬的黏性土、中砂、粗砂、砾砂、（碎石土）、（软岩）	
自由活塞薄壁取土器	可塑至软塑黏性土、粉土、粉砂	Ⅰ～Ⅱ
敞口薄壁取土器、束节式取土器	可塑至流塑黏性土、（粉砂）、（粉土）	
厚壁取土器	各种黏性土、粉土、（粉、细砂、中、粗砂）	Ⅱ

注：括号内的土类仅部分情况适用；取土器的技术规格应按《岩土工程勘察规范》（GB 50021—2001）附录F执行。

取土器根据进入土层的方式可以分为贯入式和回转式两种。其中，贯入式取土器分为敞口式取土器和活塞式取土器两类。

（1）敞口式取土器又分为薄壁式和厚壁式［见图 3-1（a）］两种。前者取样操作简便，但容易逃土；后者对土样扰动较大。

（2）活塞式取土器又分为固定活塞式、水压固定活塞式和自由活塞式 3 种。

① 固定活塞式：在敞口薄壁取土器内增加一个活塞及一套与之相连接的活塞杆。图 3-1（b）为薄壁活塞取土器，活塞杆可通过取土器的头部，并经由钻杆的中空部位延伸至地面。下放取土器时，活塞处于取样管刃口端部，活塞杆与钻杆同步下放。在到达取样位置后，固定活塞杆与活塞通过钻杆压入取样管进行取样。活塞的作用在于下放取土器时可排开孔底浮土，

上提时可隔绝土样顶端的水压、气压，防止逃土；同时又不会像上提活阀那样产生过度的负压，引起土样扰动。取样过程中，固定活塞还可以限制土样进入取样管后顶端的膨胀上凸趋势。因此，固定活塞取土器取样质量高，成功率也高；但因需要两套杆件，操作比较费事。

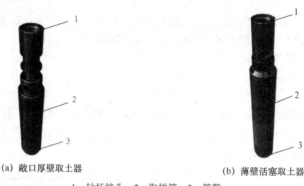

（a）敞口厚壁取土器　　　　　　　（b）薄壁活塞取土器

1—钻杆接头；2—取样筒；3—管靴。

图 3-1　取土器

② 水压固定活塞式：是针对固定活塞式的缺点而制造的改进型，特点是去掉活塞杆，将活塞连接在钻杆底端，取样管则与另一套在活塞缸内的可动活塞连接。取样时，通过钻杆施加水压，驱动活塞缸内的可动活塞，将取样管压入土中，其取样效果与固定活塞式相同。取样时的操作较为简便，但结构较复杂。

③ 自由活塞式：与固定活塞式的不同之处在于活塞杆不延伸至地面，而只穿过接头，由弹簧锥卡予以控制。取样时依靠土样将活塞顶起，操作较为简便，但土样上顶活塞时易受扰动，取样质量不及以上两种。

回转式取土器分为单动三重（二重）管回转取土器和双动三重（二重）管回转取土器两大类。

（1）单动三重（二重）管回转取土器。其类似岩芯钻探中的双层岩芯管，取样时外管旋转，内管不动，故称单动。如在内管再加衬管，则成为三重管。其代表性型号为丹尼森（Denison）取土器。丹尼森取土器的改进型称为皮切尔（Pitcher）取土器，其特点是内管刃口的超前值通过一个竖向弹簧按土层软硬程度自动调节。单动三重管回转取土器可用于中等以至较硬的土层。

（2）双动三重（二重）管回转取土器。它与单动三重（二重）管回转取土器的不同之处在于，取样时内管也旋转，因此可切削进入坚硬的地层，一般适用于坚硬黏性土、密实砂砾以至软岩。

3.1.3　原状土样的采集方法

原状土样可以通过钻孔获取，或在探井、探槽、探坑中获取，不同等级土样要求的取样工具和采集方法见附录 A。

其中在探井和探槽中采集不扰动土样的方法可分为两大类：一类是用锤击敞口取土器取样；另一类是人工刻切块状土样或圆柱形土样，然后将其装入木箱或者铁皮筒中密封保存，如图 3-2 所示。实际上，因块状土样的质量较高，后者用得比较多。

图 3-2　在探槽中切取原状方块土样

通过钻孔获取不扰动土样的方法，按进入土层的方式可分为：

（1）锤击法。锤击法为目前勘察单位常用的取土方法。使用锤击法采集原状土样的过程如图 3-3 所示。用此法取样时，应有导向装置，以避免锤击时摇晃，同时以重锤少击为宜，即以较少的锤击数快速地将取土器击入土中；反之，对土的扰动较大。

(a) 用于采集未受干扰样品的螺旋钻　　　(b) 锤击取样过程　　　(c) 内装土样的 PVC 管

图 3-3　原状土样的取样过程

（2）工程中还经常使用标准贯入实验（SPT）获取土样，如图 3-4（a）所示，其过程和锤击法类似。

（3）静压法。静压法是将取土器连续不断地压入土中，可用钻机给进机构施压或通过安设地锚反力装置加压，如图 3-4（b）所示。对软土而言，必须采用静压法，因为采用静压法取土样的扰动程度最小。

（4）回转法。即采用单动或双动、三重或二重管回转取土器取土，操作虽然较复杂，但能保证取土质量。当用静压法和锤击法取土困难时，应采用回转法。

如图 3-5 所示，在获得钻孔土样后，应做好土样的封存和标记工作，以备使用。封存土样是为了避免土样因水分蒸发丧失而引起性质发生显著变化，使得实验结果无法反映现场土体的性质。标记土样时需要精确记录取土的位置、上下面、取土时间及场地情况。

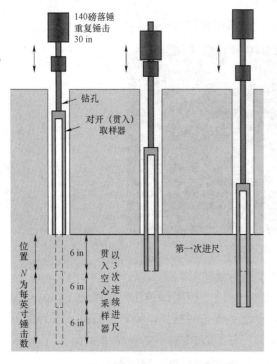

(a) 通过标准贯入实验取样

(b) 静压取样

图 3-4　通过钻孔获取原状土样

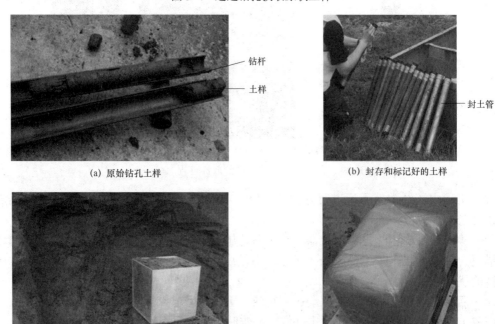

(a) 原始钻孔土样

(b) 封存和标记好的土样

(c) 原始块状土样

(d) 封存好的块状土样

图 3-5　土样的封存和标记

3.1.4 特殊土层的取土方法

1. 饱和软黏土取样

饱和软黏土强度低，灵敏度高，极易受扰动，且当受扰动后强度会显著降低。例如某些敏感性黏土，其强度降低幅度可达 90%。为减少土样扰动，在饱和软黏土中取样时，必须选用薄壁取土器。土质过软时，应采用固定活塞薄壁取土器，不宜使用自由活塞薄壁取土器。

取样之前应对取土器做仔细检查。刃口卷折和残缺的取土器必须更换。取样筒应形状规整，取样上中下部直径的最大、最小值相差不能超过 1.5 mm。在此类土中取样时宜采用快速、连续的静压法，使得取土器贯入土体，进行取样。

取样时应注意以下几点：

（1）优先采用泥浆护壁回转钻进；

（2）在使用清水冲洗钻探方法取样时，应采用侧喷式冲洗钻头，不能采用底喷式钻头，否则对孔底冲蚀剧烈，不利于取样；

（3）使用螺旋钻头干钻取样时，钻头中间应设有水、气通道以使水和气能及时通达钻头底部，消除真空负压；

（4）如果采用大尺寸钻具取样，必须在预计取样位置以上一定距离处停止钻进，改用对土层扰动小的钻进方法，以利于取样。

2. 砂土取样

砂土在取样过程中更易受到扰动。由于砂土没有黏聚力，当提升取土器时，砂土样极易掉落。在钻探过程中为了采取砂样，可采用泥浆循环回转钻进。用泥浆护壁不仅可防止钻进过程中的塌孔、管涌，而且还可以在土样底端形成一层泥皮，从而浮托土样，降低掉样的风险。

此外，也可用固定活塞取土器和单动二重管回转取土器采取砂样，前者只能用于较疏松的细砂层，后者适用于密实的粗砂层。

取原状砂土土样时，宜采用冻结法，即将取样地层在一定范围内冻结，然后钻探取样。立即将取出的土样放入带至现场的冰柜中，并尽快将其运回实验室保存。

3. 卵、砾石土取样

卵、砾石土粒径悬殊，采样困难。取这类土样时可使用以下方法：

（1）冻结法，将取样地层在一定范围内冻结，然后钻探取样。

（2）开挖探坑，人工采取大体积块状试样。

当卵石土粒径不大，且含较多黏性土时，采用敞口厚壁取土器或双动三重管回转取土器能取到Ⅲ级或Ⅳ级土样；在合适的情况下，用双动三重管回转取土器能取到Ⅰ级或Ⅱ级土样。

4. 残积土取样

残积土土质复杂，软硬变化很大，很难用一般的取土器取得土样。在此类土中，取样的最好方法是采用回转取土器，如使用皮切尔式三重管回转取土器。在取样过程中，为避免冲洗液对土样的渗透软化，泥浆应具有较高的黏度，还应注意控制泵压和流量。

5. 冻土取样

根据冻土实验目的和要求，冻土取样可按表3–3分为三级。冻土取样的一般原则如下：

（1）用于测定冻土基本物理指标的试样，应由地表以下 0.5 m 开始逐层采取，取样间距应根据工程规模、工程特点及冻土工程地质性质确定，一般取样间距不宜大于 1.0 m；含冰量变化大时应加取。

（2）若要测定冻土热学及力学指标，冻土取样应按工程需要采取或与第（1）条采取的土样合用。

（3）为保证试样质量，不得从爆破的碎土块中取样。应从探坑或探槽壁上按第（1）条要求进行。

根据土样等级，运送土样时，应符合下列要求：

（1）对于保持冻结状态的土样，宜就近进行实验。如无现场实验条件，应尽量缩短时间，在保持土样冻结状态条件下运送。

（2）保持天然含水率并允许融化的土样应在取样后立即进行妥善密封、编号和称重，并在运输过程中避免振动。对于融化后易振动液化和水分离析的土样，宜在现场进行实验。

（3）不受冻结和融化影响的扰动土样，其运送和实验要求应按《岩土工程勘察规范》（GB 50021—2001）有关规定执行。

表 3-3　冻土试样质量等级划分

级别	冻融及扰动程度	实验内容
I	保持天然冻结状态	土类定名、冻土物理、力学性质实验
II	保持天然含水率并允许融化	土类定名、含水率、土颗粒密度实验
III	不受冻融影响并已扰动	土类定名、土颗粒密度实验

3.1.5　钻孔中取样的一些要求

（1）在钻孔中采取 I、II 级砂样时，可采用原状取砂器，并按相应的现行标准执行。

（2）在钻孔中采取 I、II 级土试样时，应满足下列要求：

① 在软土、砂土中宜采用泥浆护壁；如使用套管，应保持管内水位等于或稍高于地下水位，取样位置应低于套管底 3 倍孔径的距离。

② 当采用冲洗、冲击、振动等方式钻进时，应在预计取样位置 1 m 以上改用回转钻进。

③ 下放取土器前应仔细清孔，清除扰动土，孔底残留浮土厚度不应大于取土器废土段长度（活塞取土器除外）。

④ 采取土样时宜用快速静力连续压入法。

⑤ 具体操作方法应按现行标准《建筑工程地质勘探与取样技术规程》（JGJ/T 87—2012）执行。

（3）对于 I、II、III 级土样，应妥善密封，防止湿度变化，严防暴晒或冰冻；在运输中应避免振动，保存时间不宜超过 3 周。对易于振动液化和水分离析的土试样，宜就近进行实验。

3.2　试样的制备

试样的制备是实验工作中的关键步骤，土样制备程序因需要进行的实验而异，故土样制备前应拟定详细的土力学实验计划。试样的制备可分为原状土和扰动土两种土的试样制备。

原状土的试样制备包括开启、切取等。这些步骤正确与否，会直接影响实验结果。对密封的原状土，除小心搬运和妥善存放外，在实验前不应开启。实验前如因需要进行土样鉴别和分类而必须开启，在检验后应迅速妥善封好贮藏，尽量使土样少受扰动。

扰动土的试样制备包括风干、碾散、过筛、均匀后贮存等土样预备程序和击实、饱和等试样制备程序。扰动土样的制备务必保证土样的均匀性，并使得土样达到预期的干密度、含水率和结构。

本节将对普通试样（包括扰动土、原状土）的制备方法进行介绍。

3.2.1　仪器设备

制备土样需用的仪器设备包括：

（1）筛：孔径 20 mm、5 mm、2 mm、0.5 mm。

（2）洗筛：孔径 0.075 mm。

（3）台秤：称量 10～40 kg，分度值 5 g。

（4）天平：称量 1 000 g，分度值 0.1 g；称量 200 g，分度值 0.01 g。

（5）碎土器或磨土机。

（6）击实器：包括活塞、导筒和环刀。

（7）压样器。

（8）其他，包括烘箱、干燥器、保湿器、研钵、木锤、木碾、橡皮板、玻璃瓶、玻璃缸、修土刀、钢丝锯、凡士林、土样标签及其他盛土器等。

3.2.2　原状土试样的制备

（1）对于使用非铁皮筒包装的土样，在开包前，应先根据包装说明，确认土样的上下面和层理；然后小心开启原状土包装皮，整平土样两端。无特殊要求时，切土方向应与天然层理垂直。

（2）将原状土切削到符合实验需求的尺寸。

切取环刀土样。固结等实验常采用环刀土样进行，其取样过程如下：

① 首先用切土刀将土样切削成底面直径稍大于环刀直径的土柱；

② 然后在实验用的切土环刀内壁涂一薄层凡士林，刃口向下，放在土样上；

③ 将环刀垂直向下压，边压边削，至土样伸出环刀为止；

④ 最后削去两端余土并修平，如图 3-6 所示，获得的试样应与环刀内壁紧贴；

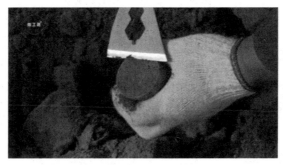

图 3-6　原状土环刀试样制备

⑤ 取样后，应擦净环刀外壁，称环刀、土总质量，准确至 0.01 g，并测量环刀两端削下土样的含水率，该含水率可视为所取土样的含水率；同时测量土样的密度，同一组试样的密度差值不宜大于 0.03 g/cm³，含水率差值不宜大于 1%。

切取圆柱形土样。三轴等实验常需采用圆柱形土样进行，其取样过程如下：

① 首先用钢丝锯或土刀切取一稍大于规定尺寸的块状土样，如图 3-7（a）所示；

② 然后用削土刀或钢丝锯切取一稍大于规定尺寸的土柱，上、下端削平，按试样要求的层次方向，将土坯放在切土架上，以便用切土器进行进一步的切削；

③ 用钢丝锯或切土刀紧贴切土器外侧侧板，由上往下细心切削，边切削边转动圆盘，直至土样被削成规定的直径为止；

④ 在切土器刀口内壁上涂一薄层凡士林，将切土器的刀口对准土样顶面，边削土边压切土器，直到切削到比要求的试样高度约高 2 cm 为止，然后拆开切土器，将试样取出，如图 3-7（b）所示；

⑤ 最后按试样的高度要求，削平上下两端；

⑥ 试样切削完成后，称量其质量，如图 3-7（c）所示。

切削时应细心、耐心，尽可能地避免扰动土样。最终的试样两端面应平整，互相平行，侧面垂直，上下均匀。在切样过程中，若试样表面因遇砾石而成孔洞，允许用切削下的余土填补。

| (a) 块状土样 | (b) 切土器切削土样 | (c) 切削后称量土样质量 |

1—上圆盘；2—土样；3—下圆盘。

图 3-7　圆柱形土样的切削

（3）切取土样过程中，应细心观察土样的情况，注意有无杂质、土质是否均匀、有无裂缝等，并描述它的层次、气味、颜色等信息。

（4）对于切取试样后剩余的原状土，应立即称量其质量，然后用蜡纸将其包好置于保湿器内，以备实验使用。切削的余土，可用于基本物理性质测定实验，如用于测定土样的含水率，可以将切削余土的含水率近似代替土样的含水率。基于土样的质量、体积和含水率，可估算土样的干密度。

（5）根据试样本身及工程要求，决定是否对试样进行饱和。如不立即进行实验，则将试样暂存于保湿器（或密封袋中）内封存，避免土样的水分因蒸发而减少。

3.2.3　扰动土试样的制备

1. 扰动土试样的制备程序

1）细粒土试样预备程序

（1）土样描述：如颜色、土类、气味及夹杂物等；如有需要，将扰动土充分拌匀，取代表性土样进行含水率测定。

（2）将块状扰动土放在橡皮板上，用木碾或碎土器碾散（勿压碎颗粒）；如水量较大，可先风干，再碾散。

（3）根据实验所需土样数量，将碾散后的土样过筛。物理特性实验如液限、塑限、缩限等实验，过 0.5 mm 筛；物理特性及力学性实验土样，过 2 mm 筛；击实实验土样，过 5 mm 筛或 20 mm 筛。

（4）过筛后的土料，应采用四分对角取样法（详见 3.2.4 节）或分砂器细分出足够数量的代表性土样，分别装入玻璃缸内，标以标签，用于后续各项实验。对于风干土，需测定其风干含水率。

2）粗粒土试样预备程序

（1）对于砂及砂砾土，应采用四分对角取样法或分砂器细分土样，然后取足够实验用的代表性土样供颗粒分析实验用，其余过 5 mm 筛。筛上和筛下土样分别贮存，供比重及最大和最小孔隙比测定等实验用。取一部分过 2 mm 筛的土样供力学性实验用。

（2）如有部分黏土依附在砂砾石上面，则应采用湿筛法，即先用水浸泡土样，然后将浸泡过的土样在 2 mm 筛上冲洗，取筛上和筛下代表性的土样进行颗粒分析实验。

（3）将冲洗下来的土浆风干至易碾散，再按细粒土试样制备程序（2）～（4）的规定进行预备工作。

2. 扰动土试样的制备步骤

（1）试样制备的数量根据实验需要而定，一般应多制 1～2 个土样备用。

（2）按照压样器或环刀体积计算土样体积 V，并根据预期的干密度和土料天然含水率，按下式计算制备试样所需的天然土料质量：

$$m = (1 + w_0)\rho_d V \qquad (3-1)$$

式中：m 为制备试样所需的总土质量，g；ρ_d 为制备试样所要求的干密度，g/cm³；V 为计算出的击实土样体积或压样器所用环刀容积，cm³；w_0 为土料天然含水率。

（3）由于蒸发作用，土料天然含水率 w_0 一般较低，小于制样的目标含水率。因此，应根据制样含水率，按照下式计算配制土样所需的加水量：

$$m_w = \frac{m}{1 + w_0} \times (w' - w_0) \qquad (3-2)$$

式中：m_w 为制样所需的加水量，g；m 为所需天然土料的质量，g；w_0 为天然土料的含水率；w' 为制备土样的目标含水率。土样的目标含水率 w'，一般会在实际制样之前，根据需要人为给定。例如在路基或者土石坝等填方工程中，大多采用最优含水率制样。

（4）根据式（3-1）取给定质量的风干土料，并按照式（3-2）计算加水量，进行土料配制。在土料配制过程中，应在土盘里先铺一层土，用喷雾器均匀洒水，再撒一层土覆盖，并再洒一次水，往复这个过程，最后撒余土覆盖于其上。最终可将所有土装入密封袋（或玻璃缸）内密封保存，静置 24 h 后翻动土料一次；再密封静置 24 h，再翻动一次；再静置 24 h，方可使用（砂性土润湿养护时间可酌情减短）。

（5）在完成土料制备和养护后，可制备扰动土试样。扰动土试样的制备方法包括击样法、压样法、切样法和泥浆固结制样法等，应根据需要合理选用。

① 击样法。

击样法是将准备好的松散湿土土料倒入预先装好的环刀（或其他制样模具）内，通过动力击实的方法将土击实到给定的干密度。图 3-8 为击样法中使用的击实器，一般击锤直径略小于环刀内径，环刀内径和套筒内径相同。在击实过程中，应把环刀倒扣在击样套筒套内部。为了尽可能地保证土样的均匀性，并获得孔隙结构和干密度一致的均匀土样，一般按以下原则进行。

（a）应分层进行土样击实，以便获得均质的单元体土样。

每层层厚应相同。层厚应根据颗粒粒径、环刀直径和击实功大小合理选用。层厚过大，会影响击实应力的传递，导致土层内部密度不均；层厚过小，容易导致应力集中，引起大颗粒的破碎。对于细粒土的环刀或三轴土样，常用的层厚为 10~20 mm。对于粗粒土，其层厚可为最大粒径的 2~3 倍。

（b）应按照预期的干密度、土料含水率、层厚、土样的直径计算所需土料的质量，然后称量土料并倒入环刀。

（c）每层应采用相同的击实功，即相同的击实次数和方法；层与层之间应进行刮毛处理，避免分层现象。如果土样存在分层现象，由于分层界面的性质和土样的整体性质不同，有可能导致实验结果失真。

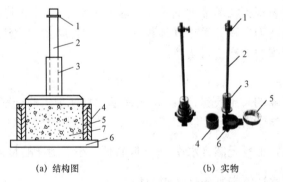

(a) 结构图   (b) 实物

1—定位环；2—导杆；3—击锤；4—击样筒；5—环刀；6—底座；7—试样。

图 3-8 击实器

② 压样法。

首先将湿土倒入预先装好环刀的压样器内 [见图 3-9（a）]，拂平土样表面，以静压力将土压入环刀内，获得环刀土样，如图 3-9（b）所示。

需要说明的是：如图 3-9（c）所示的单向压样器，由于底部土体不同，仅从一侧压缩土体，由于受到模具型腔内摩擦力的影响，单向压制土样密度自受压处开始从上至下逐渐减小，因此土样的均匀性相对较差。

当对土体均匀性要求比较高时，应采用如图 3-9（d）所示的双向压样器。双向压样时，模腔中的土体两端都与模壁有相对运动。由于上下两边的土样都相对于模腔运动，因此土样密度自上下两端到中部逐渐减小。也就是说，中间的土体密度最低，两端的土体密度较高。在压样法中，一般来说，土样的平均密度是事先计算好的。因此与单向压样相比，采用双向压样获得的土样密度差别约为采用单向压样的一半，其土样均匀性更好。

采用压样法制备土样后，应擦净环刀外壁，称取环刀、土的总质量，用于其真实密度的计算；同时应测定环刀两端削下土样的含水率，将其视为试样的含水率。

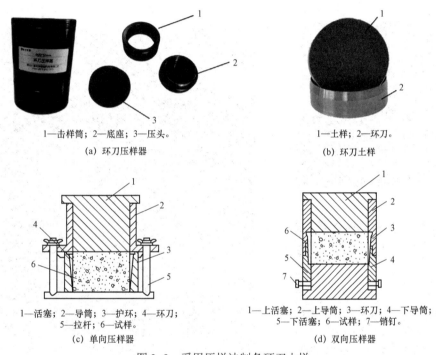

1—击样筒；2—底座；3—压头。

(a) 环刀压样器

1—土样；2—环刀。

(b) 环刀土样

1—活塞；2—导筒；3—护环；4—环刀；
5—拉杆；6—试样。

(c) 单向压样器

1—上活塞；2—上导筒；3—环刀；4—下导筒；
5—下活塞；6—试样；7—销钉。

(d) 双向压样器

图 3-9　采用压样法制备环刀土样

③ 切样法。

首先采用标准击实实验获得较大的土样，并用推土器推出；然后按照 3.2.2 节中的原状土试样制备方法切取土样。

④ 泥浆固结制样法。

为了获得应力历史明确的固结土样，还可以采用泥浆固结制样法进行制样，如图 3-10 所示，具体步骤如下。

（a）将细粒土与水混合后倒入容器中（含水率约为液限的 2 倍），密封存放，待水分充分吸收后进行搅拌，获得泥浆，以备使用。

（b）将透水石放置在模具底座上，在透水石上端放上滤纸，将乳胶膜通过 O 形圈固定在模具底座上，将对开的支护筒与模具底座拼装，然后在支护筒上部加上空心圆筒护臂，完成模具系统的装配。

（c）将装配好的模具系统固定到制样平台放置试样的底盘上。

（d）将泥浆通过漏斗倒入试样模具中，达到设定的高度。

（e）调整横梁高度使得加压器和泥浆上表面接触，然后抬高反作用力横梁和加压顶帽，除去空心圆筒护臂，在试样顶部加上模具顶盖，将乳胶膜套在加压顶盖外侧，通过 O 形圈固定乳胶膜，使试样形成密封状态。

（f）打开空压机进行分级加载，通过制样平台的压力计和位移计控制每级加载的压力大小和加载时间。

（g）施加轴向固结压力，直至土样体积不变，无水分继续排出，可视为固结完成。

（h）拆样后，可按照 3.2.2 节的方法切取环刀或者圆柱形土样用于土力学实验。

（a）准备泥浆

（c）固结完成的土样

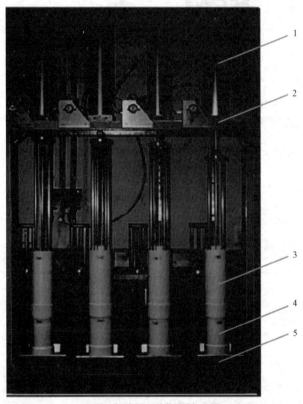

（b）采用侧限固结装置进行固结

1—加压器；2—横梁；3—圆筒护臂；4—支护筒；5—底座。

图 3-10　采用泥浆固结制样法制备的预固结土样

（6）制样后，应测量试样的真实含水率和干密度。由于制样过程中的蒸发等因素，会导致土样的密度、含水率包含一定的误差，和设计值并不完全相同。因此，制样后应再次测量试样的含水率和密度，获得其真实值。在后续数据分析中，应采用试样的含水率和密度真实值，而不是其设计值。

一般来说，制备试样的密度、含水率与设计值应分别在 ± 0.02 g/cm³ 与 $\pm 1\%$ 范围以内；平行实验或一组内各试样间最大允许差值也要求分别在 ± 0.02 g/cm³ 和 $\pm 1\%$ 范围以内。

3.2.4 关于试样制备的若干说明

1. 四分对角取样法

为了保证所用土料的均匀性，即具有相同的成分、颗粒级配和含水率，可按照四分对角取样法进行土料的取用。具体步骤如下：将土样均匀地平铺在木板（或玻璃板、牛皮纸）上，按照对角线划分为 4 等份；取对角的 2 份作为进一步制备土样的材料，而将其余的对角 2 份淘汰；将已取中的 2 份样品充分混合后重复上述方法取样。反复操作，每次均淘汰 50% 的样品，直至所取样品达到所要求的数量为止。这种取样的方法叫作四分对角取样法，简称四分法。图 3-11 为四分法对角取样示意图。

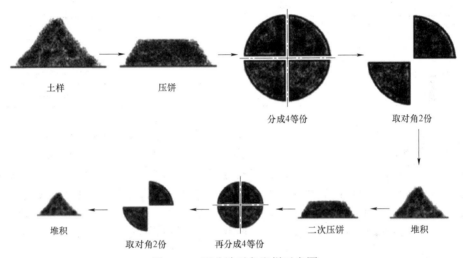

图 3-11　四分法对角取样示意图

2. 关于土样过筛孔径的说明

当需要采用碾散后的黏质土料和砂质土料制备土样时，为了避免土料含有大量的胶结大颗粒，应将碾碎的土料过筛后备用。过筛所使用的筛孔径的大小取决于实验所用的仪器容器的大小。

已有的实验研究表明：用于直接剪切实验中的试样颗粒最大粒径，不应大于剪切盒内径的 1/20（剪切盒内径以 6.18 cm 计），土样需过 2 mm 筛。无侧限压缩、三轴剪切等实验中的试样颗粒最大粒径与试样直径的比值为 1/12～1/8。实验中一般三轴试样直径为 39.1 mm、61.8 mm、101 mm 这 3 种，其试样的允许最大粒径分别为 2 mm、5 mm、10 mm。压缩实验的试样最大颗粒粒径为容器高度的 1/8～1/6。目前一般所用的固结仪，其容器高度为 20 mm，用过 2 mm 筛的土样是可以的，又鉴于粒径 2 mm 恰为砂粒的上限，因此，土样制备中统一规定扰动土所使用的土料需过 2 mm 筛，然后进行试样制备。

除上述制备力学性能测定实验用土样过 2 mm 筛以外，基本物性测定实验所使用的土料应过 0.5 mm 筛；轻型击实实验的土料应过 5 mm 筛，重型击实实验的土料应过 24 mm 筛。

3. 试样制备过程中对干密度和含水率的控制

如表 3-4 所示，对于含黏粒的击实土样，由于其孔隙结构和土体性质随制样含水率不同会存在很大的差异。因此，应根据现场情况选择合适的含水率制备重塑土样。对于填方工程，常在最优含水率附近进行土样击实、制备土样。

表 3-4 制样含水率对土体性质的影响

性质	干侧（低于最优含水率）	湿侧（低于最优含水率）
结构	絮凝结构（随机型）	集聚结构（分散型）
强度	高	低
饱和渗透系数	高	低
先期固结压力	高	低
压缩性	高压力下压缩性强	低压力下压缩性强
涨缩性	易吸水膨胀	易失水收缩

需要注意的是，所制备试样的实际干密度（含水率）和预期的干密度（含水率）可能有一定的误差。例如，每击实或切土 0.5h，土样的含水率会因为蒸发降低 0.5%~1%。因此制备土样后，应立即称量土体的总质量，计算其准确的干密度和含水率。另外，不需要饱和且不立即进行实验的试样，应存放在保湿器内备用，避免土样的含水率因蒸发而降低。

另外，Wheeler 和 Sivakumar（2000）的研究结果表明：只要土样初始含水率和最终干密度相同，通过静力压实制样法和动力击实制样法所获土样的强度、变形和渗透行为一致，没有明显区别。

3.3 试样的饱和

土的孔隙逐渐被水填充的过程称为饱和。当土中孔隙全部被水充满时，该土称为饱和土。很多土力学实验需采用饱和土样进行。应注意的是，为尽可能避免对土样的扰动，保持其结构性和天然条件下的干湿状态，原状土进行实验时一般不进行饱和。

当重塑样需要饱和时，应根据其土体性质选用合适的试样饱和方法，包括以下几种。

（1）水头饱和法：砂土、砾石等孔隙较大的无黏性土，可直接在仪器内浸水饱和，其操作简单，但是饱和度难以达到很高的水平。

（2）毛管饱和法：适用于较易透水的黏性土。当渗透系数大于 10^{-4} cm/s 时，采用该法较为方便。

（3）真空饱和法：适用于透水性较差的黏性土。当渗透系数小于 10^{-4} cm/s 时，采用该法；如土的结构性较弱，抽气可能发生扰动者，则不宜采用。

（4）二氧化碳置换饱和法：当黏性土渗透系数很低，真空饱和法应用效果较差时，可以进一步采用二氧化碳置换饱和法对土样进行饱和，使其达到更高的饱和度。

（5）反压饱和法：该方法一般仅在三轴仪等有反压条件的仪器中使用，这部分内容将在

第 9 章中做详细介绍。

需要指出的是，高饱和度土样中很多时候都会存在一些封闭气泡，它们很难去除，导致完全饱和的土样很难获得。当对土体饱和程度要求较高时，应联合多种方法共同进行土样饱和，如先进行二氧化碳置换，然后再抽真空饱和，最后进行反压饱和。

3.3.1　仪器设备

（1）框式饱和器（见图 3-12），可用于单个土样的饱和。

1—框架；2—透水板；3—环刀（内装土样）。

图 3-12　框式饱和器

（2）重叠式饱和器（见图 3-13），可同时用于多个土样的饱和。

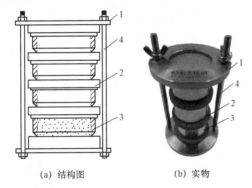

(a) 结构图　　　　　　　(b) 实物

1—夹板；2—透水板；3—环刀（内装土样）；4—拉杆。

图 3-13　重叠式饱和器

（3）真空泵。

（4）饱和容器（一般为金属或玻璃的真空缸，可和真空泵连接），用于放置待饱和土样。

3.3.2　试样饱和步骤

1. 毛管饱和法

（1）选用框式饱和器，在装有试样的环刀两面贴放滤纸，再将两块透水板放在滤纸上，通过框架两端的螺丝将透水板与环刀夹紧。

（2）将装好试样的饱和器放入水箱中，在水箱中注入蒸馏水，水面淹没到试样 4/5 高度处；随后水分将在毛细作用下逐步渗入土体，土中气体从上部未淹没的表面排出。

（3）关上箱盖，防止水分蒸发，借土的毛细管作用使试样饱和，一般约需 3 天（饱和所需的时间可以根据土体的渗透性适当调整）。

（4）试样饱和后，取出饱和器，松开螺丝，取出环刀，擦干外壁，吸去表面积水，取下试样上下滤纸，称取环刀、土的总质量，准确至 0.1 g，按下式计算饱和度：

$$S_r = \frac{(\rho - \rho_d)G_s}{e\rho_d} \quad 或 \quad S_r = \frac{wG_s}{e} \tag{3-3}$$

式中：S_r 为饱和度；ρ 为饱和后的密度，g/cm³；ρ_d 为土的干密度，g/cm³；e 为土的孔隙比；G_s 为土粒相对密度；w 为饱和后的含水率。

（5）如获得土样的饱和度小于 95%，可采用其他方法（如真空饱和法和二氧化碳置换饱和法）使其进一步饱和。

2. 真空饱和法

（1）选用重叠式饱和器或框式饱和器，在重叠式饱和器下板正中间放置稍大于环刀的透水板和滤纸，将装有试样的环刀放在滤纸上，试样上再放一张滤纸和一块透水板，以这样的顺序重复地由下向上重叠放置至拉杆的长度，将饱和器上夹板放在最上部透水板上，旋紧拉杆上端的螺丝，将各个环刀在上下夹板间夹紧（见图 3-13）。

（2）将装好试样的饱和器（见图 3-13）放入真空缸内，盖上缸盖。盖缝内应涂一薄层凡士林，以防漏气。

（3）关管夹、开二通阀，将真空抽气机与真空缸接通（见图 3-14），启动真空抽气机，抽出缸内及土中气体。抽气压力应当保持在 1 个大气负压力值。抽气时间可根据土体渗透性调整，对于黏质土，抽气时间应达到 1 h 以上；对于粉质土，抽气时间应达到 0.5 h 以上。抽气完成后，可微微开启管夹，使清水由引水管徐徐注入真空缸内。在注水过程中，应调节管夹，使真空表上的数值基本上保持不变。

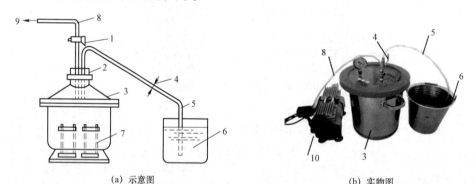

(a) 示意图　　　　　　　　　　　　　(b) 实物图

1—二通阀；2—橡皮塞；3—真空缸；4—管夹；5—引水管；6—水筒；7—饱和器；8—排气管；9—接真空抽气机；10—真空泵。

图 3-14　真空饱和法装置

（4）待饱和器完全淹没于水中后，停止抽气。将引水管自水筒中提出，开管夹令空气进入真空缸内，静置一定时间，借大气压力使试样饱和。

（5）取出试样，称量准确到 0.1 g，计算饱和度。

3. 二氧化碳置换饱和法

1）原理

水分子是极性分子，在水与气体的交界面上，水会产生弯液面作用，这种弯液面作用使得土体孔隙中产生一系列的气泡，在水头压力作用下，比较大的气泡会悬浮出水面。由于土样孔隙构成的管道较细，加之土骨架对气泡的阻滞作用，许多残留气泡在水头饱和压力的作用下是不会全部悬浮出水面的，因此对于孔隙直径很小的黏性土来说，毛管饱和法和真空饱和法并不能驱尽土体中的空气，即使经过很长的时间，土样的饱和度有时也依然处在一个不太高的水平，获得的土样实际上是一种气相完全封闭或者气相内部连通的非饱和土。

由于二氧化碳比空气重且易溶于水，从试样底部注入二氧化碳后，试样孔隙中的空气逐渐从试样顶端排出。二氧化碳是气体，用一种气体驱赶另一种气体，不会出现气泡阻滞现象。又因二氧化碳在水中的溶解度远比空气大（一个大气压力下，0 ℃时，1 cm³ 水可溶解空气 0.029 cm³，可溶解二氧化碳 1.71 cm³），因而当试样孔隙充满二氧化碳后，用水头饱和法饱和时，试样孔隙中的二氧化碳气泡很快溶于水生成碳酸，继续水头饱和时，又可以成为一种液体（水）驱赶另一种液体（稀碳酸），最后使试样孔隙中充满纯净水，达到饱和的目的。一般对饱和度要求较高时采用此法。

2）装置

二氧化碳饱和装置可由稳定的二氧化碳气压源和水头饱和装置两部分组成，如图 3-15 所示。首先将图 3-15 中的 1、6 阀门打开，关闭 3、7 阀门，即可将二氧化碳减压后，经试样底座通入试样，并由试样顶端管道溢出，用二氧化碳冲洗置换试样孔隙中的空气。冲洗时间应在 20 min 以上。待完成二氧化碳对空气的置换后，再将 1、6 阀门关闭，打开 3、7 阀门，对土样进行水头饱和。

此外，常规三轴仪或者渗透仪也都可以用作二氧化碳饱和的装置，只需将渗透实验中的水流更换为二氧化碳气流即可完成二氧化碳对空气的置换过程。然后再将二氧化碳气流更换回水流，完成土样饱和工作。

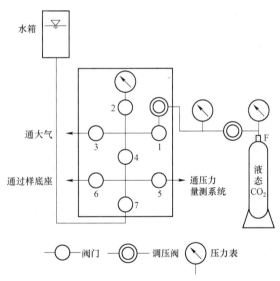

图 3-15　二氧化碳饱和装置装配图（李兴国，1985）

3）操作步骤

（1）首先用振动击实或静压的方法在三轴试样承膜筒中制备所要求密度的试样。

（2）将高压钢瓶中的液态二氧化碳（纯度在 99% 以上）通过两级减压到实验所需要的压力，一般为 5～20 kPa。

（3）通过试样下部的进水孔输入二氧化碳，然后将顶部出水孔直接打开和大气连通。

（4）二氧化碳从下部进水孔通入试样，并由试样上部出水孔溢出，即可完成二氧化碳置换试样孔隙中的空气。通气冲洗时间应在 20 min 以上。

（5）关闭二氧化碳气源阀门 F 和阀门 1，打开水箱阀门 7 和 3，即从下部进水孔提供水流，进行土样的饱和。

（6）当试样上部出水口的出水量达 0.2～1 L 时，关闭阀门 7，即完成试样饱和。

3.3.3　关于试样饱和的几点说明

1. 饱和度的大小

饱和度的大小对渗透实验、固结实验和剪切实验的结果均有显著影响。对于不测孔隙水压力的实验，一般认为饱和度大于 95%即达到饱和。对于需要测孔隙水压力的实验，如三轴固结不排水实验和振动三轴实验，对饱和度的要求较高，其试样饱和度应达到 99%以上，此时宜采用二氧化碳置换饱和法或反压饱和法。有关反压力饱和法的具体内容可参考第 9 章中的内容。

2. 压实作用和饱和过程对土体性质的影响

压实作用和饱和过程都会对土体的孔隙结构产生影响，进而可能导致土体的性质发生显著变化。因此必须重视并严格控制土体的压实和饱和方法，尽可能降低因压实和制样方法的差异所导致的实验误差，以便获得更高质量、更可靠的实验数据。

压实土样一般都具有双孔隙结构（Zhang et al.，2009），即同时包含较多的团聚间大孔隙（一般大于 2 μm）和团聚内小孔隙（一般小于 2 μm）。压实主要是一种宏观力学作用，增大动力压实中的压实功（或增大静力压实中的应力），会破坏土体的宏观结构，导致团聚间大孔隙的孔隙直径减小和数量减少，但不会对团聚内小孔隙产生影响。而饱和过程包含更多的微观物理化学作用，饱和过程中，水分子会对黏土颗粒之间产生显著影响，有可能引起土体双电层厚度的增加、团聚内小孔隙的膨胀，导致黏土颗粒体积发生膨胀、团聚体变大，进而挤压团聚间大孔隙的空间，导致双孔隙结构的重组或消失（李旭 等，2009，2010，2014）。

3.4　习　　题

1. 原状土样进行实验之前，是否应该将土样饱和？为什么？
2. 如果某高压实度黏土试样需要进行饱和，应该采用什么方法？
3. 在多次取用土料时，采用哪些方法可以保证不同批次土料的颗粒级配接近？
4. 原状土样的哪些性质和重塑土样不同？其内在原因是什么？
5. 在现场如何进行砂土的取样？

为方便读者学习本章内容，本书提供相关电子资源，读者通过扫描右侧二维码即可获取。

扫码，获取本章电子资源

第 4 章

土体基本物理特性实验

　　土体是由固体颗粒、水和气体所组成的三相体系。土中三种组成成分本身的性质及它们之间的比例关系和相互作用决定着土的物理力学特性。因此研究土的性质，必须首先研究土的三相组成。

　　本章将对土的三相组成基本概念、土的 3 个基本物理指标实验和土的颗粒分析实验进行介绍。其中，基于土的 3 个基本物理指标实验可以确定土体的三相比例关系；土的颗粒分析实验结果可以用于判定土的工程分类。

　　在土的 3 个基本物理指标实验中，最基本的实验方法有环刀法、比重瓶法和烘干法；而土的颗粒分析实验中，最基本的实验方法是筛分法。这些都是土木工程专业本科生和工程师必须掌握的内容。除了介绍这些基本的实验方法外，本章还介绍一些其他相对复杂但非常实用的方法，以便岩土工程专业研究生和勘察工程师学习和使用。

4.1　三相草图与三相指标

4.1.1　三相草图

　　土中固、液、气三相组成成分在质量、体积等数量上的比例关系称为三相指标。在土力学中，为了清楚表示土的三相指标和组成，通常采用如图 4-1 所示的三相草图。图 4-1 的左侧是固、液、气三相的质量，右侧是其体积。

　　为了方便使用，在本章中，无特殊说明时，m、V、ρ 分别表示质量（mass）、体积（volume）与密度（density），下标 s，w，a，v 分别代表土颗粒（solid）、水（water）、气体（air）和孔隙（void），不带下标的则表示土体或土样自身。

　　图 4-1 中共有 9 个参数，包括 V，V_v，V_s，V_a，V_w，m_s，m_w，m_a，m。其中已知的关系有 5 个，分别为

$$V = V_s + V_a + V_w \tag{4-1}$$

$$V_v = V_a + V_w \tag{4-2}$$

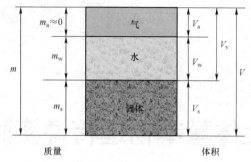

图 4-1　三相草图

$$m = m_s + m_w + m_a \tag{4-3}$$

$$m_a \approx 0 \tag{4-4}$$

$$m_w = \rho_w V_w \tag{4-5}$$

4.1.2　三相指标

除了图 4-1 中列出的基本物理量，土力学还定义了一些三相指标，来指代土中固、液、气三相组成成分在质量、体积等数量上的比例关系，主要包括以下几个指标。

（1）表征土中孔隙体积占比的指标，包括孔隙比 e 和孔隙度 n。孔隙比 e 指孔隙体积与固体颗粒实体体积之比，通常用小数表示，计算公式为

$$e = \frac{V_v}{V_s} \tag{4-6}$$

孔隙度 n 指孔隙体积与土的总体积之比，通常用百分数表示，计算公式为

$$n = \frac{V_v}{V} \times 100\% \tag{4-7}$$

土的孔隙比 e 和孔隙度 n 存在下列关系：

$$n = \frac{e}{1+e} \times 100\% \tag{4-8}$$

$$e = \frac{n}{100\% - n} \tag{4-9}$$

（2）表征土中含水程度的指标，包括含水率 w 和饱和度 S_r。含水率的定义为土中水的质量与土粒质量的比值，用百分数表示，计算公式为

$$w = \frac{m_w}{m_s} \times 100\% = \frac{m - m_s}{m_s} \times 100\% \tag{4-10}$$

饱和度是孔隙中充满水的程度，即水的体积与孔隙体积之比，其定义式为

$$S_r = \frac{V_w}{V_v} \tag{4-11}$$

（3）表示土的密度和重度的指标。土的密度是土单位体积的质量，以 kg/m³ 或 g/cm³ 为单位。

$$\rho = \frac{m}{V} = \frac{m_s + m_w}{V_s + V_w + V_a} \tag{4-12}$$

为了方便工程计算，除了天然密度 ρ（以下简称密度），还定义了土在不同含水状态下的密度，包括饱和密度 ρ_{sat} 和干密度 ρ_d。其中饱和密度是指孔隙完全被水充满时土的密度，计算公式如下：

$$\rho_{sat} = \frac{m_s + V_v \rho_w}{V} \tag{4-13}$$

干密度是土体在完全干燥（或者烘干后）条件下的密度，忽略空气的质量，其计算公式如下：

$$\rho_d = \frac{m_s}{V} \tag{4-14}$$

在工程上还常用重度来表示土体单位体积的重量。在数值上，天然重度 γ、饱和重度 γ_{sat}、干重度 γ_d 等于相应的密度乘以重力加速度 g。工程上有时为计算方便，取 $g=10\ N/kg$。此外，静水作用下的土体受到水的浮力作用，其重度等于土的饱和重度减去水的重度，称为浮重度 γ'，表示为

$$\gamma' = \gamma_{sat} - \gamma_w \tag{4-15}$$

（4）土粒相对密度（又称土粒比重）。土粒相对密度 G_s 是土颗粒的质量与同体积纯水在 4 ℃时的质量之比，为量纲一的量。

$$G_s = \frac{m_s}{V_s \rho_w} = \frac{\rho_s}{\rho_w} \tag{4-16}$$

由于纯水在 4 ℃时的密度为 $1.0\ g/cm^3$，因此土粒相对密度在数值上等于土粒的密度。这样土的三相指标共有 12 个，即孔隙比 e、孔隙度 n、含水率 w、饱和度 S_r、土粒相对密度 G_s、天然密度 ρ、饱和密度 ρ_{sat}、干密度 ρ_d、天然重度 γ、饱和重度 γ_{sat}、干重度 γ_d 及浮重度 γ'。

这些三相指标之间的换算可以利用如图 4-1 所示的三相草图进行。在利用三相草图计算时，可任意假设某个变量为 1，这样未知的独立变量就只有 3 个。因此，土力学中先通过 3 个土的基本物理特性测定实验确定土的密度 ρ、含水率 w 和土粒相对密度 G_s 这 3 个指标，然后根据三相草图就可以换算得到其他所有指标。

实际上，利用三相草图进行计算的过程中，假设固体体积 $V_s=1$ 最为简单，具体的计算过程如下：

（1）假设 $V_s=1$，则有：

（2）$m_s = G_s V_s = G_s$；

（3）$m_w = w m_s = w G_s$；

（4）$m = m_s + m_w = G_s(1+w)$；

（5）$V_w = m_w/\rho_w = w G_s$；

（6）$V_v = e$；

（7）$V = V_v + V_s = 1 + e$；

（8）$S_r = V_w/V_v = w G_s/e$。

根据上述计算过程，逐个将质量与体积填写在三相草图的左右两侧，可得图 4-2 中所示

关系。在上述公式中,水的密度取 1,含水率直接用小数表示。根据密度的定义式将质量和体积联系起来:

$$\rho = \frac{m}{V} = \frac{m_s + m_w}{V} = \frac{G_s(1+w)}{1+e} \tag{4-17}$$

密度 ρ、土粒相对密度 G_s 和含水率 w 是易于测量的 3 个独立物理量,称之为土的 3 个基本物理性质指标。基于这 3 个指标,可以计算出土体的孔隙比 [见式 (4-17)]、孔隙度、饱和度等其他指标。

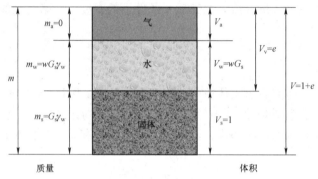

图 4-2　利用三相草图进行指标计算

4.2　密 度 实 验

土的密度 ρ 是指土单位体积的质量,是土的 3 个基本物理性质指标之一,是计算土的自重应力、干密度、孔隙比、饱和度等指标的重要依据。土的密度一般是指土的天然密度 ρ,即土体的质量体积比,参见式 (4-17)。

土的密度实验需要分别测量试样体积及其质量,然后将质量除以体积计算得出土的密度。质量采用一定精度的天平测定,只要精心操作,就能得到准确值。因此,土体密度实验的难点在于其体积的准确测量。随着土样的形状、状态不同,土样的体积测量方法不同,包括环刀法、蜡封法、灌砂法和灌水法等。

对于黏性土,可直接使用环刀切取土样并进行土体体积的测量,因此环刀法最为简便,已在实验室和现场广泛使用。对于不能用环刀切削的坚硬、易碎、含有粗粒、形状不规则的成形土样,可用蜡封法。对于难以成形的土样,如砂土和砾石等,可采用灌砂法和灌水法。另外,近几年核子射线法也逐渐成熟,可在野外现场进行饱和松散砂、淤泥、软黏土等土体的天然密度测量。

4.2.1　环刀法

环刀法就是采用环刀切取土样并称取土质量的方法。环刀内土的质量与环刀体积之比即为土的密度。环刀法操作简便且准确,在室内和野外均被普遍采用,但环刀法只适用于测定不含砾石颗粒的细粒土的密度。图 4-3 为采用环刀法野外切取土样示意图。

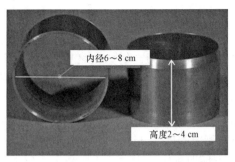

(a) 准备环刀

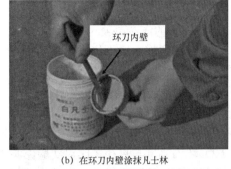

(b) 在环刀内壁涂抹凡士林

(c) 用环刀切取土样

(d) 削去环刀表面的余土

图 4-3　采用环刀法野外切取土样示意图

1. 仪器设备

（1）环刀。

（2）天平：称量 500 g，最小分度值 0.1 g；称量 200 g，最小分度值 0.01 g。

（3）其他：切土刀、钢丝锯、毛玻璃和圆玻璃片等。

2. 操作步骤

（1）按工程需要取原状土样或通过人工制备符合要求的扰动土样，整平两端放在玻璃板上。在环刀内壁涂一薄层凡士林，刃口向下放在土样上。

（2）用切土刀或钢丝锯将土样切削成底面直径略大于环刀直径的土柱，然后将环刀垂直下压，边压边削，至土样伸出环刀为止，将两端余土削去修平，取余土测定含水率。

（3）擦净环刀外壁，然后称取环刀加土质量，准确至 0.1 g。

（4）进行两次平行测定。两次测定的密度差值不得大于 0.03 g/cm³，并取两次测量值的算术平均值。

3. 成果整理

按式（4-18）和式（4-19）分别计算天然密度和干密度：

$$\rho = \frac{m}{V} = \frac{m_2 - m_1}{V} \tag{4-18}$$

$$\rho_d = \frac{\rho}{1 + 0.01w} \tag{4-19}$$

式中：ρ 为天然密度，g/cm³，精确至 0.01 g/cm³；ρ_d 为干密度，g/cm³，精确至 0.01 g/cm³；m 为湿土质量，g；V 为环刀容积，cm³；m_2 为环刀加土质量，g；m_1 为环刀质量，g；w 为含水

率，%。

4. 环刀法的注意事项

（1）应注意按土质均匀程度及土样尺寸选择不同容积的环刀。例如在路基、土石坝等施工现场检查填土压实密度时，因每层土压实厚度达 20～30 cm 以上，上下部土层的压实程度并不均匀，而环刀容积过小，取土深度稍有变化，则所测密度就会存在较大的差别。在这种情况下，可通过增大环刀容积提高密度测量的精度，可用容积为 200～500 cm³ 的环刀。如果采用较小容积环刀，则应在每层土的上、下部位分别测定密度，以评估现场填土的压实程度。

（2）环刀高度与直径之比对实验结果有影响。当环刀高度过大时，土与环刀内壁的摩擦越大，同时取样的困难增大，为此，要控制径高比。室内实验使用的环刀直径为 6～8 cm，高 2～5.4 cm；野外采用的环刀规格尚不统一，径高比一般以 1～1.5 为宜。

（3）环刀壁越厚，压入时土样受到的扰动程度就越大，所以环刀壁越薄越好。但是将环刀压入土中时，会受到一定的阻力。如果环刀壁过薄，则环刀容易变形和损坏，故一般壁厚采用 2 mm 左右，刃口厚度采用 0.3 mm。

（4）用环刀切土时，要尽可能避免对试样的扰动，所以应先将土体切成一个底面直径较环刀内径略大的土柱，然后将环刀放置在土柱上方，垂直下压，切取土样。如果环刀容积较大，不易切成土柱，可用直接压入法［见图 4-3 (c)］。为避免环刀下压时挤压四周土样，应边压边削，直至土样伸出环刀，最后将土样两端修平［见图 4-3 (d)］。

4.2.2 蜡封法

在实验室，蜡封法常用来测量块状土体的密度。通过该方法可以测得土块的体积，然后通过计算获得土体的密度。蜡封法基于阿基米德定律进行，即当物体浸入液体中时，作用于物体上的浮力等于与物体同体积的液体的重力。因此，浸入水中物体的质量等于物体的质量减去排开水的质量。该法适用于环刀不能切取的坚硬、易碎和形状不规则的土样。

1. 仪器设备

（1）熔蜡加热器。

（2）天平：称量 500 g，最小分度值 0.1 g；称量 200 g，最小分度值 0.01 g。

（3）其他：切土刀、钢丝锯、烧杯、细线、针等。

2. 操作步骤

蜡封法的操作过程如图 4-4 所示，包括以下步骤。

（1）取体积约 30 cm³ 的代表性试样，削去表面松散浮土及尖锐棱角后，用细线系上土样，然后称量，准确至 0.01 g，其初始质量为 m_0［见图 4-4 (a)］。

（2）如图 4-4 (c) 所示，将土样蜡封。持线将试样缓慢浸入刚过熔点的蜡液中，待全部浸没后，立即将试样提出。由于试样温度较低，表面沾染的蜡液会在空气中迅速凝固，在表面形成蜡封层。随后应检查蜡封层是否封闭完好，即蜡封是否完整、是否有气泡存在。当蜡封不完整时，应等待 5min，待试样冷却后，将蜡膜缺失的位置重新浸染蜡液，再次蜡封。当有气泡存在时，可用热针刺破蜡膜，待试样冷却后再用蜡液补平。最后将蜡封好的土样静置冷却到室温，然后称取蜡封试样的质量 m_n，准确至 0.01 g。

（3）测量蜡封土样的排水体积。可采用以下 3 种方法测量排水体积：

① 用细线将蜡封试样吊挂在天平的下端，使试样浸没于纯水中，称取蜡封试样在纯水中

的质量 m_{nw}，准确至 0.01 g，试样浸没前后的质量差即为排水质量，可用于计算排水体积；

② 采用自由溢流法直接测量溢出容器的水量，即为排水体积；

③ 将试样悬空浸没于水中，测量水和容器的总质量，其总质量增加量为排水质量，蜡封试样质量 m_n 减去排水质量，即为 m_{nw}，如图 4-4（d）所示。

（4）取出试样，擦干蜡封试样表面的水分，再次称量蜡封试样质量，准确至 0.1 g，以检查蜡封试样中是否有水浸入。如蜡封试样质量增加，则说明蜡封试样内部有水浸入，应另取试样重做实验。如蜡封试样质量 m_n 不变，可进行密度计算。

（5）应进行两次平行测定。两次测定的密度差值不得大于 0.03 g/cm³，并取两次测量值的算术平均值。

（a）称量蜡封前试样质量 m_0

（b）将石蜡置于砂浴中，将其熔化

（c）将温度较低的试样快速浸入液态石蜡，然后取出，实现蜡封

（d）采用称量法测量蜡封土样的排水体积

图 4-4　采用蜡封法测量土块的密度

（6）成果整理。

按式（4-20）计算天然密度：

$$\rho = \frac{m_0}{\dfrac{m_n - m_{nw}}{\rho_{wt}} - \dfrac{m_n - m_0}{\rho_n}} \tag{4-20}$$

式中：ρ 为天然密度，g/cm³，精确至 0.01 g/cm³；m_0 为试样质量，g；m_n 为试样加蜡质量，g；m_{nw} 为试样加蜡在水中质量，g；ρ_{wt} 为纯水在 $t\,℃$ 时的密度，g/cm³，精确至 0.01 g/cm³；ρ_n 为蜡的密度，g/cm³，精确至 0.01 g/cm³，通常为 0.92 g/cm³。

4.2.3　灌砂法

灌砂法是一种可以在现场进行土体密度测量的方法。灌砂法是在现场挖坑后灌标准砂，由标准砂的质量和密度来测量试坑容积，进而计算现场土体密度的方法。灌砂法现场土体最大粒径不得超过 60 mm，测定密度层的厚度为 150～200 mm。

1. 仪器设备

（1）灌砂筒。灌砂筒的型式和主要尺寸如图 4-5（a）所示。灌砂筒主要分 2 个部分：上部为灌砂筒，筒底中心有一个圆孔；下部装一倒置的圆锥形漏斗，漏斗上端开口，其直径与灌砂筒的圆孔相同。漏斗焊接在一块铁板上，铁板中心有一圆孔与漏斗上开口相接。在灌砂筒筒底与漏斗顶端铁板之间设有开关。开关为一薄铁板，一端与筒底及漏斗铁板铰接在一起，另一端伸出筒身外。开关上也有圆孔。将开关向左移动时，开关上的圆孔恰好与筒底圆孔及漏斗上开口相对，即 3 个圆孔在平面上重叠在一起，此时砂通过圆孔自由落下。当将开关向右移动时，开关将筒底圆孔堵塞，砂即停止下落。

对于细粒土来说，可以采用直径 100 mm 的小型灌砂筒；如果最大粒径超过 15 mm，则灌砂筒和现场试洞的直径应为 150～200 mm，灌砂筒的直径应该大于最大粒径的 3 倍。

（2）金属标定罐，如图 4-5（b）所示。

（3）基板：边长 350 mm、深 40 mm 的金属方盘，盘中心圆孔直径与灌砂筒一致。

（4）玻璃板：边长约 500 mm 的方形板。

（5）天平：称量 15 kg，精度为 1 g；称量 1 000 g，精度为 0.01 g。

（6）量砂：粒径 0.25～0.5 mm、清洁干燥的均匀砂，约 20～40 kg。应先烘干，并放置足够时间，使其与空气的温度达到平衡。

（7）其他：打洞工具，如凿子、铁锤、长把勺、长把小簸箕、毛刷等；烘干设备。

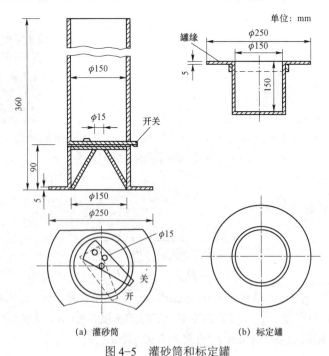

图 4-5　灌砂筒和标定罐

2. 仪器标定

1）确定灌砂筒下部圆锥形漏斗内砂的质量

（1）在灌砂筒内装满砂，并称取灌砂筒和筒内砂的总质量 m_1，准确至 1 g。筒内砂的高度与筒顶的距离应不超过 15 mm，并且以后的实验都维持该质量不变。

（2）将灌砂筒放在玻璃板上，打开开关，让砂流出，直到筒内砂不再往下流时，关上开关，并小心地取走灌砂筒。

（3）收集并称量留在玻璃板上的砂，准确至 1 g。玻璃板上的砂就是填满灌砂筒下部圆锥体的砂。

（4）重复上述测量，至少 3 次。最后取其平均值 m_2，准确至 1 g，该质量即为灌砂筒下部圆锥形漏斗内的砂质量。

2）确定量砂的密度

将空罐放在电子秤上，使罐的上口处于水平位置，读记罐质量 m_7，准确至 1 g。向标定罐中灌水，注意不要将水弄到电子秤上或罐的外壁。将一直尺放在罐顶，当罐中水面快要接近直尺时，用滴管往罐中加水，直到水面接触直尺，移去直尺，读记罐和水的总质量 m_8。

重复测量时，仅需用吸管从罐中取出少量水，并用滴管重新将水加满到接触直尺。

标定罐的体积 V 按式（4-21）计算：

$$V = \frac{m_8 - m_7}{\rho_w} \tag{4-21}$$

式中：V 为标定罐的体积，精确至 0.01 cm³；m_7 为标定罐质量，g；m_8 为标定罐和水的总质量，g；ρ_w 为水的密度，g/cm³。

在灌砂筒中装入质量为 m_1 的砂，并将灌砂筒放在标定罐上，打开开关，让砂流出，直到灌砂筒内的砂不再往下流，关闭开关。流出的砂土质量等于标定罐中的砂质量和灌砂筒下部圆锥形漏斗内的砂质量 m_2 之和。

取下灌砂筒，称取灌砂筒和筒内剩余砂的总质量 m_3，准确至 1 g。重复上述测量，至少 3 次。最后取其平均值 m_3，准确至 1 g。按式（4-22）计算填满标定罐所需砂的质量 m_a：

$$m_a = m_1 - m_2 - m_3 \tag{4-22}$$

式中：m_a 为灌砂的质量，精确至 1 g；m_1 为灌砂入标定罐前，灌砂筒和筒内砂的总质量，g；m_2 为灌砂筒下部圆锥体内砂的平均质量，g；m_3 为灌砂入标定罐后，灌砂筒和筒内剩余砂的总质量，g。

按式（4-23）计算量砂的密度 ρ_s：

$$\rho_s = \frac{m_a}{V} \tag{4-23}$$

式中：ρ_s 为砂的密度，g/cm³；V 为标定罐的体积，cm³；m_a 为砂的质量，g。

3. 操作步骤

灌砂法的操作过程如图 4-6 所示，包括以下步骤。

（1）根据试样的最大粒径确定试坑尺寸（见表 4-1）。表 4-1 也适用于灌水法试坑尺寸的确定。

（2）现场土体整平 [见图 4-6（a）]。在实验地点，选一块约 40 cm×40 cm 的平坦表面，并将其清扫干净，称取灌砂筒和砂的总质量 m_5。

表 4-1　灌砂法、灌水法试坑尺寸

试样最大粒径/mm	试坑尺寸/mm		
	直径	深度	
5～20	150	200	
40	200	250	
60	250	300	
200	800	1 000	

如土体表面平坦，粗糙度不大，则不需要放基板，将灌砂筒直接放在已挖好的试洞上。如土体表面的粗糙度较大，将基板放在此平坦表面上，将盛有量砂的灌砂筒放在基板中间的圆孔上。打开灌砂筒开关，让砂流入基板的中孔内，直到灌砂筒内的砂不再往下流时关闭开关。取下灌砂筒，并称取筒内砂的质量 m_6，准确至 1 g。取走基板，将留在实验地点的量砂收回，重新将表面清扫干净。

（3）挖坑取土 [见图 4-6（b）]。将基板放在清扫干净的表面上，沿基板中孔凿洞，洞的直径为 100 mm。在凿洞过程中，应注意不使凿出的试样丢失，并随时将凿松的材料取出，放在已知质量的塑料袋内并密封。试洞的深度应与标定罐高度接近或一致。凿洞完成后，称取此塑料袋中全部试样质量，准确至 1 g。减去已知塑料袋质量后，即为试样的总质量 m_t。

（4）从挖出的全部试样中取代表性样品，测定其含水率 w。

(a) 现场土体整平

(b) 挖好试坑，取土称重

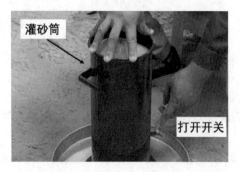

(c) 打开灌砂筒开关，灌满试坑

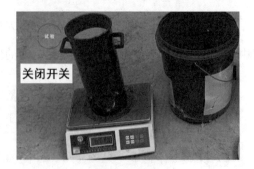

(d) 称量余砂质量

图 4-6　采用灌砂法测量现场土体的密度

（5）打开灌砂筒开关，灌满试坑 [见图 4-6（c）]。将基板安放在试洞上，将灌砂筒安放在基板中间（灌砂筒内放满砂至恒量 m_1），使灌砂筒的下口对准基板的中孔及试洞。打开灌砂筒开关，让砂流入试洞内。在此期间，应注意不要碰到灌砂筒。直到灌砂筒内的砂不再往下流，关闭开关。

（6）称量余砂质量 [见图 4-6（d）]。小心取走灌砂筒，称量筒内剩余砂的质量 m_4，精确至 1 g。

（7）取出试洞内的量砂，以备下次实验时再用。若量砂的湿度已发生变化或量砂中混有杂质，则应重新烘干、过筛，并放置一段时间，使其与空气的湿度达到平衡后再用。

（8）如试洞中有较大孔隙，量砂可能进入孔隙，此时应按试洞外形，松弛地放入一层柔软的纱布，然后再进行灌砂工作。

4. 结果整理

首先计算填满试洞所需砂的质量。如果灌砂时试洞上放有基板，则有

$$m_b = m_1 - m_4 - (m_5 - m_6) \tag{4-24}$$

如果灌砂时试洞上不放基板，则

$$m_b = m_1 - m_4' - m_2 \tag{4-25}$$

式中：m_b 为砂的质量，g；m_1 为灌砂入试洞前筒和砂的总质量，g；m_2 为灌砂筒下部圆锥体内砂的平均质量，g；m_4 为灌砂入试洞后，筒和筒内剩余砂的总质量，g；$m_5 - m_6$ 为灌砂筒下部圆锥体内及基板和粗糙表面间砂的总质量，g。

按式（4-26）计算实验地点土的天然密度：

$$\rho = \frac{m_t}{m_b} \times \rho_s \tag{4-26}$$

式中：ρ 为土的天然密度，精确至 0.01 g/cm^3；m_t 为试洞中取出的全部土样的质量，g；m_b 为填满试洞所需砂的质量，g；ρ_s 为砂的密度，g/cm^3。最后，根据土的密度和含水率计算土的干密度。

5. 灌砂法实验的注意事项

（1）由于灌砂法适用于砂、砾，在开挖试坑时，周围的砂粒容易移动，使试坑体积减小，测得的密度偏高，操作时应特别小心。试坑内已松动的颗粒应全部取出。

（2）地表刮平对正确测定试坑体积是很重要的。现在灌砂法一般不用套环，而是直接在刮平的地面上挖试坑，然后灌砂求其体积。往往由于地面没有刮平，使所测试坑体积不准确。为使所测体积比较正确，可以在表面上放一套环，以套环上缘为固定基准面，可以灌砂测定基准面与地面之间的体积，挖坑后测基准面与坑底之间的体积，两者相减即为试坑体积。但该法增加工序，使实验时间延长。

4.2.4　灌水法

灌水法和灌砂法类似，也是一种在现场进行土体密度测量的方法。灌水法是在现场挖坑后灌水，由水的体积来测量试坑体积，从而测定土的密度的方法。该方法适用于现场测定粗粒土和巨粒土的密度，特别是巨粒土的密度，从而为粗粒土和巨粒土提供施工现场检验密实度的手段。

1. 仪器设备

（1）座板：座板为中部开有圆孔，外沿呈方形或圆形的铁板，圆孔处设有环套，套孔的直径为土中所含最大石块粒径的 3 倍。

（2）储水筒。

（3）电子秤：称量 50 kg，最小分度值 5 g。

（4）其他：聚氯乙烯塑料薄膜袋、铁镐、铁铲、水准尺等。

2. 操作步骤

（1）根据试样的最大粒径确定试坑尺寸，参见表 4-1。

（2）选定试坑位置，并将试坑位置处的地面整平，地表的浮土、石块、杂物等应予以清除，而坑洼不平处则用砂铺平，地面整平的范围应略大于试坑的范围，并用水准尺检查试坑处地表是否水平。

（3）按确定的试坑直径划出试坑口的轮廓线，在轮廓线内挖至要求的深度，边挖边将坑内的试样装入盛土容器内，称试样质量，精确到 5 g，并从挖出的全部试样中取出有代表性的样品，测定其含水率。

（4）试坑挖好后，放上与试坑口相应尺寸的套环，并用水准尺找平，然后将略大于试坑体积的聚氯乙烯塑料薄膜袋沿坑底、坑壁及套环内壁紧密相贴地铺好，并翻过套环压住薄膜四周。

（5）记录储水筒内初始水位的高度，拧开储水筒的出水管开关，将水缓慢注入塑料薄膜袋中。当袋内水面接近套环上边缘时，将水流调小，直至水面与套环上边缘齐平时关闭出水管，等待 3～5 min，然后记录储水筒内的水位高度。如果坑中塑料薄膜袋内出现水面下降，则应另取塑料薄膜袋重做实验。

（6）进行两次平行测定，两次测定的密度差值不得大于 0.03 g/cm³，并取两次测值的算术平均值。

3. 成果整理

灌水法可按下式计算土的天然密度：

$$V_{\mathrm{p}} = (H_1 - H_2)A_{\mathrm{w}} - V_1 \tag{4-27}$$

$$\rho = \frac{m_{\mathrm{p}}}{V_{\mathrm{p}}} \tag{4-28}$$

式中：V_{p} 为试坑体积，cm³；H_1 为储水筒内初始水位高度，cm；H_2 为储水筒内注水终了时水位高度，cm；A_{w} 为储水筒断面积，cm²；V_1 为座板部分的体积，cm³；ρ 为天然密度，g/cm³，精确至 0.01 g；m_{p} 为试坑内取出的全部试样的质量，g。

4.3 比重实验

土粒比重是土在 105～110 ℃下烘至恒值时的质量与同体积纯水在 4℃时的质量的比值。在数值上，土粒比重与土粒的密度相同，但前者为量纲一的量。

土粒比重主要取决于土的矿物成分。常见土体的比重值见表 4-2。常见土体的颗粒比重变化幅度不大，在有经验的地区可按经验值选用。

在需要精确确定土粒比重时，可按照土粒粒径不同，按照表 4-3 中所列方法进行比重测定。

表 4-2 常见土的比重值

土的名称	比重值
砂土	2.65～2.69
砂质粉土	2.70
黏质粉土	2.71
粉质黏土	2.72～2.73
黏土	2.74～2.76

表 4-3 比重实验各方法适用范围

土粒粒径大小		适用方法
<5 mm		比重瓶法
>5 mm	含粒径大于 20 mm 颗粒小于 10%	浮力法
	含粒径大于 20 mm 颗粒大于 10%	虹吸筒法
含有两类土粒粒径的土		分别按照对应的方法进行测量，取其加权平均值作为土的颗粒比重

注：一般土粒的比重用纯水测定；对含有可溶盐、亲水性胶体或有机质的土，须用中性液体（如煤油）测定。

4.3.1 比重瓶法

比重瓶法，其基本原理就是将称好质量的干土放入盛满水的比重瓶中，通过比重瓶的前后质量差来计算出土粒的体积，从而进一步计算出土粒比重。

1. 仪器设备

（1）比重瓶：容量为 100 mL 或 50 mL，分长颈和短颈两种。

（2）天平：称量 200 g，分度值为 0.001 g。

（3）恒温水槽：准确度为 ±1 ℃。

（4）砂浴：能调节温度。

（5）真空抽气设备。

（6）温度计：测量范围为 0～50 ℃，分度值为 0.5 ℃。

（7）其他：如烘箱、纯水、中性液体（如煤油等）、孔径 2 mm 及 5 mm 筛、漏斗、滴管等。

2. 比重瓶校正

比重瓶的玻璃在不同温度下会产生胀缩，水在不同温度下的密度（比重）也各不相同。因此，比重瓶盛装纯水至一定标记处的总质量随温度而异，故必须进行比重瓶校正。具体操作步骤如下。

（1）将比重瓶洗净，烘干，称量 2 次，准确至 0.001 g。取其算术平均值，2 次差值不得大于 0.002 g。

（2）将事先煮沸并冷却的纯水注入比重瓶中，对于长颈比重瓶，达到刻度处为止；对于短颈比重瓶，注满水，塞紧瓶塞，多余水自瓶塞毛细管中溢出。移比重瓶入恒温水槽中，待瓶内水温稳定后，将瓶取出，擦干外壁的水，称瓶、水总质量，准确至 0.001 g。重复上述步骤，测定 2 次，取其算术平均值，其平行差值不得大于 0.002 g。

（3）将恒温水槽水温以 5 ℃级差调节，逐级测定不同温度下的瓶、水总质量。

（4）将测定结果列表，以瓶、水总质量为横坐标，温度为纵坐标，绘制瓶、水总质量与温度的关系曲线备用，如图 4-7 所示。

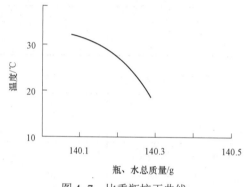

图 4-7　比重瓶校正曲线

3. 操作步骤

比重瓶法的操作过程如图 4-8 所示，包括以下步骤。

(a) 将土加入比重瓶中

(b) 向比重瓶中注水

(c) 将水注满比重瓶后称取总质量

(d) 抽真空，去除土中的空气

图 4-8　采用比重瓶法测量土粒比重

（1）准备土料：将试样风干、碾散，过 0.5 mm 筛，取筛下土在烘箱中烘干，温度控制在 105～110 ℃，该温度刚好能将土中的弱结合水烘干而不会影响土中的结晶水。

（2）将比重瓶烘干，将烘干土 15 g 装入 100 mL 比重瓶内（若用 50 mL 比重瓶，装烘干土 12 g）并称量［见图 4-8（a）］。

（3）为排除土中的空气，向已装有干土的比重瓶中注纯水至瓶的一半处［见图 4-8（b）］，摇动比重瓶，并将瓶放在砂浴上煮沸。煮沸时间自悬液沸腾时算起，对于砂及砂质粉土，不应少于 30 min；对于黏土及粉质黏土，不应少于 1 h。煮沸时应注意不使土液溢出瓶外。

（4）对于长颈比重瓶，用滴管调整液面恰至刻度处（以弯液面下缘为准），擦干瓶外及瓶内壁刻度以上部分的水，称瓶、水、土总质量［见图 4-8（c）］；对于短颈比重瓶，塞好瓶塞，使多余水分自瓶塞毛细管中溢出，将瓶外水分擦干后，称瓶、水、土总质量，准确至 0.001 g。称量后立即测出瓶内水的温度，准确至 0.5 ℃。

（5）根据测得的温度，从已绘制的比重瓶校正曲线中查得瓶、水总质量。

当测定含有可溶盐、亲水性胶体或有机质的土粒比重时，应用中性液体（如煤油等）代替纯水进行土颗粒排水体积的测量，并用真空抽气法代替煮沸法排除土中空气。抽气时真空度须接近 1 个大气压，从达到 1 个大气压时算起，抽气时间一般为 1～2 h，直至悬液内无气泡逸出时为止。其余步骤按前述规定进行。

对于砂土，由于煮沸时砂粒易跳出，也可用真空法代替煮沸法排除土中的空气［见图 4-8（d）］。

本实验须进行 2 次平行测定，其平行差值不得大于 0.02。取其算术平均值。

4. 计算土粒比重

（1）用纯水测定时：

$$G_s = \frac{m_s}{m_1 + m_s - m_2} \times G_{wt} \tag{4-29}$$

式中：G_s 为土粒比重，精确至 0.001；m_s 为干土质量，g；m_1 为瓶、水总质量，g；m_2 为瓶、水、土总质量，g；G_{wt} 为 t 时纯水的比重（可查物理手册），准确至 0.001。

（2）用中性液体测定时：

$$G_s = \frac{m_s}{m_1' + m_s - m_2'} \times G_{kt} \tag{4-30}$$

式中：G_s 为土粒比重，精确至 0.001；m_1' 为瓶、中性液体总质量，g；m_2' 为瓶、中性液体、土总质量，g；G_{kt} 为 t 时中性液体的比重（实测获得），准确至 0.001。

4.3.2　浮力法

浮力法，其基本原理是依据阿基米德原理，即物体在水中失去的重量等于排开同体积水的重量，来测出土粒的体积，从而进一步计算出土粒比重。该方法适用于粒径大于等于 5 mm，且其中粒径大于 20 mm 的颗粒占比小于 10% 的土。

1. 仪器设备

（1）浮力仪：结构简图如图 4-9 所示，包括电子天平、盛水容器、金属网篮，称量 1 000 g以上，精度 0.001 g。其中金属网篮孔径小于 5 mm，直径为 10～15 cm，高为 10～20 cm。

（2）其他：如烘箱、温度计、孔径为 5 mm、20 mm 的筛等。

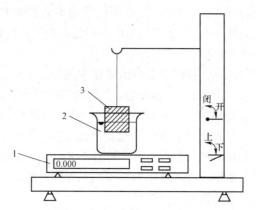

1—电子天平；2—盛水容器；3—盛粗粒土的金属网篮。

图 4-9　浮力仪结构简图

2. 操作步骤

（1）取粒径大于 5 mm 的代表性试样 500～1 000 g，用清水冲洗，直至颗粒表面无尘土和其他污物。

（2）称量烧杯和杯中水的质量 m_1，将金属网篮缓缓浸没水中，再称量烧杯、杯中水和水中金属网篮的总质量，并立即测量容器内水的温度，准确至 0.5 ℃。计算出悬没于水中的金属网篮的浮力质量 m_2。

（3）将试样浸在水中 24 h 后取出，立即放入金属网篮，然后将其缓缓浸没于水中，并在水中摇晃，直至无气泡逸出。

（4）称量金属网篮和试样在水中的总质量。

（5）取出试样烘干，称干样的质量 m_s。

（6）称金属网篮在水中质量，并立即测量容器内水的温度，准确至 0.5 ℃。

（7）进行 2 次平行测定，2 次测定差值不得大于 0.02。

3. 计算

（1）按式（4-31）计算土的颗粒比重：

$$G_s = \frac{m_s}{m_3 - m_2 - m_1} G_{wt} \tag{4-31}$$

式中：G_s 为土粒比重，精确至 0.001；m_s 为干土质量，g；m_1 为烧杯和杯中水的质量，g；m_2 为悬没于水中的金属篮网的浮力质量，g；m_3 为烧杯、杯中水和悬没于水中的金属篮网及试样的总质量，g；G_{wt} 为 t 时纯水的比重（可通过物理手册查得），精确至 0.001。

（2）按式（4-32）计算土的平均颗粒比重：

$$G_s = \frac{1}{\dfrac{p_s}{G_{s1}} + \dfrac{1 - p_s}{G_{s2}}} \tag{4-32}$$

式中：G_{s1} 为粒径大于 5 mm 土粒的比重；G_{s2} 为粒径小于 5 mm 土粒的比重；p_s 为粒径大于 5 mm 的土粒占总质量的百分数。

4.3.3 虹吸筒法

虹吸筒法,适用于粒径大于等于 5 mm,且其中粒径大于 20 mm 的颗粒占比不小于 10% 的土。其基本原理是通过测量土粒排开水的体积来测出土粒的体积,从而进一步计算出土粒比重。

1. 仪器设备

（1）虹吸筒,其结构简图如图 4-10 所示。

（2）台秤：称量 10 kg,分度值 1 g。

（3）量筒：容量大于 2 000 mL。

（4）其他：如烘箱,温度计,孔径 5 mm、20 mm 的筛等。

2. 操作步骤

（1）取粒径大于 5 mm 的代表性试样 1 000 g 左右,用清水冲洗干净。

（2）将试样浸在水中 24 h 后取出,晾干或用布擦干,称量,精确至 1 g。

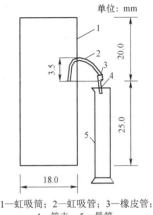

单位：mm

1—虹吸筒；2—虹吸管；3—橡皮管；
4—管夹；5—量筒。

图 4-10　虹吸筒结构简图

（3）往虹吸筒中注入清水,直至虹吸管口有水溢出时关闭管夹,将试样缓缓放入筒中,边放边搅,至无气泡逸出时为止,搅动时勿使水溅出筒外。

（4）待虹吸筒中水面平静后,开管夹,让试样排开的水通过虹吸管流入量筒中。

（5）称量虹吸筒与水总质量。测量虹吸筒内水的温度,精确至 0.5 ℃。

（6）取出虹吸筒内试样,烘干、称量。

（7）本实验进行 2 次平行测定,2 次测定的差值不得大于 0.02。

3. 计算

（1）按式（4-33）计算土粒比重：

$$G_s = \frac{m_s}{(m_1 - m_0) - (m - m_s)} G_{wt} \tag{4-33}$$

式中：G_s 为土粒比重,精确至 0.01；m 为晾干试样质量,g；m_s 为干土质量,g；m_1 为量筒加水总质量,g；m_0 为量筒质量,g；G_{wt} 为 t 时纯水的比重（可查物理手册）,精确至 0.001。

（2）按式（4-32）计算土的平均颗粒比重。

4.4　含水率实验

土的含水率 w 是指 105～110 ℃温度下土被烘到恒量时所失去的水的质量与达到恒量后干土质量的比值,以百分数表示。含水率是计算土的干密度、孔隙比、饱和度、液性指数等不可缺少的指标。

含水率是土的基本物理性质指标之一,它反映了土的干、湿状态。含水率的变化将使土物理力学性质发生一系列的变化,它可使土变成稍湿状态、很湿状态或饱和状态,可使黏性土变成半固态、可塑状态或流动状态,并可造成土在压缩性和稳定性上发生显著变化。因此含水率是建筑物地基、路堤、土坝等土体工程构筑物施工质量控制中的重要指标。

含水率实验方法有烘干法、酒精燃烧法、比重法、碳化钙气压法、炒干法及核子射线法等,其中烘干法是含水率测定的室内实验标准方法。

4.4.1 烘干法

烘干法是指将试样放在温度能保持在 105～110 ℃的烘箱中烘至质量不变的方法,是室内测定含水率的标准方法。本方法适用于粗粒土、细粒土和有机质土。

因为有机质土在 105～110 ℃温度下,经长时间烘干后,有机质特别是腐殖酸会在烘干过程中逐渐分解而不断损失,使测得的含水率比实际含水率大,并且土中有机质含量越高,误差就越大。因此,当土中有机质含量超过干土质量的 5%时,应将温度控制在 60～70 ℃的恒温下烘至恒量。

1. 仪器设备

(1) 烘箱:能保持温度为 105～110 ℃的自动控制电热恒温烘箱或沸水烘箱、红外烘箱、微波炉等其他能源烘箱。

(2) 天平:称量 200 g,最小分度值 0.01 g。

(3) 玻璃干燥缸:装有干燥剂。

(4) 称量盒:恒质量的铝制称量盒,简称铝盒。

2. 操作步骤

采用烘干法测定土样或土料含水率的操作过程如图 4-11 所示,包括以下步骤。

(a) 取代表性土样

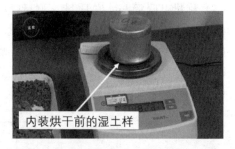

(b) 称量盒和土样质量

(c) 放入烘箱烘干

(d) 称取烘干后称量盒和土样质量

图 4-11 采用烘干法测定土样或土料含水率

(1) 从土样中选取具有代表性的试样 15～30 g(有机质土、砂类土和整体状构造冻土为 50 g),放入称量盒内,立即盖上盒盖,称盒加湿土质量,精确至 0.01 g。

（2）打开称量盒盖，将试样和称量盒一起放入烘箱内，在 105～110 ℃温度下烘至恒量。试样烘至恒量的时间，对于黏土和粉土，不得小于 8 h；对于砂土，宜不得小于 6 h。对于有机质超过干土质量 5% 的土，应将温度控制在 60～70 ℃的恒温下进行烘干。

（3）将烘干后的试样和称量盒从烘箱中取出，盖上盒盖，放入干燥器内冷却至室温。

（4）将试样和称量盒从干燥器内取出，称盒加干土质量，细粒土、砂类土和有机质土精确至 0.01 g，砾类土精确至 1 g。

3. 成果整理

按下式计算土样的含水率：

$$w = \frac{m_1 - m_2}{m_2 - m_0} \times 100\% \qquad (4-34)$$

式中：w 为含水率，%，精确至 0.1%；m_1 为称量盒加湿土质量，g；m_2 为称量盒加干土质量，g；m_0 为称量盒质量，g。

烘干法实验应对 2 个试样进行平行测定，并取 2 个含水率测值的算术平均值精确至 0.1%。当含水率小于 5% 时，允许的平行测定差值为 0.3%；当含水率大于 5% 且不大于 40% 时，允许的平行测定差值为 1%；当含水率大于 40% 时，允许的平行测定差值为 2%。

4.4.2　酒精燃烧法

酒精燃烧法是野外现场快速简易且较准确测定细粒土含水率的一种方法。酒精燃烧法的具体做法是将试样和酒精拌和，点燃酒精，随着酒精的燃烧使试样水分蒸发。

1. 仪器设备

（1）恒质量的铝制称量盒。

（2）称量 200 g，最小分度值为 0.01 g 的天平。

（3）纯度 95% 以上的酒精。

（4）滴管、火柴和修土刀等。

2. 操作步骤

（1）从土样中选取具有代表性的试样（黏性土 5～10 g，砂性土 20～30 g），放入称量盒内，立即盖上盒盖，称取盒加湿土质量 m_1，精确至 0.01 g。

（2）打开盒盖，用滴管将酒精注入放有试样的称量盒中，直至盒中出现自由液面为止，并使酒精在试样中充分混合均匀。

（3）将盒中酒精点燃，并烧至火焰自然熄灭。

（4）将试样冷却数分钟后，按上述方法再重复燃烧 2 次。当第 3 次火焰熄灭后，立即盖上盒盖，称取盒加干土质量 m_2，精确至 0.01 g。

3. 成果整理

酒精燃烧法实验中，同样应对 2 个试样进行平行测定，其含水率计算方法和允许误差与烘干法相同。

4.4.3　接触式土体含水率实时监测方法简介

烘干法和酒精燃烧法都无法实现对土体含水率变化过程的实时监测，并且都是需要人工参与的破坏式测量方法,因此发展含水率的实时无损自动监测方法也是岩土工程的一个重点。本节将对接触式土体含水率实时监测方法做一个简要介绍,主要介绍时域反射法(time domain reflectometry,TDR)、频域反射法(frequency domain reflectometry,FDR)、中子法3种,三者之间的比较见表4-4。

表4-4 TDR法、FDR法、中子法的比较

测量方法	TDR法	FDR法	中子法
监测的物理量	体积含水率	体积含水率	体积含水率
测量范围	约ϕ3 cm×20 cm	约ϕ3 cm×20 cm	半径20~40 cm(球体)
室内/现场	均可	均可	现场
测量误差	0.5%~3%	1%~3%	<5%

1. 时域反射法

时域反射法(TDR法)是通过测量土体介电常数来获得土的含水率的一种方法。TDR法可以用来测量介质的介电常数,测量原理如图4-12(a)所示。TDR传输电磁波被局限于传输电缆盒金属端头之间,波传至端头进入不同介质之间,不同介质造成传输速度或阻抗的改变得到不同的反射波形,借以了解材料特性,并可推求量测介质的组成与变化情况。

图4-12(b)为TDR-315H型土体水分温度速测仪,配套的手持读数表直接显示土体体积含水率和温度,其含水率的测量结果误差在3%以内,有效测量长度在45 cm以上,其测量针必须与土体紧密接触。

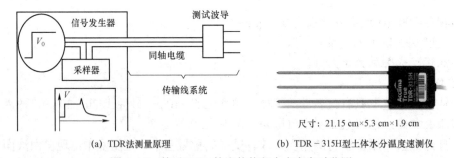

(a) TDR法测量原理   (b) TDR-315H型土体水分温度速测仪

图4-12 基于TDR的土体体积含水率实时监测

对于含水率与介电常数的关系,已有大量的研究。对于未冻结土,应用最广的是Topp等的经验公式:

$$K = 3.03 + 9.3\theta + 146\theta^2 - 76.7\theta^3 \tag{4-35}$$

式中:θ为土的体积含水率,K为测量获得的介电常数。TDR法在测定精度要求较低时可不标定,但是当测量精度要求高时,应根据实测的结果进行标定或校正,得到给定干密度土体的精确$K-\theta$关系表达。

对于大多数的自然土体,土体的主要导电介质都是水。通过标定,可以建立土体含水率和土体介电常数之间的关系式。因此,采用TDR法时,先测量介电常数,然后通过换算得到土体的含水率,其测量精度依赖于标定精度。

TDR 法可以用于连续测量，测量范围广，既可做成轻巧的便携式设备进行田间即时测量，又可以通过导线与计算机相连，完成远距离多点自动监测。采用 TDR 法所测得的结果为体积含水率，其含水率是整个探针长度的平均含水率。

2. 频域反射法

频域反射法（FDR 法）通过测量土体共振频率来确定土体含水率。FDR 法测量原理［见图 4-13（a）］与 TDR 法类似。TDR 法与 FDR 法中使用到的探头统称为介电传感器。图 4-13（b）为一种常用的 FDR 探头。FDR 法的传感器主要由一对电极（平行排列的金属棒或圆形金属环）组成一个电容，其间的土体充当电介质，电容与振荡器组成一个调谐电路，振荡器工作频率 F 随土体电容的增加而降低：

$$F = \frac{1}{2\pi\sqrt{L}} \times \left(\frac{1}{C} + \frac{1}{C_b} \right)^{0.5} \tag{4-36}$$

式中：F 为振荡器工作频率；L 为振荡器电感；C 为土体电容；C_b 为与仪器有关的电容。

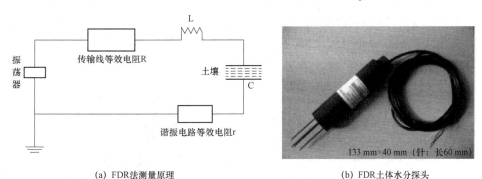

(a) FDR法测量原理   (b) FDR土体水分探头

图 4-13 基于 FDR 技术的土体体积含水率监测

土体电容 C 随土体含水率的增加而增加，于是振荡器工作频率与土体含水率呈非线性反比关系。FDR 法使用扫频频率来检测共振频率（此时振幅最大），土体含水率不同，发生共振的频率不同。

如果使用固定频率（这与 TDR 法类似），通过测量其标准波的频率变化来测量土体含水率，这类方法严格来说不是 FDR 法，一般称为电容法。选择具有合适参数的传输线及设计相匹配的谐振电路，使用频率扫描的办法，可以找出使电路达到谐振条件的信号电源频率，进一步计算谐振电路的电容阻抗值，从而计算土体电介质容量的变化和土体水分含量的变化。

FDR 法几乎具有 TDR 法的所有优点。与 TDR 法相比，FDR 法在电极的几何形状设计和工作频率的选取上有更大的自由度。例如，探头可做成犁状与拖拉机相连，在运动中测量土体含水率。大多数 FDR 技术在低频（≤100 MHz）工作，能够测定被土体细颗粒束缚的水，这些水不能被工作频率超过 250 MHz 的 TDR 法有效地测定。大多数 FDR 探头可与传统的数据采集器相连，从而实现自动连续监测。FDR 法的读数强烈地受到电极附近土体孔隙和水分的影响（TDR 法也是如此），特别是对于使用套管的 FDR 法，探头、套管、土体接触良好与否对测量结果可靠性的影响非常大。在低频（≤20 MHz）工作时，FDR 法比 TDR 法更易受到土体盐度、黏粒和容重的影响。

现在已有基于频域反射技术的土体水分探测系统，该系统包括传感器测量、数据采集、远程数据管理等几个部分。数据采集部分充分考虑了信号的抗干扰能力及纠错措施。该系统采用无线通信模式将测量数据传送到中心数据库，并使用互联网将数据发送给各个用户。经过数据修正后，仪器测量值能够与人工观测值接近，平均误差不大于 2%，远低于 ±5% 的规范要求，满足国家气象农业观测要求。该系统的测量区域基本在围绕中央探针的直径为 2.5 cm、长为 6 cm 的圆柱体内。

在采用基于 FDR 技术的土体水分传感器进行长时间或季节性土体体积含水率变化监测时，必须对测量结果进行适当的温度校正。

3. 中子法

中子法通过土体慢中子云的密度来确定土体含水率。放射性元素在衰变的过程中，其原子核会不断地发射出快中子，且每秒发射的快中子数基本上是恒定的。快中子与水中的氢核发生碰撞后变成慢中子，并在放射源周围做无规则运动，形成一个球状的慢中子云。慢中子云的密度与土体含水率之间存在密切的关系，即土中含水率越高，慢中子数就越多，因此，通过仪器中的粒子计数装置将慢中子云的有关数量特征记录下来，就可以准确地确定慢中子计数值与土体含水率之间的相关关系。中子法测量原理如图 4-14（a）所示。图 4-14（b）为 L520 型智能中子土体水分仪。

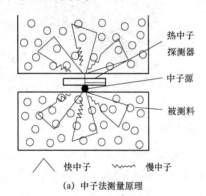

(a) 中子法测量原理　　　　　　(b) L520型智能中子土体水分仪

图 4-14　采用中子法测量土体含水率

土的体积含水率一般在 0～35% 范围内变动，在此范围内土体体积含水率与慢中子计数值之间是一般的线性关系，可以用下式表示：

$$\theta = a + bN \tag{4-37}$$

式中：a、b 为常数，与土的理化性质有关；θ 为土体的体积含水率；N 为中子仪粒子计数装置在土体中的计数率与在水体中的（或特定介质）的计数率之比。

中子仪测量的有效范围（慢中子云的有效球体积）与土体中含水率有关，含水率越高，有效球体积越小。中子法对土体采样范围为一球体，对于含水率在 5%～40% 的土体，其有效测量范围在半径为 20～40 cm 的球体。对于小范围的含水率测量，这个方法是不适用的。同时，土体的有机质含量对中子计数有一定的影响，当有机质含量增加时，计数率增加，从而导致测得的含水率也增大。

中子法的优点是测量简单、快速、精度高，受温度和压力的影响小，测量时可不破坏土体天然原状结构，能够连续系统地定位观测土体水分垂直运动过程。由于测量的是慢中子云的有效球体积内的平均含水率，因而受某一剖面的含水率变异的影响较小，可以测量根区土体的任何深度。其缺点主要是：一方面设备昂贵，另一方面其测量结果受土体的理化性质影响较大。当土体中有机质的含量较高，或者土中含有大量结晶水的黏粒矿物（如胆矾、滑石、石膏等）时，中子仪的含水率测量结果会产生较大的偏差。此外，中子会对使用者的身体健康产生影响，因此在使用该仪器时，应注意做好防护工作。同时，中子法不能用来测量土体表层的含水率。

4.4.4　非接触式土体含水率实时监测方法简介

γ 射线法、红外遥感法和探地雷达法是 3 种非接触式土体含水率测量方法。其中 γ 射线法具有放射性，使其应受到了一定的限制。红外遥感法和探地雷达法存在测量精度较低的问题。当缺少或不适宜采用其他手段时，可采用非接触式方法进行土体含水率的测量。

近年来，基于图像的含水率智能测量方法也获得了国内外学者的关注，该方法通过图像识别或者机器学习模型等方法提取土体表面照片的明暗、颜色、纹理等特征，然后基于这些特征进行土体含水率的预测。目前，该方法的测量精度正随着数据集的扩大和机器学习方法的进步逐步提高。

1. γ 射线法

应用双源双能 γ 射线技术测量三轴实验土样干密度和含水率的原理如图 4-15 所示。由 γ 射线源发射的 γ 射线通过被测土样，经衰减后被 γ 射线探头接收，并产生相应的电信号，对电信号进行处理可以得到整个能段的能谱。

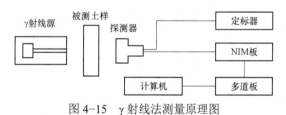

图 4-15　γ 射线法测量原理图

γ 射线的强度用脉冲探测器所测得的脉冲计数率 N 表征，土体含水率与 N 的关系为

$$w = \frac{1}{\mu_w d \gamma_s} (\ln N_0' - \ln N) \tag{4-38}$$

式中：μ_w 为土体对 γ 射线的吸收系数，d 为吸收体的厚度；γ_s 为干容重；N_0 为 γ 射线穿过土后的初始计数率，对于某一个土的含水率测点，该值基本为一个常数。

γ 射线源与探测器之间的距离为源距。当源距为 50～60 cm 时，测量灵敏度与计数率能达到最佳，含水率测量误差最小。刘奉银等人（2003）通过应用 γ 射线对三轴实验中的土样进行干密度和含水率的测试，结果表明，干密度的误差一般在 ±0.02 g/cm³，含水率误差一般在 ±1%。

另外，应用 γ 射线法可以测量三轴实验过程中土样含水率的变化。刘奉银等人（2003）研制了一种新型非饱和土 γ 射线土工三轴仪，能够监测土样在三轴实验过程中的水分变化规律。采用 γ 射线法测量土的含水率时性能稳定，操作方便，对含水率的测定无滞后现象。实际应用中，在满足测量精度的前提下，应尽可能地采用能量和强度小的放射源，并做适当防护，以保证不伤害人体。

2. 红外遥感法

红外水分仪是根据水在一定的红外波段具有特征吸收的原理而制成的。近红外水分测定是近红外分析技术的重要分支，其理论基础是 Lambert–Beer 定律，即

$$E = \ln(I_0/I) = \varepsilon c d \tag{4-39}$$

式中：I_0 为入射光强度，I 为出射或反射光强度；c 为某一物品组分的浓度；ε 为吸收系数；d 为样品吸收层厚度；E 为吸光度。

通常，不同结构的分子有自己独特的近红外吸收光谱，有自己特定的吸收波长，由此可鉴定物料。根据水在 $1 \sim 5\ \mu m$ 红外区的吸收谱可以测出某一物品对水的吸光度 E，从而确定该物品的含水量。肖颖等人（2009）研制了基于激光二极管光源的近红外水分仪。该仪器的系统原理方案如图 4-16 所示。激光二极管经过驱动后发出稳定的单色光信号，直接照射到样品上，由积分球收集并照射到光电探测器转换成电信号，经放大处理送往上层测控软件进行分析并显示。仪器在设计上采用了固定波长、使用寿命较长的激光二极管作为光源，积分球作为载样器件，从而构成整台检测仪无任何移动部件的近红外水分仪。

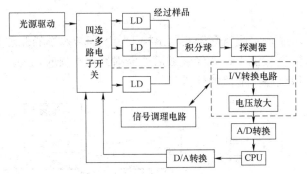

图 4-16　近红外水分仪系统原理图

红外遥感法较之其他测湿法有许多优点，它与电阻、电容测湿法相比，具有非接触连续检测、测量准确、稳定可靠的特点；它与中子法相比，对人身无辐射伤害，所要求的安装条件少。

常丹（2014）曾应用此方法对实验室不同类型土样（砂土和黏土）进行了含水率测试。结果发现，对于压实度差异较大的土样，其测定过程中需要分别进行标定，且其对土体颗粒的大小亦具有一定的敏感性。基于红外遥感法的含水率测量仪器一般都具有多个通道，可实现对不同压实度和颗粒大小的土体含水率的测试。

3. 探地雷达

探地雷达系统是根据电磁脉冲反射原理而设计的，由振源产生的雷达波的穿透能力很强，如图 4-17（a）所示。电磁波在介质中的传播路径、波形和电磁场强度将随所通过介质的电性质及几何形态的差异而变化，根据接收到的回波旅行时间、幅度和波形等信息，雷达能够探测地下目标的深度、介质特性、地层结构与埋藏目的体。不同介质内部有不同的电磁波传播特点，电磁波会出现反射、透射或折射现象。图 4-17（b）为探地雷达探测示意图。应用探地雷达进行土体含水率测量有多种不同的方法，大多是基于对雷达反射波（或地面波，或

直达波，或折射波等）的分析，得出雷达波在土体中传播的速度，进而求出土体的介电常数。其数据采集和处理过程比较复杂，此处不做详细介绍。

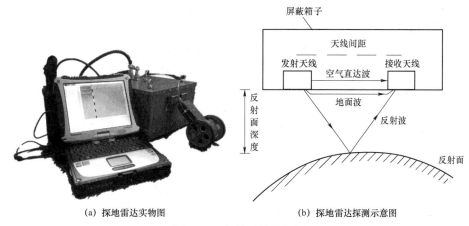

(a) 探地雷达实物图　　　　　　　　(b) 探地雷达探测示意图

图 4-17　探地雷达的探测

4.5　颗粒分析实验

天然土都是由大小不同的颗粒所组成的。根据颗粒的大小划分为若干组，称为颗粒粒组，各个粒组的划分详见第 2 章。土的颗粒级配就是土中各种粒径范围的粒组的相对比例，通常用占总土质量的百分数来表示。

颗粒分析实验是测定干土各种粒组占该土总质量的百分数的方法，实验方法主要有两大类：一是机械分析法，如筛分法；二是物理分析法，如密度计法、移液管法、沉淀法等。

根据土的颗粒大小及级配情况，分别采用以下方法：

（1）筛分法：适用于粒径大于 0.075 mm 的土。

（2）密度计法：适用于粒径小于 0.075 mm 的土。该方法的实验操作较为简单，测量误差相对较大。

（3）移液管法：适用于粒径小于 0.075 mm 的土。该方法的实验准备工作相对复杂，对实验人员的要求较高，但是测量精度优于密度计法。

（4）若土中既有粗颗粒又有细颗粒，需联合使用筛分法及密度计法或移液管法。一般先采用筛分法测量其粗颗粒级配，然后取无法筛分的细颗粒采用密度计法或移液管法测量其细颗粒级配，最后综合二者得到土体的完整粒径分布曲线。

4.5.1　筛分法

筛分法是将土料通过各种不同孔径的筛子进行筛分，按筛子孔径的大小将土颗粒进行分组、称量，并计算出各个粒组占比的方法。筛分法是测定土的颗粒组成最简单的一种实验方法，适用于粒径范围为 0.075～60 mm 的土颗粒。筛分法应根据土体中是否包含黏土颗粒分别选用干筛法和湿筛法进行实验。

1. 针对无黏性土的干筛法

1）仪器设备

（1）实验筛。根据孔径大小，实验筛分为粗筛和细筛两大类。

粗筛：孔径为 60 mm、40 mm、20 mm、10 mm、5 mm、2 mm。

细筛：孔径为 1.0 mm、0.5 mm、0.25 mm、0.1 mm、0.075 mm。

（2）天平：称量 1 000 g，分度值 0.1 g；称量 200 g，分度值 0.01 g。

（3）台秤：称量 5 kg，分度值 1 g。

（4）振筛机：筛分过程中应能上下振动、水平转动。

（5）其他：烘箱、量筒、漏斗、瓷杯、研钵（附带橡皮头的研杵）、瓷盘、毛刷、匙、木碾等。

2）操作步骤

筛分法应按照如图 4-18 所示的流程进行，具体操作步骤如下。

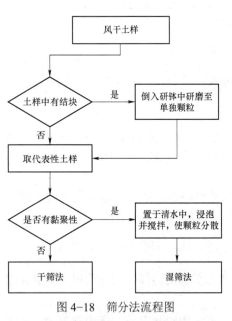

图 4-18　筛分法流程图

（1）将试样摊铺，风干。具体操作为将土样摊成薄层，在空气中放 1～2 天，使土中水分蒸发。若土样已干，则可直接使用。若试样中有结块，可将试样倒入研钵中，用带橡皮头的研杵研磨，使结块成为单独颗粒为止。但须注意，研磨力度要合适，不应把土颗粒研碎。

（2）从风干、松散的土样中，用四分对角取样法按表 4-5 规定取出代表性试样，精确至 0.1 g。当试样质量大于 500 g 时，应精确至 1 g。

（3）根据土体中是否包含黏土颗粒分别选用干筛法和湿筛法进行实验。

（4）将试样过孔径为 2 mm 的细筛，分别称出筛上和筛下土的质量。

将粗筛和细筛分别按孔径从小到大的次序依次向上叠好，取 2 mm 筛上试样倒入依次叠好的粗筛的最上层筛中；取 2 mm 筛下试样倒入依次叠好的细筛的最上层筛中，进行筛分。细筛宜放在振筛机上振筛，振摇时间一般为 10～15 min。

（5）由最大孔径筛开始，顺序将各筛取下，在白纸上用手轻叩摇晃，如仍有土粒漏下，应继续轻叩摇晃，至无土粒漏下为止。漏下的土粒应全部放入下级筛内，并将留在各筛上的试样分别称量，精确至 0.1 g。

（6）筛后各级筛上及底盘内土质量的总和与筛前所取试样质量之差不得大于 1%，即对于 500 g 土样，二者的差值应不大于 5 g。2 mm 筛下的土质量小于试样总质量的 10%，则可不做细筛筛分。2 mm 筛上的土质量小于试样总质量的 10%，则可省略粗筛筛分。

表 4-5　筛分法取样质量

颗粒大小/mm	取样质量/g
<2	100～300
<10	300～900
<20	1 000～2 000
<40	2 000～4 000
<60	4 000 以上

3）计算及制图

（1）按下式计算小于某粒径的试样质量占试样总质量百分数：

$$x = \frac{m_A}{m_B} d_x \tag{4-40}$$

式中：x 为小于某粒径的试样质量占试样总质量的百分数；m_A 为小于某粒径的试样质量，g；m_B 为当细筛分析时或用密度计法分析时所取试样质量（粗筛分析时则为试样总质量），g；d_x 为粒径小于 2 mm 或粒径小于 0.075 mm 的试样质量占总质量的百分数，如试样中无大于 2 mm 粒径或无小于 0.075 mm 的粒径，在计算粗筛分析时则 d_x=100%。

（2）绘制粒径分布曲线。以小于某粒径的试样质量占试样总质量的百分数为纵坐标，以粒径（mm）为对数横坐标绘制曲线如图 4-19 所示，求出各粒组的颗粒质量百分数。

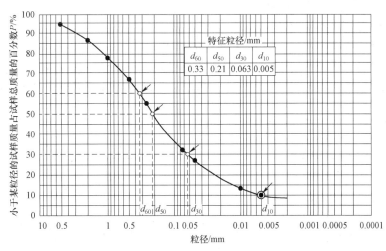

图 4-19　粒径分布曲线

（3）计算级配指标。

① 按下式计算不均匀系数：

$$C_u = \frac{d_{60}}{d_{10}} \tag{4-41}$$

式中：C_u 为不均匀系数；d_{60} 为限制粒径，在粒径分布曲线上小于该粒径的土含量占总土质量的 60% 的粒径；d_{10} 为有效粒径，在粒径分布曲线上小于该粒径的土含量占总土质量的 10% 的粒径。

② 按下式计算曲率系数：

$$C_c = \frac{d_{30}^2}{d_{60}d_{10}} \qquad (4\text{-}42)$$

式中：C_c 为曲率系数；d_{30} 为在粒径分布曲线上小于该粒径的土含量占总土质量的 30% 的粒径。

2. 针对含有黏土颗粒土体的湿筛法

在干筛实验中会发现黏土颗粒会与粗颗粒附着和黏合，形成更大粒径的颗粒。因此，对含细粒土的砂土使用干筛法会存在较大的实验误差，应采用湿筛法进行颗粒级配分析。湿筛法的实验步骤如下。

（1）将土样放在橡皮板上，用木碾将黏结的土团充分碾散，用四分对角取样法称取代表性试样，置于盛有清水的容器中，用搅拌棒充分搅拌，使试样充分浸润，粗细颗粒分离。

（2）将浸润后的混合液过 2 mm 细筛，边搅拌、边冲洗、边过筛，直至筛上仅留大于 2 mm 的土粒为止。然后将筛上的土烘干称量，精确至 0.1 g，进行粗筛筛分。

（3）用带橡皮头的研杵研磨粒径小于 2 mm 的混合液，待稍沉淀，将上部悬液过 0.075 mm 筛。再向瓷盘中加清水研磨，静置过筛。如此反复，直至盘内悬液澄清。最后将全部土料倒在 0.075 mm 筛上，用水冲洗，直至筛上仅留大于 0.075 mm 的净砂为止。

（4）将粒径大于 0.075 mm 的净砂烘干称量，精确至 0.01 g，进行细筛筛分。

（5）当粒径小于 0.075 mm 的试样质量大于总质量的 10% 时，应按密度计法或移液管法测定粒径小于 0.075 mm 的颗粒组成。

3. 干筛法和湿筛法对比分析

庞康（2017）发现含水率、黏粒含量及矿物成分对土体筛分法的实验结果均有影响。图 4-20 为某工程中的自然土采用干、湿筛法获得的粒径分布曲线结果对比，实验时土样的风干含水率为 2%。从图 4-20（a）可以看出，对于不含黏粒的砂土来说，湿筛法和干筛法的实验结果基本一致。通过图 4-20（b）可以看出，对于含有黏粒的砂土，采用干筛法得到的实验结果严重低估了土的细颗粒含量，会造成较大的实验误差。

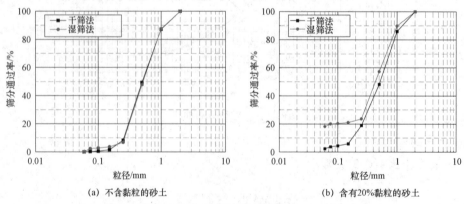

(a) 不含黏粒的砂土　　　　　　　(b) 含有 20% 黏粒的砂土

图 4-20　采用干筛法和湿筛法获得的粒径分布曲线对比

干筛法造成实验误差的原因主要是：黏粒对粗颗粒具有附着和黏合作用，会胶结形成较大的颗粒。对于含有一定黏粒的粗粒土，使用干筛法测得的粗颗粒占比偏大，而细颗粒占比偏小，存在不可忽略的误差，这个误差可能导致对土体工程分类的误判。

因此，对于不含黏粒的粗粒土，可使用干筛法进行颗粒级配分析；对于含有黏粒的砂土，则应使用湿筛法，以便获得正确的粒径分布曲线。

庞康（2017）的实验结果表明：随着含水率的增加，附着效应作用越明显；黏粒含量越多，附着效应越明显。因此，对于含有一定比例黏粒的粗粒土，应尽量选用湿筛法进行实验，以避免对土体工程分类的误判。在干筛实验中发现黏土颗粒与粗颗粒附着和黏合，在振动的情况下形成更大粒径的颗粒，如图 4-21 所示。图 4-21（a）是对含有 20% 粉质黏土的砂进行干筛后，1 mm 筛上的土的照片，图 4-21（b）是将该层土样进一步进行湿筛后的结果，显然前者土样更多，这是由于许多黏粒附着在砂上并相互黏聚成团，这种现象就是黏粒的附着效应。附着效应是导致干筛法级配误差的主要原因。

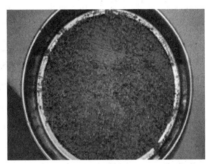

（a）干筛结果　　　　　　　　　　　（b）湿筛结果

图 4-21　干、湿筛法中的附着效应

基于以上分析可知：干筛法是土工实验中最基本的实验方法，其实验误差常被人忽略。对于含细颗粒的砂土来说，湿筛法的结果较为准确。并且当含水率较低时，混合土样中的附着效应越明显。黏土塑限越大，附着效应越强，附着比越高。当实验条件允许时，尽量选用湿筛法进行实验。湿筛法可以有效避免附着效应和由筛孔堵塞造成的实验误差。进行筛分实验时尽量将试样充分烘干并经充分研磨后再进行测量，这样可以有效避免由于水而产生的附着效应。

4.5.2　密度计法

密度计法适用于粒径小于 0.075 mm 的试样。

1. 测量原理

密度计法的原理是斯托克斯（Stokes）定律。Stokes 定律的数学表达式为

$$v = \frac{(\rho_s - \rho_w)g}{18\eta}d^2 \tag{4-43}$$

式中：ρ_s、ρ_w 分别为土颗粒和水的密度；g 为重力加速度；η 为水的黏滞系数，其取值见附录 B；v 为土颗粒下沉速度；d 为粒径大小。

从式（4-43）可以看出，当土颗粒在液体中靠自重下沉时，其下沉速度与粒径大小的平方成正比，较大的颗粒下沉较快，而较小的颗粒则下沉较慢（见图 4-22）。

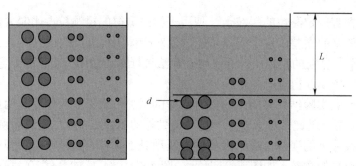

图4-22　密度计法的测量原理

　　将一定量的土样放在量筒中，然后加入纯水，经过搅拌，使土颗粒在水中均匀分布，制成一定量的均匀浓度的土悬浊液。静止悬浊液，不同粒径的土粒将按 Stokes 定律以不同的速度沉降。粒径同为 d 的土颗粒将以同样的速度 v 等速沉降，经过 t 时间后，所有粒径为 d 的颗粒下降的高度为 $L=vt$，此时所有粒径大于 d 的颗粒都降到了 L 高度以下。在土颗粒下沉过程中，用密度计测出对应于不同时间的不同悬液密度，根据密度计读数和土颗粒的下沉时间，就可计算出粒径小于某一粒径 d（mm）的颗粒占土样的百分数。这就是密度计法的测量原理。

　　采用密度计法进行颗粒分析时需满足下列 3 个条件。

　　（1）土颗粒的粒径不能太大，也不能太小，满足 Stokes 定律及等速下沉的假定。因为若粒径过大，沉降速度会超出 Stokes 定律的适用范围；若粒径过小，会产生紊流现象，而不是等速下降。一般而言，0.002～0.075 mm 的粒径基本上能满足这一要求。

　　（2）实验开始时，土的大小颗粒均匀地分布在悬液中。这需要充分搅拌及加入分散剂使土颗粒分散，表面尽可能湿润。

　　（3）所采用量筒的直径较比重计直径大得多，减少仪器的尺寸效应。

2. 仪器设备及试剂

　　（1）密度计。

　　目前通常采用的密度计有甲、乙两种，这两种密度计的制造原理及使用方法基本相同，但密度计的读数所表示的含义不同。甲种密度计读数表示的是一定量悬液中的干土质量，刻度单位以 20 ℃时每 1 000 mL 悬液内所含土质量的克数表示；乙种密度计读数表示的是悬液比重，刻度在 0.995～1.020。

　　（2）其他设备。

　　量筒：高约为 45 cm，直径约为 6 cm，容积为 1 000 mL，刻度为 0～1 000 mL，分度值为 10 mL。

　　细筛：孔径为 2 mm、1 mm、0.5 mm、0.25 mm、0.15 mm。

　　洗筛：孔径为 0.075 mm。

　　天平：称量 1 000 g，分度值为 0.1 g；称量 500 g，分度值为 0.01 g；称量 200 g，分度值为 0.001 g。

　　温度计：刻度 0～50 ℃，分度值为 0.5 ℃。

　　洗筛漏斗：直径略大于洗筛直径，使洗筛恰可套入漏斗中。

　　搅拌器：轮径为 50 mm，孔径约为 3 mm，杆长约为 400 mm，带旋转叶。

　　其他：砂浴、秒表、锥形瓶等。

（3）试剂。

分散剂：4%六偏磷酸钠、6%过氧化氢、1%硅酸钠。

水溶盐检验试剂：5%氯化钡、10%盐酸、5%硝酸银、10%硝酸。

3. 操作步骤

如图 4-23 所示，采用密度计法测量颗粒级配的操作步骤如下。

（1）如图 4-23（a）所示，取代表性风干土样 300 g，过 2 mm 筛，求出筛上试样占总质量的百分比。取筛下土测定试样风干含水率。当试样中易溶盐含量大于总质量的 0.5%时，应洗盐。易溶盐含量检测与洗盐过程详见后续的实验步骤（10）。

（2）如图 4-23（b）所示，称取干质量为 30 g 的风干土样，倒入 500 mL 的锥形瓶中，注入纯水 200 mL，浸泡过夜。所需的风干土质量按下式计算：

$$m_0 = m_d(1 + 0.01w) \tag{4-44}$$

式中：m_0 为风干土质量，g；m_d 为试样干土质量，g；w 为风干土含水率，%。

（3）将锥形瓶放在煮沸设备上，连接冷凝管进行煮沸。一般煮沸时间约 1 h。

（a）取代表性风干土样倒入锥形瓶中

（b）向锥形瓶中注入纯水

（c）充分搅拌

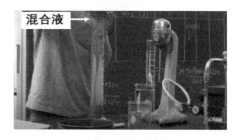

（d）将混合液倒入量筒中

（e）上下搅拌约 1 min

（f）将密度计放入，按预定时间读取读数

图 4-23 采用密度计法测量细颗粒土料的级配

（4）将冷却后的悬液倒入瓷杯中，静置约 1 min，通过洗筛漏斗将上部悬液过 0.075 mm

筛倒入量筒中。杯底沉淀物用研杵研散，加水，经搅拌后［见图4-23（c）］，静置约1 min，再将上部悬液倒入量筒中。如此反复操作，直至悬液清澈，杯底砂粒洗净。当土中粒径大于0.075 mm的颗粒质量估计超过试样总质量的15%时，应将其全部倒至0.075 mm筛上冲洗，直至筛上仅留粒径大于0.075 mm的颗粒为止。

（5）将留在洗筛上的颗粒和杯底的砂粒洗入蒸发皿内，倾去上部清水，烘干称量，然后进行细筛筛分。

（6）如图4-23（d）所示，将过筛悬液倒入量筒中，加4%六偏磷酸钠约10 mL于量筒溶液中，再注入纯水，使筒内悬液达1 000 mL（对加入六偏磷酸钠后产生凝聚的土，应选用其他分散剂）。

（7）如图4-23（e）所示，用搅拌器在量筒内沿整个悬液深度上下搅拌约1 min，往复各约30次，使悬液内土粒均匀分布。搅拌时勿使悬液溅出筒外。

（8）取出搅拌器，将密度计放入悬液中［见图4-23（f）］，同时开动秒表。测记经过0.5 min、1 min、2 min、5 min、15 min、30 min、60 min、120 min、1 440 min后的密度计读数。密度计浮泡应保持在量筒中部位置，不得贴近筒壁。

（9）密度计读数均以弯液面上缘为准。甲种密度计应精确至0.5，乙种密度计应精确至0.000 2。每次读数完毕后应立即取出密度计，并将其放入盛有纯水的量筒中，测定各相应的悬液温度，精确至0.5 ℃。在放入或取出密度计时，应尽量减少对悬液的扰动。

（10）易溶盐的处理。

① 可采用电导法测量土料中的易溶盐含量。按电导率仪使用说明书操作，测定 t 时试样溶液（土水比1:5）的电导率，并按式（4-45）计算20 ℃时悬液的电导率：

$$K_{20} = \frac{K_t}{1 + 0.02(t - 20)} \tag{4-45}$$

式中：K_{20} 为20 ℃时悬液的电导率，S/cm；当 $K_{20} > 1\,000$ S/cm时应洗盐；K_t 为 t 时悬液的电导率，S/cm；t 为测定时悬液的温度，℃。

② 目测法检验易溶盐含量。取风干试样3 g于烧杯中，加适当纯水调成糊状研散，再加纯水25 mL煮沸10 min，冷却后移入试管中，放置过夜，观察试管，当出现凝聚现象时应洗盐。

洗盐步骤如下：

（a）将分析用的试样放入调土杯内，注入少量蒸馏水，拌和均匀后将其迅速倒入贴有滤纸的漏斗中，并注入蒸馏水冲洗过滤。将附在调土杯上的土粒全部洗入漏斗。若发现滤液混浊，须重新过滤。

（b）应经常使漏斗内的液面保持高出土面约5 cm。每次加水后，须用表面皿盖住漏斗。

（c）检查易溶盐清洗程度，可用2个试管各取刚滤下的滤液3～5 mL，一管加入数滴10%盐酸和5%氯化钡；另一管加入数滴10%硝酸和5%硝酸银。若发现管中有白色沉淀，则证明土中的易溶盐仍未洗净，应继续清洗，直至检查时试管中不再出现白色沉淀为止。

（d）洗盐结束后，可将漏斗中的土料筛分后进行风干。

4. 密度计法的校正

密度计在实验过程中，会因为自身使用情况、温度、土粒相对密度、分散剂等，产生一定的实验误差。因此，在实验中需根据不同的实验条件，对密度计进行校正。

1）土粒沉降距离校正

密度计读数除表示悬液密度外，同时也由悬液面至密度计浮泡体积中心的距离来表示土粒的沉降深度。但在实验时，当密度计放入悬液后，液面因之升高，致使土粒沉降距离较实际的为大。具体校正步骤如下：

（1）测定密度计浮泡体积。在 250 mL 量筒内倒入纯水约 130 mL，并保持水温为 20 ℃，读取量筒内水面读数（以弯液面上缘为准）后划一标记。将密度计放入量筒中，使水面达密度计最低分度处（以弯液面上缘为准），同时读取水面在量筒上的读数（以弯液面上缘为准）后再划一标记，两者之差即为密度计浮泡的体积。读数精确至 1 mL。

（2）测定密度计浮泡体积中心。在测定密度计浮泡体积后，将密度计向上缓缓垂直提起，使水面恰落至两标记的正中间，此时水面与浮泡相切处（以弯液面上缘为准），即为浮泡体积中心。将密度计固定于三脚架上，用直尺准确量出水面至密度计最低分度处的垂直距离。

（3）测定 1 000 mL 量筒内径（精确至 1 mm），并算出量筒面积。

（4）量出自密度计最低分度处至玻璃杆上各分度处的距离，每隔 5 格或 10 格量距 1 次。

（5）按下式计算土粒有效沉降距离（见图 4-24）：

$$L = L' - \frac{V_b}{2A} = L_1 + \left(L_0 - \frac{V_b}{2A} \right) \tag{4-46}$$

式中：L 为土粒有效沉降距离，cm；L_1 为自密度计最低刻度处至玻璃杆上各分度处的距离，cm；L_0 为密度计浮泡中心至最低分度处的距离，cm；V_b 为密度计浮泡体积，cm³；A 为 1 000 mL 量筒面积，cm²。一般 V_b，L_0 为常数，由密度计厂家提供。例如甲种土壤密度计［见图 4-24（b）］，浮泡中心至最低刻度的距离 L_0 为 9.10 cm，其浮泡体积 V_b 为 62.37 cm³。当其数值未知时，可按照上述步骤（1）、（2）测定。

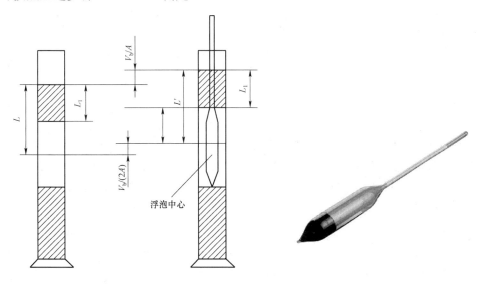

(a) 测定土料的有效沉降距离　　　　　　　　　　　(b) 甲种土壤密度计

图 4-24　土粒有效沉降距离校正图

（6）绘制密度计读数与土粒有效沉降距离的关系曲线，或将密度计读数直接列于土颗粒列线图中土粒有效沉降距离尺度右侧，详见《土工试验方法标准》（GB/T 50123—2019）。

2）温度校正

密度计刻度是在 20 ℃时刻制的，但实验时悬液温度不一定等于 20 ℃，而水的密度及密度计浮泡体积的胀缩影响密度计的准确读数，因此需要校正。其具体校正值可从附录 C 查得。

3）土粒相对密度校正

实验时如土粒相对密度不是 2.65，可由附录 D 查得比重校正值。

4）分散剂校正

密度计读数时，若在悬液中加入分散剂，则应考虑分散剂对密度计读数的影响。具体步骤如下：

（1）注纯水入量筒中，然后加入与实验时品种及用量一致的分散剂，使量筒溶液达 1 000 mL。用搅拌器在量筒内沿整个深度上下搅拌均匀，恒温至 20 ℃。然后将密度计放入溶液中，测记密度计读数。此时密度计的读数与 20 ℃时纯水中读数之差，即为分散剂校正值。

（2）按式（4-47）计算分散剂校正值：

$$C_D = R'_{D20} - R'_{W20} \tag{4-47}$$

式中：C_D 为分散剂校正值；R'_{D20} 为加入分散剂后密度计的读数；R'_{W20} 为 20 ℃时纯水中密度计的读数。

5）弯液面校正

实验时密度计的读数是以弯液面上缘为准的，而密度计制造时其刻度是以弯液面下缘为准的，因此应对密度计的刻度及弯液面进行校正。将密度计放在装有 20 ℃纯水的量筒中，求出弯液面上、下缘读数之差即位弯液面校正值。

5. 数据处理

1）计算小于某粒径的试样质量占试样总质量的百分数

可按下列公式计算小于某粒径的试样质量占试样总质量百分数。

（1）甲种密度计：

$$X = \frac{100}{m_s} C_s \left(R + m_t + n - C_D \right) \tag{4-48}$$

$$C_s = \frac{\rho_s}{\rho_s - \rho_{w20}} \times \frac{2.65 - \rho_{w20}}{2.65} \tag{4-49}$$

式中：X 为小于某粒径的土质量百分数；m_s 为试样干土质量，g；C_s 为土粒相对密度校正值，查附录 D 获得或按公式计算；n 为弯液面校正值；ρ_s 为土粒密度，g/cm³；m_t 为温度校正值，查附录 C 获得；C_D 为分散剂校正值；R 为甲种密度计读数；ρ_{w20} 为 20 ℃时水的密度，g/cm³。

（2）乙种密度计：

$$X = \frac{100V}{m_s} C'_s \left[(R' - 1) + m'_t + n' - C'_D \right] \rho_{w20} \tag{4-50}$$

$$C'_s = \frac{\rho_s}{\rho_s - \rho_{w20}} \tag{4-51}$$

式中：V 为悬液体积，$V = 1\,000\,\text{mL}$；C'_s 为土粒相对密度校正值，查附录 D 获得或按公式计算；n' 为弯液面校正值；m'_t 为温度校正值，查附录 C 获得；C'_D 为分散剂校正值；R' 为乙种密度计读数。

2）计算颗粒直径

按下式计算颗粒直径：

$$d = \sqrt{\dfrac{1\,800 \times 10^4 \eta}{(G_s - G_{wt}) \rho_{w4} g} \times \dfrac{L}{t}} \qquad (4-52)$$

式中：d 为颗粒直径，mm；η 为水的黏滞系数，10^{-6} kPa·s；G_s 为土粒相对密度；L 为某一时间 t 内的土粒沉降距离，cm；g 为重力加速度，981 cm/s^2；t 为沉降时间，s；G_{wt} 为温度为 t 时的水的比重；ρ_{w4} 为 4 ℃时水的密度，g/cm^3。

为了简化计算，式（4-52）可写成：

$$d = K \sqrt{\dfrac{L}{t}} \qquad (4-53)$$

式中：K 为粒径计算系数，$K = \sqrt{\dfrac{1\,800 \times 10^4 \eta}{(G_s - G_{wt}) \rho_{w4} g}}$，与悬液温度和土粒相对密度有关。

3）绘制粒径分布曲线

以小于某粒径的土的质量百分数为纵坐标，以颗粒直径（mm）为对数横坐标绘制粒径分布曲线。图 4-25 为采用密度计法测得的某强风化花岗岩残积土细粒的粒径分布曲线。如与筛分法联合分析，应将两段曲线绘成一平滑曲线。

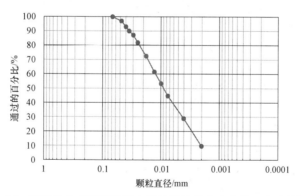

图 4-25　某强风化花岗岩残积土细粒的粒径分布曲线（密度计法）

4.5.3　移液管法

移液管法也是根据 Stokes 定律计算出某粒径的颗粒自液面下沉到一定深度所需要的时间，并在此时间间隔用移液管自该深度处取出固定体积的悬液，将取出的悬液蒸发后称干土质量，通过计算此悬液占总悬液的比例来求得此悬液中干土质量占全部试样的百分数。移液管法适用于粒径小于 0.075 mm 的试样。

1. 仪器设备

（1）移液管：容积为 25 mL，其示意图如图 4-26 所示。

（2）小烧杯：容积为 50 mL。

（3）天平：称量 200 g，分度值为 0.001 g。

单位: mm

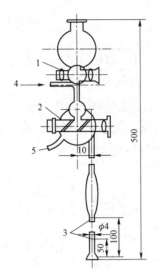

1—二通阀；2—三通阀；3—移液管；4—接吸球；5—放流口。

图 4-26 移液管示意图

（4）温度计：刻度为 0～50 ℃，分度值为 0.5 ℃。

（5）洗筛漏斗：直径略大于洗筛直径，使洗筛恰可套入漏斗中。

（6）搅拌器：轮径为 50 mm，孔径约为 3 mm，杆长约为 400 mm，带旋转叶。

（7）煮沸设备：附冷凝管。

（8）其他：秒表、锥形瓶、研钵、木杵、电导率仪等。

2. 操作步骤

（1）取代表性试样。黏质土为 10～15 g，砂质土为 20 g，并按密度计法中描述的方法制取悬液。

（2）将盛试样悬液的量筒放入恒温水槽中，测记悬液温度，精确至 0.5 ℃。实验中悬液温度允许变化范围应为±0.5 ℃。

（3）计算粒径小于 0.05 mm、0.01 mm、0.005 mm、0.002 mm 和其他所需粒径下沉一定深度所需的静置时间。

（4）准备好移液管，将二通阀置于关闭位置，三通阀置于移液管和吸球相通的位置。

（5）用搅拌器沿悬液上、下搅拌各约 30 次，时间为 1 min，然后取出搅拌器。

（6）开动秒表，根据各粒径的静置时间，提前约 10 s 将移液管放入悬液中，浸入深度为 10 cm。用接吸球吸取悬液，吸取的悬液量应不少于 25 mL。

（7）旋转三通阀，使与放流口相通，将多余的悬液从放流口放出，收集后倒入原量筒内的悬液中。

（8）将移液管下口放入已称量过的小烧杯中，由上口倒入少量纯水，打开三通阀使水流入移液管中，连同移液管内的试样悬液流入小烧杯内。

（9）每吸取一组粒径的悬液后必须重新搅拌，然后再吸取另一组粒径的悬液。

（10）将烧杯内的悬液蒸发浓缩至半干，在 105～110 ℃温度下烘至恒量，称取小烧杯连同干土的质量，精确至 0.001 g。

3. 计算和制图

（1）按下式计算小于某粒径的试样质量占试样总质量的百分数：

$$X = \frac{m_s'V}{V_1 m_s} \times 100\% \tag{4-54}$$

式中：X 为小于某粒径的试样质量占试样总质量的百分数，%；m_s' 为吸取悬液中（25 mL）土粒的质量，g；m_s 为试样干土质量，g；V 为悬液总体积，$V=1\,000$ mL；V_1 为移液管每次吸取的悬液体积，$V_1=25$ mL。

（2）以小于某粒径的土的质量百分数为纵坐标，以颗粒直径（mm）为对数横坐标绘制粒径分布曲线。

4.6　颗粒分析实验数据处理的电子表格法

实验完成后，正确处理相关实验数据及绘制土的粒径分布曲线是一项十分重要的工作。为了方便读者使用，本书基于 Excel 开发了用于处理颗粒分析实验数据的电子表格。该表格具有以下优点：

（1）电子表格最适合于实验数据的存储和使用，具有其他数据分析软件所不具有的灵活性；

（2）由于 Excel 是目前应用最为广泛的办公软件，因此电子表格便于用户使用和掌握；

（3）Excel 绘制的图形漂亮、规范。

4.6.1　颗粒分析实验数据处理电子表格界面

颗粒分析实验数据处理电子表格面向土力学实验人员开发，目的是让实验人员在颗粒分析实验后，方便记录实验数据、分析实验数据。该表格基于 Excel-VBA 进行编制，主要界面也是在 Excel 界面的基础上编制的，由菜单栏、数据锁定区、数据输入区、数据输出区组成。菜单栏中有【开始】、【数据初始化】、【导入 xml 文件】、【导出 xml 文件】、【使用例题数据】、【筛分法计算】、【密度计法计算】、【土的种类】、【导出计算书】、【帮助】按钮。图 4-27 为电子表格界面，主界面中有【开始】和【帮助】两个按钮。

图 4-27　电子表格界面

4.6.2 数据处理过程

（1）颗粒分析可采用筛分法与密度计法，在输入数据之前，首先要进行数据的初始化。单击菜单栏中的【数据初始化】按钮（菜单栏左上角图标），用户在一组实验数据计算完成并将数据进行导出或另存之后，如需再进行另一组数据的计算可单击此按钮，此时程序会恢复初始状态，方便用户进行另一组数据的计算。

（2）数据初始化后，输入实验数据。实验数据的输入有 2 种方法：一种方法为直接在程序工作界面内输入实验信息及数据，另一种方法为导入含有实验数据信息的 xml 文件。xml文件的导入过程如下：单击菜单栏中的【导入 xml 文件】按钮，找到对应的 xml 文件，单击【打开】即可，如图 4-28 所示。

图 4-28　导入某包含颗粒分析实验实测数据的 xml 文件

（3）在输入或导入实验数据之后开始计算。单击【筛分法计算】按钮，程序会判断是否需要使用密度计法进行计算，如图 4-29 所示。若需要，单击【密度计法计算】按钮，然后

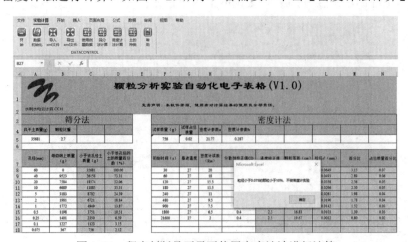

图 4-29　程序判断是否需要使用密度计法进行计算

单击【土的种类】按钮；若不需要，则直接单击【土的种类】按钮。最终的计算结果会显示在实验报告工作表中。

（4）在程序计算结束之后可以导出 xml 格式数据，方便后续用户保存和编辑。在程序计算完成后，单击【导出 xlm 文件】按钮██便可将计算数据以 xml 格式导出。

4.6.3　应用实例

下面以北京市勘察设计研究院有限公司韩家川工程实验数据为例对电子表格法的数据计算、图标绘制、数据的导入和导出功能和效果进行介绍。原始实验数据见表 4-6～表 4-8，依次为土样参数、筛分法实验数据和密度计法实验数据。

表 4-6　土样参数

工程名称	某科研项目实验数据	干土总质量/g	100	实验用干土质量/g	20
土样编号	S01	密度计系数 a	21.77	密度计系数 b	0.287
仪器编号	Y01	试样名称		土粒相对密度	2.644

表 4-7　筛分法实验数据

孔径/mm	每级筛上质量/g	小于该孔径土质量/g	小于该孔径的土的质量百分数/%
60	0	100	100.00
40	0	100	100.00
20	0	100	100.00
10	5.0	95	95.00
5.0	8.0	87	87.00
2.0	10	77	77.00
1.0	13	64	64.00
0.50	17	47	47.00
0.25	20	27	27.00
0.10	4.0	23	23.00
0.075	3.0	20	20.00

表 4-8　密度计法实验数据

初始时间/s	悬液温度/℃	密度计读数/（g/mL）	分散剂校正值 C_D
60	21.4	16.5	1.6
120	21.4	13.2	1.6
180	21.4	12.6	1.6
240	21.4	11.9	1.6
480	21.4	10.5	1.6
900	21.4	9.3	1.6
1 800	21.0	8.0	1.6
3 600	20.5	6.7	1.6
15 000	19.6	4.9	1.6

将实验参数及数据输入电子表格中的相应位置，然后依次单击【筛分法计算】、【密度计法计算】、【土的种类】，计算结果会自动显示在实验报告工作表中，如图4-30所示。测试结果表明：本次实验土的不均匀系数为42.50，曲率系数为4.61，通过程序判断土的种类为粉砂且为不良级配，该实验结果计算正确。

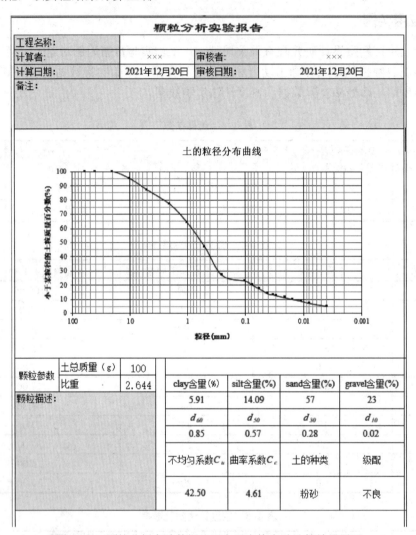

颗粒分析实验报告

工程名称：				
计算者：	×××	审核者：	×××	
计算日期：	2021年12月20日	审核日期：	2021年12月20日	
备注：				

土的粒径分布曲线

颗粒参数	土总质量（g）	100	clay含量(%)	silt含量(%)	sand含量(%)	gravel含量(%)
	比重	2.644	5.91	14.09	57	23
颗粒描述：			d_{60}	d_{50}	d_{30}	d_{10}
			0.85	0.57	0.28	0.02
			不均匀系数C_u	曲率系数C_c	土的种类	级配
			42.50	4.61	粉砂	不良

图4-30 颗粒分析实验数据处理电子表格自动计算结果展示

4.7 习　　题

1. 如何从粒径分布曲线上判断土体级配的好坏？

2. 颗粒分析的目的和意义是什么？常采用哪些方法进行颗粒分析？请说明这些方法的适用范围。

3. 现场测试土体密度和含水率的方法有哪些？

4. 颗粒分析实验中，从粒径分布曲线上求得 d_{60} 为 8.3 mm，d_{30} 为 2.4 mm，d_{10} 为 0.55 mm，试判断该土样级配的好坏。

5. 试分析密度实验的难点所在，在不同密度测量方法中，各自分别采用何种方式解决这一问题？

6. 有机土的含水率应该如何测定？

为方便读者学习本章内容，本书提供相关电子资源，读者通过扫描右侧二维码即可获取。

扫码，获取本章电子资源

第5章

土体物理状态实验

土体物理状态，对于细粒土是指土的软硬程度，也称为土的稠度，对于粗粒土是指土的密实程度。

细粒土的物理状态是由其含水率决定的，如图 5-1 所示，由于含水率不同，细粒土分别处于液态（流动状态，泥浆状）、可塑状态、半固体状态和固态。黏性土从某种状态进入另一种状态时的分界含水率称为土的界限含水率。界限含水率有液限、塑限和缩限，参见图 5-1。液限是细粒土呈可塑状态的上限含水率；塑限是细粒土呈可塑状态的下限含水率；缩限是细粒土从半固体状态继续蒸发水分过渡到固态时体积不再收缩的界限含水率。这些界限含水率最早由瑞典人阿特贝（Atterberg）于 1911 年提出来，因此也被称为阿特贝限。

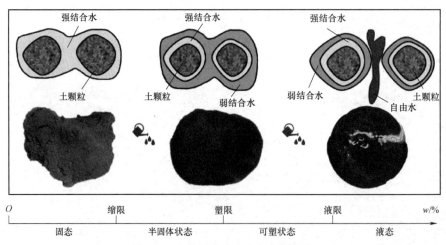

图 5-1 土的界限含水率与物理状态

无黏性粗粒土的状态主要由其密实程度决定。无黏性粗粒土的密实程度不能仅从其孔隙比的大小来衡量。因为对于颗粒级配、形状及不均匀系数不同的两种砂土，即使孔隙比完全相同，其密实程度也可能有很大差别。反之，密实程度相同的两种砂土所具有的孔隙比可能相差悬殊，这主要是由于不同的砂土，在各自的最松和最紧状态下所具有的最大和最小孔隙比不同，因此，需要用砂土孔隙比与极限孔隙比的相对关系来表示，故通常用相对密度这一指标来表示砂土的密实程度。相对密度是指无黏性土处于最松状态的孔隙比与天然状态孔隙比之差和处于最松状态的孔隙比与最紧密状态的孔隙比之差的比值。相对密度表征了无黏聚粗粒土的密实程度，对土体的稳定性，特别是在抗震稳定性评估方面具有重要意义。

本章将分别介绍界限含水率实验和相对密度实验。其中，界限含水率实验的目的是测定细粒土的液限、塑限和缩限，以及计算塑性指数、液性指数，用于划分土类、判断土体物理状态，供设计、施工使用；相对密度实验的目的是测定粗粒土粒相对密度，进而对土体的密实状态、液化可能性等工程性质进行判断。

5.1 界限含水率实验

界限含水率的测定实验方法有以下几种：液塑限联合测定法、碟式仪法、滚搓法、收缩皿法与收缩仪法。其中液塑限联合测定法主要在我国使用，可同时测定土体的液塑限。碟式仪法流行于欧美，国内极少使用，可用于液限的确定。滚搓法是用手工滚搓的方法来测定塑限，在国内外都广为使用，但它纯粹是手工操作，受人为因素影响较大。收缩皿法可以用来测量重塑土的缩限；收缩仪法则可以用来测定重塑土和原状土的缩限。本节主要介绍液塑限联合测定法和缩限测定方法。

5.1.1 液塑限联合测定法

1. 仪器设备

液塑限联合测定仪是最主要的实验设备，其示意图如图 5-2（a）所示，其实物图如图 5-2（b）所示。仪器能实现自动落锥，入土深度的读数能精确到 0.2 mm。测定仪的圆锥仪质量为 76 g，锥角为 30°，为保持实验结果的可靠性，要求圆锥仪表面光滑、锥尖保持完整。其他设备包括：试样杯（直径为 40～50 mm，高为 30～40 mm）、天平（称量 200 g，精度为 0.01 g）、烘箱、干燥缸、铝盒、修土刀、0.5 mm 筛、凡士林等。

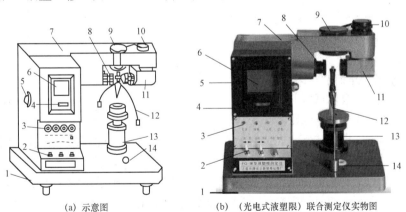

(a) 示意图　　　　　　　　(b)（光电式液塑限）联合测定仪实物图

1—水平调节螺丝；2—控制开关；3—指示灯；4—零线调节螺丝；5—反光镜调节螺丝；6—屏幕；7—机壳；
8—物镜调节螺丝；9—电磁装置；10—光源调节螺丝；11—光源；12—圆锥仪；13—升降台；14—水平泡。

图 5-2　液塑限联合测定仪

2. 操作步骤

（1）制备土膏。液塑限联合测定实验首先需制备 3 种以上包含不同含水率的土膏，其土膏制备流程如图 5-3 所示。

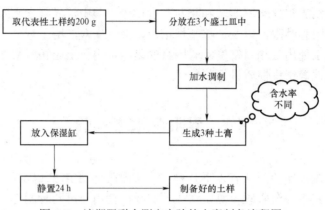

图 5-3　液塑限联合测定实验的土膏制备流程图

原则上采用具有天然含水率的土样制备试样，但也允许用风干土制备试样。当采用具有天然含水率的土样时，应剔除粒径大于 0.5 mm 的颗粒，然后分别按接近液限、塑限和二者的中间状态制备不同稠度的土膏，静置湿润。静置时间可视原含水率的大小而定。

当采用风干土样时，取过 0.5 mm 筛的代表性土样约 200 g，分成 3 份，分别放入 3 个盛土皿中，加入不同数量的纯水，使土样含水率分别达到接近液限、塑限和二者的中间状态，调成均匀土膏，然后放入密封的保湿缸中，静置 24 h。

（2）装样。将制备好的土膏用修土刀充分调拌均匀，密实地填入试样杯 [见图 5-4（c）] 中，使空气全部逸出，不留孔隙。高出试样杯的余土应用修土刀刮平，随即将试样杯放在仪器底座上。

（3）安装圆锥仪。在圆锥仪的锥体上涂一薄层凡士林，用作润滑，接通电源，使电磁铁吸稳圆锥仪，如图 5-4（a）所示。

（4）调零。调节屏幕基准线，使初读数为零（游标尺或百分表读数调零），如图 5-4（b）所示。

（5）落锥。调节升降台，使圆锥仪锥角接触试样面，指示灯亮时圆锥在自重下沉入试样内，5 s 后立即测读并记录圆锥下沉深度，如图 5-4（c）所示。

（6）测含水率。取出试样杯，挖去锥尖入土处的凡士林，取 10 g 以上的试样 2 个，测定其含水率，如图 5-4（d）所示。

（7）重复实验。根据步骤（1）～（6），测试其余 2 个试样的圆锥下沉深度和含水率。

3. 数据记录与处理

（1）数据记录。实验中记录的数据为圆锥下沉深度、湿土质量和干土质量。可使用相应的数据记录表（见本章的电子资源）进行实验数据的记录。

（2）含水率计算。含水率的计算公式如下：

$$w = \left(\frac{m}{m_{\mathrm{d}}} - 1\right) \times 100\% \tag{5-1}$$

式中：w 为含水率；m 为湿土质量，g；m_{d} 为干土质量，g，精确至 0.1%。

(a) 安装圆锥仪   (b) 调零

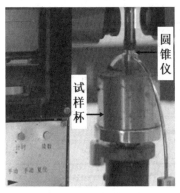

(c) 落锥   (d) 取试样并测定含水率

图 5-4 液塑限联合测定实验

（3）液塑限计算。液塑限联合测定法的理论依据是圆锥下沉深度与相应含水率在双对数坐标系上具有直线关系。如果以含水率为横坐标，圆锥下沉深度为纵坐标，在双对数坐标系上绘制关系曲线，则 3 次实验的结果可形成一直线，如图 5-5 中的 A 线所示。

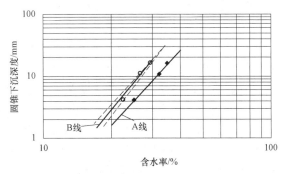

图 5-5 圆锥下沉深度与含水率关系图

当 3 点不在一条直线上时，通过具有高含水率的一点与其余两点连成两条直线，在圆锥下沉深度为 2 mm 处查得相应的含水率，当两个含水率的差值小于 2%时，应将该两点含水率的平均值与具有高含水率的点连成一线，如图 5-5 中的 B 线所示。当两个含水率的差值大于等于 2%时，应补做实验。

基于如图 5-5 所示的圆锥下沉深度与含水率关系图，查得下沉深度为 17 mm 所对应的含水率即为液限；下沉深度为 2 mm 所对应的含水率即为塑限，以百分数表示，精确至 0.1%。

（4）塑性指数和液性指数计算。塑性指数和液性指数的计算公式分别如下：

$$I_P = w_L - w_P \qquad (5-2)$$

$$I_L = \frac{w - w_P}{I_P} \qquad (5-3)$$

式中：I_P 为塑性指数；w_L 为液限；w_P 为塑限；w 为天然含水率；I_L 为液性指数，精确至 0.01。

根据液性指数 I_L 数值的大小可以判别土的状态，见表 5-1。塑性指数则用于判断细粒土的分类，相关内容详见 2.4.4 节。

表 5-1　黏性土的物理状态分类

液性指数 I_L	状态
$I_L \leqslant 0$	坚硬
$0 < I_L \leqslant 0.25$	硬塑
$0.25 < I_L \leqslant 0.75$	可塑
$0.75 < I_L \leqslant 1$	软塑
$I_L > 1$	流塑

4. 注意事项

（1）界限含水率实验要求土的颗粒粒径小于 0.5 mm，制样前应过 0.5 mm 筛。

（2）根据经验，具有 3 个不同含水率的试样的入土深度可依次控制在 4～5 mm、9～11 mm、16～18 mm，确保测点较为分散，而且间距较大，得到的液塑限数据更为准确。

（3）试样制备可采用三皿法或一皿法。前面介绍的制备 3 个具有不同含水率的试样进行测试的方法为三皿法。实验中用同一份试样，采用增减含水率进行 3 次测试的方法为一皿法。三皿法要求取样尽量均匀，避免 3 个试样不均匀导致实验误差；而一皿法则不存在这个缺点，只是实验过程稍长。

（4）需要注意的是，不同规范中的液限定义和其配套的土体分类方法存在一定的差别。国家标准《土工试验方法标准》（GB/T 50123—2019）采用的是重 76 g 的圆锥仪下沉深度为 17 mm 时的含水率为液限。但是其他铁路规范还采用了另外一种液限定义，即定义下沉深度 10 mm 所对应的含水率为 10 mm 液限，并基于 10 mm 液限给出了相应的塑性图和土体分类方法。而交通运输部的标准《公路土工试验规程》（JTG 3430—2020）规定除了采用重 76 g 的圆锥仪下沉深度为 17 mm 时的含水率作为液限，还可采用重 100 g 的圆锥仪下沉深度为 20 mm 对应的含水率作为液限。因此，这一点在使用中应予以注意，保证液限测量设备、确定方法和其土体分类方法三者之间的匹配。

5.1.2　缩限测定方法

土体的收缩界限，简称缩限，指的是土体体积不再发生明显收缩时的土体含水率。土的收缩是指原状土和击实土在自然风干条件下失水体积收缩的一种现象。失水收缩通常有 3 个阶段：第一个阶段，土体收缩与含水率减少成正比；第二个阶段，随着含水率的减少，土体收缩率越来越小；第三个阶段，含水率继续减小，但土体不再收缩或收缩甚微。

下面介绍测定缩限的两种实验方法，分别为缩限实验和收缩实验，在实验过程中不考虑土体残余阶段的收缩效应。

1. 缩限实验（收缩皿法）

重塑土的缩限测定常采用收缩皿法，在规范中也称为缩限实验。实验仪器为收缩皿，直径为 4.5～5.0 cm，高为 2.0～3.0 cm，也可以用相同规格的环刀代替。缩限实验的操作步骤较为简单，具体如下。

（1）取具有代表性的土样，用纯水制备成含水率约为土样液限含水率的试样。

（2）在收缩皿内涂一薄层凡士林，将土样分层装入皿内，每次装入后用皿底拍击实验台，直至驱尽气泡为止。

（3）土样装满后，用刀或直尺刮去多余土样，立即称取收缩皿加湿土质量。

（4）将盛满土样的收缩皿放在通风处风干，待土样颜色变淡后，放入烘箱中烘至恒量，然后放在干燥器中冷却。

（5）称取收缩皿和干土总质量，精确至 0.01 g。

（6）用蜡封法测定干试样体积。

（7）缩限的计算公式为

$$w_s = w' - \frac{V_0 - V_d}{m_d} \times \rho_w \times 100 \tag{5-4}$$

式中：w_s 为缩限，精确至 0.1%；w' 为实验前试样的含水率；V_0 为湿土体积，cm³，即收缩皿或环刀的容积；V_d 为烘干后土的体积，cm³；ρ_w 为水的密度，$\rho_w = 1$ g/cm³。

本实验应进行两次平行测定，其允许差值为：高液限土≤2%，低液限土≤1%。若不满足要求，则应重新进行实验。取其算术平均值，保留至小数点后一位。

2. 收缩实验（收缩仪法）

利用土的收缩实验可以测定原状土和击实土试样在自然风干条件下的线缩率、体缩率、收缩系数和缩限等收缩指标。实验所用仪器为收缩仪，如图 5-6 所示。收缩仪多孔板上孔的面积应大于整个板面积的 50%，以便于水分蒸发。

实验步骤如下：

（1）将制备好的试样从环刀内推出（当试样不紧密时，应采用风干脱环法），置于多孔板上，称试样和多孔板的质量，精确至 0.1 g。

（2）装好测量用的百分表，调整和记下初读数。

（3）使试样在不高于 30 ℃的常温下风干，根据室内温度大小及收缩速度的快慢，每隔 1～4 h 测记百分表读数，并称整套装置和试样质量，精确至 0.1 g；两天后，每隔 6～24 h 测记百分表读数并称质量，直至两次百分表读数基本相同为止。在收缩曲线的第 I 阶段内读取的数据不得少于 4 个。

（4）实验结束，在 105～110 ℃温度下烘干，称取干土质量。

（5）按蜡封法的规定测定烘干试样体积。

按式（5-5）计算收缩过程中不同时刻的含水率：

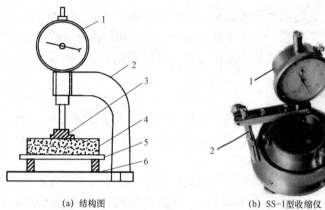

(a) 结构图　　　　　　　　(b) SS-1型收缩仪

1—量表；2—支架；3—测板；4—试样；5—多孔板；6—垫块。

图 5-6　收缩仪

$$w_t = \left(\frac{m_t}{m_d} - 1 \right) \times 100 \tag{5-5}$$

式中：w_t 为 t 时刻的试样含水率；m_t 为 t 时刻的试样质量，g；m_d 为干土质量，g。

按式（5-6）和式（5-7）计算线缩率和体缩率：

$$\delta_{st} = \frac{z_t - z_0}{h_0} \times 100 \tag{5-6}$$

$$\delta_v = \frac{V_0 - V_d}{V_0} \times 100 \tag{5-7}$$

式中：δ_{st} 为 t 时刻的试样线缩率；z_t 为 t 时刻的百分表读数，mm；z_0 为百分表初始读数，mm；h_0 为试样初始高度，mm；δ_v 为体缩率，%；V_0 为试样初始体积（环刀容积），cm^3；V_d 为试样烘干后的体积，cm^3。

土的缩限用作图法确定。以线缩率为纵坐标，以含水率为横坐标，绘制关系曲线，如图 5-7 所示。若 Ⅰ、Ⅲ 阶段的转折点明显，则与其对应的横坐标值即为原状土的缩限。否则，延长 Ⅰ、Ⅲ 阶段的直线段至相交，交点 E 所对应的横坐标值即为土的缩限 w_s。可以看出，采用图 5-7 方法确定的 w_s 是一个近似值，它一般大于土体实际体积不再发生进一步收缩的含水率。

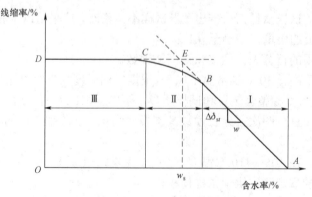

图 5-7　线缩率与含水率关系曲线

5.2　相对密度实验

相对密度是描述无黏性土紧密程度的指标，在评估土工建筑物的地基稳定性，特别是在抗震稳定性方面，具有重要的意义。相对密度的确定需要测量 3 个参数——最大干密度、最小干密度及天然干密度。这 3 个参数的测定结果对相对密度的计算都非常重要，因此实验方法和仪器设备的标准化十分重要，但目前还没有一个统一而完善的方法。

按照规范规定，最小干密度实验宜采用漏斗法和量筒法，最大干密度实验采用振动锤击法。其土样一般要求为能自由排水的砂砾土，粒径不应大于 5 mm，其中粒径为 2 ～ 5 mm 的土样质量不应大于土样总质量的 15%。

对于排水不良的土料，如无黏性粉砂、极细砂或砂质土、砾质土中含有大量粉砂，在高的击实功下得到的最大干密度往往大于采用振动法得到的最大干密度。遇到这种情况时，宜用相对密度和击实实验两种方法同时进行实验，取其大值为最大干密度。

5.2.1　最小干密度实验

1. 仪器设备

（1）量筒：容积为 500 mL 及 1 000 mL，后者内径应大于 6 cm。

（2）长颈漏斗：颈管内径约为 1.2 cm，颈口磨平（见图 5-8）。

（3）锥形塞杆：直径约为 1.5 cm 的圆锥体镶于铁杆上。

（4）砂面拂平器（见图 5-8）。

（5）天平：称量 1 000 g，分度值为 1 g。

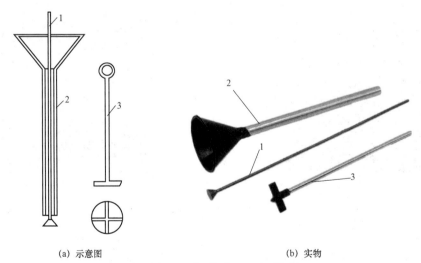

(a) 示意图　　　　　　　　　　　　　　(b) 实物

1—锥形塞杆；2—长颈漏斗；3—砂面拂平器。

图 5-8　用于最小干密度实验的长颈漏斗及拂平器

2. 操作步骤

（1）试样制备。取代表性的烘干或充分风干试样约 1.5 kg，用手搓揉或用圆木棍在橡皮板上碾散，并拌和均匀。

（2）设备安装。将锥形塞杆自长颈漏斗下口穿入，并向上提起，使圆锥体堵住长颈漏斗管口，如图5-9（a）所示，一并放入1 000 mL量筒中，使其下端与筒底接触。

（3）装样。称取试样700 g，精确至1 g，均匀倒入长颈漏斗中，将长颈漏斗与锥形塞杆同时提高，然后下放锥形塞杆使圆锥体略离开管口，管口应经常保持高出砂面1~2 cm，使试样缓缓且均匀分布地落入量筒中，如图5-9（b）所示。

（4）拂平并读数。待试样全部落入量筒后，取出长颈漏斗与锥形塞杆，用砂面拂平器将砂面拂平，勿使量筒振动，然后测读砂样体积，估读至5 mL，如图5-9（c）所示。

（5）翻转量筒并测体积。用手掌或橡皮板堵住量筒口，将量筒倒转，如图5-9（d）所示，然后缓慢地转回原来位置，如此重复几次，记下体积的最大值，估读至5 mL。

（6）计算比较。

取上述步骤（4）和步骤（5）中测得的体积值的较大值，计算最大孔隙比。

(a) 设备安装

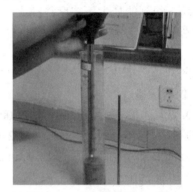

(b) 装样

(c) 拂平并读数

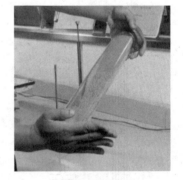

(d) 翻转量筒

图5-9 最小干密度实验

3. 计算

（1）按式（5-8）计算最小干密度：

$$\rho_{d\min} = \frac{m_d}{V_{\max}} \tag{5-8}$$

式中：$\rho_{d\min}$为最小干密度，g/cm³；m_d为干土的质量，g；$V_{\max}$为松散状态时试样的最大体积，

cm^3。

（2）按式（5-9）计算最大孔隙比：

$$e_{max} = \frac{\rho_w G_s}{\rho_{d min}} - 1 \qquad\qquad (5-9)$$

式中：e_{max} 为最大孔隙比；G_s 为土粒比重。

5.2.2　最大干密度实验

1. 仪器设备

（1）金属容器。

① 容积为 250 mL，内径为 5 cm，高为 12.7 cm。

② 容积为 1 000 mL，内径为 10 cm，高为 12.75 cm。

（2）振动叉，如图 5-10（a）所示。

（3）击锤：锤质量为 1.25 kg，落高 15 cm，锤底直径 5 cm，如图 5-10（b）所示。

（4）台秤：称量 5 000 g，分度值 1 g。

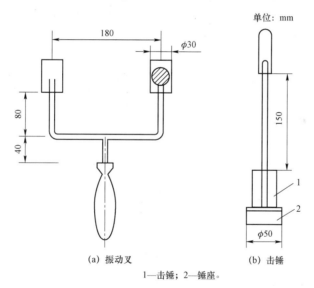

（a）振动叉　　　　　　（b）击锤

1—击锤；2—锤座。

图 5-10　用于最大干密度实验的装置

2. 操作步骤

（1）试样制备。取代表性试样约 4 kg，用手搓揉或用圆木棍在橡皮板上碾散，并拌和均匀。

（2）装样。将试样分 3 次倒入容器中进行振击。先取上述试样 600～800 g（其数量应使振击后的体积略大于容器容积的 1/3）倒入 1 000 mL 容器内，用振动叉以 150～200 次/min 的速度敲打容器两侧，并在同一时间内，用击锤在试样表面振击（30～60 次/min），直至砂样体积不变为止（一般振击 5～10 min），如图 5-11（a）所示。敲打时要用足够的力量使试样处于振动状态，振击时，粗砂可用较少击数，细砂应用较多击数。

（3）重复装样过程。重复步骤（2）的操作，进行第 2、3 次的装样和击实。每次装样后，应继续按照前述步骤（2）的标准进行容器两侧的振动和试样表面的振击，在进行第3次装样前，应先在容器口上安装套环。

（4）实验数据记录。装样并击实完毕后，取下套环，用修土刀齐容器顶面削去多余试样，如图5-11（b）所示。称取容器内试样质量，精确至1 g，并记录试样体积，计算其最小孔隙比。

(a) 装样并进行振击   (b) 取下套环并修齐土样

图 5-11   最大干密度实验

3. 计算

（1）按式（5-10）计算最大干密度：

$$\rho_{d\max} = \frac{m_d}{V_{\min}} \tag{5-10}$$

式中：$\rho_{d\max}$ 为最大干密度，g/cm³；$V_{\min}$ 为紧密状态时试样的最小体积，cm³。

最小与最大干密度，均须进行两次平行测定，取其算术平均值，其平行差值不得超过 0.03 g/cm³。

（2）按式（5-11）计算最小孔隙比：

$$e_{\min} = \frac{\rho_w G_s}{\rho_{d\max}} - 1 \tag{5-11}$$

式中：$e_{\min}$ 为最小孔隙比。

（3）按式（5-12）、式（5-13）计算相对密度：

$$D_r = \frac{e_{\max} - e_0}{e_{\max} - e_{\min}} \tag{5-12}$$

$$D_r = \frac{(\rho_d - \rho_{d\min})\rho_{d\max}}{(\rho_{d\max} - \rho_{d\min})\rho_d} \tag{5-13}$$

式中：D_r 为相对密度；e_0 为天然孔隙比或填土的相应孔隙比；ρ_d 为天然干密度或填土的相应干密度，g/cm³。

5.3   液塑限联合测定实验数据处理的电子表格法

在界限含水率实验中，液塑限联合测定法较为常用。要在界限含水率实验中得到准确的实验结果，除了保证正确的实验操作，还要确保数据计算的正确性和绘图的准确性。根据《土工试验方法标准》（GB/T 50123—2019）中规定，该实验是否需要重做的判断依据是：在由 3 组数据绘制出的两条关系线上，2 mm 下沉深度所对应的含水率差是否大于 2%，若大于，则需重做实验。这一点，由人工计算来判断较为费时，而根据手工绘图判断又不够准确。因此，为了方便实验人员的使用，本书配套了液塑限联合测定实验数据处理的电子表格。

5.3.1   操作说明

本表格针对液塑限联合测定法得到的数据进行计算，最终得到液限、塑限、液性指数、塑性指数、土的分类和状态、圆锥下沉深度与含水率的关系图。打开表格，其用户界面如图 5-12 所示。

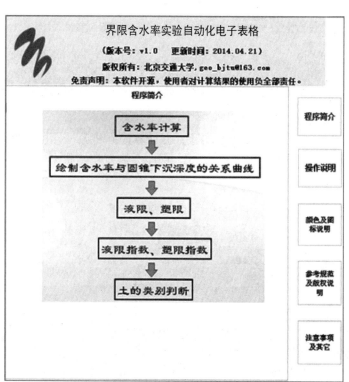

图 5-12   液塑限联合测定实验数据处理的电子表格用户界面

（1）数据导入：该程序可识别两种数据输入方式，第一种为直接导入，单击程序菜单栏下的【导入 xml 文件】，将 xml 格式的数据导入到程序中进行计算，如图 5-13 所示；第二种为手动输入，用户可在相应的数据输入区将数据逐个输入。待数据导入完成后，电子表格无须操作即可完成计算。

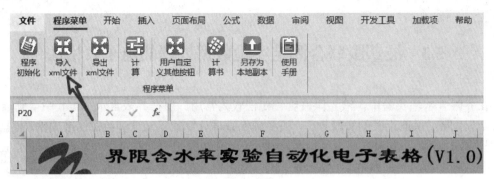

图 5-13　直接导入 xml 文件

（2）导出数据：在程序计算完成后，单击【导出 xml 文件】，将计算数据导出以便进行保存，如图 5-14 所示。

图 5-14　导出 xml 文件

（3）数据初始化：用户在完成一组实验数据计算，并将数据导出或另存为后，如需再进行另一组数据的计算，可单击【程序初始化】，程序会恢复初始状态，方便用户进行另一组数据计算，如图 5-15 所示。

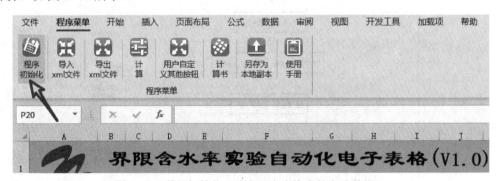

图 5-15　数据初始化（清空现有表格中的实验数据）

（4）完成实验报告。

5.3.2　计算示例

（1）本实验数据来自北京市勘察设计研究院有限公司韩家川工程，土样的实验数据见表 5-2。

（2）将实验参数及数据输入电子表格中的相应位置，计算结果自动显示在实验报告工作表中，实验报告如图 5-16 所示。该表格的计算结果表明：*AB* 线和 *AC* 线上，2 mm 下沉深度所对应的含水率差小于 2%，满足规范要求。取其平均值 20.2 为塑限。

表 5-2　某土料液塑限联合测定实验记录表

编号	圆锥下沉深度/mm	盒号	盒重/g	湿土质量 m/g	干土质量 m_d/g	含水率 w/%	平均含水率 w/%	液限 w_L/%	塑限 w_P/%	塑性指数 I_P
1	4.5	1	10.0	23.95	21.09	25.79	25.94	37.3	20.2	17.1
		2	10.0	25.03	21.92	26.09				
2	8.7	3	10.0	27.28	23.28	30.12	30.52	37.3	20.2	17.1
		4	10.0	24.99	21.45	30.92				
3	15.9	5	10.0	22.96	19.53	35.99	36.61			
		6	10.0	22.94	19.43	37.22				

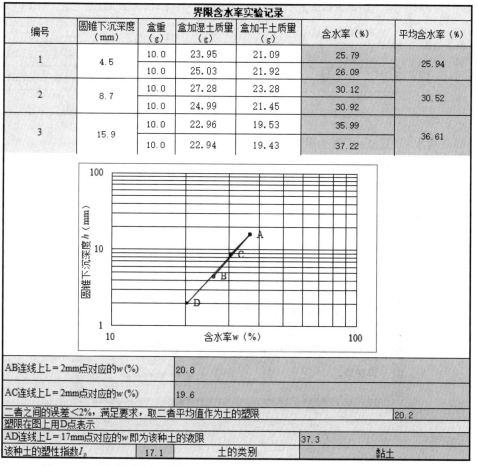

图 5-16　由土料液塑限联合测定实验数据分析电子表格自动生成的实验报告

5.4 习　题

1. 表 5-3 所示数据为液塑限联合测定仪测定某土的实验结果，请计算土体的含水率，并确定此土的液塑限，同时判断该实验是否应重做。

表 5-3　液塑限联合测定实验结果

实验项目		实验次数		
		1	2	3
下沉深度/mm	h_1	4.69	9.81	19.88
	h_2	4.72	9.79	20.12
	$(h_1+h_2)/2$	4.71	9.80	20
含水率测量数据	铝盒质量/g	20	20	20
	盒+湿土质量/g	25.86	27.49	30.62
	盒+干土质量/g	24.51	25.52	27.53
	水分质量/g	1.35	1.97	3.09
	干土质量/g	4.51	5.52	7.53
	含水率/%			

2. 界限含水率的测定有哪些用途？

3. 测量最大干密度和最小干密度有何用途？

4. 颗粒越细，黏土颗粒表面的双电层越薄，土体的塑性指数就越高。这种说法对不对，为什么？

5. 在测量土料界限含水率之前，应将土料碾碎，且过 2 mm 筛。这种说法对不对，为什么？

为方便读者学习本章内容，本书提供相关电子资源，读者通过扫描右侧二维码即可获取。

扫码，获取本章电子资源

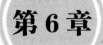

第6章

击 实 实 验

在铁路、公路、土坝及其他建筑物的建设中，会遇到大量的填方工程，特别是路基和土石坝，对填土的质量要求很高。进行填土时，经常要采用夯打、振动或辗压等方法，使土得到压实，以提高土的强度，减小压缩性和渗透性，保证地基和土工建筑物的稳定。

在实验室模拟施工现场压实条件，将具有不同含水率的土样分层装入击实仪内，用完全相同的方法加以击实，击实后测出压实土的含水率和干密度，这种实验称为土的击实实验。击实实验通过多次测定，可获得试样在标准击实功作用下含水率和干密度之间的关系，从而确定土体的最大干密度 ρ_{dmax} 和最优含水率 w_{op}。当采用最优含水率进行击实时，能够在较小的能量下，获得较好的压实效果。因此，室内击实实验结果可以为现场填方工程的施工质量控制和工艺优化提供重要依据。

本章将针对击实实验的原理和方法进行介绍。

6.1 压 实 原 理

6.1.1 细粒土的压实性

细粒土的击实曲线存在峰值，如图6-1所示。该峰值干密度对应的含水率，称为最优含水率 w_{op}。它表示在这一含水率下，以这种压实方法，能够得到最大干密度 ρ_{dmax}。同一种土，干密度越大，孔隙比越小，所以最大干密度对应于实验所达到的最小孔隙比。在某一含水率下，将土压到理论上的最密，就是将土中所有的气体都从孔隙中赶走，使土达到饱和。将具有不同含水率的土体达到饱和状态时的干密度也绘于图6-1中，得到理论上所能达到的最大压实曲线，即饱和度 $S_r=100\%$ 的压实曲线，也称饱和曲线。

根据饱和曲线，当含水率很大时，干密度很小，因为这时土体中很大部分体积都是水。若含水率很小，则对应的干密度很大。当 $w=0$ 时，饱和曲线上对应的干密度应等于土粒比重 G_s，显然碎散的土是无法达到的。

实际上，实验的击实曲线在峰值以右逐渐接近于饱和曲线，并且大体上与它平行。在峰值以左，则两条曲线差别较大，而且随着含水率的减小，差值迅速增加。土的最优含水率的大小随土的性质而异，实验表明 w_{op} 约在土的塑限 w_P 附近。主要原因在于：当含水率很小时，土颗粒表面的水膜很薄，要使颗粒相互移动需要克服很大的粒间阻力，因而需要消耗很大的能量。这种阻力可能来源于毛细压力或结合水的剪切阻力。当含水率超过最优含水率 w_{op} 后，水膜继续增厚所引起的润滑作用已不明显。这时土中的剩余空气已不多，并且处于与大气隔绝的封闭状态。这些封闭气泡很难全部被赶走，它们增加了土体的弹性，使得土体难以压实。并且对于渗透性很小的黏性土，在击实或碾压的过程中，土中水来不及渗出，压实过程中可以认为含水率保持不变。因此在 $w > w_{op}$ 时，含水率越高，得到的干密度越小。

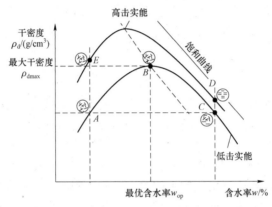

图 6-1　细粒土的击实曲线

6.1.2　无黏性土的压实性

砂和砂砾等无黏性土的击实曲线如图 6-2 所示，其压实性与含水率有关，不过一般不存在最优含水率。无黏性土，在完全干燥或充分洒水饱和的情况下容易被压实到较大的干密度；在潮湿状态下，由于毛细黏聚力的存在，土颗粒之间的接触力和摩擦力较饱和或在干燥情况下更大，因此压实过程中需要消耗更多的能量，导致其干密度显著降低。粗砂在含水率为 4%～5%，中砂在含水率为 7%左右时，干密度最小。所以，在压实砂砾时要充分洒水使土料饱和。

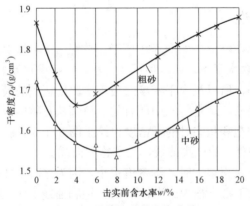

图 6-2　无黏性土的击实曲线

无黏性土的压实标准一般用相对密度 D_r 控制。对于饱和无黏性土，在静力或动力的作用下，当其相对密度大于 0.70～0.75 时，土的强度明显增加，变形显著减小，可以认为相对密度 0.70～0.75 是力学性质的一个转折点。

6.2 仪 器 设 备

击实实验分为轻型击实和重型击实两种,应根据工程要求和试样最大粒径按表 6-1 选用,其中 Q1、Q2、Z1、Z2、Z3 分别称为轻 1、轻 2、重 1、重 2、重 3。

表 6-1 击实实验标准技术参数

实验类型	编号	标准技术参数									
		击实仪规格						实验条件			
		击锤			击实筒		护筒		击实功/(kJ/m³)	层数	每层击数	最大粒径/mm
		质量/kg	直径/mm	落距/mm	内径/mm	筒高/mm	容积/cm³	高度/mm				
轻型	Q1	2.5	51	305	102	116	947.4	50	592	3	25	5
	Q2	2.5	51	305	152	116	2 103.9	50	597	3	56	20
重型	Z1	4.5	51	457	102	116	947.4	50	2 659	5	25	5
	Z2	4.5	51	457	152	116	2 103.9	50	2 682	5	56	20
	Z3	4.5	51	457	152	116	2 103.9	50	2 701	3	94	40

击实实验所用的仪器设备如下。

（1）击实仪：由击实筒、击锤和护筒组成,其尺寸应符合表 6-1 的规定。击实仪分为手动击实仪和电动击实仪,实物图如图 6-3 所示。

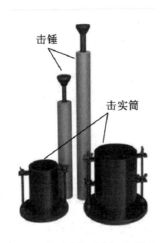

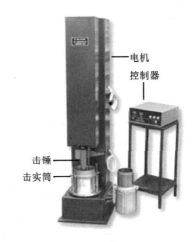

(a) 手动击实仪（轻型、重型）　　　　　(b) 电动击实仪

图 6-3 击实仪实物图

① 击实筒：钢制圆柱形筒,该筒配有钢护筒、底板和垫块。

② 击锤：可采用机械操作或人工操作。机械操作的击锤应配备控制落距的跟踪装置和锤击点按一定角度（轻型 53.5°、重型 45°）均匀分布的装置；人工操作的击锤应配备导筒，击锤与导筒间应有足够的间隙使击锤能自由下落，并设有排气孔。

（2）推土器：宜用螺旋式千斤顶或液压式千斤顶，如无此类装置，也可用刮刀和修土刀从击实筒中取出试样。

（3）天平：称量 200 g，分度值为 0.01 g。

（4）台秤：称量 10 kg，分度值为 5 g。

（5）标准筛：孔径为 40 mm、20 mm 和 5 mm。

（6）其他：烘箱、喷水设备、碾土设备、盛土器、修土刀和保湿设备等。

6.3 操作步骤

6.3.1 土料准备

土料准备可采用干土法或湿土法。所谓干土法，就是先将击实所需的土样烘干或将含水率降至击实样的最低含水率以下，再向试样中加水以达到预计的含水率，适用于现场土料含水率较低，碾压时需加水至最优含水率的情况。所谓湿土法，就是将土样从天然含水率分别晾干至所需含水率，然后按常规法进行击实实验，适用于现场土料含水率较高，碾压时需将土料翻晒，使含水率至最优含水率附近的情况。一般而言，湿土法的最大干密度小于干土法，最优含水率高于干土法，这点对于南方地区的红黏土与高液限土等尤为明显。因此，对于高天然含水率的土，宜选用湿土法。

干土法制样过程如图 6-4 所示，其具体步骤如下所述。

（1）干土过筛：用四分对角取样法取一定量的代表性烘干或风干土样（小击实筒最少 20 kg，大击实筒最少 50 kg），如图 6-5（a）所示，放在橡皮板上用木碾碾散。将土样过筛（5 mm、20 mm 或 40 mm），将筛下土样拌匀。采用风干土样时，需测定土样的风干含水率。

（2）计算加水量：根据土的塑限预估最优含水率，按相邻两个含水率差值为 2%制备一组试样（不少于 5 个）。其中，对于轻型击实实验，应有两个含水率大于塑限的试样，两个含水率小于塑限的试样，1 个含水率接近塑限的试样；对于重型击实实验，至少有 3 个含水率小于塑限的试样。按式（6-1）计算加水量：

$$m_{\mathrm{w}} = \frac{m}{1+w_0} \times (w - w_0) \qquad (6-1)$$

式中：m_{w} 为土样所需加水质量，g；m 为具有风干含水率的土样质量，g；w_0 为风干含水率，%；w 为土样所要求的含水率，%。

（3）洒水：将一定量土样平铺于不吸水的盛土盘内（对小击实筒取土样约 2.5 kg，对大击实筒取土样约 5.0 kg），按预定含水率用喷水设备往土样上均匀喷洒所需加水量，如图 6-5（b）所示，拌匀并装入塑料袋内或密封于盛土器内静置备用。高液限黏土静置时间不得少于 24 h；低液限黏土静置时间不得少于 12 h。

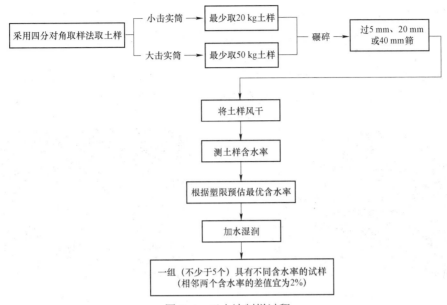

图 6-4 干土法制样过程

(a) 采用四分对角取样法取土

(b) 加水湿润

图 6-5 干土法试样制备

湿土法制样步骤和要求与干土法类似，只是取用具有天然含水率的土样过 5 mm、20 mm 或 40 mm 筛，然后按干土法中选定的含水率，加水或风干到所要求的含水率，其中应注意使制备好的试样水分均匀分布。

6.3.2 安装击实仪并分层击实

（1）安装击实仪：将击实仪平稳置于坚实的地面上，安装好击实筒及护筒（大击实筒内还要放入垫块），在击实筒内壁涂一薄层润滑油。

（2）每个试样应根据选用的实验类型，从制备好的一份试样中称取一定量土料，倒入击实筒内并将土面整平，按照表 6-1 的规定分层击实。击实后的每层试样高度应大致相等，两层土的交界面应刨毛。击实完成后，超出击实筒顶的试样高度应不大于 6 mm。

在击实过程中，应保持导筒垂直平稳，击锤以均匀速度作用到整个试样上，锤击点必须均匀分布于土面上，在沿击实筒周围锤击一遍后，中间再加一击。

（3）击实完成后，进行土样的湿密度测量［见图6-6（a）］：取下护筒，用修土刀修平超出击实筒顶部和底部的试样，擦净击实筒外壁，称取击实筒与试样的总质量，精确至1 g，并计算试样的湿密度。

（4）测量土料的含水率［见图6-6（b）］：用推土器从击实筒内推出试样，从试样中心处取2份代表性土料测定土的含水率，称量精确至0.01 g，含水率的平行误差应不大于1%。

（a）湿密度测量

（b）含水率测量

图6-6　测量湿密度与含水率

6.3.3　在其他含水率条件下重复击实实验

由于击实实验的目的是寻找干密度和含水率之间的关系，因此应进行多次测定，即重复前述操作步骤，采用多种具有不同含水率的土料进行多次击实实验，测得不同条件下的土体干密度。

由于击实过程中有可能导致颗粒破碎，首次使用与重复使用的土料，两者的最大干密度和最优含水率关系有所差异。因此除特殊情况外，多次击实实验过程中的土料不得重复使用。

6.4　数据记录与处理

（1）数据记录格式见数据记录表（参见本章电子资源）。

（2）按式（6-2）计算击实后各试样的含水率：

$$w = \left(\frac{m}{m_d} - 1\right) \times 100\% \qquad (6\text{-}2)$$

式中：w 为含水率；m 为湿土质量，g；m_d 为干土质量，g。

（3）按式（6-3）计算击实后各试样的干密度：

$$\rho_d = \frac{\rho}{1+w} \qquad (6\text{-}3)$$

式中：ρ_d 为干密度，g/cm³；ρ 为湿密度，g/cm³；w 为含水率。

（4）按式（6-4）计算土的饱和含水率：

$$w_{sat} = \left(\frac{\rho_w}{\rho_d} - \frac{1}{G_s} \right) \times 100\% \qquad (6-4)$$

式中：w_{sat} 为饱和含水率；G_s 为土粒比重；ρ_w 为水的密度，g/cm^3。

（5）制图。

① 以干密度为纵坐标，以含水率为横坐标，绘制干密度与含水率的关系曲线。曲线上峰值点的纵、横坐标分别代表土的最大干密度和最优含水率，如图 6-7 所示。如果曲线不能给出峰值点，应进行补点实验。

② 按式（6-4）计算数个干密度下土的饱和含水率。以干密度为纵坐标，以含水率为横坐标，绘制饱和曲线，参见图 6-7。

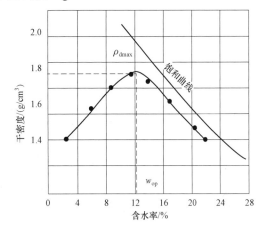

图 6-7　干密度–含水率关系曲线

（6）当最大干密度和最优含水率需要校正时，应按以下公式进行校正：

① 按式（6-5）计算校正后的最大干密度：

$$\rho'_{dmax} = \frac{1}{\dfrac{1-P}{\rho_{dmax}} + \dfrac{P}{G_{sz}\rho_w}} \qquad (6-5)$$

式中：ρ'_{dmax} 为校正后的最大干密度，g/cm^3；ρ_{dmax} 为粒径小于 5 mm、20 mm 或 40 mm 试样的最大干密度，g/cm^3；ρ_w 为水的密度，g/cm^3；P 为粒径大于 5 mm、20 mm 或 40 mm 颗粒的含量（用小数表示）；G_{sz} 为粒径大于 5 mm、20 mm 或 40 mm 颗粒的干比重。

② 按式（6-6）计算校正后的最优含水率：

$$w'_{op} = w_{op}(1-P) + Pw_2 \qquad (6-6)$$

式中：w'_{op} 为校正后的最优含水率，%；w_{op} 为粒径小于 5 mm 试样的最优含水率，%；w_2 为粒径大于 5 mm、20 mm 或 40 mm 颗粒的吸着含水率，%。

6.5　关于击实实验的讨论

6.5.1　压实功对击实结果的影响

压实功是指压实每单位体积土所消耗的能量。土的压实性受压实功的影响。对于同一种土，最优含水率和最大干密度并不是恒定值，而是随着压实功变化。压实功越大，得到的最优含水率越小，相应的最大干密度越大。同时，在含水率超过最优含水率以后，压实功的影响随含水率的增加而逐渐减小，击实曲线均靠近饱和曲线。压实功对击实曲线的影响如图 6-8 所示。给定不同的击实功，可以获得该条件下所能获得的最大干密度，以及相应的最优含水率。这些点的连线即为图 6-8 中的最优击实线。

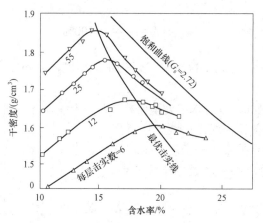

图 6-8 压实功对击实曲线的影响

现场填方工程中所采用的压实方法、工艺和能量和室内击实实验不同，应开展专门的现场压实实验，找到其最优击实线，从而优化现场的压实工艺和参数、降低压实成本并提高压实质量。

6.5.2 粗粒土和巨粒土的最大干密度实验

粗粒土，尤其是碎石、砾石土，具有透水性强、抗压强度高、沉降变形小等特性，是良好的填方材料，近年来被广泛用于高速铁路和高等级公路等对填料要求较高的工程中。对于粗粒土和巨粒土，由于受击实筒尺寸、击实功的限制，击实实验常常无法满足其最大干密度的测定要求。同时，在工程实践中发现，粗粒土填筑路基压实度超密现象较普遍，即检测压实度超过 100%。其根本原因是室内实验确定的最大干密度小于现场压实达到的干密度。

造成这种现象的原因是：粗粒土对振动比较敏感，现场压实过程中采用了振动和碾压结合的方式，因此效果要远远优于室内简单的锤击击实方法。因此，粗、巨粒土的击实规律应考虑振动的影响，常采用表面振动压实仪法来进行其击实特性的测量。

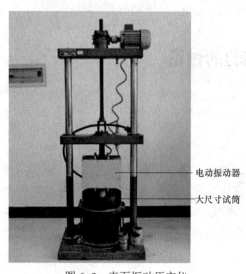

图 6-9 表面振动压实仪

表面振动压实仪法用于测定无黏性自由排水粗粒土和巨粒土（粒径小于 0.075 mm 的干土质量百分数不大于 15%）的最大干密度，尤其适用于击实实验无法或难以确定最大干密度及最优含水率的高透水性土。对于粒径大于 60 mm 的巨粒土，因试筒允许最大粒径的限制，应按相似级配缩小粒径的系列模型试料。实验所需仪器设备主要为：表面振动压实仪，以及电子秤、烘箱、标准筛、小铲、漏斗、大勺、橡皮锤、深度仪或钢尺、秒表等。表面振动压实仪主要包括电动振动器、大尺寸试筒和套筒等，如图 6-9 所示。实验主要步骤如下所述。

（1）采用干土法准备土料。将土样充分拌匀烘干，然后大致分为 3 份。测定并记录空试筒质量。

（2）用小铲将任一份试样装入试筒内，并注意使颗粒分离程度最小（装填高度宜使振毕密实后的试样等于或略低于筒高的 1/3），抹平试样表面，可用橡皮锤敲击几次试筒壁，使试料下沉。

（3）将试筒固定于底板上，装上套筒，并与试筒紧密固定。

（4）放下振动器，振动 6 min，吊起振动器。

（5）重复步骤（2）～（4），进行第 2、3 层试样振动压实。

（6）卸去套筒。将直钢条放入试筒直径位置上，测定振毕试样高度。读数宜从 4 个均布于试样表面至少距离筒壁 15 mm 的位置上测得，并精确至 0.5 mm，记录并计算试样高度 H_0。

（7）卸下试筒，测定并记录试筒与试样质量，并计算最大干密度。

对于干土法，最大干密度 $\rho_{d\,max}$ 按下式计算：

$$\rho_{d\,max} = \frac{m_d}{V}$$

$$V = A_c H$$

式中：$\rho_{d\,max}$——最大干密度，精确至 0.01 g/cm³；

　　　m_d——干试样质量，g；

　　　V——振毕密实试样体积，cm³；

　　　A_c——标定的试筒横断面积，cm²；

　　　H——振毕密实试样高度，cm。

对粗粒土的系统实验表明，粗粒土填料的最大干密度与颗粒级配、含水率、实验方法等有关。对于给定级配和含水率的粗粒土，测得的最大干密度受表面静压力、振动频率、激振力和振动时间的影响，且存在振动压实的最佳振动频率、激振力和振动时间。当土料全为粗、巨粒土时，根据其级配特征的不同，最佳振动频率范围为 30～50 Hz，最佳激振力为 50～80 kN，最佳振动时间为 3～4 min。

6.6　习　　题

1. 通过某击实实验测得土的含水率及密度见表 6-2。试绘制击实曲线，求出最优含水率和最大干密度。

表 6-2　某击实实验的实验结果

$w/\%$	17.2	15.2	12.2	10.0	8.8	7.4
$\rho/$（g/cm³）	2.06	2.10	2.16	2.13	2.03	1.89

2. 哪些土体存在最优含水率？为什么？

3. 击实实验的土料能否重复使用？为什么？

4. 简述击实实验的目的和意义，并说明击实实验的注意事项。

5. 试分析影响土的击实实验结果准确性的因素。

6. 通过击实实验获得的最优含水率有什么用途？如何指导现场填方工程的实践？

7. 在细粒土中掺进砂子，对其最优含水率和最大干密度将产生什么影响？

为方便读者学习本章内容，本书提供相关电子资源，读者通过扫描右侧二维码即可获取。

扫码，获取本章电子资源

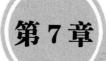

第 7 章

压缩固结实验

　　土体具有压缩性，即在外荷载的作用下，土体孔隙的水和气体会被排出、土骨架发生变形、孔隙变小、土体总体积减小。如果忽略土体的蠕变，土体的最终压缩量只与外荷载的大小和土体的压缩特性有关，与时间无关。

　　对于黏性土，土体通常需要经历较长时间才能将土中部分水和气体排出。在这一过程中，土体内的超静孔隙水压力逐渐转化为有效应力，与此同时土体压缩变形逐步趋于稳定。这是一个渗透和变形耦合的过程，称之为固结，是一个和时间相关的过程。

　　压缩固结实验常用来测定土体的一维压缩和固结特性。本章将介绍土体的压缩固结实验方法。该实验将土样置于金属压缩容器内，在侧限与竖向排水的条件下对试样加载。压缩实验主要量测每级竖向荷载作用下试样的最终压缩量，确定各种压缩指标。压缩固结实验还需测定某级荷载下的沉降速率，用于计算固结系数。压缩固结实验结果可用于土体的最终沉降计算和固结过程计算。

7.1　基　本　原　理

7.1.1　土的压缩性

　　土体在外力作用下的体积变化主要是由孔隙体积变化引起的。在侧限条件下，土样横向截面面积不变，因此试样的竖向应变等于体应变，也就是孔隙比的变化率，可用下式表示：

$$\varepsilon = \frac{s}{H_0} = \frac{-\Delta e}{1+e_0} = \frac{e_0 - e_1}{1+e_0} \tag{7-1}$$

式中：s 为土样在应力增量 Δp 作用下的压缩量，cm；H_0 为土样在初始条件下的厚度，cm；Δe 为土样在应力增量 Δp 作用下孔隙比的改变量；e_0 为土样初始孔隙比；e_1 为在 Δp 作用下压缩稳定后的孔隙比。

　　由式（7-1）得到 e_1 的表达式为

$$e_1 = e_0 - \frac{s}{H_0}(1+e_0) \tag{7-2}$$

由式（7-2）可知，已知土样在初始条件下（$p_0=0$）的高度 H_0 和孔隙比 e_0，可以根据压缩实验测得每级荷载 p_i 作用下的压缩量 s_i，求出相应的孔隙比 e_i。由 p_i，e_i 可以绘出 $e-p$ 曲线和 $e-\lg p$ 曲线，如图 7-1 所示。

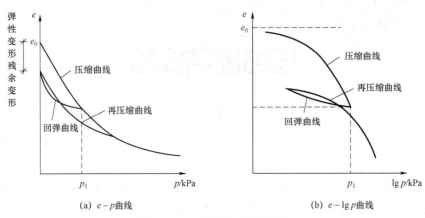

图 7-1　土的压缩与回弹曲线

如果实验过程中卸荷后再加载，将得到土样的回弹曲线和再压缩曲线（见图 7-1）。对于回弹再压缩曲线，$e-p$ 曲线通常为较窄的滞回圈［见图 7-1（a）］，$e-\lg p$ 曲线可近似为一条直线［见图 7-1（b）］，该直线比同一荷载范围内的初始压缩曲线平缓得多。

由压缩曲线可得到一系列表征土体压缩特性的参数，包括压缩系数 a、侧限压缩模量 E_s、体积压缩系数 m_v、压缩指数 C_c、回弹指数 C_s 及原状土的先期固结压力 p_c 等。这些指标在一般土力学教材中都有详细介绍，现简要列于表 7-1 中。

表 7-1　侧限压缩实验中土的压缩性指标表

指标	公式	物理意义
压缩系数 a / kPa^{-1}	$a = \dfrac{e_2 - e_1}{p_1 - p_2} = -\dfrac{\Delta e}{\Delta p}$	单位有效压力下孔隙比的变化
体积压缩系数 m_v / kPa^{-1}	$m_v = \dfrac{\varepsilon_v}{p} = \dfrac{a}{1+e_0}$	单位有效压力下体应变的变化
侧限压缩模量 E_s / kPa	$E_s = \dfrac{1}{m_v} = \dfrac{\Delta p}{\Delta \varepsilon}$	有效压力增量与垂直应变增量之比
压缩指数 C_c	$C_c = \dfrac{e_1 - e_2}{\lg\left(\dfrac{p_2}{p_1}\right)} = \dfrac{-\Delta e}{\Delta(\lg p)}$	正常固结线上的 $e-\lg p$ 曲线直线段斜率
回弹指数 C_s（再压缩指数 C_s）	$C_s = \dfrac{e_1 - e_2}{\lg\left(\dfrac{p_2}{p_1}\right)} = \dfrac{-\Delta e}{\Delta(\lg p)}$	卸载再压缩时 $e-\lg p$ 曲线直线段斜率
先期固结压力 p_c / kPa	卡萨格兰德作图法求解	历史上承受过的最大有效应力

7.1.2　土的一维固结理论

黏性土的压缩是一个随时间变化的过程。土体受到外荷载的作用时，产生超静孔隙水压力，土体内外存在水头差，随着时间的推移，土中水逐渐被排出，超静孔隙水压力逐步消散，有效应力增加，土体被不断压缩，直至最终超静孔隙水压力完全消散，达到稳定，这一过程称为渗流固结过程。土体在单向受压和单向渗流的条件下发生的固结称为单向固结或一维固结。太沙基在 1925 年建立了饱和土单向固结理论，即一维固结的微分方程，并获得了一定初始条件与边界条件下的数学解。

太沙基一维固结理论的基本假设如下：① 土层是均质的、完全饱和的；② 土粒和水是不可压缩的；③ 土的渗出和土层的压缩只沿一个方向（竖向）发生；④ 水的渗流遵从达西定律，且渗透系数 k 保持不变；⑤ 土体的应力与应变之间存在线性关系，压缩系数 a 为常数；⑥ 外荷载一次性瞬时施加。

现从土层中深度 z 处取一微元体 $dx=1$，$dy=1$，厚度为 dz，则断面积 $A=1×1$，体积为 dz，如图 7-2 所示。在此微元体内，固体体积 V_1 和孔隙体积 V_2 分别为

$$V_1 = \frac{1}{1+e_1}dz = 常量 \tag{7-3}$$

$$V_2 = eV_1 = e\left(\frac{1}{1+e_1}dz\right) \tag{7-4}$$

式中：e_1 为渗流固结前土的孔隙比。

定义 z 坐标轴向下为正，流速 v 和流量 q 等水力要素也是向下为正。

在 dt 时段内，微元体中孔隙体积的变化（减小）等于同一时段内从微元体中净流出的水量，即

$$-\frac{\partial V_2}{\partial t}dt = \frac{\partial q}{\partial z}dzdt \tag{7-5}$$

式中：q 为流量。

将式（7-4）代入式（7-5）中可得

$$-\frac{1}{1+e_1}\frac{\partial e}{\partial t} = \frac{\partial q}{\partial z} \tag{7-6}$$

这是饱和土体渗流固结过程的基本关系式。根据压缩系数的定义和有效应力原理，可得

$$\frac{\partial e}{\partial t} = -a\frac{\partial \sigma_z'}{\partial t} = a\frac{\partial u}{\partial t} \tag{7-7}$$

设 h 为总水头，根据达西定律：

$$q = kiA = -k\frac{\partial h}{\partial z} \tag{7-8}$$

$$\frac{\partial q}{\partial z} = -k\frac{\partial^2 h}{\partial z^2} = -\frac{k}{\gamma_w}\frac{\partial^2 u}{\partial z^2} \tag{7-9}$$

将式（7-7）和式（7-9）代入式（7-6），得一维固结微分方程：

$$C_v \frac{\partial^2 u}{\partial z^2} = \frac{\partial u}{\partial t} \tag{7-10}$$

式中：C_v 为土的固结系数，m²/year 或 cm²/year，其计算公式为

$$C_v = \frac{k(1+e_0)}{a\gamma_w} \tag{7-11}$$

式中：γ_w 为水的容重；e_0 为初始孔隙比。

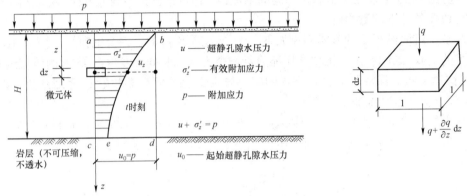

图 7-2　土体的一维固结

式（7-10）一般称为一维渗流固结微分方程，建立该方程后，可以根据具体的初始条件和边界条件求解土层中任意点在任意时刻的 u 或 σ'，进而求得整个土层在任意时刻达到的固结度。这就是渗流固结理论所要解决的主要问题。

例如对于图 7-2 所示的情况，土层厚度为 H，顶面排水，$t=0$ 时刻受均布外荷载 p 作用，那么在 t 时刻土层深 z 处的超孔压为

$$u = \frac{4p}{\pi} \sum_{m=1}^{\infty} \frac{1}{2m+1} \sin\frac{(2m+1)\pi z}{2H} \exp\left[-\frac{(2m+1)^2 \pi^2 T_v}{4}\right] \tag{7-12}$$

式中：T_v 为时间因素。其与固结系数的关系为

$$T_v = \frac{C_v t}{H^2} \tag{7-13}$$

t 时刻土层的固结度为

$$U = 1 - \frac{8}{\pi^2} \sum_{m=1}^{\infty} \frac{1}{(2m+1)^2} \exp\left[-\frac{(2m+1)^2 \pi^2 T_v}{4}\right] \tag{7-14}$$

7.2　实验仪器及实验步骤

7.2.1　实验仪器

压缩实验和固结实验中所用实验仪器相同。固结实验是在压缩实验的过程中进行的，即

在某级荷载作用下，测读沉降量 $s(t_i)$ 和时间 t_i，主要仪器包括：

（1）压缩固结仪：常用的试样面积为 30 cm² 和 50 cm²，试样高为 2 cm。压缩固结仪示意图如图 7-3（a）所示。

（2）加压设备：不同型号的仪器最大压力不同，一般按最大压力划分为轻便型、低压、中压和高压压缩固结仪，相应的最大压力分别为 400 kPa、800 kPa、1 600 kPa、3 200 kPa。

（3）竖向位移量测表：一般采用量程为 10 mm，精度为 0.01 mm 的机械百分表或电测位移传感器。

（4）其他辅助设备：秒表、修土刀、钢丝锯、电子秤、含水率和密度量测设备、滤纸等。

一般压缩固结仪有杠杆式、磅秤式、气压式 3 种。杠杆式压缩固结仪使用砝码通过杠杆加压，如图 7-3（b）所示，压力仅为 0.4～0.6 MPa，基本上能满足一般工程要求，且数台仪器可装在一个实验支架上，占地面积小，使用简单，目前被广泛采用。磅秤式压缩固结仪通过带有加压框架的磅秤施加压力，仪器压力可达 5 MPa，适用于较大工程，可以用来测定压缩指数、前期固结压力和固结系数等指标。气压式压缩固结仪通过空气压缩机来施加压力，加压范围大，适用于各类工程，还可以通过计算机实现自动控制与数据采集。

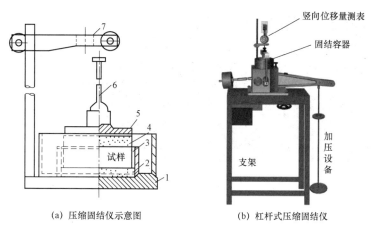

(a) 压缩固结仪示意图　　　　　　(b) 杠杆式压缩固结仪

1—底座；2—护环；3—环刀；4—透水板；5—加压板；6—量表导杆；7—量表架。

图 7-3　压缩固结仪示意图

7.2.2　实验步骤

压缩固结实验中，后一级压力的施加均是在前一级荷载下压缩达到稳定后施加的，但所谓稳定是相对的，按照稳定标准的不同，通常将压缩固结实验分为以下 2 类。

（1）标准固结（压缩）实验：规定稳定标准为每级压力下固结 24 h 或试样变形每小时变化不大于 0.01 mm。测记稳定读数后，再施加第 2 级压力，依次逐级加压至实验结束，这是各类规范的常规标准。对某些渗透系数大于 10^{-5} cm/s 的黏性土，以 1 h 内试样变形量不大于 0.005 mm 作为相对稳定标准，结果能够满足工程要求。

（2）快速固结（压缩）实验：在各级压力下，压缩时间规定为 1 h，仅在最后一级压力下，除测记 1 h 变形量外，还需测读达到稳定标准（24 h）时的变形量。在整理时，根据最后一级变形量校正前几级压力下的变形量。当实验要求精度不高时，可采用快速固结（压缩）实验。

压缩固结实验的步骤如下所述。

（1）制样。

按工程需要切取原状环刀土样，或制备重塑（或重构）土样［见图7-4（a）］，其步骤详见3.2节。制备好的土样如图7-4（b）所示。

制备好土样后，擦净粘在环刀外壁上的土屑，测定试样密度，测定试样含水率。当扰动土样需要饱和时，可采用真空饱和法进行试样的饱和。

（2）试样安装。

按照如图 7-4（c）所示的结构安装土样：① 首先在底座上放置好透水石，并在透水石上面放置滤纸；② 然后将土样和环刀一起刃口向下小心放入刚性护环，装入固结容器内；③ 在土样上部放置滤纸，并在滤纸上依次放置透水石、刚性护环和加压活塞；④ 将装好试样的固结容器置于加压框架下，对准加压框架正中。

安装好试样后，为保证试样与仪器上下各部件之间接触良好，应施加1 kPa的预加应力；然后安装量测压缩变形的百分表；并将百分表调零，即将指针读数调整为接近满量程的整数，记为零点值。

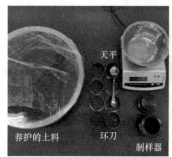  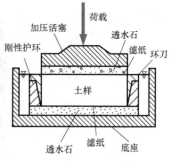

（a）重塑（或重构）土样制备　　　　（b）制备好的土样（两端整齐）　　　　（c）装样结束

图7-4　试样准备

（3）分级加载。

在加载前，应将加压杠杆调平，即将杠杆式压缩固结仪中杠杆的气泡调整到水平位置。然后按加压梯度$\Delta p_i/p_i=1$分级加压，一般为12.5 kPa、25.0 kPa、50.0 kPa、100 kPa、200 kPa、400 kPa、800 kPa、1 600 kPa、3 200 kPa。

如果是模拟现场土体受力情况，则第一级荷载应小于土样现场受到的自重应力，且不能使试样挤出，最后一级压力应大于上覆土层的计算压力。

新一级加载应在上一级加载变形稳定之后进行。变形稳定的标准，应按照标准压缩固结和快速压缩固结实验等实验类型选用不同的标准。最新的《土工试验方法标准》（GB/T 50123—2019）中，压缩固结的变形稳定标准为：每级压力下固结24 h或试样变形每小时变化不大于0.01 mm；快速压缩固结实验的变形稳定标准为：在各级压力下，压缩时间规定为1 h，仅在最后一级压力下，除测记1 h变形量外，还需测读达到稳定标准（24 h）时的变形量。

需要注意的是：在不同规范中变形稳定标准存在一定的差异。有的规范还提供了"应变控制加荷固结实验""12 h快速固结实验""1 h快速固结实验"等实验方法。

对于饱和土，待加第一级荷载后，立即向水槽内注满水。非饱和土应用湿棉围住加压盖板四周，避免水分蒸发。若要得到 e–$\lg p$ 曲线，在测量原状土的前期固结应力时，前几级荷载的加载梯度应小于 1（取 0.25 或 0.5），最后一级应力应使 e–$\lg p$ 曲线出现直线段。

如需进行回弹实验，应在某级大于上覆土重的压力下，待土样固结变形稳定后，再卸载至第 1 级压力。每次卸载后的回弹稳定标准与加压时相同，测记每级压力下的回弹量。

（4）固结实验。

若需要进行固结实验，应在某级（或几级）荷载加载后，立即按下列时间顺序记录量测沉降的百分表读数：15 s、1 min、2 min 15 s、4 min、6 min 15 s、9 min、12 min 15 s、16 min、20 min 15 s、30 min 15 s、36 min、49 min、1 h 4 min、1 h 40 min、3 h 20 min、24 h。

（5）实验结束。

等最后一级加载变形稳定后，记录土体的最终压缩量。实验结束后，吸去试样周边的水，卸除荷载，拆除仪器各部件，将仪器擦净、涂油放好。取出试样，测定其最终含水率和密度。

7.2.3　注意事项

（1）切削试样时，应十分耐心地操作，尽量避免破坏土的结构，不许直接将环刀压入土中。

（2）在削去环刀两端余土时，不允许用刀来回涂抹土面，避免孔隙被堵塞。

（3）在高压压缩实验中，仪器变形量不能忽略，应进行标定和修正。

（4）在实验精度要求不高时，可以采用快速压缩实验，但需要对变形量进行校正，各级压力下试样校正之后的总变形量计算公式为

$$\sum \Delta h_i = (h_i)_\text{t} \frac{(h_n)_\text{tw}}{(h_n)_\text{t}} \tag{7-15}$$

式中：$\sum \Delta h_i$ 为某一压力下校正后的总变形量，mm；$(h_i)_\text{t}$ 为某一压力下固结 1 h 的试样变形量，mm；$(h_n)_\text{tw}$ 为最后一级压力下达到稳定标准的试样变形量，mm；$(h_n)_\text{t}$ 为最后一级压力下固结 1 h 的试样变形量，mm。

（5）由于滤纸浸湿后的变形量较大，压缩实验要求使用薄滤纸或孔径较细的透水石，而不可使用普通滤纸。如果仅使用透水石，透水石易淤堵。

（6）只有用于计算固结系数的几级荷载，才需要进行固结实验。其他荷载条件下，仅测量并记录稳定后的沉降量。

（7）压缩实验中，在使用卡萨格兰德作图法测定前期固结应力时，前面几级加载比 $\Delta p_i/p_i$ 应小于 1。

（8）压缩实验过程中，应始终保持加载杆水平。

7.2.4　其他类型的固结实验

常规的固结实验采用分级加载，从 12.5 kPa 开始，逐级增加荷载。一般情况下，每级荷重的增量与上一级荷重之比（即荷重比）为 1.0。如果需测定原状土的先期固结压力，初始段的荷重比可采用 0.5 或 0.25。每级荷重常需 24 h 量测时间–变形关系。这种实验常需一周甚至十余天，并且加载方式与实际施工情况差别较大。

早在 1959 年，汉密尔顿等人就提出连续加载压缩实验方法，大大减少了工作量，缩短了

实验时间，常常几个小时就可以完成实验，并且目前已经制成了完全自动化的装置。

连续加荷压缩实验，按实验时控制条件的不同，可以区分为：

（1）恒应变速率实验法（CRS 法）：加荷时控制试样的变形速率为常量。

（2）恒荷重速率实验法（CRL 法）：加荷时控制试样上应力增长速率为常量。

（3）控制孔隙压力梯度实验法（CGC 法）：加荷时保持试样底部的孔隙压力为常量。

（4）控制孔隙压力比实验法（λ法）：加荷过程中保持试样底部孔隙压力 u_b 与总应力 p 的增量比，即 $\Delta u_b / \Delta p = \lambda$。在一般实验过程中，$\lambda < 1$，并保持恒定。

这些实验也都基于太沙基固结理论，有关详细原理与具体实验方法，可以参考赵成刚教授主编的《土力学原理》和李广信教授主编的《高等土力学》等书。

7.3 实验数据的记录及分析

7.3.1 压缩指标的计算

实验过程中需要对实验数据进行记录，可采用压缩实验记录表或固结实验记录表（见本章的电子资源）进行实验数据的记录。基于实验数据，按下式计算试样的初始孔隙比 e_0：

$$e_0 = \frac{\rho_s(1 + w_0)}{\rho_0} - 1 \qquad (7-16)$$

式中：w_0 为试样初始含水率；ρ_s 为土粒密度；ρ_0 为土样初始密度。

按下式计算各级荷载下变形稳定后的孔隙比 e_1：

$$e_1 = e_0 - (1 + e_0) \frac{\sum \Delta h_i}{h_0} \qquad (7-17)$$

式中：h_0 为试样初始高度，mm。

按下式计算压缩系数 a、侧限压缩模量 E_s、压缩指数 C_c、回弹指数 C_s、体积压缩系数 m_v：

$$a = \frac{e_i - e_{i+1}}{p_{i+1} - p_i} \qquad (7-18)$$

$$E_s = \frac{1 + e_0}{a} \qquad (7-19)$$

$$C_c(C_s) = \frac{e_i - e_{i+1}}{\lg p_{i+1} - \lg p_i} \qquad (7-20)$$

$$m_v = \frac{1}{E_s} \qquad (7-21)$$

将计算结果填入表中，并绘制孔隙比 e 与压力 p 的关系曲线。孔隙比与压力的半对数曲线如图 7-5 所示。在确定先期固结压力 p_c 时，如图 7-5 所示，在 e–$\lg p$ 曲线上先找出相应曲率半径最小的点 O，过 O 点作该曲线的水平线 OA 和切线 OB，作 $\angle AOB$ 的平分线 OD，延长曲线后段的直线部分与 OD 线相交于 E 点，则 E 点的横坐标即为该土的先期固结压力 p_c。

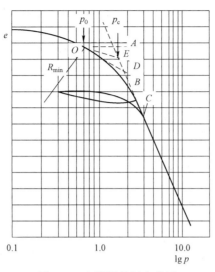

图 7-5　先期固结压力求解

　　先期固结压力 p_c 可用于判断土的固结状态。用 OCR 表示先期固结压力 p_c 与当前土层自重应力的比值，当 OCR>1 时，土为超固结土；当 OCR=1 时，土为正常固结土；当 OCR<1 时，说明土体的固结并没有完成、正处于压缩固结变形的过程之中，此时土层的自重应力还没有完全转化为有效应力，土层处于一个不均匀、不稳定的状态，有的学者称之为欠固结土。

　　当土体的固结程度不同时，其压缩和强度特性明显不同。因此，先期固结压力 p_c 对土体性质存在显著影响，这是一个非常重要的土体参数。

7.3.2　固结系数的求解

　　固结系数 C_v 是应用饱和土体的渗流固结理论求解实际工程问题时的关键性参数，它直接影响孔压 u 的消散速率及沉降的快慢。C_v 值越大，在其他条件相同的情况下，土体完成固结所需的时间越短。

　　固结系数 C_v 是求解固结问题的重要参数。由于单向固结情况下的理论固结曲线的前段（$U<60\%$）近似为抛物线，故可直接从某一级荷重下的实验固结曲线，以半图解法确定 C_v 值。

　　我国规范中常用时间平方根法和时间对数法这两种方法来确定 C_v 值。时间平方根法和时间对数法都依靠作图求解，并且都要利用实验曲线后半段。事实上，实验曲线后半段反映的是主、次压缩的变形量之和，要靠作图准确定出主固结的终点是困难的。为此，日本学者提出了计算确定固结系数的三点法。在国内这种方法因为未被纳入规范中，使用还不广泛，但是可通过计算而无须作图直接确定固结系数，有一定的优越性，因此在这里也做一下介绍。

1. 时间平方根法

从式（7-14）可知，当 $U_t \leq 0.6$ 时，可以简化为

$$U_t = \sqrt{\frac{4}{\pi}T_v} \approx C\sqrt{T_v} \tag{7-22}$$

式（7-22）表明，当 $U_t \leqslant 0.6$ 时，U_t 与 $\sqrt{T_v}$ 呈线性关系，如图 7-6（a）所示。固结实验的实际测量结果如图 7-6（b）所示，它和如图 7-6（a）所示的理论曲线有一定区别。图 7-6（b）为实测的实验固结曲线，其中 S 为沉降量，$\sqrt{t}$ 为时间 t 的平方根。

在 $S-\sqrt{t}$ 坐标系上，当变形量低于稳定变形量的 60%，即 $U_t \leqslant 0.6$ 时，实验点应落在一条直线上。将该直线部分延伸交 S 坐标轴于点 O'，如图 7-6（b）所示。点 O' 就是主固阶段的起点，OO' 代表实验中的瞬时沉降。

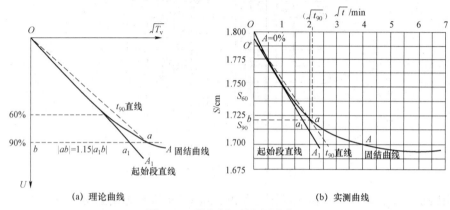

图 7-6   采用时间平方根法求 t_{90}

当 $U_t > 60\%$ 时，式（7-14）所示的理论曲线与式（7-22）所示的直线发生分离。在图 7-6（a）中，当 $U_t = 90\%$ 时，有 $|ab| = 1.15 a_1 b$。因此，在图 7-6（b）中从 O' 引一条直线，其斜率为固结实验曲线上直线段斜率的 1.15 倍，交实验曲线于一点（图中 a 点），该点即为主固结达 90% 的实验点。其相应的坐标为固结度达 90% 的变形量 S_{90} 和时间平方根 $\sqrt{t_{90}}$。确定 t_{90} 后，按照 $U_t = 90\%$ 时的 T_v 为 0.848，便可按式（7-23）计算固结系数 C_v：

$$C_v = \frac{0.848 H^2}{t_{90}} \tag{7-23}$$

式中：H 为最大排水距离。对于单面排水，H 可取为土样在某级荷载作用下初始厚度和最终厚度的平均值。需要注意的是，如果是双面排水情况，H 应取为平均厚度的一半。

2. 时间对数法

将某一级荷载作用下实验测得的变形量和时间关系绘制在半对数坐标系上，即得 $d-\lg t$ 曲线，如图 7-7 所示。

任选一时间 t_1，相对应的百分表读数为 d_1，再取时间 $t_2 = t_1/4$，相对应的百分表读数为 d_2，则 $2d_2 - d_1$ 之值为 d_{01}。如此再选取几个时间点，采用相同方法求得 d_{02}、d_{03}、d_{04} 等，取其平均值即为理论零点 d_0，结果如图 7-7 所示。

如图 7-7 所示，延长曲线中部的直线段和通过曲线尾部数点切线的交点即为理论终点 d_{100}。然后计算 $d_{50} = (d_0 + d_{100})/2$，它对应的时间即为试样固结度达到 50% 所需的时间 t_{50}。获得 t_{50} 后，该压力下的固结系数 C_v 应按式（7-24）计算：

$$C_v = \frac{0.198}{t_{50}} H^2 \tag{7-24}$$

式中：H 的意义同前，为排水距离。

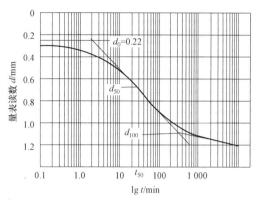

图 7-7　时间对数法求 t_{50}

3. 三点法

根据太沙基固结理论的基本假设可知，土体在任何时刻的固结度 U_t 为该时刻的压缩固结量 S 与主压缩固结量 S_f 之比。故：

$$U_t = \frac{S}{S_f} \qquad (7-25)$$

从这点出发，可以从实验曲线（某级荷重增量下的压缩量与时间关系曲线）上选取适当的 3 点，建立 3 个方程式，联立解得 C_v，原理与方法如下。

可以将一维固结理论解式（7-14）改写成另一形式，即

$$\left. \begin{array}{l} 当 T_v \ll 1 时，\ U_t = (4\pi^{-1}T_v)^{0.5} \\ 当 T_v \gg 1 时，\ U_t = 1 \end{array} \right\} \qquad (7-26)$$

借曲线拟合法，式（7-26）中的 2 个式子可合并成下面的统一关系式：

$$U_t = \frac{\left(\dfrac{4T_v}{\pi}\right)^{0.5}}{\left[1+\left(\dfrac{4T_v}{\pi}\right)^{2.8}\right]^{0.179}} \qquad (7-27)$$

或以 U_t 表示 T_v：

$$T_v = \frac{\dfrac{\pi}{4}U_t^{\,2}}{(1-U_t^{\,5.6})^{0.357}} \qquad (7-28)$$

由于实验固结曲线和理论固结曲线有所不同，它会受到起始压缩与次压缩固结的影响，因此实验固结曲线会受到 3 个参数的影响，即：① 主固结曲线的理论零点 R_i，它代表起始固结压缩量的影响；② 主固结曲线的终点 R_f，它代表次压缩固结量的影响；③ 固结系数 C_v，它代表固结速度的快慢，决定了主固结曲线的形状。

因此基于实验固结曲线上的 3 个点，即 3 点的时间（t_1、t_2、t_3）及相应的压缩量（即百分表读数 R_1、R_2、R_3），可以求解出这 3 个参数 R_i、R_f、C_v。这就是三点法的基本思路。

三点法的具体做法如下：首先在曲线的开始段（$T_v \ll 1$）选取 2 个时刻 t_1 和 t_2，它们的读

数分别为 R_1 和 R_2，相应的时间因素分别为 T_{v1} 和 T_{v2}。由式（7-26）可得

t_1 时刻：

$$T_v = T_{v1} 时，\frac{C_v t_1}{H^2} = \frac{\pi}{4}\left[\frac{(R_1 - R_i)}{(R_f - R_i)}\right]^2$$

t_2 时刻：

$$T_v = T_{v2} 时，\frac{C_v t_2}{H^2} = \frac{\pi}{4}\left[\frac{(R_2 - R_i)}{(R_f - R_i)}\right]^2$$

联立两式，可求得

$$R_i = \frac{\left(R_1 - R_2\sqrt{\dfrac{t_1}{t_2}}\right)}{\left(1 - \sqrt{\dfrac{t_1}{t_2}}\right)} \tag{7-29}$$

再在实验曲线的后段（$T_v \gg 1$），读取 t_3 时刻的百分表读数 R_3，由式（7-28），可得

t_2 时刻：

$$当 T_v = T_{v3} 时，\quad \frac{C_v t_3}{H^2} = \frac{\pi}{4}\frac{\left(\dfrac{R_3 - R_i}{R_f - R_i}\right)^2}{\left[1 - \left(\dfrac{R_3 - R_i}{R_f - R_i}\right)^{5.6}\right]^{0.357}}$$

根据 T_{v1}、T_{v2}、T_{v3} 的表达式，可以进一步求得

$$R_f = R_i - \frac{R_i - R_3}{\left\{1 - \left[\dfrac{(R_i - R_3)\left(\sqrt{t_2} - \sqrt{t_1}\right)}{(R_1 - R_2)\sqrt{t_3}}\right]^{5.6}\right\}^{0.179}} \tag{7-30}$$

$$C_v = \frac{\pi}{4}\left[\frac{(R_1 - R_2)}{(R_i - R_f)}\frac{H}{\left(\sqrt{t_2} - \sqrt{t_1}\right)}\right]^2 \tag{7-31}$$

综上，基于 3 个点的时间和压缩量，实现了 R_i、R_f、C_v 的求解，从而确定了土体的主固结曲线。

7.4 压缩固结实验数据处理的电子表格法

在实验完成后，正确处理相关实验数据，绘制上覆荷载与压缩变形、孔隙比等关系曲线，合理确定压缩指标，是一项十分重要的工作。为了方便实验人员快捷、方便、正确地进行压缩固结实验的数据分析，本书特提供了用于压缩固结实验数据处理的电子表格。本节首先对该表格进行介绍，然后以北京市勘察设计研究院有限公司韩家川工程的实验数据为例，介绍压缩固结实验数据处理的电子表格法的计算过程。

7.4.1　电子表格简介

图 7-8 为打开程序后的主界面，主界面的菜单栏中有【开始】、【数据初始化】、【导入 xml 文件】、【导出 xml 文件】、【固结计算】、【压缩计算】、【帮助】等按钮，主界面中有【开始】和【帮助】按钮。

图 7-8　固结实验自动化电子表格主界面

图 7-9 显示的是"压缩"工作表，用户在此页面需要输入初始参数与百分表读数。表格分为上下两大部分。首先在表格左上角部分输入实验的初始条件，包括土粒比重、试样面积、初始密度、初始含水率、初始高度、初始孔隙比等。然后在表格下半部，输入压缩固结过程中的百分表读数、上覆荷载。表格会自动根据上述公式计算土体压缩后的孔隙比、压缩系数和体积压缩系数。最终，固结实验得到的 e–p 曲线与 e–$\lg p$ 曲线会在右侧区域显示。

压缩实验报告							
初始高度 h_0(mm)	20	初始含水率 w_0(%)	18	试样面积 A(cm^2)	50	压缩系数 a_{12} (MPa^{-1})	0.186
试样初始孔隙比 e_0	0.677	初始密度 ρ_0(g/cm^3)	1.9	土粒比重 G_s	2.7		

加荷历时（h）	压力（kPa）	百分表读数（mm）	试样总压缩量（mm）	压缩后试样高度（mm）	孔隙比（e_i）	压缩系数（MPa^{-1}）	体积压缩系数 m_v
0	50	1.847	0.203	19.797	0.66	0.340	0.203
24		2.050					
0	100	2.050	0.374	19.626	0.65	0.287	0.171
24		2.221					
0	200	2.221	0.596	19.404	0.63	0.186	0.111
24		2.443					
0	400	2.443	0.796	19.204	0.61	0.084	0.050
24		2.643					
0							
24							
0							
24							

图 7-9　"压缩"工作表

图 7-10 显示的是"固结"工作表，可在该表格中输入固结实验的土样参数和固结过程的实验数据。其中土样参数包括土粒比重、水的密度、初始密度、初始含水率、原始高度、初始孔隙比。固结过程的实验数据包括时间和位移百分表读数，二者一一对应。基于固结过程的实验数据，表格将根据时间平方根法自动计算出固结系数，并记录演算过程。

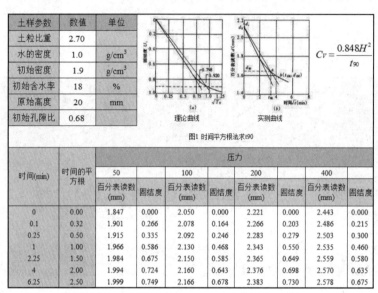

土样参数	数值	单位
土粒比重	2.70	
水的密度	1.0	g/cm³
初始密度	1.9	g/cm³
初始含水率	18	%
原始高度	20	mm
初始孔隙比	0.68	

$$C_V = \frac{0.848H^2}{t_{90}}$$

图1 时间平方根法求t90

时间(min)	时间的平方根	压力							
		50		100		200		400	
		百分表读数(mm)	固结度	百分表读数(mm)	固结度	百分表读数(mm)	固结度	百分表读数(mm)	固结度
0	0.00	1.847	0.000	2.050	0.000	2.221	0.000	2.443	0.000
0.1	0.32	1.901	0.266	2.078	0.164	2.266	0.203	2.486	0.215
0.25	0.50	1.915	0.335	2.092	0.246	2.283	0.279	2.503	0.300
1	1.00	1.966	0.586	2.130	0.468	2.343	0.550	2.535	0.460
2.25	1.50	1.984	0.675	2.150	0.585	2.365	0.649	2.559	0.580
4	2.00	1.994	0.724	2.160	0.643	2.376	0.698	2.570	0.635
6.25	2.50	1.999	0.749	2.166	0.678	2.383	0.730	2.578	0.675

图 7-10 "固结"工作表

图 7-11 显示的是"实验报告"工作表，数据计算结束后，表格会自动生成实验报告，自动绘制出 e–p 曲线与 e–$\lg p$ 曲线，计算出压缩模量、压缩系数、固结系数等相关量。

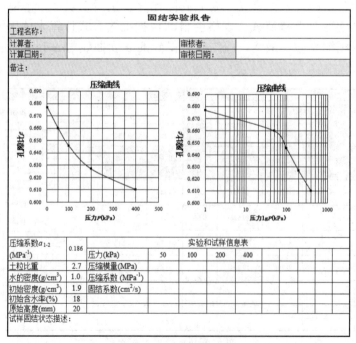

图 7-11 "实验报告"工作表

除了上述工作表外，该电子表格还有一个"操作说明"工作表，关于电子表格计算的详细说明和操作步骤，在此工作表中有详细的讲解，如图 7-12 所示。

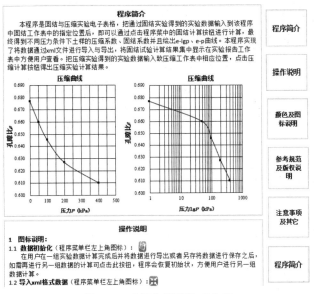

图 7-12 "操作说明"工作表

7.4.2 土性参数与实验数据导入

下面以北京市勘察设计研究院有限公司韩家川工程的实验数据处理过程为例，介绍一下固结实验自动化电子表格的使用方法和计算结果。

（1）土样的实验参数见表 7-2。

表 7-2 土样的实验参数

工程名称	土样编号	土样性质	测量结果
韩家川工程	S01	初始密度/（g/cm³）	1.9
		原始高度/mm	20
		土粒比重	2.7
		初始孔隙比	0.677
		初始含水率/%	18

（2）数据初始化：计算在程序的工作页面中完成，在输入数据之前，先要进行数据的初始化，即清空表格之中的历史数据。单击菜单栏中的【数据初始化】按钮即可完成此项工作，结果如图 7-13 所示。

（3）导入固结与压缩数据：数据初始化后输入实验数据，实验数据的输入有两种方法，一种方法为直接在程序工作界面内输入实验信息及数据，另一种方法为导入含有实验数据信息的 xml 文件。xml 文件的导入过程如下：单击菜单栏中的【导入 xml 文件】按钮，找到对应的 xml 文件，单击【打开】即可，如图 7-14 所示。

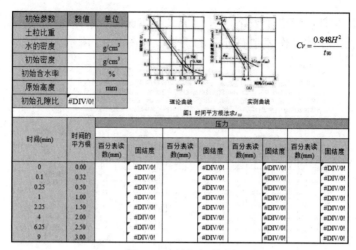

初始参数	数值	单位
土粒比重		
水的密度		g/cm³
初始密度		g/cm³
初始含水率		%
原始高度		mm
初始孔隙比	#DIV/0!	

$$C_v = \frac{0.848 H^2}{t_{90}}$$

图1 时间平方根法求t_{90}

时间(min)	时间的平方根	压力							
		百分表读数(mm)	固结度	百分表读数(mm)	固结度	百分表读数(mm)	固结度	百分表读数(mm)	固结度
0	0.00		#DIV/0!		#DIV/0!		#DIV/0!		#DIV/0!
0.1	0.32		#DIV/0!		#DIV/0!		#DIV/0!		#DIV/0!
0.25	0.50		#DIV/0!		#DIV/0!		#DIV/0!		#DIV/0!
1	1.00		#DIV/0!		#DIV/0!		#DIV/0!		#DIV/0!
2.25	1.50		#DIV/0!		#DIV/0!		#DIV/0!		#DIV/0!
4	2.00		#DIV/0!		#DIV/0!		#DIV/0!		#DIV/0!
6.25	2.50		#DIV/0!		#DIV/0!		#DIV/0!		#DIV/0!
9	3.00		#DIV/0!		#DIV/0!		#DIV/0!		#DIV/0!

图 7-13 数据初始化

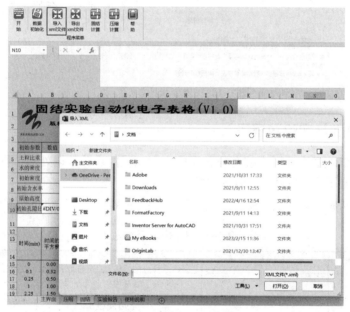

图 7-14 导入 xml 文件

在实验数据输入或导入之后，单击【固结计算】按钮即可进行计算，最终的计算结果显示在"实验报告"工作表中，计算完成后单击【导出 xml 文件】或者【计算书】进行数据的存储。

7.4.3 固结实验电子表格法计算

首先导入固结实验数据，见表 7-3。在左上角输入实验条件后，将实验数据中不同上覆荷载下千分表随时间的读数输入下面的工作表中，如图 7-15 所示。

然后进行固结计算。单击【固结计算】按钮，计算结果显示在"实验报告"工作表中，如图 7-16 所示。完成固结计算前需先完成压缩的计算，两者都完成之后可以通过"实验报告"工作表分别得到最终的固结实验与压缩实验报告。

表 7–3　固结实验数据

时间/min	百分表读数/mm（50 kPa）	百分表读数/mm（100 kPa）	百分表读数/mm（200 kPa）	百分表读数/mm（400 kPa）
0	1.847	2.050	2.221	2.443
0.1	1.901	2.078	2.266	2.486
0.25	1.915	2.092	2.283	2.503
1	1.966	2.130	2.343	2.535
2.25	1.984	2.150	2.365	2.559
4	1.994	2.160	2.376	2.570
7.25	1.999	2.166	2.383	2.578
9	2.003	2.170	2.387	2.582
12.25	2.007	2.174	2.391	2.587
16	2.011	2.179	2.397	2.593
20.25	2.012	2.180	2.398	2.594
25	2.014	2.182	2.400	2.597
30.25	2.016	2.184	2.402	2.599
36	2.020	2.188	2.407	2.604
42.25	2.020	2.189	2.408	2.605
49	2.021	2.190	2.409	2.606
64	2.023	2.192	2.411	2.608
100	2.027	2.196	2.416	2.613
200	2.033	2.202	2.422	2.620
400	2.042	2.211	2.432	2.631
1 380	2.046	2.220	2.442	2.642
1 440	2.050	2.221	2.443	2.643

初始参数	数值	单位
土粒比重	2.70	
水的密度	1.0	g/cm³
初始密度	1.9	g/cm³
初始含水率	18	%
原始高度	20	mm
初始孔隙比	0.68	

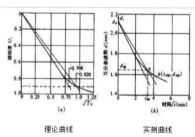

$$Cv = \frac{0.848H^2}{t_{90}}$$

理论曲线　　　实测曲线

图1　时间平方根法求 t_{90}

时间(min)	时间的平方根	压力							
		50		100		200		400	
		百分表读数(mm)	固结度	百分表读数(mm)	固结度	百分表读数(mm)	固结度	百分表读数(mm)	固结度
0	0.00	1.847	0.000	2.050	0.000	2.221	0.000	2.443	0.000
0.1	0.32	1.901	0.266	2.078	0.164	2.266	0.203	2.486	0.215
0.25	0.50	1.915	0.335	2.092	0.246	2.283	0.279	2.503	0.300
1	1.00	1.966	0.586	2.130	0.468	2.343	0.550	2.535	0.460
2.25	1.50	1.984	0.675	2.150	0.585	2.365	0.649	2.559	0.580

图 7–15　固结实验数据导入程序中示意图

时间平方根法计算过程									
时间(min)	时间的平方根	50		100		200		400	
		起始段直线	t_{90}线	起始段直线	t_{90}线	起始段直线	t_{90}线	起始段直线	t_{90}线
0	0.00	1.847	1.847	2.050	2.050	2.221	2.221	2.443	2.443
0.1	0.32	1.901	1.879	2.078	2.072	2.266	2.254	2.486	2.468
0.25	0.50	1.915	1.897	2.092	2.085	2.283	2.273	2.503	2.482
1	1.00	1.966	1.947	2.130	2.119	2.343	2.326	2.535	2.521
2.25	1.50		1.998		2.154		2.378		2.560
4	2.00		2.048		2.188		2.430		2.599
6.25	2.50		2.098		2.223		2.483		2.638
9	3.00		2.148		2.257		2.535		2.677
12.25	3.50		2.198		2.292		2.587		2.716
16	4.00		2.249		2.326		2.640		2.755
20.25	4.50		2.299		2.361		2.692		2.794
25	5.00		2.349		2.396		2.744		2.832
30.25	5.50		2.399		2.430		2.797		2.871
36	6.00		2.449		2.465		2.849		2.910
42.25	6.50		2.500		2.499		2.902		2.949
49	7.00		2.550		2.534		2.954		2.988
64	8.00		2.650		2.603		3.059		3.066
100	10.00		2.851		2.741		3.268		3.222

图 7-16　固结实验计算过程

7.4.4　压缩实验电子表格法计算

首先导入压缩实验数据，见表 7-4。在上方输入实验条件，将实验数据输入"压缩"工作表中，如图 7-17 所示。

表 7-4　压缩实验数据

加荷历时/h	压力/kPa	轴向变形百分表读数/mm
0	50	1.847
24		2.050
0	100	2.050
24		2.221
0	200	2.221
24		2.443
0	400	2.443
24		2.643

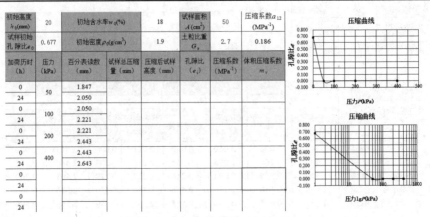

图 7-17　将压缩数据导入程序中

然后进行压缩实验计算。单击【压缩计算】按钮，计算出压缩系数，绘出压缩曲线，如图 7-18 所示。完成压缩计算后，得到最终的实验报告，如图 7-19 所示。

初始高度 h_0(mm)	20	初始含水率w_0(%)		18	试样面积 A(cm²)		50	压缩系数a_{12} (MPa⁻¹)				
试样初始孔隙比e_0	0.677	初始密度ρ_0(g/cm³)		1.9	土粒比重 G_s		2.7	0.186				
加荷历时 (h)	压力 (kPa)	百分表读数 (mm)	试样总压缩量 (mm)	压缩后试样高度 (mm)	孔隙比 (e_1)	压缩系数 (MPa⁻¹)	体积压缩系数 m_v					
0	50	1.847	0.203	19.797	0.66	0.340	0.203					
24		2.050										
0	100	2.050	0.374	19.626	0.65	0.287	0.171					
24		2.221										
0	200	2.221	0.596	19.404	0.63	0.186	0.111					
24		2.443										
0	400	2.443	0.796	19.204	0.61	0.084	0.050					
24		2.643										
0												
24												
0												
24												

图 7-18　压缩实验计算过程

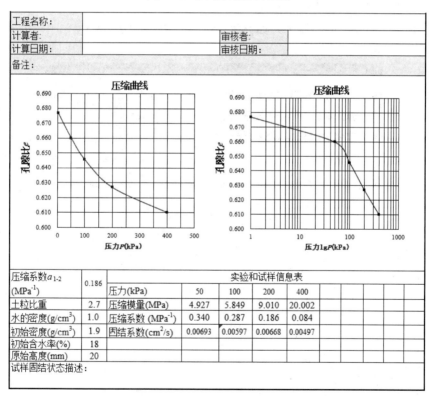

工程名称：			
计算者：		审核者：	
计算日期：		审核日期：	
备注：			

压缩系数a_{1-2} (MPa⁻¹)	0.186	实验和试样信息表				
		压力(kPa)	50	100	200	400
土粒比重	2.7	压缩模量(MPa)	4.927	5.849	9.010	20.002
水的密度(g/cm³)	1.0	压缩系数 (MPa⁻¹)	0.340	0.287	0.186	0.084
初始密度(g/cm³)	1.9	固结系数(cm²/s)	0.00693	0.00597	0.00668	0.00497
初始含水率(%)	18					
原始高度(mm)	20					
试样固结状态描述：						

图 7-19　实验报告

上述过程针对表格计算法内容进行了例题演示，以实际工程实例为测试题目，针对程序的基本功能、计算功能等进行测试，测试结果表明压缩固结自动化电子表格程序的计算结果准确，功能设置合理，操作简单实用，程序具有较好的稳定性，可以应用于科研、教学和实际生产等工作中。

7.5 习　题

1. 常用的压缩指标有哪几个？室内压缩实验与现场载荷实验在条件上有哪些不同？

2. 测得某环刀面积为 50.0 cm²，高为 2.0 cm，环刀重 150.0 g，环刀和土重 315.0 g，土的含水率为 19.0%，土粒密度为 2.70 g/cm³。压缩实验的结果见表 7-5。

表 7-5　压缩实验数据

压力 P/（kg/cm²）	0.5	1	2	4
试样总变形量 S/mm	0.705	1.025	1.560	2.245

请绘出压缩曲线 e–p 图，并求出压缩系数 a_{1-2} 和侧限压缩模量 E_{s1-2}。

3. 固结实验中的变形稳定标准是什么？快速固结和正常固结实验的主要区别有哪些？

4. 压缩指数和压缩系数有什么区别？

5. 什么是土体的先期固结压力？如何确定土体的先期固结压力？

为方便读者学习本章内容，本书提供相关电子资源，读者通过扫描右侧二维码即可获取。

扫码，获取本章电子资源

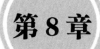

第 8 章

直 剪 实 验

抗剪强度是岩土工程中最重要的土体参数之一，对土工建筑物的设计优化和安全评估至关重要。直剪实验可以用来测量土体的抗剪强度，它具有设备简单、操作方便、试样薄、固结速率快、实验历时短、能够在野外现场实施等优点，在岩土工程中广泛应用。本章将对直剪实验进行介绍。

8.1 实验原理与类型

8.1.1 直剪实验设备

直剪实验需要的仪器包括：

（1）直剪仪。

（2）位移传感器或位移计（百分表）：量程 5～10 mm，分度值为 0.01 mm。

（3）环刀：内径 61.8 mm，高 20 mm。

（4）其他辅助设备：饱和器、秒表、削土刀或钢丝锯、含水率和密度量测设备、滤纸、直尺等。

直剪实验最主要的仪器是直剪仪。常用的直剪仪分为应变控制式和应力控制式两种。应变控制式直剪仪控制试样产生一定的位移，测定在该位移下的水平剪应力；而应力控制式直剪仪对试样施加一定的水平剪应力，测定其相应的位移。应变控制式直剪仪的优点是操作简单，而且能较准确地测定剪应力-剪切位移曲线上的峰值及峰后强度软化过程曲线，为此一般实验大多采用应变控制式直剪仪。

应变控制式直剪仪的结构如图 8-1 所示，主要包括剪切盒（分为上剪切盒与下剪切盒）、量力环、垂直加压框架和水平推动机构等。其实物图如图 8-2 所示，实验过程中，垂直荷载主要通过砝码和垂直加压杠杆来实施，剪切位移则通过电机推动下剪切盒移动来实现。

除上述常见的应变控制式直剪仪，四联动直剪仪也是室内测定土体强度的一种常用实验仪器。四联动直剪实验采用的仪器和设备主要包括：四联动直剪仪、数采千分表、计算机、数采软件、环刀（高为 20 mm，内径为 61.8 mm）、透水板及其他辅助器材等。

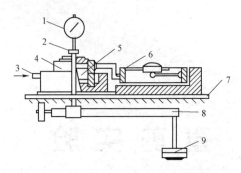

1—垂直变形百分表；2—垂直加压框架；3—推动座；4—剪切盒；
5—试样；6—测力计；7—台板；8—杠杆；9—砝码。

图 8-1　应变控制式直剪仪示意图

四联动直剪仪实物图如图 8-3 所示，其剪切速率均匀，实验过程中自动监测并记录剪应力及剪切位移。该仪器避免了人工读数的不便，采用数采千分表代替之前的机械百分表，并配备了集线器和相应的数采软件。一般默认的数据采集时间间隔为 1 s，可以在剪切过程中，对剪应力、剪切位移及垂直位移进行实时测量和存储。因此，该仪器能较准确地捕捉剪切过程中剪应力的峰值。此外，四联动直剪仪还可以并行，同时进行 4 组直剪实验，提高实验效率。

图 8-2　应变控制式直剪仪实物图

图 8-3　四联动直剪仪实物图

8.1.2　直剪实验的类型

在直剪实验过程中，无法严格控制试样的排水条件，但可通过控制剪切速率近似地模拟工程中的排水和加载条件。直剪实验根据固结和剪切过程中的排水条件分为快剪（Q）、固结快剪（CQ）和慢剪（S）这 3 种实验类型（赵成刚 等，2009），它们可与三轴实验中的不固结不排水（UU）、固结不排水（CU）和固结排水（CD）实验相对应。需要注意的是：通过直剪实验和三轴实验得到的强度指标在一些情况下较为接近，但有时也会有较大的差别，这与土的渗透系数有关（李广信 等，2013）。下面分别介绍一下直剪实验的 3 种类型。

（1）快剪实验，是指在施加垂直法向应力后，不让试样排水固结，立即快速进行剪切的实验，要求在 3～5 min 内将试样剪坏，避免或减少试样的排水。对于黏性较大的土样，在进行快剪实验时，可保持孔隙水压力基本不消散，试样的密度基本不变化，此时通过快剪实验得到的强度指标与通过三轴不固结不排水实验得到的强度指标基本相同。对于低黏性土和无黏性土，由于试样很薄，边界不能保证绝对不排水，即使在较快的剪切速率下，试样仍能发生一定程度的排水固结，甚至接近完全排水固结，此时通过快剪实验得到的强度指标与通过三轴不固结不排水实验得到的强度指标差别较大。

（2）固结快剪实验，是指在施加垂直法向应力后，让试样充分固结，之后进行快速剪切的实验。其剪切过程和快剪实验相同，通常要求在固结完成后的 3～5 min 内将试样剪坏，尽量避免或减少排水。与快剪实验相同，对于黏性土，通过固结快剪实验得到的强度指标与通过三轴固结不排水实验得到的强度指标差别不大；但对于低黏性土或无黏性土，则强度指标不同。

（3）慢剪实验，是指在施加垂直法向应力后，让试样充分排水固结，然后在加载速率很缓慢的条件下，保证试样在剪切过程中的孔隙水压力充分消散的情况下进行剪切。由于试样中孔隙水压力充分消散，施加在土样上的总压力就是其有效应力，通过慢剪实验得到的强度指标与有效应力强度指标相当。有些学者认为，由于通过直剪实验获得的并不是最薄弱面，通过慢剪实验得到的强度指标要略高于通过三轴固结排水实验测得的有效强度指标。也有些学者认为，由于直剪实验中的剪切面积是逐步减小的，二者测量结果比较接近。

8.1.3　直剪实验的优缺点

三轴实验无法在野外现场使用，并且耗时较长。尤其对于黏性大的细粒土，三轴实验所需的固结时间长，同时为保证试样中的孔隙水压力分布均匀，剪切速率非常缓慢。在这些情况下，直剪实验具有非常明显的优势。然而直剪实验也有不少缺点，具体表现在以下几个方面。

（1）人为固定剪切破坏面。在直剪实验过程中，其剪切面固定，为上下盒接触面。由于土体的不均匀性，这一给定的破坏面并不是最薄弱面，其土的性质不一定具有代表性。

（2）不能有效地控制排水条件。直剪实验不能严格控制试样的排水，无法量测实验过程中孔隙水压力的变化，只能根据剪切速率的大小，大致模拟实际工程中的排水条件。同时，对于渗透性较大的土，即使进行快剪实验也会发生较明显的排水现象，由此得到的总应力强度指标偏大，因此在《土工试验方法标准》（GB/T 50123—2019）中规定了快剪实验和固结快剪实验的土样宜为渗透系数小于 $1×10^{-6}$ cm/s 的细粒土。

（3）应力和应变分布不均。在实际情况中，特别是在剪切破坏时，试样内法向应力和应变既不均匀又难以确定，同时剪切面积随剪切位移的增加而减小。但在实验结果的分析中，假定试样中的剪应力分布均匀和剪切面积不变，这会导致实验结果不可避免地存在一些误差。

（4）主应力的方向在实验过程中会发生偏转。剪切前，试样处于侧限状态，最大主应力为竖向应力。当施加剪应力后，主应力的偏转角会随着剪应力的增大而逐步增大，剪切过程中，主应力的大小和方向会不断发生变化。

基于以上这些原因，通过直剪实验得到的抗剪强度指标的可靠性不如三轴实验高，因此重要的工程通常都要求进行三轴实验。但是直剪实验的试样制备、实验操作、数据处理等都十分简单，因此它在工程实际中的应用依然十分广泛（李广信 等，2013）。

8.1.4 土的渗透性对强度指标的影响

表 8-1 给出了几种塑性指数不同的饱和黏土进行直剪实验时，通过 3 种不同实验方法测得的抗剪强度指标的差别。对于塑性指数高（I_p=15.4）的黏性土，通过 3 种直剪实验获得的指标有明显的区别，尤其是土体内摩擦角存在非常大的差异，其变化规律和不同类型三轴实验强度指标的变化规律一致。

表 8-1　黏性土抗剪强度指标比较

土样编号	塑性指数 I_p	快剪实验		固结快剪实验		慢剪实验	
		c_q/kPa	ϕ_q/（°）	c_{cq}/kPa	ϕ_{cq}/（°）	c_s/kPa	ϕ_s/（°）
1	15.4	90	12°30'	33	18°30'	23	24°30'
2	9.1	66	24°30'	44	29°00'	20	36°30'
3	5.8～8.5	51	34°50'	37	36°00'	15	36°30'

注：c_q 为采用快剪实验得到的土的黏聚力，ϕ_q 为采用快剪实验得到的土体内摩擦角；c_{cq} 为采用固结快剪实验得到的土的黏聚力，ϕ_{cq} 为采用固结快剪实验得到的土体内摩擦角；c_s 为采用慢剪实验得到的土的黏聚力，ϕ_s 为采用慢剪实验得到的土体内摩擦角。

而对于塑性指数较低的黏性土，通过不同方法所测得的内摩擦角已经没有太大的差别。对于砂性土，由于其渗透系数较大，快剪、固结快剪和慢剪 3 种实验都接近完全排水的情况，实验结果均接近于有效应力指标（即慢剪指标）。这说明，在选用实验方法和分析实验结果时，应特别注意土的渗透性。

8.1.5 土体结构对其抗剪强度的影响

土体抗剪强度和土体结构有关。一般来说，砂土的结构用其密实状态来描述，可按照密实状态不同分为密砂和松砂两种：黏土按照其应力状态来描述，分为超固结黏土和正常固结黏土两种。

对于密砂或者超固结黏土（一般超固结比大于 2），其土体强度曲线具有以下特性：

（1）其抗剪强度存在峰值，如图 8-4（a）所示。一般把峰值强度看作是该土体的抗剪强度，而将剪切变形较大时的强度称之为残余强度。

（2）剪切过程的体变曲线一般先出现一定量的剪缩，如图 8-4（a）所示，进入塑性破坏阶段后，表现出剪胀性。

（3）土体产生剪胀性的原因，一般是由于砂土较为密实，其颗粒间的咬合摩擦作用较强（或者由于黏土颗粒致密，颗粒间的吸附作用较强）造成，因此导致土体抗剪强度较其残余强度（或临界状态强度）要高，如图 8-4（b）所示。

对于松散砂土或正常固结黏土（或轻微固结黏土，一般超固结比小于 2），其强度曲线一般具有以下特性：

（1）其抗剪强度没有峰值，一般取给定剪切应变或剪切位移处的强度为其抗剪强度。

（2）剪切过程的体变曲线一般会出现较强的减缩。

对于结构性黏土，其剪切曲线一般具有以下特性：

（1）由于土体的结构性，导致其颗粒间吸附作用较强，因此其抗剪强度可能出现非常高的峰值，然后跌落至一个较低的残余值。

（2）土体体积可能会因剪切过程对其框架性结构产生破坏，如图 8-4（b）所示，出现非常明显的减缩；极端情况下，甚至有可能使得土体从固态向半液态转变。

对于非饱和砂土，其行为和饱和砂土类似。对于非饱和黏土，当其饱和度较高时，其抗剪行为和饱和黏土类似；当其饱和度较低时，其抗剪行为和超固结黏土类似，有可能出现明显的峰值；当其饱和度极低时，干土甚至会表现出脆性破坏特征，破坏后土体强度出现断崖式下跌。

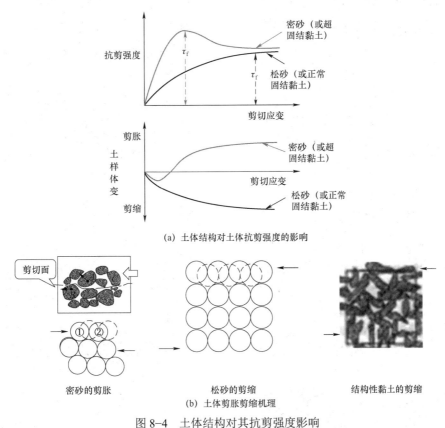

(a) 土体结构对土体抗剪强度的影响

密砂的剪胀　　　　　　松砂的剪缩　　　　　　结构性黏土的剪缩

(b) 土体剪胀剪缩机理

图 8-4　土体结构对其抗剪强度影响

8.2　实　验　步　骤

8.2.1　快剪实验

快剪实验适用于渗透系数小于 1×10^{-6} cm/s 的土，其实验操作步骤如图 8-5 所示。

(a) 底部放透水板和不透水薄膜

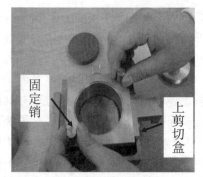

(b) 固定上下剪切盒

(c) 将环刀试样放于剪切盒上

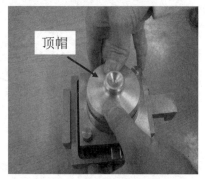

(d) 将试样压入剪切盒内

(e) 将剪切盒放入仪器中

(f) 施加荷载

(g) 拔出固定销

(h) 开始剪切

图 8-5　快剪实验操作步骤

（1）当土料具有一定的黏性时，其直剪试样可按第 3 章中介绍的方法制样（或者直接用环刀切取原状土）。实验前应测定试样的密度及含水率。

（2）对准上下剪切盒，插入固定销，在下剪切盒内依次放入透水板和不透水薄膜，将带有试样的环刀刃口向下对准剪切盒口，在试样顶面依次放置不透水薄膜和透水板，将试样小心推入剪切盒内，移去环刀［见图 8-5（d）］。

（3）转动手轮，使上剪切盒前端钢珠刚好与测力计接触，依次放上传压板、钢珠、垂直加压框架，安装垂直位移和水平位移量测装置，并调整归零。

（4）根据工程实际和土的软硬程度施加各级垂直压力。对于松软试样，垂直压力分级施加，以防试样挤出［见图 8-5（f）］。

（5）施加垂直压力后，拔出固定销［见图 8-5（g）］，立即以 0.8～1.2 mm/min 的剪切速率进行剪切（如以 4～6 r/min 的均匀速度旋转手轮），使试样在 3～5 min 内被剪坏。如测力计的读数达到稳定，或有显著后退，表示试样已损，但一般宜继续剪切至变形达到 4 mm 时停止实验。若测力计读数继续增加，则剪切变形应达到 6 mm 为止。剪切过程中，应适时（如手轮每转一转）测记测力计读数，并根据需要测记垂直位移读数。

（6）剪切结束后，吸去剪切盒中的积水，倒转手轮，尽快移去垂直加压框架、钢珠等，取出试样。

（7）剪切后，应补充测定整个土样的密度、含水率，以及剪切面附近土的含水率和密度。它们可能有一定的区别。这些数据对于了解土样的剪切特性及分析其剪切破坏机理，具有非常重要的意义。

8.2.2　固结快剪实验

（1）本实验中的试样制备步骤与快剪实验相同，其区别在于固结快剪实验在施加垂直荷载后，须等到垂直变形稳定后再开始剪切。本实验方法适用于渗透系数小于 1×10^{-6} cm/s 的土。

（2）如试样为饱和土样，则在施加垂直压力 5 min 后，往剪切盒水槽内注满水；如试样为非饱和土，仅在剪切盒周围包以湿棉花，防止水分蒸发。

（3）在施加规定的垂直压力后，每小时测读垂直变形，直至试样固结变形稳定。变形稳定标准为每小时变形不大于 0.005 mm。试样也可在其他仪器上固结，然后移至剪切盒内，继续固结至稳定后，再进行剪切。

（4）固结快剪实验的剪切速率为 0.8～1.2 mm/min，使试样在 3～5 min 内被剪坏，其步骤与快剪实验相同，剪切后取试样测定剪切面附近试样的含水率和密度。

8.2.3　慢剪实验

（1）本实验中的试样制备、安装和快剪实验相同，安装时试样上下两面应以滤纸代替快剪实验中的不透水薄膜。

（2）在施加压力后，每小时测读一次垂直变形，直至试样固结变形稳定。变形稳定标准为每小时变形不大于 0.005 mm。

（3）拔去固定销，以小于 0.02 mm/min 的剪切速率进行剪切（对于黏性土，应小于 0.01 mm/min，常采用 0.007 5 mm/min 的剪切速率进行剪切）；每产生剪切位移 0.2～0.4 mm，测记测力计和位移读数，直至测力计出现峰值，继续剪切至位移达 4 mm 时停机，记下破坏应力值。若测力计读数无峰值，应剪切至位移达 6 mm 时停机。

基于固结过程的数据，可以按照 7.3.2 节的方法求解土体的固结系数，并计算固结度达到 50% 的时间 t_{50}；然后按下式估算剪切破坏所需的时间：

$$t_t = 50t_{50} \tag{8-1}$$

式中：t_t 为达到破坏所经历的时间，min；t_{50} 为固结度达到 50% 的时间，min。

（4）剪切后取剪切面附近的土样，测量其含水率和密度。

8.2.4 砂土的直剪实验

对于砂土的直剪实验，可按照下述方法进行实验：

（1）首先风干砂样并过 2 mm 筛，取 1 200 g 备用。

（2）按要求的干密度称取每个试样所需的风干砂量，精确至 0.1 g。将剪切盒的上下盒对准，插入固定销，将透水板和干滤纸放入剪切盒中。将备好的砂样倒入剪切盒内，拂平表面，在表面放上硬木块，用手轻轻敲打，使之达到所需干密度，然后取出硬木块（殷宗泽，2007）。

（3）拂平砂面，依次放上干滤纸、透水板和传压板。

（4）安装垂直加压框架，施加垂直压力，进行剪切。

8.2.5 四联动直剪实验

（1）准备工作。在量力环内固定一个数采千分表，实时测量量力环的变形，在直剪盒的上方固定一个千分表，用于测量剪切过程中的垂直位移。在计算机上安装数采软件，并用转换线连接计算机和集线器，再将两个千分表的数据线统一与集线器相连。

（2）试样安装。将养护完成的试样放入剪切盒内，具体操作流程见 8.2.1 节。

（3）仪器设置。启动直剪仪，设置实验的剪切速率，同时将剪切盒放在直剪仪的导行轨上，并施加垂直荷载，将测量量力环变形的千分表清零。同时垂向千分表的测针要与剪切盒顶部的平面位置相接触。

（4）开始剪切。按下前进按钮，传力杆以设置好的剪切速率缓慢移动，当剪切盒与传力杆接触在一起时（若横向安置的千分表产生了读数，即表示传力杆与剪切盒已接触），按下暂停按钮，撤去剪切盒的固定销，同时将横向与垂向的千分表清零。

（5）数据采集。打开数采软件，开启自动采集数据的模式，然后按下前进按钮，此时传力杆以设置好的速率前进，剪切盒缓缓发生相对位移，对环刀土样进行剪切。当上下剪切盒的相对位移为 5 mm 时，可以认为土样发生了破坏，此时先暂停数据的采集并保存采集的数据，紧接着按下暂停按钮，撤去垂直荷载，按快退按钮撤去剪切推力，准备进行下一个试样的直剪实验。

（6）实验结束。取出剪切破坏后的土样，用修土刀切取剪切面附近的土样，放入烘箱中，测定剪切面附近土的含水率。

8.2.6 大型直剪实验

大型直剪实验常用于测量一定应力条件下的粗粒土抗剪强度、土/结构接触面（如桩土接触界面、岩石和土的接触界面等）抗剪强度，以及土/土工织物（土工膜、土工布、GCL、土工格栅、加筋带）结构体的抗剪强度。

　　由于粗粒土中颗粒尺寸较大，采用常规直剪仪无法保证试样的均匀性和加载过程中的应力均匀性。因此常需定制专门的大型直剪仪，用于粗粒土的抗剪强度测量。大型直剪仪的尺寸需达到最大颗粒的 10 倍以上。常见的大型直剪仪一般为方形，尺寸为 305 mm×305 mm×200 mm。

　　国内外对粗粒土的研究相对较少，实验设备和测试方法的成熟度相对较低。一般来说，大型直剪实验需采用 4 个试样，分别在不同的垂直压力水平下，施加水平剪切力进行剪切，测得剪切破坏时的剪应力。实验方法的选择，原则上应该尽量模拟工程的实际情况，如施工情况、土层排水条件等，实验过程一般采用快剪法。

　　大型直剪仪分为现场实验和室内实验两种。其中现场实验一般采用重力加载，因此一般垂直荷载水平较低。室内实验可采用专用的设备（如伺服电机）加载，垂直荷载水平可以根据工程需要在大范围内调节。需要注意的是，在大型直剪实验中，容易发生颗粒剪断和破碎的情况，这对其实验结果有一定的影响。

8.3　数据处理与记录

　　（1）数据记录。常规直剪实验中的数据记录表见本章电子资源。我国的直剪仪设计为手轮每转一圈水平位移为 0.20 mm，因此直剪实验中需要记录手轮每转 1 圈时量力环上百分表的读数。

　　四联动直剪实验的数据是通过计算机软件自动采集的，因此仅需要根据采集得到的数据进行处理即可。根据采集得到的数据，可直接绘制剪应力–剪切位移曲线和垂直位移–剪切位移曲线。

　　（2）剪应力的计算公式为

$$\tau = \frac{CR}{A_0} \times 10 \tag{8-2}$$

式中：τ 为试样所受的剪应力，kPa；C 为测力计率定系数，N/0.01 mm；R 为测力计读数，0.01 mm；A_0 为试样初始面积，cm^2。

　　（3）常规应变控制式直剪仪的剪切位移 L 的计算公式为

$$L = 0.01 \times (20n - R) \tag{8-3}$$

式中：n 为手轮的转数；L 为剪切位移，mm。

　　四联动直剪仪的剪切位移 L 的计算公式为

$$L = t \times \frac{V}{60} \tag{8-4}$$

式中：t 为数据采集时间，s；V 为剪切速率，mm/min。

　　（4）绘制剪应力 τ 与剪切位移 L 关系曲线，如图 8-6（a）所示。取曲线上剪应力的峰值或稳定值为抗剪强度 τ_f；如果曲线无峰值，取剪切位移 $L=4$ mm 所对应的剪应力为抗剪强度。

（5）绘制抗剪强度 τ_f 与垂直压力 p 关系曲线，如图 8-6（b）所示。直线的倾角为内摩擦角 ϕ，直线在纵坐标轴上的截距为黏聚力 c。

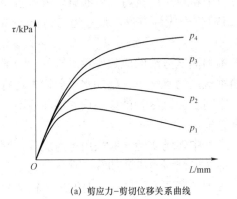
(a) 剪应力-剪切位移关系曲线

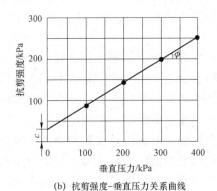
(b) 抗剪强度-垂直压力关系曲线

图 8-6　直剪实验结果

直剪实验的数据处理和图形绘制也可以利用 Excel 来实现，相关原理和方法可参见 8.5 节。

（6）确定剪切强度。

土的应力应变关系曲线，一般具有几种类型。破坏值的选定常有两种情况。若剪应力-剪切位移关系曲线（见图 8-7）中具有明显峰值（曲线 1 的 a 点）或稳定值（曲线 2 的 b 点），则取峰值或稳定值作为抗剪强度值。若剪应力随剪切位移不断增加，即无峰值或无稳定值（如图 8-7 中的曲线 3），则以选定的某一剪切位移对应的剪应力值作为抗剪强度值。

一般最大位移取试样直径的 1/15～1/10。对于直径为 61.8 mm 的试样，其最大剪切位移为 4～6 mm，所以《土工试验方法标准》（GB/T 50123—2019）中规定取剪切位移 4 mm 对应的剪应力作为抗剪强度值，同时要求实验结束时的剪切位移达 6 mm 以上。实际上，以剪切位移作为选值标准，虽然方法简单，但理论上是不严谨的，因为不同类型的土在破坏时的剪切位移是不完全相同的，即使同一种土，在不同的垂直压力作用下，破坏时剪切位移也是不相同的，因而，只有在破坏值难以选取时，才能采用此法。

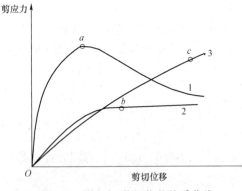

图 8-7　剪应力-剪切位移关系曲线

8.4　注意事项

（1）应根据工程需求选用合适的直剪方法。用直剪实验确定土的强度参数 c 和 ϕ 的方法主要有 3 种，即快剪、固结快剪和慢剪。每种实验方法适用于不同排水条件下的土体，通过控制剪切速率近似地模拟工程所处的排水条件。因此，在选择实验方法时，应注意所采用的方法尽量适合工程实际。

（2）垂直压力的选择。黏性土的抗剪强度与垂直压力的关系并不一定完全符合库仑方程的直线关系。一般认为，对于正常固结土，在一般压力作用下，可以认为二者呈直线关系，垂直压力的选择对获得的抗剪指标影响不大。但对于超固结土，其抗剪强度线在先期固结压力 p_c 前后会出现转折，因此垂直压力的选择对获得的抗剪强度指标影响很大。因此在选择垂直压力时，应考虑先期固结压力 p_c 值，若该土体在实际工程中的设计压力小于其先期固结压力，施加的最大垂直压力不大于 p_c；若其设计压力大于先期固结压力 p_c，施加的最大垂直压力应大于 p_c。

此外，一次与分级施加垂直压力对土的压缩也有一定的影响，土的塑性指数越大，影响也越大。对于低含水率、高密度的黏性土，垂直压力可一次施加；对于松软的黏土，为避免试样挤出，垂直压力宜分级施加。

（3）直剪实验的固结稳定标准。对于固结快剪和慢剪实验中的试样，在每级垂直压力作用下，应压缩至主固结完成，《土工试验方法标准》（GB/T 50123—2019）中规定的稳定标准为每小时垂直变形不大于 0.005 mm；在实际实验过程中，也可用时间平方根法和时间对数法（参见 7.3.2 节）来判定。

（4）剪切速率的选用标准。剪切速率是影响土体强度的一个重要因素，它从两方面影响土的强度：

① 剪切速率对孔隙水压力的产生、传递与消散的影响，即影响试样的排水固结程度。如果排水固结充分，则总应力都转化为有效应力，测得的强度较高，为排水固结强度；如果排水固结不充分，则孔隙水压力会分担一定的总应力，有效应力偏小，测得的强度较低，为部分排水固结强度。

② 对黏滞阻力的影响，当剪切速率较高，剪切历时较短时，黏滞阻力增大，表现出较高的抗剪强度，反之，黏滞阻力减小，所得的强度降低。在常规实验中，黏滞阻力的影响通常考虑得较少。

快剪实验应在 3～5 min 内完成剪切，其目的就是在剪切过程中尽量避免试样的排水固结。然而，对于高含水率、低密度的土或透水性较大的土，即使再加快剪切速率，也难免排水固结，因此快剪也只能测得其部分排水固结强度，并不是真正的不排水强度。所以对于此类土，更适合采用三轴仪测定其不排水强度。

（5）剪切位移的测量。有些厂家提供的标准直剪实验仪并不对水平方向变形进行测量，而是通过记录手轮转数，利用手轮每转一圈等于水平移动 0.2 mm 来计算得到剪切位移。为了得到更精确的剪切位移，可以增加一个水平方向的千分表，用于测量剪切位移。

（6）垂直位移的测量。很多厂家提供的标准直剪实验仪并不对垂直方向变形进行测量。然而剪切过程中的垂直位移测量也非常重要，它是评估土体是剪胀还是剪缩的关键信息。建议在直剪实验中，加装垂直位移传感器（如自动采集垂直位移的数字千分表），同步记录剪切过程中的垂直位移。

加装垂直位移计的直剪仪如图 8-8（a）和（b）所示。以青海粉质黏土为例，在垂直荷载 200 kPa 的作用下，剪应力与剪切位移关系曲线如图 8-8（c）所示，垂直位移与剪切位移关系曲线如图 8-8（d）所示。

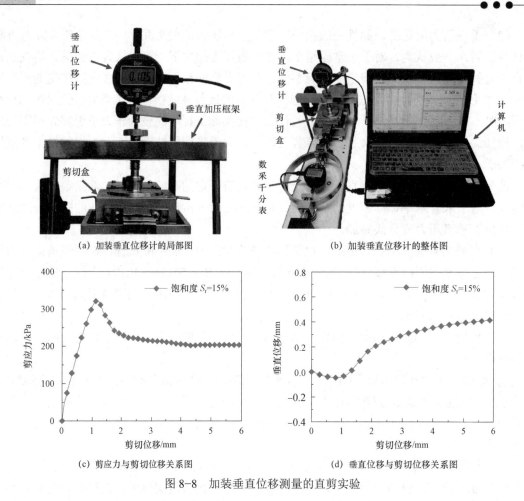

(a) 加装垂直位移计的局部图　　　　　　　　(b) 加装垂直位移计的整体图

(c) 剪应力与剪切位移关系图　　　　　　　　(d) 垂直位移与剪切位移关系图

图 8-8　加装垂直位移测量的直剪实验

8.5　直剪实验数据处理的电子表格法

8.5.1　电子表格简介

　　为了方便实验人员的使用，本书配套了用于直剪实验数据处理的电子表格（见本章电子资源）。该表格能够计算土的抗剪强度指标，并且能够自动绘制剪应力与剪切位移曲线、抗剪强度与垂直压力曲线。

　　该表格基于 Excel 界面，利用 VBA 程序编制，主要用于记录直剪实验数据，计算试样的抗剪强度指标，并且绘制剪应力与剪切位移关系曲线、抗剪强度与垂直压力关系曲线，计算完成后可以直接打印实验报告，可以导出 xml 文档格式数据，并进行存储。

　　该表格的用户界面如图 8-9 所示。该表格的数据导入、导出、数据初始化功能分别用于直剪实验数据（xml 格式文件）的导入、xml 格式文件的保存和清空表格中的实验数据（见图 8-10）。

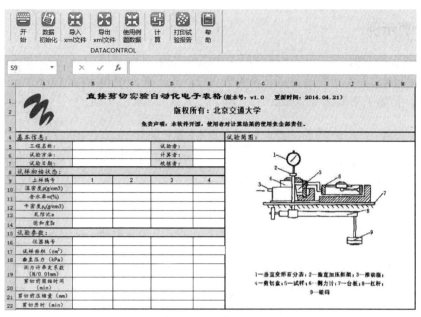

图 8-9　用户界面

(a) 导入直剪实验数据（xml 格式文件）

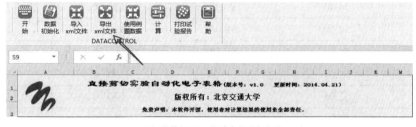

(b) 将数据以 xml 格式文件进行保存

(c) 清空表格中的实验数据

图 8-10　程序功能

8.5.2 计算示例

对采用砂质粉土制作的环刀土样开展 4 次直剪实验,其垂直压力分别为 100 kPa、200 kPa、300 kPa、400 kPa,其实验原始数据记录见表 8-2。该土样为饱和土样,直径为 61.8 mm,高度为 20 mm,初始干密度为 1.6 g/cm³。

表 8-2 实验原始数据记录表

垂直压力	100 kPa	200 kPa	300 kPa	400 kPa
手轮转数/r	测力计读数/0.01 mm	测力计读数/0.01 mm	测力计读数/0.01 mm	测力计读数/0.01 mm
1	6.00	4.00	13.00	4.50
2	12.00	12.00	25.00	12.50
3	16.00	25.50	37.00	27.00
4	22.00	35.00	45.50	48.00
5	28.00	45.50	56.00	57.50
6	31.00	54.50	66.00	70.00
7	35.50	62.00	77.00	81.00
8	39.00	69.00	86.50	92.00
9	42.00	75.00	95.00	104.00
10	45.00	80.00	104.00	113.50
11	48.00	85.00	112.00	124.00
12	50.00	89.00	119.00	133.00
13	52.00	92.00	125.00	143.00
14	54.00	95.00	130.00	151.00
15	54.50	98.00	134.50	159.00
16	54.50	99.50	137.50	167.00
17	54.00	100.50	140.00	173.50
18	52.00	101.00	140.50	180.00
19	50.00		141.00	185.50
20				191.00
21				194.50
22				197.50
23				199.00
24				198.50

(1)数据导入:在左上角输入实验条件后,将实验数据中测力计读数随手轮转数的变化量输入相应的工作表中。这里以垂直压力 400 kPa 数据为例进行数据导入,所得结果如图 8-11

所示。

仪器编号		剪切前固结时间（min）		
试样面积A_0(cm^2)		剪切前压缩量(mm)		
垂直压力(kpa)		剪切历时(min)		
测力计率定系数 ($C=N/0.01$mm)		抗剪强度(kpa)		
手轮转数 （1）	测力计读数 （2）	剪切位移（读数） （3）=（1）*20-（2）		剪应力 （4）=10*（2）*C/A_0	垂直位移
（转）	(0.01mm)	(0.01mm)	(mm)	kpa	(0.01mm)
0	0.00				—
1	4.50				—
2	12.50				—
3	27.00				—
4	48.00				—
5	57.50				—
6	70.00				—
7	81.00				—
8	92.00				—
9	104.00				—
10	113.50				—
11	124.00				—
12	133.00				—
13	143.00				—
14	151.00				—
15	159.00				—

图 8-11　数据导入程序中示意图

（2）计算：单击【计算】按钮，则计算结果显示在"实验报告"工作表中。这里以垂直压力 400 kPa 数据为例进行计算，所得结果如图 8-12 所示。

试样面积A_0(cm^2)		剪切前压缩量(mm)		
垂直压力(kpa)		剪切历时(min)		
测力计率定系数 ($C=N/0.01$mm)		抗剪强度(kpa)		
手轮转数 （1）	测力计读数 （2）	剪切位移（读数） （3）=（1）*20-（2）		剪应力 （4）=10*（2）*C/A_0	垂直位移
（转）	(0.01mm)	(0.01mm)	(mm)	kpa	(0.01mm)
0	0.00	0.00	0.00	0.00	—
1	4.50	15.50	0.16	6.90	—
2	12.50	27.50	0.28	19.17	—
3	27.00	33.00	0.33	41.40	—
4	48.00	32.00	0.32	73.60	—
5	57.50	42.50	0.42	88.17	—
6	70.00	50.00	0.50	107.33	—
7	81.00	59.00	0.59	124.20	—
8	92.00	68.00	0.68	141.07	—
9	104.00	76.00	0.76	159.47	—
10	113.50	86.50	0.86	174.03	—
11	124.00	96.00	0.96	190.13	—
12	133.00	107.00	1.07	203.93	—
13	143.00	117.00	1.17	219.27	—
14	151.00	129.00	1.29	231.53	—

图 8-12　直剪实验计算过程

（3）完成实验报告，所得结果如图 8-13 所示。

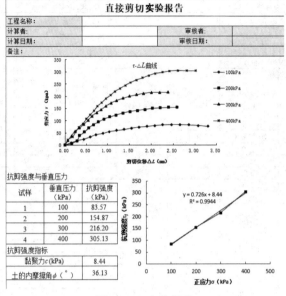

图 8-13　实验报告

8.6　习　　题

1. 直剪实验的目的是什么？土的抗剪强度指标有几个？

2. 抗剪强度如何表达？砂土和黏性土的抗剪强度有何不同？

3. 某工地原状土直剪实验（快剪）结果见表 8-3，试求该土的强度指标。

表 8-3　某工地原状土直剪实验（快剪）结果

σ/kPa	100	200	300
τ_f/kPa	100	108	115

4. 什么叫快剪、固结快剪、慢剪？"快"和"慢"的实质是指什么？

5. 直剪实验剪切过程中试样体积保持不变，这种说法对不对，为什么？

6. 某砾石土中最大颗粒为 60 mm，应选用什么仪器进行抗剪强度实验？

为方便读者学习本章内容，本书提供相关电子资源，读者通过扫描右侧二维码即可获取。

扫码，获取本章电子资源

第 9 章

三轴剪切实验

三轴剪切实验是室内测定土体抗剪强度参数的一种实验方法。土的强度参数是研究和计算地基承载力、土坡稳定性和土压力等大多数土工问题最基本，也是最关键的参数。三轴剪切实验由于具有应力状态明确、大小主应力可控、可以有效控制土体的排水条件等优点，已成为研究土的强度特性、获取强度参数等最为可靠、常用的手段。

9.1 理 论 基 础

9.1.1 强度准则

1776 年，库仑在直剪实验的基础上总结了库仑公式：

$$\tau_f = c + \sigma_n \tan\phi \tag{9-1}$$

式中：τ_f 为剪切破坏面上的剪应力，即土的抗剪强度；σ_n 破坏面上的法向应力；ϕ 为土的内摩擦角；c 为土的黏聚力，对于无黏性土，$c=0$。

1900 年莫尔（Mohr）提出，在土的破坏面上抗剪强度是作用在该面上的正应力的单值函数：

$$\tau_f = c + f(\sigma_n) \tag{9-2}$$

用该函数即可判断土体是否发生破坏。由该函数确定的曲线称为抗剪强度包线，又称莫尔破坏包线。如果土体单元某一个面上的法向应力和剪应力落在破坏包线内，则土体未发生破坏，反之，则已经发生破坏；如果恰好落在破坏包线上，则称土体处于极限状态。

库仑公式（9-1）只是在一定应力水平下式（9-2）的线性特例，这就是著名的莫尔-库仑强度准则。

根据材料力学，一点的应力状态可以用莫尔圆来表示，由图 9-1（a）表示的即为土体破坏时的应力莫尔圆破坏包线。根据这一关系，利用三轴实验进行多个围压下的剪切实验，获得多个莫尔圆，然后求得土体的抗剪强度指标［见图 9-1（b）］。

如图 9-1（b）所示，土体抗剪强度指标分总应力抗剪强度指标和有效应力抗剪强度指标两种。其中总应力指的是施加在土体上的外荷载σ；而有效应力是施加在土体骨架上的应力σ'，二者的差值由孔隙水承担，即为土体的孔隙水压力 u。有效应力可以看作颗粒间接触力在截面上的等效平均应力。通过引入有效应力，可以将土水二元介质的行为简化为土骨架的一元介质；将σ和 u 两个物理量简化σ'这一个物理量，用于土体行为描述。大量的实验数据和工程经验都表明，有效应力能够准确描述土体的强度特性，在大部分的情况下也能够较精确地描述土体的变形行为。因此土体的有效应力强度具有较强的普适性，不随排水条件的改变而变化。

然而，在实际工程中，很多时候孔隙水压力是未知的，此时将有效应力指标直接应用于工程实践存在一定的困难。因此在实际工程设计中，还会经常用到总应力抗剪强度指标。由于总应力抗剪强度指标会随着土体的排水条件的改变而发生显著变化，因此应根据现场的排水条件选用合适的实验类型、应力水平开展相应的室内实验，获得合适的总应力指标，进而用于实际的工程计算和设计。

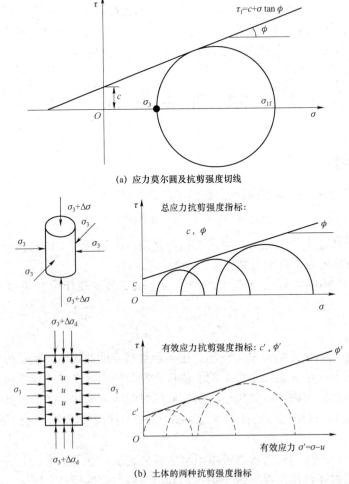

(a) 应力莫尔圆及抗剪强度切线

(b) 土体的两种抗剪强度指标

图 9-1　应力莫尔圆破坏包线和土的抗剪强度指标

20 世纪 40 年代初，美国一些机构研制了不同形式的三轴仪，当时采用磅秤直接加载的方式施加轴向力。1943 年后，出现了用量力环测轴向力，用机械传动使得试样产生等速的轴向变形的三轴仪，即应变控制式三轴仪。20 世纪 60 年代，英国的 Bishop 等人完善了三轴实验，推动了三轴实验的发展。我国于 20 世纪 50 年代开始研制三轴仪，1970 年研制了可进行试样直径达 300 mm 的三轴实验的粗粒土三轴仪，1985 年研制了围压可达 7 MPa 的高压粗粒土三轴仪。

近年来，无论是仪器设备还是实验技术，三轴实验都是土力学实验中技术发展较快、水平较高的一种实验。试样从 39.1 mm 到 300 mm，压力从 kPa 到 MPa 级，可以满足多种工程和研究的需要，适用于多种类型土体的实验。三轴实验除了可以测定土的强度参数外，还可以进行土体孔隙水压力消散实验、渗透实验和静止侧压力系数实验等。除了常规的三轴实验外，近年来动三轴、非饱和三轴、真三轴等实验的发展也十分迅速。

9.1.2　三轴实验类型

最常规的三轴实验是三轴压缩剪切实验，其流程如图 9-2 所示，主要步骤包括实验前的检查与准备，制样、饱和，施加围压，固结，施加轴向力、剪切等过程。图 9-2 中虚线框内的步骤，需要根据土样的饱和度或实验类型选用。

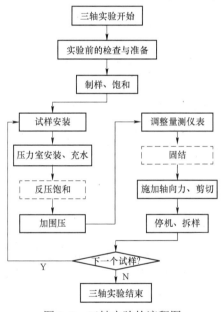

图 9-2　三轴实验的流程图

根据土样加围压时固结与否和剪切时的排水条件，三轴实验可分为不固结不排水（UU）实验、固结不排水（CU）实验、固结排水（CD）实验。

1）不固结不排水（UU）实验

试样在施加周围压力和随后施加偏应力直至剪坏的整个实验过程中都不允许排水，这样开始加压直至试样被剪坏，饱和土试样的体积、土中的含水率始终保持不变，孔隙水压力也不消散，可以测得总应力抗剪强度指标 c_u 和 ϕ_u。

2）固结不排水（CU）实验

试样在施加围压时，允许试样充分排水，待固结完成变形稳定后，再在不排水条件下施加轴向压力，直至试样剪切破坏，可以测得其总应力抗剪强度指标 c_{cu} 和 ϕ_{cu}。若在剪切过程中测定土体的孔隙水压力，则还可以计算土骨架受到的有效应力，进而计算得到土体的有效应力抗剪强度指标 c'_{cu} 和 ϕ'_{cu}。

3）固结排水（CD）实验

试样先在围压下排水固结，然后在试样充分排水的条件下增加轴向压力直至破坏，同时在实验过程中测读排水量以计算试样体积变化，可以测得有效应力抗剪强度指标 c_d 和 ϕ_d。

需要强调的是，固结排水（CD）实验里面的排水是指试样中的超静孔隙水压力充分消散。为了判断超静孔隙水压力是否完全消散，可在实验过程中，通过关闭排水阀门观测排水孔中的孔隙水压力是否增加来判断；或者在实验过程中，看看排水管中的排水量是否发生变化来进行判断。如果孔隙水压力或排水量长时间保持不变，即说明超静孔隙水压力已经消散，满足排水条件。由于需要等待超静孔隙水压力的充分消散，固结排水（CD）实验的周期一般比较长，固结需要 1~3 天，剪切应变速率也应该用极低的值，一般为 $0.003\%H$ ~ $0.012\%H/\mathrm{min}^{-1}$（$H$ 为土样的高度）。

9.1.3　3种实验强度指标之间的关系

一般在岩土工程中，作用在土体上的荷载都是明确的，由此可以计算得到总应力；而孔隙水压力的测量较为困难，除了较为有限的测点外，在大部分位置其孔隙水压力都是未知的。因此造成土体中的有效应力很多时候难以精确确定，需要根据工程条件选择与之相适应的三轴实验类型。

通过固结排水（CD）实验得到的是土体有效应力强度，适用于土体有效应力非常明确的工程条件。例如土体类型为渗透系数较大的粗粒土，或者慢速施工、运行期较长或者稳定渗流等长期性工况，此时超静孔隙水压力能够充分消散。

在快速施工、建设期较短或库水位骤降等工况中，土体有效应力不明确，需要采用和实际情况相符的总应力指标进行工程设计，包括固结不排水（CU）和不固结不排水（UU）两种实验指标。

在固结阶段中，如果土体处于封闭状态，孔隙水无法排出，则成为不排水状态。此时孔隙水压力会承担外荷载，理想情况下（即土体完全饱和、土体骨架的变形无法发生），有效应力不会增加，总应力的增幅 $\Delta\sigma_c$ 和孔隙水压力的增幅 Δu_c 相同。但是由于实际土体难以完全饱和，并且孔隙气泡具有较强的可压缩性，因此一般情况下，孔隙水压力的增幅要小于总应力的增幅，二者的比值成为孔隙水压力系数 B［见图 9-3（a）］。

在剪切阶段，如果土体也处于不排水状态，则土体中的孔隙水压力也会随着剪切变形的发生逐步改变。在不排水剪切过程中的孔隙水压力的增幅 Δu_d 和轴向压力的增幅 $\Delta\sigma_d$ 的比值称为孔隙水压力系数 A。不排水剪切过程中孔隙水压力的演化规律和土体剪切过程中的体变特性有关［见图 9-3（b）］：

（1）当土体既不剪胀也不剪缩时，孔压系数 A 存在解析值 1/3，即孔隙水压力的增幅 Δu_d 和土体平均应力的增幅相等，为（1/3）$\Delta\sigma_d$。

（2）土体剪胀性越强，孔隙水压力的增幅 Δu_d 越小；对于强剪胀性土，如非常密实的砂土或超固结比很高的黏土（如 OCR>4），Δu_d 还会出现负值，此时孔压系数 $A<0$。

（3）土体剪缩性越强，孔隙水压力的增幅越大。这种情况下，Δu_d 的快速增加会导致土体有效应力减小，此时孔隙水压力系数 $A>1/3$。极端情况下，例如当土体是结构性黏土等剪缩性极强的土体时，孔隙水压力系数 A 甚至会大于1。

对某轻微固结饱和黏土的3个平行土样分别开展 UU、CU 和 CD 这3个实验，其实验结果如图9-3（c）所示。

（1）其中 CD 强度最高，孔隙水压力为0，总应力和有效应力莫尔圆相同。

（2）CU 强度由于孔隙水压力 u_d 的产生，有效应力减小，强度较低，有效应力莫尔圆相当于总应力莫尔圆向左平移 u_d 的距离。

（3）UU 强度最小，由该土样的先期固结压力决定。当固结压力 σ_3 达到其先期固结压力 p_c 后，新增加的围压 $\Delta\sigma_3$ 将主要由孔隙水压力 Δu 承担。因此土样的孔隙水压力 u 约为 σ_3-p_c，有效应力莫尔圆相当于总应力莫尔圆向左平移 u 的距离。

在实际工程，固结不排水（CU）实验和不固结不排水（UU）实验的选用非常关键。后者较为简单，前者需选用合适的围压。两种指标的换算关系如图9-3（d）所示。在固结不排水强度包线图中，以不同深度土体承担的自重应力为围压进行实验，得到该围压下的莫尔圆，其顶点处的抗剪强度最大，即为不固结不排水指标 c_u。

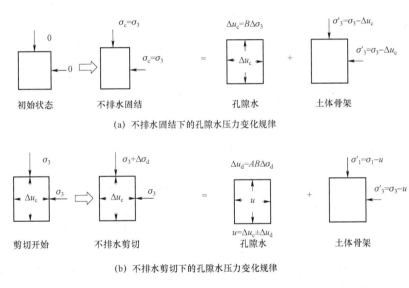

（a）不排水固结下的孔隙水压力变化规律

（b）不排水剪切下的孔隙水压力变化规律

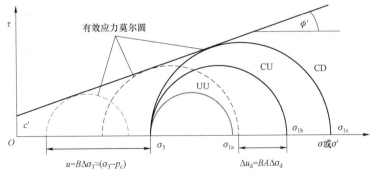

（c）3个轻微固结黏土平行土样的抗剪强度实验结果

图9-3 不固结不排水实验指标和固结不排水实验指标的关系

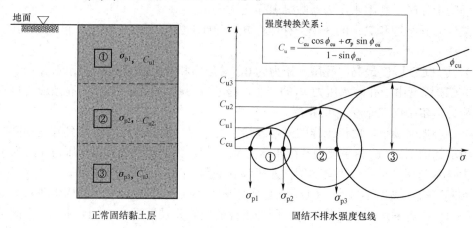

①②③：土样编号；C_{cu}/ϕ_{cu}：CU强度指标
$\sigma_{p1}/\sigma_{p2}/\sigma_{p3}$：土层的平均应力水平；$C_{u1}/C_{u2}/C_{u3}$：UU强度指标

强度转换关系：
$$C_u = \frac{C_{cu}\cos\phi_{cu} + \sigma_p\sin\phi_{cu}}{1-\sin\phi_{cu}}$$

正常固结黏土层　　　　固结不排水强度包线

(d) CU 强度和 UU 强度之间的关系

图 9-3　不固结不排水实验指标和固结不排水实验指标的关系（续）

因此，固结不排水（CU）实验应采用和现场自重应力相匹配的围压进行固结和剪切；而不固结不排水（UU）实验应采用饱和原状土或和现场干密度相同的饱和重塑样进行实验。其强度主要由土样初始状态，尤其是土体先期固结压力决定，受实验中采用的实际围压影响较小。

9.2　仪 器 设 备

三轴实验仪器较为复杂，操作技术要求高，在实验前，应充分了解仪器各部分的性能、仪器的量测精度、允许负荷、实验步骤、注意事项等。

三轴剪切实验采用圆柱体试样，将试样用不透水的橡胶膜包裹后放置于压力室内，在压力室内注满水，通过水给试样施加各向相同的围压 σ_3。然后保持围压不变，同时通过轴向加载系统对试样逐步施加轴向应力 σ_1，直至剪切破坏。最后根据莫尔-库仑强度准则确定土的抗剪强度参数。

随着科技的发展与对室内实验精确度要求的提高，三轴仪类型越发多样化与复杂化。三轴仪依据压力室和试样尺寸的不同可分为大型三轴仪、常规尺寸三轴仪等；依据加载方法的不同又有静态与动态三轴仪之分，实验室中以静态三轴仪居多。其中，静态三轴仪依据施加轴向荷载方式的不同又分为应力控制式和应变控制式两种类型。由于应变控制式加载控制相对简单，除了需要控制应力路径的实验外，目前室内三轴实验基本采用静态应变控制式三轴仪。随着计算机技术的进步，科研人员又研发出了全自动三轴仪，该类型三轴仪的实验控制可完全借助计算机完成。

9.2.1　常规三轴仪

图 9-4（a）是常用的应变控制式三轴仪的结构图，其实物图如图 9-4（b）所示，主要包括压力室、围压系统、反压系统、轴向加载系统和量测系统五大部分。

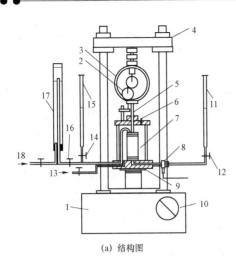
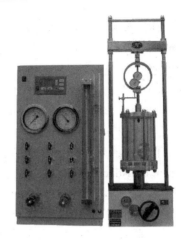

(a) 结构图　　　　　　　　　　　　　(b) 实物图

1—实验机；2—轴向位移计；3—量力环；4—实验机横梁；5—活塞；6—排气孔；7—压力室；8—孔隙压力传感器；
9—升降台；10—手轮；11—排水管；12—排水管阀；13—围压管；14—排水管阀；15—量水管；
16—体变管阀；17—体变管；18—反压力管。

图 9-4　应变控制式三轴仪

1. 压力室

压力室是给试样施加液压（围压）和轴向压力并使其发生破坏的最重要部分。压力室必须具有充分的耐压性和不透水性，以承受规定的围压和轴向压力。压力室由金属上盖、有机玻璃圆筒和底座三大部分组成。目前压力室有多种类型，常见的类型是金属上盖和有机玻璃筒做成一体，通过拉杆或固定螺栓与底座连接在一起。金属上盖中央是用于传递轴向压力的不锈钢活塞，其一侧有用于向压力室注水的排气阀。

压力室底座的构造较为复杂。底座内部存在 3 个与外界相连的通道：第一个用以施加围压，围压直接通过底座上的小孔施加到压力室内；第二个用以施加反压，反压由底座上的小孔通过塑料软管进入有机玻璃的试样帽中，然后施加到试样顶部；第三个是试样的排水通道，排水孔在底座中央突起的试样台上。这 3 个通道是否通畅关系着实验能否顺利进行，因此在实验中要避免堵塞通道。

2. 围压系统

围压系统是给试样施加围力的液压系统，要求所施加的压力能长时间保持恒定。以前主要采用空气压缩机作为压力源，利用调用阀，通过气、水交换进入压力室内。当前，采用伺服电机调整压力的液压稳定装置越来越多。

3. 反压系统

反压饱和已成为一种常用的黏性土试样饱和方法。通过同时等量增加试样内的孔隙水压力和试样外的围压（孔隙水压力和围压通过乳胶膜分隔），使得压力增大，增加试样内孔隙气体的溶解性。根据有效应力原理，有效应力等于总应力减去孔隙水压力，而在施加反压饱和的过程中，孔隙水压力和附加应力相等，因此有效应力不变，不会改变土的应力状态，不会影响实验。反压系统与围压系统结构完全一致，只是作用的位置不同。围压通过压力室内的液体作用在整个试样的外部，而反压通过试样帽作用在试样的内部。

4. 轴向加载系统

轴向加载系统可通过电动机和变速箱进行传动，使压力室上升，通过仪器台架上横梁的反作用，将荷载作用到压力室中央的活塞上。加载速度通过变速挡位调节，也可以通过手动控制。

5. 量测系统

三轴实验中，通过量测系统量测的变量包括：

（1）轴向变形。轴向变形一般用百分表或位移传感器量测。位移传感器量程要求超过试样的最大压缩量，一般为试样高度的 20%。由于当压头和土样紧密接触后，轴室的行程和土样的轴向变形量相等，因此一般通过测量轴室的行程来进行土样轴向变形量的测量。

由于百分表或千分表的测量精度相对较低。新型的高精度三轴仪，很多都采用Displacement transducers（LVDT）来进行位移的测量（最高可达 0.001 mm）。高精度的 LVDT可以放置于轴室内部，用于精确测量土样表层固定点的轴向位移；还可以通过使用多个 LVDT来测量土样不同位置的轴向位移，进而计算土样不同分层位移和应变。

（2）轴向荷载。轴向力的大小一般用量力环测定，量力环安装在加载台架的横梁下，通过百分表测量量力环的变形量，乘以量力环系数即可得到荷载大小。

需要指出的是，量力环是一种最传统、最简单的荷载量测传感器。随着技术的进步，应变式力传感器（strain gauge force transducer）经常用来代替传统的量力环。应变式力传感器采用电阻应变计来测量荷载引起的传感器变形，其量程更大，精度更高。

另外，由于水下力传感器（submersible force transducer）能够放置于轴室内部，可以避免由于传力杆和轴室之间摩擦引起的测量误差，因此其轴力测量更加准确。由于水下力传感器的这一优势，新型的三轴仪大多采用此种传感器来进行轴力的测量。

（3）孔隙水压力。对于不排水测孔压的三轴实验，需要测定试样内的孔隙水压力。孔隙水压力可以通过孔压传感器来测定。

（4）试样体积变化。排水实验需要测定试样体积变化，而非孔隙水压力。对于饱和土，体积变化可用量管测定孔隙水的排出量，简单且精度较高。现在的三轴仪测体变大多采用上排水，即通过监测试样顶部排水水位的变化量来计算土样的体积变形。如果实验中采用了反压饱和，需要采用内外双层的体变管进行土样排水量的量测。

新型的三轴仪大多采用压力控制器来控制轴室的围压和反压。这种新型的压力控制器一般能够直接给出进出的液体流量，进而用于试样体积变形的计算。

9.2.2 其他配套设备

为了进行三轴实验，还需要试样制备用具、试样安装工具和其他工具。

（1）试样制备用具包括击实器［见图 9-5（a）］、饱和器［见图 9-5（b）］、切土器、分样器、切土盘、钢丝锯和直刀、天平。称量 200 g 的天平要求精度 0.01 g；称量 1 000 g 的天平要求精度 0.1 g。

（2）试样安装工具包括：

① 橡皮膜：是套在试样外以隔离压力室和试样的乳胶膜。橡皮膜的内径与土样直径相同，厚度应小于橡皮膜直径的 1/100，应具有弹性，不得有漏气孔。

② 承膜筒：内径比试样直径大约 5 mm、高度比试样大约 10 mm 的两端开口的圆筒，中部有吸气孔。承膜筒如图 9-6（a）所示。

③ 透水板：渗透系数较大，使用前将其在水中煮沸并泡在水中，充分饱和；安装在试样的上下两端。

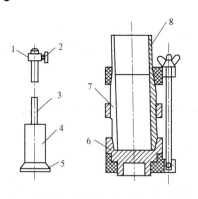
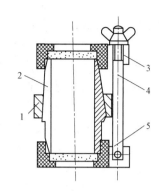

1—套环；2—定位螺丝；3—导杆；4—击锤；
5—底板；6—底座；7—击样筒；8—套筒。

1—紧箍；2—圆模（3 片）；3—夹板；
4—拉杆；5—透水板。

（a）击实器　　　　　　　　　　　　　　　　（b）饱和器

图 9-5　三轴实验的制样工具

④ 不透水板：圆形的金属板，用于不固结不排水实验时安装在试样两端。

⑤ 橡皮圈：用于将橡皮膜捆扎在上下加载板上，隔绝压力室的水与试样。一般可用较厚的橡皮膜剪成 5～10 mm 宽的圈，通常上下各用 3 条橡皮圈捆扎。

⑥ 滤纸：剪成与试样截面相同的圆形，贴在试样的上下端面，用于防止土颗粒流失。在黏性土实验中，剪成长条形，贴在试样侧面，加速试样的排水过程。

⑦ 对开圆模：如图 9-6（b）所示，制备砂样用。

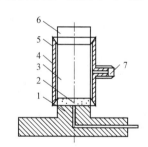
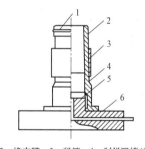

1—压力室底座；2—透水板；3—试样；4—承膜；
5—橡皮膜；6—上帽；7—吸气孔。

1—橡皮圈；2—橡皮膜；3—紧箍；4—制样圆模（2 片合成）；
5—透水板；6—压力室底座筒。

（a）承膜筒　　　　　　　　　　　　　　　　（b）对开圆模

图 9-6　三轴实验的试样安装工具

（3）其他工具包括游标卡尺、秒表、真空抽气设备等。

9.3　试 样 制 备

9.3.1　试样尺寸

对于常规三轴实验，规范要求试样应制成圆柱体形状，尺寸有 3 种，直径分别为 39.1 mm、61.8 mm、101 mm，试样高度应为直径的 2.0～2.5 倍，通常分别取 80 mm、125 mm、200 mm。土样的允许最大粒径 d 与试样直径 D 的关系见表 9-1。对于有裂隙、软弱面或构造面的试样，宜采用直径为 101 mm 的试样。

对于超径颗粒要予以剔除，《水电水利工程粗粒土试验规程》（DL/T 5356—2006）建议采用剔除法、相似级配法、等量替代法、结合法等方法进行处理。

（1）剔除法：将超径颗粒直接剔除。

（2）相似级配法：根据原级配曲线，按照几何相似条件将初始粒径等比例缩小。缩小后的土样级配应保持不均匀系数和曲率系数不变。

（3）等量替代法：按照试样允许的最大粒径以下的大于 5 mm 各粒组含量，按比例等质量替换成允许范围内的粒组。

（4）结合法：相似级配法与等量替代法两种方法相结合。先用相似级配法以较适宜的比例缩小粒径，对于小于 5 mm 粒径控制含量以符合实验要求，超径颗粒再用等量替代法处理。

表 9-1　土样允许最大粒径与试样直径的关系

试样直径/mm	允许最大粒径/mm
39.1	$d<D/10$
61.8	$d<D/10$
101.0	$d<D/5$

9.3.2　原状土试样制备

原状土采用切削法制样，其制样流程如下。

（1）土样检查。将原状土样筒按标明的上下方向放置，剥去蜡封和胶带，小心开启土样筒，取出土样，整平两端。检查土样，并描述土样的颜色、层次、有无杂质，观察土样是否均匀、有无裂缝等。为保证实验结果的可靠性，当确定土样已经受扰动或取土质量不符合要求时，不得制备试样进行三轴实验。

（2）试样制备。对于较软的土样，需要使用钢丝锯、削土刀、切土盘、分样器等工具，制样过程如图 9-7 所示。原状土试样的标准制样流程参见 3.2 节。

（3）称取切削好的试样的质量，精确至 0.1 g。试样的高度和直径用卡尺量测，试样的平均直径按式（9-3）计算：

$$D_0 = \frac{D_1 + 2D_2 + D_3}{4} \tag{9-3}$$

式中：D_0 为试样平均直径，mm；D_1、D_2、D_3 分别为试样上、中、下部位的直径，mm。

（4）计算试样的密度并取切下的余土测定含水率。对于同一组原状试样，密度的差值不宜大于 0.03 g/cm³，含水率差值不宜大于 1%。

对于特别坚硬和很不均匀的土样，如不易切成平整、均匀的圆柱体，允许切成与规定直径接近的柱体，按所需试样高度 H 将上下两端削平，称取质量 M。并取与试样性质接近的土块，采用蜡封法测量其密度 ρ，进而计算土样的体积 $V=M/\rho$；进一步根据 $V=\pi R^2 H$ 计算土样的平均直径 R。

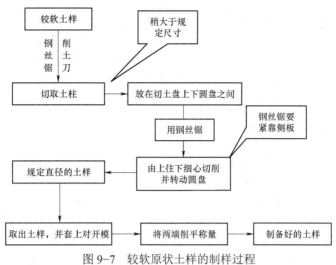

图 9-7 较软原状土样的制样过程

9.3.3 扰动土试样制备

扰动土试样制备采用击样法，其制样过程如图 9-8 所示。

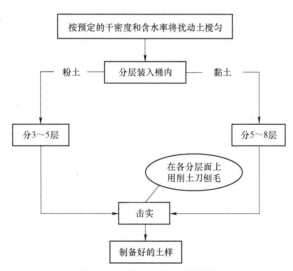

图 9-8 扰动土的制样过程

（1）称取一定数量的代表性土样（直径为 39.1 mm 的试样，约取 2 kg；直径为 61.8 mm 和 101 mm 的试样，分别取 10 kg 和 20 kg），经风干、碾碎、过筛，测定风干含水率，按要求的含水率算出所加的水量。

（2）将所需加的水量喷洒到土料上，拌匀，稍静置后装入塑料袋，然后置于密闭容器内至少 20 h，使含水率均匀。取出土料复测其含水率，测定的含水率与要求的含水率差值应小于 1%，否则需调整含水率直至符合要求为止。

（3）击样器的击实筒的内径应与试样直径相同。击锤的直径宜小于试样直径。击实筒壁在使用前应擦洗干净，涂一薄层凡士林。对于脱模较困难的土，也可在击实筒壁内铺上保鲜膜。要求保鲜膜平整，与击实筒壁密贴。

（4）根据要求的干密度，称取所需土料质量。按试样高度分层击实，粉土分 3～5 层，黏土分 5～8 层。各层土料质量相等，每层击实至要求高度后，将表面刨毛，然后再加第二层，如此继续进行，直至击完最后一层。将击样筒中的试样两端整平，取出称其质量，一组试样的密度差值应小于 0.02 g/cm³。

9.3.4　正常固结土试样制备

为了模拟正常固结土，常采用泥浆制作土样。

（1）取代表性土样风干、过筛，调成略大于液限的土样，为泥浆状液态土样。

（2）将泥浆置于密闭容器内，储存一昼夜，测定土样含水率，同一组试样的含水率差值不应大于 1%。

（3）在压力室底座上装对开圆模和橡皮膜（在底座上的透水板上放一张湿滤纸，连接底座的透水板应预先饱和），橡皮膜与底座扎紧。称制备好的土样（一般为膏状），用修土刀将土样装入橡皮膜内，装土样时避免试样内夹有气泡。待试样装好后，整平上端，称剩余土样，用于计算装入土样的质量。在试样上部依次放湿滤纸、饱和的透水板和试样帽并扎紧橡皮膜，然后打开孔隙压力阀和量管阀，降低量水管，使其水位低于试样中心约 50 cm（对于直径为 101 mm 的试样），测记量水管读数。待排水稳定后，根据排水量和初始含水率算出排水后的试样含水率。最后拆去对开模，测定试样上、中、下部位的直径与高度，计算试样的平均直径及体积。

9.3.5　砂类土试样制备

目前，砂类土黏聚力低，在制样时难以成形，因此该类试样的制备和干密度控制在土力学实验中尚属难题。另外，不同国家、不同实验人员在进行砂类土实验时所用试样的制备方法有所不同，这里只提供我国规范中推荐使用的制样方法。

砂类土试样制备有湿装法和干装法两种方式，操作步骤如图 9-9 所示。实验时一般采用湿装法，因为较易获得饱和砂样。湿装法制样流程如下。

（1）根据实验要求的试样干密度和试样体积，称取所需风干砂样质量，分 3 等份，在水中煮沸，冷却后待用。

（2）打开孔隙压力阀及量水管阀，使压力室底座充水。将煮沸过的透水板滑入底座上，并用橡皮圈把透水板包扎在底座上，以防砂土漏入底座中。关闭孔隙压力阀及量管阀，将橡皮膜的一端套在压力室底座上并扎紧，将对开圆模卡在底座上，将橡皮膜的上端翻出，然后抽气，使橡皮膜贴紧对开圆模内壁。

（3）在橡皮膜内注脱气水约达试样高度的 1/3，用长柄小勺将煮沸冷却的一份砂样装入膜中，填至该层要求的高度。

（4）第一层砂样填完后，继续加脱气水至试样高度的 2/3，再装第二层试样。如此继续装样，直至膜内装满为止。如果要求干密度较高，则可在填砂过程中轻轻敲打对开圆模，使称出的砂样填满规定的体积。然后放上透水板、试样帽，翻起橡皮膜，并扎紧在试样帽上。

（5）打开量管阀降低水管，使管内水面低于试样中心约 0.2 m（对于直径为 101 mm 的试样，约 0.5 m），在试样内部产生足够的有效应力，使试样能站立。拆除对开模，量测试样的高度与直径，复测试样干密度，各试样之间的干密度差值应小于 0.03 g/cm³。

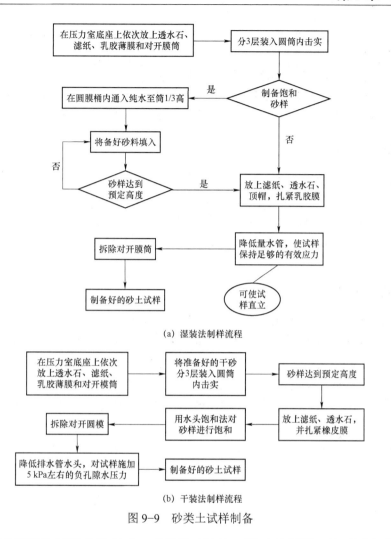

(a) 湿装法制样流程

(b) 干装法制样流程

图 9-9　砂类土试样制备

当对试样干密度控制要求较高时，可采用干装法，用干砂制样，然后用水头饱和或反压饱和。

9.4　试样饱和

三轴实验中经常使用饱和土样。试样饱和方法有真空饱和法、水头饱和法、二氧化碳置换饱和法与反压饱和法等。三轴实验中对土样的饱和度要求较高（大于 99%）。一般真空饱和法与水头饱和法难以满足要求，应在常规真空饱和法和水头饱和法的基础上，进一步采用二氧化碳置换饱和法或反压饱和法提高其饱和度。目前反压饱和系统已经成为三轴实验仪的标准配置。

9.4.1　真空饱和法

对于渗透系数较小的细粒土，可采用真空饱和法。将装有试样的饱和器置于无水的真空抽气缸内进行抽气，当真空度接近于一个大气压后，应继续抽气并保持一段时间。继续抽气的时间宜符合下列要求：粉土，大于 0.5 h；黏性土，大于 1 h；密实的黏性土，大于 2 h。当抽气时间达到上述要求后，往饱和器内徐徐注入蒸馏水（根据实验需要，也可换为去离子水），并保持真空度稳定。待试样和饱和器完全被水淹没后，可停止抽气，并打开管夹使空气进入真空缸。最后让试样在水下静置 10 h 以上，然后取出试样并称其质量。

9.4.2　水头饱和法

渗透性大的粉土或粉质砂土，均可直接在仪器上采用水头饱和法进行饱和。可先按 9.5.2 节中的试样安装步骤安装试样，然后施加 20 kPa 的围压。然后提高试样底部量水管的水位，并降低连接试样顶部固结排水管的水位，使得土样两端量管水位差在 1 m 左右。打开量管阀、孔隙水压力阀和排水阀，使纯水自下而上通过试样，直到单位时间内土样两端进出水量相等为止。

9.4.3　反压饱和法

1）饱和机理（王谦 等，2013）

由于气体体积随其压力的增大而减小，通过外界的加压装置为土样提供反压，一方面可有效压缩土壤中的孔隙气，将除气水压入土样之中，另一方面土样中的残余空气还会在压力作用下溶解于除气水中，从而达到提高土样饱和度的目的。大量的实验证明，对于连通性较好的土，使用反压饱和法可使土样达到较高的饱和度，并且可以提高试样的饱和效率。

利用反压饱和法饱和土样时，由于施加反压会导致土样的孔隙水压力升高，为了保证试样在饱和过程中不被破坏，必须保证施加在土样外侧橡皮膜上的围压始终大于施加在土体孔隙水上的反压。因此，反压施加之前，须提前对试样施加一级周围预压力；并在反压逐级增加的过程中，应保证围压和反压同步增加，二者始终保持一定的压差。

根据 Skempton 孔压系数 B 值可以判断试样的饱和情况，B 值可通过式（9-4）计算：

$$B = \frac{\Delta u}{\Delta \sigma_3} \tag{9-4}$$

式中：$\Delta \sigma_3$ 为某一级围压增量；Δu 为该级围压增量所引起的孔隙水压力增量。

2）操作步骤

试样的饱和效果可通过计算孔压系数 B 的大小来评估。具体方法是：在土样饱和后，施加一定的围压增量 $\Delta \sigma_3$，然后测读试样中产生的孔隙水压力增量 Δu，进而计算孔压系数 B。

如果试样饱和度较低，可以对试样施加反压力以达到完全饱和，其操作步骤如下。

（1）在三轴压力室装好试样，装上压力室罩，关闭孔隙水压力阀和反压阀，测记体变管读数。先对试样施加 20 kPa 的围压预压，打开孔压阀，待孔隙水压力稳定后记下读数，然后关闭孔压阀。

（2）分级施加反压力，同时分级施加围压，以尽量减少对试样的扰动。在施加反压力过程中，始终保持围压比反压力大 20 kPa。反压力和围压每级增量，对软黏土取 30 kPa，对坚实的土或初始饱和度较低的土取 50～70 kPa。

（3）操作时，先将围压调至 50 kPa，并将反压力系统调至 30 kPa，同时打开围压阀和反压力阀，再缓缓打开孔压阀，待孔隙水压力稳定后，测记孔隙水压力计读数和体变管读数，再施加下一级的围压和反压力。

（4）计算出本级围压下的孔隙压力增量 Δu，并与围压增量 $\Delta \sigma_3$ 比较，如 $\Delta u/\Delta \sigma_3 < 0.98$，则表示试样尚未饱和，这时关闭孔隙水压力阀、反压力阀和围压阀，继续按上述要求施加下一级的围压和反压力。

9.4.4　二氧化碳置换饱和法

1）饱和机理（李兴国，1985）

水分子是极性分子，在水与气体的交界面上，水会产生弯液面作用，这种弯液面作用使得土体孔隙中产生一系列的气泡，在水头压力作用下，比较大的气泡会悬浮出水面。由于土样孔隙构成的管道较细，加之土骨架对气泡的阻滞作用，许多残留气泡在水头饱和压力的作用下是不会全部悬浮出水面的，用这种水头饱和方法制备成的饱和土实际上是一种气相完全封闭或者气相内部连通的非饱和土。

二氧化碳在水中的溶解度远远大于空气在水中的溶解度，在一个大气压力下，0 ℃时，1 cm^3 的水中可溶解空气 0.029 cm^3，可溶解二氧化碳 1.71 cm^3，因而可以首先将土样孔隙中充满二氧化碳，然后再用通常的水头饱和，即可使孔隙中充满纯水，达到完全饱和，这就是砂性土试样的二氧化碳置换饱和法。

该方法不仅适用于砂性土，原则上对于气相连通的非饱和土也是适用的。

2）操作步骤

砂性土试样二氧化碳置换饱和装置由稳定的二氧化碳气压源和水头饱和装置两部分组成，将它们组装在一块板面上，然后将板面固定在三轴仪的孔隙水压力量测板的侧面即可使用。具体操作步骤如下：

（1）首先将干砂或低含水率的砂用振动击实或静压的方法在三轴试样承膜筒中制备成所要求密度的试样。

（2）试样安装完毕后，将高压钢瓶中的液态二氧化碳（纯度在 99% 以上）通过两级减压到实验所需要的压力，经试样底座通入试样，并由试样顶端量水管溢出。

（3）用二氧化碳冲洗置换试样孔隙中的空气，冲洗置换时间应在 20 min 以上。

（4）冲洗置换完成后，关闭二氧化碳气源阀门，打开水箱阀门，对试样进行水头饱和，待试样顶端量水管的出水量达 0.2～1 L 时，即完成试样饱和。

9.4.5　试样饱和度对实验结果的影响

三轴实验中，土体的饱和度可以通过测量土体的孔压系数 B 来估算，一般孔压系数和饱和度的关系如图 9-10 所示。

实际上，一般土力学实验中土体的饱和度往往很难达到 1。而当土体饱和度低于 1 时，UU 实验并不满足严格的不排水条件，即随着围压和孔隙水压力的增加，土中残存的孔隙气泡会被压缩，土体体积随之减小。因此，随着围压的增加，土体的有效应力会有所增加，土体的不排水强度会有所提高。直到土体围压足够大，压缩了土体中的绝大部分的孔隙气泡，土体达到饱和状态后，土体的不排水强度才能趋于一个定值，如图 9-11 所示。这种现象在土力学实验中常常碰到，它会导致通过 UU 实验获得的摩擦角大于其理论值 0°。

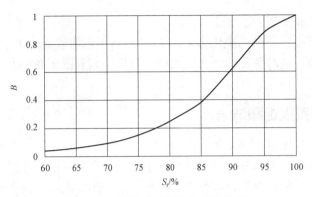

图 9-10　孔压系数和饱和度的关系

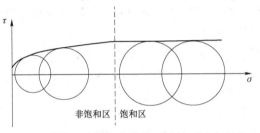

图 9-11　未完全饱和土体的不固结不排水强度

9.5　试样的安装、固结与剪切

9.5.1　实验前的准备工作

三轴实验前的准备工作非常重要，须小心谨慎地对仪器进行详细的性能检查。

（1）围压和反压系统是否正常、稳定，包括空气压缩机压力控制器、调压阀的灵敏度和稳定性，压力表的精度与误差，稳压系统是否漏气。

（2）管路系统是否通畅，特别是接头部分和阀门有无漏水漏气或阻塞现象。

（3）孔隙水压力及体变管路系统内是否存在封闭气泡，如有，需通过水流将其排出。

（4）轴向力加载活塞能否自由滑动。

（5）橡皮膜是否有漏气孔。具体检查方法为：在使用前扎紧两端，向膜内充气，然后将其沉入水中，观察是否有气泡溢出。

（6）量测仪器是否工作正常，并满足实验所需的精度要求。

除了进行仪器性能检查外，实验前还应根据试样要求，进行以下准备工作。

（1）根据工程特点和土的性质确定实验方法和需测定的参数。

（2）根据土样特性选择合适的饱和方法。

（3）根据实验方法和土的特性，选择剪切速率。

（4）根据取土深度、土的应力历史，考虑超固结比的影响，确定围压大小。

（5）实验前应制备土样（见图 9-12），并完成土样的饱和（见图 9-13）。

(a) 称重

(b) 分层击实

(c) 刨毛

(d) 将试样击实至要求高度

图 9-12　重塑土样的称量与击实

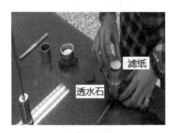

(a) 放置透水石、滤纸

(b) 将试样放入饱和缸

图 9-13　试样饱和

9.5.2　不固结不排水剪实验（UU 实验）

不固结不排水实验又称 UU 实验，此实验无需固结过程，较为简单，其实验步骤如下。

（1）打开试样底座的开关，使量管里的水缓缓地流向底座，使底座充水，待气泡排出后，放上不透水板，关闭底座开关，然后依次放上试样和不透水板。

（2）把已检查过的橡皮膜套在承膜筒上，两端翻起，用洗耳球从气嘴中吸气 [见图 9-14 (a)]，使橡皮膜贴于筒壁。将试样放置于轴室承台上，并小心将承膜筒套在土样外面，然后拿掉洗耳球，让气嘴放气，使橡皮膜紧贴在试样周围 [见图 9-15 (a)]。

然后翻下橡皮膜的下端，反扣在底座外部，并用橡皮筋扎紧。翻开橡皮膜的上端，取下承膜筒 [见图 9-15 (b)]。用对开模夹住试样，将实验夹夹在对开模外面，固定试样。翻下橡皮膜的上端，在试样上放上试样帽，翻开橡皮膜，将其与试样帽用橡皮筋扎紧 [见图 9-15 (c)]。

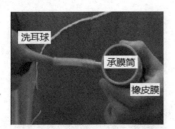

(a) 吸出橡皮膜与筒间的空气

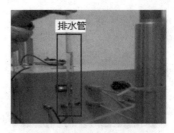

(b) 向排水管中加入足够多的水

(c) 向底部充满水

(d) 从对开模中取出试样

图 9-14　试样安装前的准备工作

(a) 外翻橡皮膜，使其包裹土样

(b) 取下承膜筒

(c) 用橡皮筋箍紧橡皮膜，使其和底座
紧密接触，起到密封效果

(d) 盖上顶帽

(e) 安装围压筒

(f) 拧紧密封螺丝

图 9-15　试样安装

（3）装上围压室。安装时应先将活塞提升，以防撞击试样。围压室安装好后，将活塞对准试样帽中心，同时使传压活塞与试样帽紧密接触，并拧紧密封螺栓。打开排气螺栓及注水孔，向围压室内注水，待水注满后封紧排气螺栓（见图9-16）。

（4）关闭体变管阀和孔隙水压力阀，打开围压阀，施加所需围压。围压应与工程的实际荷载相适应，也可按100 kPa、200 kPa、300 kPa、400 kPa施加。

（5）安装量测轴向变形的位移计和轴向压力的量力环（或测力计），并调整其初始"零点"读数（见图9-17）。

（a）围压室注水

（b）拧紧排气螺栓

图9-16　围压室的准备

（a）安装量力环

（b）调整承台，使试样与轴杆接触并调零

图9-17　调整控制台

（6）施加围压和轴向压力。

如果需要，可在安装好试样后，对土样进行反压饱和［见图9-18（a）］。试样饱和后，可开始实验，即先将围压调整到目标值，然后施加轴向压力进行土样剪切［见图9-18（b）］。

（a）反压饱和

（b）开始剪切

图9-18　反压饱和与剪切

在UU实验中，剪切应变速率可取0.5%～1.0% min^{-1}。实验初期，每当试样产生的轴向应变增加0.3%～0.4%时，应记录一次量力环和位移计读数。当轴向应变达3%以后，读数间隔可延长为轴向应变达到 0.7%～0.8%时测记一次。当接近峰值时，应加密读数。出现峰值后，再继续剪切至轴向应变达 3%～5%。若量力环读数无明显减少，则剪切至轴向应变达 15%～20%时停止实验。

（7）实验结束，停机，卸除周围压力（见图 9-19）并拆除试样（见图 9-20），描述试样破坏时的形状，称量，测得含水率。

(a) 排出围压室中的水

(b) 卸下围压室

图 9-19 实验完成，卸下仪器

(a) 严重变形的试样

(b) 拆下试样

图 9-20 剪切实验后的试样

9.5.3 固结不排水实验（CU 实验）

1）试样安装

（1）打开试样底座的阀门，使量管里的水缓缓地流向底座，使底座充水，将煮沸过的透水石滑入底座上，然后放上湿滤纸与试样，试样上端也放上湿滤纸和透水石。

CU 实验中，为了加速黏性土的固结排水速率，可在试样周围贴上 7～9 条滤纸条，纸条宽度为试样直径的 1/6～1/5，上端与透水石相连接。若施加反压饱和，所贴纸条必须中间断开约 1/4 试样高度，或者仅自试样底部向上贴到 3/4 试样高度处。

（2）CU 实验的装样方法和 UU 实验相同。

（3）打开试样底座阀门，让量管中的水从底座流入试样与橡皮膜之间，用软毛刷在试样周围自下而上轻刷，排除试样与橡皮膜之间的气泡，并不时用手在橡皮膜的上口轻拉一下，以利于气泡的排出，待气泡排尽后，关闭阀门。

（4）打开与试样帽连通的阀门，让量水管中的水流入试样帽，并将试样帽放在试样顶端，排除顶端气泡后关闭阀门，将橡皮膜上端翻贴在试样帽上并扎紧。

（5）降低排水管，使水面至试样中心高程以下 20～40 cm，吸出试样与橡皮膜之间多余的水分，然后关闭排水阀。

（6）安装围压室并注满水，然后打开排水阀，放低排水管使其水面与试样中心齐平，并测记水面读数。关闭排水阀。

（7）使量管水面位于试样中心高度处，打开量管阀，测定孔隙水压力初读数。

2）试样固结

（1）向围压室内施加围压。

（2）在不排水条件下静置 15～30 min，测定起始孔隙水压力。

（3）如果测得的孔隙水压力 u_0 与周围压力 σ_3 的比值 $u_0/\sigma_3 < 0.95$，需施加反压力对试样进行饱和；当 $u_0/\sigma_3 > 0.95$ 时，打开排水阀，使试样在围压 σ_3 下孔隙水压力消散达到 95% 以上，黏性土一般需 16 h 以上。固结完成后，关闭排水阀，测读试样排水量和孔隙水压力。

3）试样剪切

（1）CU 实验的剪切过程和 UU 实验相同，可采用较快的剪切速率，并在剪切过程中实时记录量力环或测力计读数和孔隙水压力值及压缩位移，直至试样应变值达到 15%～20% 为止。

（2）实验结束，关闭电动机，卸除围压并取出试样，描绘试样破坏时的形状并称试样质量、测含水率。

9.5.4 固结排水实验（CD 实验）

固结排水实验的试样安装、固结、剪切与固结不排水实验相同，但是剪切过程中应将排水阀打开，剪切应变速率采用 0.003%～0.012% min^{-1}，剪切过程中记录体变管读数。剪切结束后，先关闭排水阀再卸除围压，以免卸荷时试样吸水。取出试样，测量重量和含水率。对于渗透系数较小的黏性土，由于其排水缓慢，实验进展非常慢，要达到 15% 的轴向应变，通常实验要进行 1～3 天。

9.5.5 剪切前阀门的状态与剪切速率

三轴仪的电机在启动后，开始剪切之前，应按表 9-2 的要求将各阀门关闭或开启。

表 9-2 剪切前各阀门开关状态

实验方法	体变管阀	排水阀	围压阀	孔隙水压力阀	量管阀
UU 实验	关	关	开	关	关
CU 实验（监测孔压）	关	关	开	开	关
CU 实验（不测孔压）	关	关	开	关	关
CD 实验	开	开	开	开	关

三轴实验中的剪切应变速率取决于轴向加荷速率的大小，剪切应变速率与强度之间存在密切的关系。一是剪切快慢会使排水固结度不同，并进而影响土体的强度；二是土的黏滞性作用及体积胀缩作用也会影响强度。因此剪切应变速率的大小决定实验的历时及实验的结果。

对于不固结不排水及固结不排水实验，当其剪切应变速率在通常的速率范围内时，其强度变化不大，故可根据实验方便性来选择剪切应变速率。标准建议的剪切应变速率为 0.5%～

1% min^{-1}，试样可在 15～30 min 内完成剪切实验。

在三轴试样的剪切过程中，其内部孔隙水压力分布不均匀，一般中部较大，两端较小。对于需要准确量测孔隙水压力的 CU 实验（监测孔压），为了使底部测得的孔隙水压力值能代表剪切区土体内部的孔隙水压力，要求剪切应变速率相当慢，以便孔隙水压力有足够时间均匀分布。

经研究认为，黏质土采用的剪切应变速率为 0.1% min^{-1} 较为合适，也有人认为黏质土的剪切应变速率选取 0.05% min^{-1} 为好。国外对黏质土则多用应变速率 0.04%～0.1% min^{-1}。鉴于此，标准建议对黏质土测孔隙水压力的 CU 实验（监测孔压），其剪切应变速率可为 0.05%～0.1% min^{-1}。

粉质土的剪切应变速率可适当加快些，经比较，对于渗透系数 $k=1×10^{-6}$ cm/s 的粉质土，当剪切应变速率为 0.1%～0.6% min^{-1} 时，孔隙水压力变化很小，对强度的影响也不大，故粉质土的剪切应变速率可采用 0.1%～0.5% min^{-1}。对于各种不同的实验，其剪切应变速率的选择可参考表 9-3。

表 9-3 剪切应变速率表

实验方法	剪切应变速率/min^{-1}	备注
UU 实验	0.5%～1.0%	
CU 实验（监测孔压）	<0.05% 0.05%～0.1% 0.1%～0.5%	高密度黏性土 黏性土 粉土
CU 实验（不测孔压）	0.5%～1.0%	
CD 实验	0.003%～0.012%	

9.6 关于三轴实验的一些说明

9.6.1 注意事项

1. 边界条件的影响

由于顶帽和底座与试样间的摩擦力，试样两端存在剪应力，从而形成对试样的附加约束。这种附加约束会使得压缩实验中的试样破坏时呈鼓形，而拉伸实验中的试样呈中部收缩状，也称为颈缩。这种附加约束还会使得试样中的应力、应变不均匀。

三轴试样还会受到来自橡皮膜对试样的约束，它相当于增加了室压 σ_3。另外，当进行围压很小的三轴实验时，试样与顶帽的自重、压力室静水压力、加压活塞的自重及三轴仪轴室与活塞轴套间摩擦等因素的影响也都需要考虑。制样时过度拉伸橡皮膜，也可能产生对试样的轴向应力，使测量结果不准确。另外，砂土制样时施加真空也增加了有效围压。

加载过程中，若活塞与轴套间的光洁度不够，会存在较大的摩擦力。为了减小其影响，在开始剪切前，应先使活塞与量力环接触，开启电动机后，再将量力环量表调零，以削弱摩擦对实验结果的影响。

2. 关于体应变及孔隙水压力量测

对于饱和试样的三轴实验，可通过与试样连通的体变管量测试样的体积变化。然而对于粗粒土，压力室的压力水会使橡皮膜嵌入试样表面，形成凸凹不平的表面。当橡皮膜的有效围压增加时，橡皮膜的嵌入深度会有所增加，因此会导致土体中有更多的孔隙水排出，从而高估实际的土样体积压缩量。

对于三轴排水剪切实验，在其剪切过程中，由于轴室中的有效围压 $\sigma_2 = \sigma_3$ 是不变化的，所以橡皮膜的嵌入程度不会发生明显改变，因此通过排水体积估算土样体积变形量较为准确。但对于三轴不排水剪切实验，因为其有效围压随孔压变化而变化，因此需要尽可能地消除或者率定橡皮膜嵌入程度改变所带来的影响，从而减小三轴实验中体变测量的误差。

此外，当通过体变管量测试样体积变化不够准确时，还可以采用近年来日趋成熟的图像测量技术来进行三轴试样的体积变形测量。

3. 试样的制备与饱和

原状土制样过程中要注意在切削过程中分清上下层次，尽量避免扰动。扰动土试样的制备方法有很多，对于黏性土，采用分层击实效果较好，但必须控制分层高度和注意层间的刨毛，以免出现分层现象，并且还需注意一组试样间的密度误差值。对于砂土，可用干样或湿样借助圆模装填，装样时应特别注意上下均匀，避免出现上粗下细分层现象。

4. 橡皮膜的影响

三轴实验中，橡皮膜是用来隔离试样与液体的，其对实验的影响主要有以下几个方面。

（1）它的约束作用会使试样的强度增大，在极端情况下，对于低围压下的软弱黏土，因橡皮膜而增加的强度甚至可达 10%～20%，该影响随围压增大而减小。

（2）膜的渗透会改变试样的含水率。如果橡皮膜损坏或渗漏严重，将会导致实验的失败。因此实验之前，应该检查橡皮膜的完整性。当橡皮膜完好时，其渗透性一般很低，对 σ_3 不大的常规实验可不考虑。

此外，在进行三轴剪切实验时，橡胶膜的"膜嵌入效应"同样会对实验结果产生较大影响。当试样在进行固结时，随着孔隙水的排出，孔隙水压力逐渐降低。此时，在围压作用下，橡皮膜会逐渐嵌入试样空隙中，使橡皮膜表面凹凸不平，因此橡皮膜的该效应被称为"膜嵌入效应"。该效应一般发生在砂土类试样的剪切过程中，且当砂土粒径增加时，膜嵌入效应更为显著。膜嵌入效应会引起实验结果偏离真实结论：孔隙水压力改变量 Δu 的测量值低于真实值；膜嵌入效应将造成试样体积有一定压缩量，而且该压缩量等于膜嵌入试样的体积。

9.6.2　其他三轴实验类型简介

1. 三轴拉伸实验

为了模拟现场因为卸载发生土体破坏的情况，常采用三轴拉伸实验来测量土体的抗剪强度。三轴拉伸实验同样分为固结和剪切两个阶段，其固结阶段和前述三轴压缩实验相同；其剪切阶段按照以下步骤进行：试样在三轴压力室中完成固结阶段之后，模拟卸载情况，对其逐渐减少垂向压力，使试样逐步伸长，同时测定试样伸长过程中的变形和孔隙水压力。

三轴伸长实验的对象多为黏性土，用来评定黏性土在卸载时的强度特性。由于黏性土的微观结构比起砂等纯散粒体复杂得多，颗粒间的摩擦作用受多种因素影响，其三轴压缩强度指标有可能和三轴拉伸强度指标有一定的差异。

粗粒土的三轴拉伸实验相关研究相对较少，影响因素不明。

2. 特殊应力路径三轴实验

为了获得应力历史和各向异性对土体剪切行为的影响，常开展特殊应力路径三轴实验。通过土的应力路径可以模拟土体形成的实际应力历史，全面研究应力历史对土体力学性质的影响。最常用的应力路径实验包括以下 3 种。

（1）K0 固结剪切实验。

常采用 K0 固结来模拟天然正常固结土体的沉积形成过程，进而获得各向异性的土体，然后研究这种各向异性对土体抗剪强度的影响。一般在 K0 固结剪切实验中，会逐步增加 σ_1。并且在每一个增量步 $\Delta\sigma_1$ 中，需要实时调节轴室的围压 σ_3，使得土样的径向变形为 0，满足土体侧限变形条件，此时 $\Delta\sigma_3 = k_0\Delta\sigma_1$。如果实际土体 k_0 未知，需要实时调整 $\Delta\sigma_3$，使得采用霍尔径向应变仪等传感器实时监测的土体径向变形为 0。

（2）等 P 剪切实验。

在常规三轴实验中，土体的平均正应力 p 随着竖向压力的增加而增加。为了模拟土体平均正应力 p 不变的情况，可开展等 P 剪切实验，即在增加轴向压力 $\Delta\sigma_1$ 时，同步减小轴室的围压 $\Delta\sigma_3 = 1/2\Delta\sigma_1$，使得平均正应力 p 在整个剪切过程中保持不变。

在特殊应力路径三轴实验中，由于需要实时根据应变或应力的情况来调整围压，因此对实验仪器的控制水平和精度要求较高。

（3）真三轴实验。

真三轴实验常用来研究三维复杂应力状态下土体力学特性，尤其是研究中主应力 σ_2 对土体力学行为和强度的影响。

三维空间的任何物体都会受到 3 个正交的主应力，分别称为大主应力、中主应力和小主应力。常规三轴实验的主要缺点是它只能对土体施加 2 个方向的主应力，从而使土体处于轴对称的应力状态，因此，只能反映轴对称应力状态下的强度和变形规律。

但是实际岩土环境中，土所受到的 3 个主应力的大小往往是不同的。忽略中主应力的影响，不能代表土体在实际三维复杂应力状态下的性能。中主应力对土的性质的影响，很多时候不能忽略。

采用真三轴实验可以同时模拟大主应力、中主应力和小主应力，对复杂应力条件下的土体行为进行测定。真三轴实验中的试样一般为正立方体或矩形体；实验时，可对试样各个互相垂直的主应力面分别施加各自独立的 3 个主应力（大主应力、中主应力及小主应力），同时测定相应的主应变和体积变化等。通过真三轴实验方法测定的结果比通过常规三轴实验即轴对称三轴实验更能反映真实的本构行为。由于真三轴实验仪器较为复杂，其仪器使用和数据分析需要非常深入的土力学知识，因此，其在施工工程中应用相对较少，主要服务于科学研究。

9.6.3 其他类型三轴仪简介

1. 应力控制式三轴仪

除了采用应变控制进行三轴实验外，有时也可以采用应力控制的方式进行三轴实验。应力控制式三轴仪是以分级施加荷重方式对土试样施加轴向压力，直至试样破坏的三轴仪。除施加轴向压力设备不同外，其余与应变控制式三轴仪相同。

　　应变控制式三轴仪以一定的剪切速率对试样进行剪切，实验方式确定了变形与时间的关系，因此实验结果主要是土体的应力-应变关系，进而对变形、强度等特性进行分析，而不能探讨时间对应力、应变的影响；而应力控制式三轴仪则是以恒定的荷载对试样进行剪切，观测土体变形随时间发展的情况，因此能够得到土体的应力-应变-时间的关系，从而能够分析得到时间对变形、强度等特性的影响。因此，若要研究时间对土体变形特性的影响，则需进行应力控制式三轴实验。应力控制式三轴仪由于其应用范围、价格等原因不是岩土实验室中的常规仪器。应力控制式三轴仪实物如图9-21所示。

图 9-21　应力控制式三轴仪实物图

2. 振动三轴仪

　　振动三轴仪是专门用于振动三轴实验的仪器。振动三轴实验属于土的动态测试内容，是室内进行土的动态特性测试时较普遍采用的一种方法。土体动态测试实验直接影响土体动力特性研究和土体动力分析计算的发展，起着正确揭示土的动力特征规律和完善分析计算理论的重要作用，是土动力学发展的基础。

　　传统的振动三轴仪一般包括压力室、激振设备和量测设备3个系统。振动三轴仪的压力室与静三轴仪的压力室基本相同，结构材料、密封形式也大致一样。而在量测设备方面，振动三轴仪要比静三轴仪复杂一些。振动三轴仪的量测记录，一般采用电测设备完成，即将动力作用下的动孔隙水压力、动变形和动应力的变化，通过传感器转换成电量或电参数的变化，再经过放大，推动光电示波器的振子偏转，引起光点移动，并在紫外线感光纸带上分别记录下来。

　　振动三轴仪的激振设备，根据产生激振力方式的不同，可以分为电-磁激振式、惯性力振动式和电-气激振式等类型。每种类型又分为单向激振和双向激振两种。振动三轴仪实物如图9-22所示。

图 9-22　振动三轴仪实物图

9.7　实验数据处理

9.7.1　计算公式

1. 面积修正

三轴剪切实验的试样在固结后和剪切过程中试样面积会减小或增大，因此必须修正。可以根据固结下沉量和固结排水量计算固结后的面积，也可以通过假定试样固结应变各向均等来计算。由于试样的实际固结应变并不各向均等，因此根据实测数据计算的结果更为合理，但是很多时候固结下沉量的测量比较困难，所以实验规程中规定采用等应变简化计算。

试样固结后的高度、面积、体积及剪切时的校正面积可按表 9-4、表 9-5 中的公式计算。

表 9-4　试样固结后高度、面积、体积的计算

参数	初始值	固结后	
		根据实测计算	采用等应变关系估算
高度	h_0	$h_c=h_0-\Delta h_c$	$h_c=h_0(1-\Delta V/V_0)^{1/3}$
面积	$A_0=\pi D^2/4$	$A_c=(V_0-\Delta V)/h_c$	$A_c=A_0(1-\Delta V/V_0)^{2/3}$
体积	$V_0=h_0A_0$	$V_c=h_cA_c$	$V_c=h_cA_c$

注：h_c 为固结下沉量；V 为固结排水量。

表 9-5　剪切时试样的校正面积

实验类型	UU 实验	CU 实验	CD 实验
校正面积	$A_a=A_0/(1-\varepsilon_1)$	$A_a=A_c/(1-\varepsilon_1)$	$A_a=(V_c-\Delta V_i)/(h_c-\Delta h_i)$

注：ΔV_i 为排水实验中剪切引起的试样体积变化；Δh_i 为剪切时试样的轴向变形；ε_1 为剪切时试样的轴向应变，$\varepsilon_1=\Delta h_i/h_c$。对于 UU 实验，由于不固结，$h_c=h_0$。

2. 主应力差

主应力差应按下式计算：

$$\sigma_1 - \sigma_3 = \frac{CR}{A_a} \qquad (9-5)$$

式中：σ_1 为大主应力，kPa；σ_3 为小主应力，kPa；C 为测力计率定系数，N/0.01 mm 或 N/mV；R 为测力计读数，0.01 mm 或 mV；A_a 为剪切时试样的校正面积。

3. 有效主应力比

有效主应力比按下式计算：

$$\frac{\sigma_1'}{\sigma_3'} = \frac{\sigma_1' - \sigma_3'}{\sigma_3'} + 1 \qquad (9-6)$$

式中：σ_1' 为有效大主应力，$\sigma_1' = \sigma_1 - u$；σ_3' 为有效小主应力，$\sigma_3' = \sigma_3 - u$；u 为孔隙水压力，kPa。

4. 孔隙水压力系数

孔隙水压力系数按下列公式计算：

$$B = \frac{u_0}{\sigma_3} \qquad (9-7)$$

式中：B 为孔隙水压力系数；u_0 为施加围压产生的初始孔隙水压力，kPa。

$$A_f = \frac{u_f}{\sigma_1 - \sigma_3} \qquad (9-8)$$

式中：A_f 为破坏时的孔隙水压力系数；u_f 为试样破坏时，主应力差产生的孔隙水压力，kPa。

9.7.2　制图和强度指标求解

1. 制图

根据实验类型和需要，分别绘制主应力差–轴向应变曲线、有效主应力比–轴向应变曲线、孔隙水压力–轴向应变曲线、体应变–轴向应变曲线，或在 p–q（p'–q'）坐标系中绘制应力路径关系曲线。

2. 根据破坏主应力线求解强度指标

由于强度包线的绘制受人为因素影响较大，较容易产生误差，特别是有些情况下，应力莫尔圆规律性较差，难以绘制合理的强度包线，因此抗剪强度指标宜根据破坏主应力线来求解。破坏包线与破坏主应力线如图 9-23 所示。

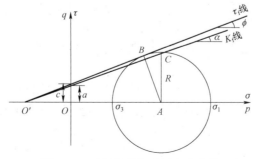

图 9-23　破坏包线与破坏主应力线

根据破坏主应力线确定抗剪强度指标的方法如下：首先计算破坏时的主应力点，即莫尔圆的顶点 $[p=(\sigma_{1f}+\sigma_{3f})/2$，$q=(\sigma_{1f}-\sigma_{3f})/2]$；然后在 p-q 或 p'-q' 坐标系中，点绘破坏主应力点，并通过线性拟合得到其平均直线。该直线即为破坏主应力线，其倾角和截距分别为 α 和 a，它们与抗剪强度指标 ϕ 和 c 的关系如下：

$$\sin\phi = \tan\alpha \tag{9-9}$$

$$c = \frac{a}{\cos\phi} \tag{9-10}$$

利用 Excel 的线性拟合功能，可以非常方便地确定 α 和 a 值。具体步骤如下：在 Excel 中，首先用所有试样的 p、q 值绘制 "X-Y 散点图"，然后右击图表上的数据点，选择弹出菜单中的 "添加趋势线" 命令，在弹出的 "添加趋势线" 对话框中选择 "线性"（"类型" 选项卡），在 "选项" 选项卡中选中 "显示公式" 复选框，即可得到拟合的直线及方程。

图 9-24 就是小浪底大坝 64 组 320 个心墙料 CD 试样的统计结果（Chen et al., 2019），公式中的 63.6 即截距 a，而 0.38 即斜率 $\tan\alpha$。采用式（9-9）和式（9-10）换算后，可得土体摩擦角为 22.3°，黏聚力为 68.8 kPa。

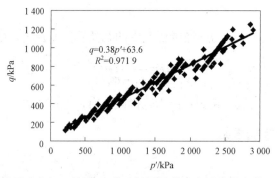

图 9-24　小浪底大坝心墙料 64 组三轴固结排水实验结果中的 p'-q 拟合图

3. 绘制强度包线

取 $\sigma_1-\sigma_3$ 的峰值为破坏点，无峰值时，取 15% 轴向应变时的主应力差值作为破坏点。

对于 UU 实验和 CU 实验，以法向应力 σ 为横坐标，剪应力 τ 为纵坐标，在横坐标上以 $(\sigma_{1f}+\sigma_{3f})/2$ 为圆心，$(\sigma_{1f}-\sigma_{3f})/2$ 为半径（下标 f 表示破坏），在 τ-σ 平面图上绘制破坏应力圆，并绘制不同围压下破坏应力圆的包线，破坏应力圆的包线倾角即为不排水内摩擦角 ϕ_u 或 ϕ_{cu}，在纵坐标轴上的截距为不排水黏聚力 c_u 或 c_{cu}。

根据有效应力原理，如果试样完全饱和，孔隙水压力系数 $B=1$，试样内的孔隙水压力等于施加的围压，因此不固结不排水实验的试样在不同围压下，其有效小主应力都相同，都为 0。所以强度包线为一水平曲线，即 $\phi_u=0$。但是实际实验中由于实验误差、试样的差异，可能存在一非常小的 ϕ_u。

当在 CU 实验中测孔压时，还可以同时绘制有效应力莫尔圆，即以 $(\sigma_{1f}+\sigma_{3f})/(2-u)$ 为圆心，$(\sigma_{1f}-\sigma_{3f})/2$ 为半径绘制有效应力莫尔圆及其包线，进而基于有效应力莫尔圆计算获得土样的有效内摩擦角 ϕ' 和有效黏聚力 c'。

对于 CD 实验，孔隙水压力为 0，绘制有效应力莫尔圆及其包线，获得有效内摩擦角 ϕ_d

和有效黏聚力 c_d。

9.8　三轴实验数据处理的电子表格法

为方便读者快捷、正确地分析三轴实验数据，本书提供了用于三轴实验数据处理的电子表格。按照三轴实验的三种类型，针对 CD、CU、UU 三种实验分别开发了相应的电子表格。

CD、CU、UU 三种实验的电子表格内部原理类似，下面以固结排水实验为例，向读者介绍一下三轴实验数据处理的电子表格法，然后分别以计算实例的方式介绍三种实验电子表格的计算过程和结果。

9.8.1　三轴实验数据分析的电子表格法

1. 表格简介

在电子表格中，共设置有基本信息页、实验数据输入页（CD1～CD4）、计算过程页、汇总页和使用手册等页面。

（1）基本信息页为程序的初始输入页面，如图 9-25 所示。用户需要在该表格中输入试样质量、高度、直径等信息，此外用户还必须输入试样个数。用户单击【开始输入】按钮后，程序会根据用户输入的试样个数，列出实验数据输入页的页数。

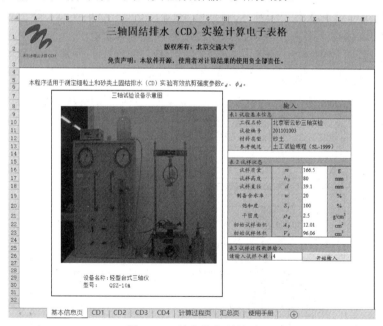

图 9-25　基本信息页界面

（2）实验数据输入页如图 9-26 所示，需要用户输入实验信息：围压、固结排水量及实验测量数据，包括轴向变形读数、量力环读数、体变读数等。程序会自动求解出轴向应变、校正面积、偏应力及体应变等信息。用户在每个实验数据输入页中完成数据输入后，单击工具栏中的【计算并绘图】按钮，程序会自动计算出结果，并绘制出相应曲线。这些信息会储存在计算过程页中。

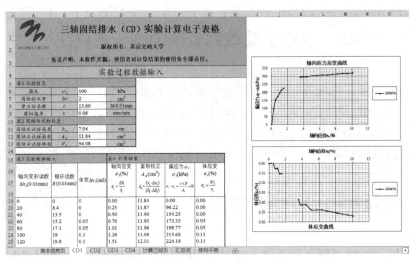

图9-26　实验数据输入页界面

图 9-26 所示的表格分为上下两大部分。实验初始条件、固结后试样状态在表格的左上角输入。表格的下半部为剪切过程中的位移百分表读数、量力环读数和排水体积读数，以及根据上述公式计算出的偏应力和试样各方向应变。

图 9-26 显示的是工作表"CD1"，保存的是围压为 100 kPa 时的 CD 剪切实验数据与计算结果。其他围压级别下的实验数据将保存在结构与之完全相同的工作表中，如"CD2"。

（3）计算过程页如图 9-27 所示。该工作表用于记录程序的计算过程及相应曲线，包括 p-q 计算结果、p-q 曲线、轴向应力应变曲线、体应变曲线等内容。

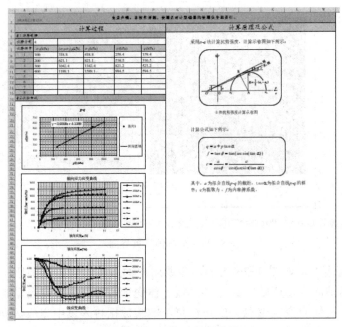

图 9-27　计算过程页界面

（4）汇总页如图 9-28 所示。该页面用于记录该程序的计算结果，包括莫尔圆曲线及剪切指标、试样密度及实验过程中的其他信息等。

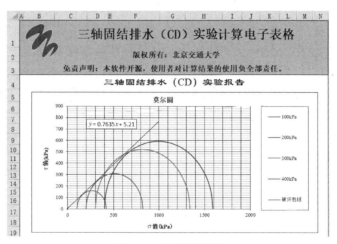

图 9-28　汇总页界面

2. 抗剪强度指标的求解

由于求解抗剪强度指标的作图法不可避免地带有很多的人为因素，特别是当试样数大于 2 时，很难手工绘制破坏莫尔圆的包线。因此应按照 9.7.2 节中提到的方法来确定三轴实验中的强度指标。

Excel 中提供了最小二乘法直线拟合的计算函数 INTERCEPT、SLOPE 和 CORREL，分别用于求解截距、斜率和相关系数。利用函数 INTERCEPT、SLOPE 可以方便地求出破坏主应力线的斜率 $\tan\alpha$ 和截距 a，这样根据式（9-9）和式（9-10）就可以很快求出每组实验的抗剪强度参数了。

如图 9-29 所示，表格 σ_3 为实验时的各围压级别，$\sigma_1-\sigma_3$ 为破坏时的偏应力。根据围压和偏应力，可以计算得到破坏时的主应力点，即莫尔圆的顶点 $[p=(\sigma_{1f}+\sigma_{3f})/2, q=(\sigma_{1f}-\sigma_{3f})/2]$。

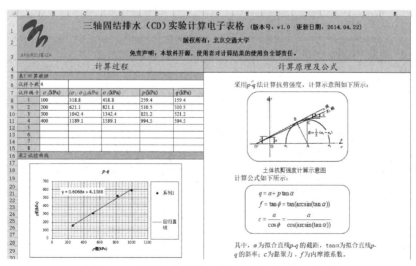

图 9-29　计算土体抗剪强度和绘制图形的工作表

为了适应每组实验可能出现不同数量试样的情况，在该 Excel 表格的计算公式中，还采用 If 函数对试样个数进行判断。只需在基本信息页中输入每组实验的试样个数，计算就可自动完成，如图 9-29 所示。

3. 莫尔圆的绘制

三轴实验中较为常用的图形为偏应力-轴向应变曲线、体应变-轴向影响曲线和破坏莫尔圆。前两个曲线图可以根据每个实验的实验数据计算结果直接用 Excel 的图表绘制。而莫尔圆的绘制则相对较为复杂，因为 Excel 图表并没有生成半圆或圆的功能，而且 Excel 图表存在的一个较大的不足在于其 x、y 坐标值并不成比例。这就需要首先生成绘制莫尔圆所需的数据，其次还需要利用 Excel 内置的 VBA 语言编写程序调整图表，使得图表的 x、y 坐标值成比例。

绘制莫尔圆时将半圆分成 12 等份，计算公式如下：

$$\sigma_i = p - q\sin\left(\frac{i\pi}{12}\right) \qquad (9-11)$$

$$\tau_i = q\cos\left(\frac{i\pi}{12}\right) \qquad (9-12)$$

式中：$p = \dfrac{\sigma_1 + \sigma_3}{2}$，$q = \dfrac{\sigma_1 - \sigma_3}{2}$；$i=0$，1，…，12，为点的编号。由上述公式生成数据，根据这些数据即可绘制相应的破坏莫尔圆。为了调整图表，使得莫尔圆显示正常的比例，在工作表中增加了一个命令按钮，并为其编写了相应的程序。其中的关键在于使得图表的绘图区的 x、y 比例与实际相等。

4. 程序操作说明

下面以 CD 实验电子表格为例，为读者展示电子表格法的使用。CU、UU 实验的电子表格使用方法与 CD 实验电子表格的相同。CD 实验电子表格包括以下基本功能。

（1）数据导入。该程序可识别两种数据输入方式。第一种为直接导入，单击程序菜单栏下的【导入例题数据】，将 xml 格式的数据导入到程序中进行计算，如图 9-30 所示。第二种为手动输入，用户可在相应的数据输入区逐个输入数据。在数据导入完成后，电子表格无须操作即可完成计算。

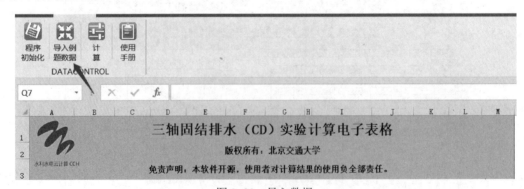

图 9-30　导入数据

（2）自动计算剪切指标并绘制曲线。在输入完成后，单击【计算】，电子表格即可自动进行计算，如图 9-31 所示，计算过程页中将显示计算过程中生成的数据，包括 σ-ε 曲线、p-q

曲线等信息。

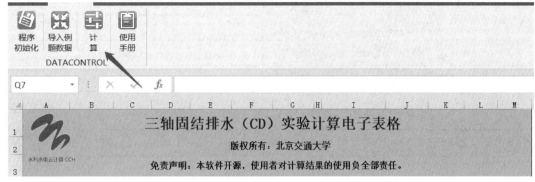

图 9-31 计算

（3）数据初始化。用户在完成一组实验数据计算，并将数据进行导出或者另存为后，如需再进行另一组数据的计算，可单击【程序初始化】，程序会恢复初始状态，方便用户进行另一组数据计算，如图 9-32 所示。

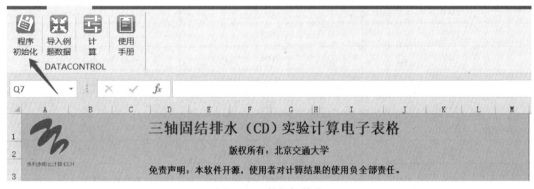

图 9-32 数据初始化

（4）完成实验报告。汇总页自动生成实验报告所需的信息，包括莫尔圆、剪切指标等信息，如图 9-28 所示。

9.8.2　CD 实验计算实例

本实验数据来自北京市勘察设计研究院有限公司韩家川工程，共 3 个试样，试样基本信息相同，土样的基本参数见表 9-6。三轴实验的原始数据见表 9-7～表 9-9，包括围压及排水量等数据。

表 9-6　某三轴实验土样的基本参数表

试样质量 m/g	166.5
试样高度 h_0/mm	80
试样直径 d/mm	39.1
制备含水率 $w/\%$	20

饱和度 S_r/%	100
干密度 ρ_d/（g/cm³）	2.5
初始试样面积 A_0/cm²	12.01
初始试样体积 V_0/cm³	96.06

表 9-7　100 kPa 围压下的三轴 CD 实验数据

轴向变形读数 Δh_i/0.01 mm	量力环读数 R/0.01 mm	体变 Δv_i/mL
0	0	0
20	8.4	0
40	13.5	0
60	15.2	0.05
80	19.3	0.05
100	19	0.1
120	19.8	0.1
140	20.4	0.1
160	21.8	0.15
180	23	0.2
200	24	0.2
220	24.5	0.25
240	25.1	0.25
260	25.9	0.3
280	26.4	0.35
300	26.6	0.4
350	26.8	0.4
400	29.5	0.45
450	29.8	0.45
500	28.3	0.45
550	28.5	0.46
600	29.1	0.47
650	29.5	0.48
700	30	0.49
750	30.2	0.5
800	30.7	0.51

表 9-8 200 kPa 围压下的三轴 CD 实验数据

轴向变形读数 Δh_i/0.01 mm	量力环读数 R/0.01 mm	体变 Δv_i/mL
0	0	0
20	10	0
40	22	0.1
60	30	0.1
80	37	0.3
100	41	0.4
120	46	0.5
140	48	0.7
160	49.2	0.9
180	50	1
200	50.9	1.1
220	51.5	1.3
240	52	1.4
260	52.5	1.5
280	53.1	1.5
300	53.9	1.5
350	54	1.5
400	54.6	1.5
450	55.2	1.4
500	56	1.3
550	56.9	1.26
600	59.4	1.22
650	58	1.1
700	58.6	1.05
750	59.1	1
800	59.7	1

表 9-9 300 kPa 围压的三轴 CD 实验数据

轴向变形读数 Δh_i/0.01 mm	量力环读数 R/0.01 mm	体变 Δv_i/mL
0	0	0
20	18.5	0

轴向变形读数 Δh_i/0.01 mm	量力环读数 R/0.01 mm	体变 Δv_i/mL
40	33	0.1
60	44	0.1
80	53	0.1
100	61	0.2
120	67	0.3
140	70.5	0.5
160	74	0.7
180	76.5	1
200	78.5	1.2
220	80.2	1.4
240	82	1.5
260	83	1.6
280	84.5	1.8
300	85.7	2
350	88	2.1
400	90	2.1
450	91.2	2.1
500	92.8	2
550	94	2
600	95	1.9
650	96.2	1.77
700	99.1	1.7
750	98	1.7
800	99	1.8

将 3 个不同围压下的数据分别导入 CD1、CD2、CD3 3 个工作表中，并进行计算，汇总页中将会显示计算结果，如图 9-33 所示。

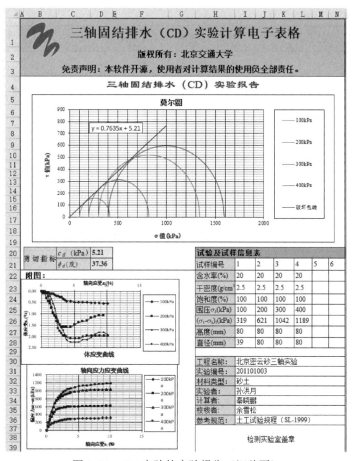

图 9-33　CD 实验的实验报告（汇总页）

9.8.3　CU 实验计算实例

（1）本实验数据来自北京市勘察设计研究院有限公司韩家川工程，共 4 个试样，试样基本信息相同，土样的基本参数见表 9-6。

（2）围压及孔隙水压力等实验数据见表 9-10～表 9-12。

表 9-10　100 kPa 围压下的三轴 CU 实验数据

轴向变形读数 Δh_i/0.01 mm	量力环读数 R/0.01 mm	孔隙水压力 u/kPa
0	0	0
20	8.4	0
40	13.5	0
60	15.2	0.05
80	19.3	0.05
100	19	0.1
120	19.8	0.1

轴向变形读数 Δh_i/0.01 mm	量力环读数 R/0.01 mm	孔隙水压力 u/kPa
140	20.4	0.1
160	21.8	0.15
180	23	0.2
200	24	0.2
220	24.5	0.25
240	25.1	0.25
260	25.9	0.3
280	26.4	0.35
300	26.6	0.4
350	26.8	0.4
400	29.5	0.45
450	29.8	0.45
500	28.3	0.45
550	28.5	0.46
600	29.1	0.47
650	29.5	0.48
700	30	0.49
750	30.2	0.5
800	30.7	0.51
850	30.9	0.51
900	31.1	0.52
950	31.5	0.53
1 000	31.7	0.53
1 050	32	0.54
1 100	32.1	0.54
1 150	32.3	0.55

表 9-11　200 kPa 围压下的三轴 CU 实验数据

轴向变形读数 Δh_i/0.01 mm	量力环读数 R/0.01 mm	孔隙水压力 u/kPa
0	0	0
20	10	0
40	22	0.1
60	30	0.1
80	37	0.3

轴向变形读数 Δh_i/0.01 mm	量力环读数 R/0.01 mm	孔隙水压力 u/kPa
100	41	0.4
120	46	0.5
140	48	0.7
160	49.2	0.9
180	50	1
200	50.9	1.1
220	51.5	1.3
240	52	1.4
260	52.5	1.5
280	53.1	1.5
300	53.9	1.5
350	54	1.5
400	54.6	1.5
450	55.2	1.4
500	56	1.3
550	56.9	1.26
600	59.4	1.22
650	58	1.1
700	58.6	1.05
750	59.1	1
800	59.7	1
850	60	1
900	60.3	1
950	60.8	1
1 000	61	1
1 050	61.2	0.98
1 100	61.4	0.98
1 150	61.5	0.97

表 9-12　**300 kPa 围压下的三轴 CU 实验数据**

轴向变形读数 Δh_i/0.01 mm	量力环读数 R/0.01 mm	孔隙水压力 u/kPa
0	0	0
20	18.5	0
40	33	0.1

轴向变形读数 Δh_i/0.01 mm	量力环读数 R/0.01 mm	孔隙水压力 u/kPa
60	44	0.1
80	53	0.1
100	61	0.2
120	67	0.3
140	70.5	0.5
160	74	0.7
180	76.5	1
200	78.5	1.2
220	80.2	1.4
240	82	1.5
260	83	1.6
280	84.5	1.8
300	85.7	2
350	88	2.1
400	90	2.1
450	91.2	2.1
500	92.8	2
550	94	2
600	95	1.9
650	96.2	1.77
700	99.1	1.7
750	98	1.8
800	99	1.9
850	100	1.9
900	100.8	2
950	101.5	2.05
1 000	102.2	2.1
1 050	103.1	2.2
1 100	103.8	2.3
1 150	104.1	2.2

（3）将 3 个不同围压下的实验数据分别导入 CU1、CU2、CU3 3 个工作表中，并进行计算，汇总页中将会显示计算结果，如图 9-34 所示。

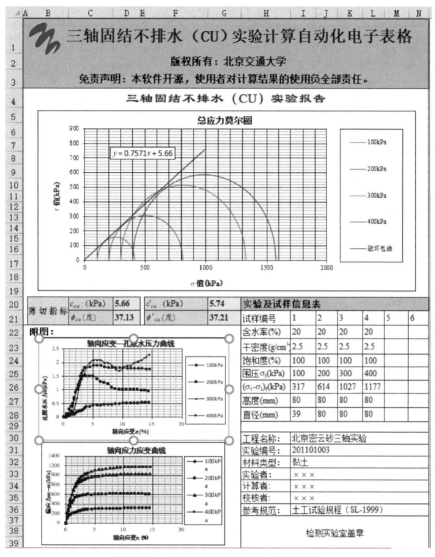

图 9-34　CU 实验的实验报告（汇总页）

9.8.4　UU 实验计算实例

（1）本实验数据来自北京市勘察设计研究院有限公司韩家川工程，共 3 个性质相同的试样，土样的基本参数见表 9-13。

表 9-13　UU 实验土样的基本参数表

试样质量 m/g	166.5
试样高度 h_0/cm	8
试样直径 d/mm	39.1
制备含水率 w/%	20

饱和度 S_r/%	100
干密度 γ_d/（g/cm³）	2.5
初始试样面积 A_0/cm²	12.01
初始试样体积 V_0/cm³	96.06

（2）围压及孔隙水压力等实验数据见表 9-14～表 9-16。

表 9-14　100 kPa 围压下的三轴 UU 实验数据

轴向变形读数 Δh_i/0.01 mm	钢环读数 R/0.01 mm	孔隙水压力 u/kPa
0	0	40
11	4.84	43
26	4.84	44
46	5.445	46
66	6.05	47
86	6.292	49
106	9.0	50
126	9.3	52
156	9.6	53
186	8.2	55
216	8.3	57
246	8.5	58
276	8.6	59
306	8.6	61
336	8.6	62
366	8.6	64
406	8.5	65
456	8.6	67
506	8.6	69
556	8.6	70
606	8.6	71
656	8.6	72
706	9.2	74
756	9.6	75
806	9.7	76
856	9.8	76

续表

轴向变形读数 Δh_i/0.01 mm	钢环读数 R/0.01 mm	孔隙水压力 u/kPa
906	9.9	77
956	10.0	78
1 006	10.0	79
1 056	10.2	79
1 106	10.3	79

表 9–15　200 kPa 围压下的三轴 UU 实验数据

轴向变形读数 Δh_i/0.01 mm	钢环读数 R/0.01 mm	孔隙水压力 u/kPa
0	0	174
11	5.6	175
26	5.6	176
46	6.3	177
66	7	178
86	9.28	179
106	8.12	174
126	8.4	176
156	8.82	178
186	9.52	180
216	9.66	182
246	9.8	184
276	9.94	185
306	9.94	186
336	9.94	187
366	9.94	187
406	9.8	187
456	9.94	187
506	9.94	187
556	9.94	187
606	9.94	186
656	9.94	185
706	10.64	185
756	11.06	184
806	11.2	183
856	11.34	182
906	11.48	181
956	11.62	182
1 006	11.62	183

表 9-16   300 kPa 围压下的三轴 UU 实验数据

轴向变形读数 $\Delta h_i/0.01$ mm	钢环读数 $R/0.01$ mm	孔隙水压力 u/kPa
0	0	261
11	6.78	265
26	6.90	265
46	9.50	266
66	9.79	268
86	10.84	274
106	11.28	277
126	11.29	279
156	11.42	281
186	11.56	282
216	11.82	283
246	12.23	284
276	12.37	284
306	12.50	285
336	12.29	285
366	12.48	286
406	12.54	286
456	12.54	287
506	12.54	287
556	12.54	287
606	12.54	287
656	12.54	287
706	12.54	287
756	12.54	287
806	12.54	287
856	12.54	287
906	12.71	288
956	12.87	288
1 006	13.38	288

（3）将 3 个不同围压下的数据分别导入 UU1、UU2、UU3 3 个工作表中，并进行计算，汇总页中将会显示计算结果，如图 9-35 所示。

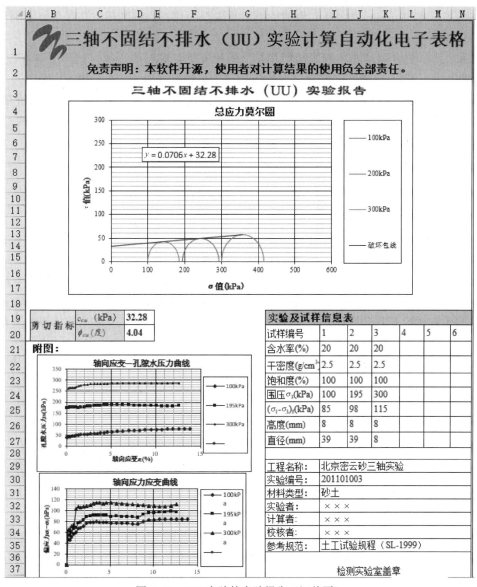

图 9-35　UU 实验的实验报告（汇总页）

9.9　基于三轴实验数据的 UH 模型参数标定

9.9.1　UH 模型基本简介及参数物理意义

1963 年，Roscoe 等人提出了第一个能全面反映饱和正常固结重塑黏土基本特性的剑桥模型（Roscoe et al.，1964）。剑桥模型通过临界状态理论首次将土的变形行为和强度行为统一起来，是现代土力学的一个标志性成果（沈珠江，2000）。之后为了更好地描述土体等向压缩行为，Roccoe 和 Burland（1968）将剑桥模型的屈服面修正为椭圆形，获得了修正剑桥模型（modified cam-clay，MCC）。

此后，为了更合理地描述超固结饱和黏土的应变软化和剪胀现象，姚仰平等人在 MCC 模型基础上提出了统一硬化（unified hardening，UH）模型（Yao et al.，2009，2012）。UH 模型仅修改了 MCC 模型的硬化参数，便可以统一地描述不同密实度黏土（正常固结和超固结黏土）的应变硬化和软化、剪缩和剪胀现象，具有广泛适用性。UH 模型包含以下要点。

1. 正常压缩线和回弹曲线

UH 模型采用经典土力学的正常压缩线（NCL）和回弹曲线（UL），即

$$\text{NCL：} e = N - \lambda \ln\left(\frac{p'}{1}\right) \tag{9-13}$$

$$\text{UL：} e = e_c - \kappa \ln\left(\frac{p'}{p_c'}\right) \tag{9-14}$$

式中：e 表示孔隙比，为土样内孔隙体积与土颗粒体积之比；p' 表示平均有效主应力，$p' = (\sigma_1' + \sigma_2' + \sigma_3')/3$，其中 σ_1'、σ_2' 和 σ_3' 分别表示最大、中间和最小有效主应力；N 表示 NCL 上 $p' = 1\,\text{kPa}$ 时对应的孔隙比；λ 是 NCL 的斜率；κ 是 UL 的斜率，反映土体的弹性变形；p_c' 是先期固结压力；e_c 是与 p_c' 对应的孔隙比。

根据卸载过程只发生弹性变形的假定，可通过 UL 和各向同性条件下的胡克定律得到土体的弹性行为表达：

$$E = 3(1-2v)K = 3(1-2v)\frac{\partial p'}{\partial \varepsilon_v^e} = \frac{3(1-2v)(1+e_0)p'}{\kappa} \tag{9-15}$$

式中：E 为弹性模量，随 p' 的改变而改变；K 为土体的体积模量；v 为土体泊松比，为一个常数，一般在 $0.1 \sim 0.25$ 之间（Tekeste et al.，2013）；e_0 为土体初始孔隙比。

需要注意的是，由于理想弹塑性，在弹性行为和塑性行为之间存在一个拐点，其应力应变关系一阶导数不连续。为了克服这一问题，UH 模型借鉴边界面的做法，建立了参考屈服面的概念。通过在 UH 模型中引入参考屈服面，其回弹后再压缩的过程包含一定的塑性变形，从而使得应力应变曲线光滑，其一阶导数连续。也就是说，UH 模型与 MCC 模型不同，其再压缩曲线并非直线，和 UL 并不重合。这一点需要结合下面的内容来理解。

2. 当前屈服面和参考屈服面

如图 9-36 所示，UH 模型有 2 个屈服面：当前屈服面和参考屈服面，其形状都是椭圆形。其中 A 点为当前应力状态：p' 为土体当前的平均有效主应力，q 为土体当前的偏应力，因此 A 点的位置决定了当前屈服面的位置。参考屈服面由土体的先期固结压力决定，和土体应力历史有关。图 9-36 中 B 点是 A 点在参考屈服面上的投影。由图 9-36 可知，A 点和 B 点的应力满足一个等比例关系。

其中当前屈服面的表达式为

$$f = \ln\left[\left(1 + \frac{q^2}{M^2 p'^2}\right)p'\right] - \ln p_{x0}' - \frac{1}{c_p}H = 0 \tag{9-16}$$

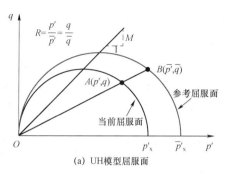
(a) UH模型屈服面

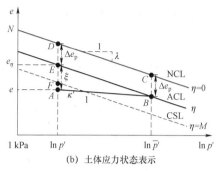
(b) 土体应力状态表示

图 9-36　UH 模型屈服面和其他概念

式中：p' 为土体当前的平均有效主应力；q 为土体当前的偏应力；p'_{x0} 是当前屈服面与 p' 轴的初始交点；H 是当前屈服面中的硬化参数，其定义和计算过程将在 9.10 节中介绍；M 和 c_p 是 2 个和土体性质有关的常数，其中 M 是临界状态时应力 q 与 p' 之比，也被称为临界状态应力比，c_p 是反映土体塑性变形的比例常数，即

$$c_p = (\lambda - \kappa)/(1 + e_0) \tag{9-17}$$

需要注意的是，当前屈服面方程里面的 p'_{x0} 并不是土体的先期固结压力，而是过初始应力状态的当前屈服面计算出来的屈服面与 p' 轴右侧交点处对应的正应力。这一点和 MCC 模型不同。

UH 模型里面的参考屈服面即为 MCC 模型的屈服面，如下式所示：

$$\overline{f} = \ln\left[\left(1 + \frac{\overline{q}^2}{M^2 \overline{p}'^2}\right)\overline{p}'\right] - \ln \overline{p}'_{x0} - \frac{1}{c_p}\varepsilon_v^p = 0 \tag{9-18}$$

式中：$\overline{p}'_{x0}$ 是参考屈服面与 p' 轴的交点，其物理意义是土的先期固结压力；$\overline{p}'$ 和 $\overline{q}$ 分别为当前应力 p' 和 q 在参考屈服面上的投影，满足如下关系：

$$R = p'/\overline{p}' = q/\overline{q} \tag{9-19}$$

式中：R 是当前应力和投影应力之比，称为超固结参数，它反映了土体超固结程度。对于正常固结土，$R = 1$；对于超固结土，$R < 1$。综上，UH 模型采用 MCC 模型的屈服面作为参考屈服面，用以描述正常固结状态黏土塑性体积应变 ε_v^p 与应力 $\overline{p}'$、$\overline{q}$ 之间的关系。

3. 土体当前应力状态和密实状态参数

在 UH 模型中，记土体当前的应力比为

$$\eta = q/p' \tag{9-20}$$

式中：η 是一个描述土体当前应力状态的变量。如图 9-36（b）所示，考虑土体的压缩行为：

（1）如果土体不存在剪应力，仅仅受到等向压缩作用，$\eta = 0$，相应的压缩曲线为 NCL；

（2）如果土体应力比 η 为一个常数，获得的压缩曲线简称 ACL。例如侧限 K0 压缩固结实验中，获得的土体压缩行为曲线就是 ACL。在这种力学作用下，土体颗粒会向大主应力作用面方向倾斜，导致土体具有一定的各向异性。因此 ACL 被称之为等应力比条件下的各向异性压缩曲线。在 UH 模型中，ACL 和 NCL 平行。

（3）如果土体处于临界状态，η 等于临界状态应力比 M，此时的孔隙比-正应力关系曲线称之为 CSL。显然，CSL 是一条特殊的 ACL，也和 NCL 平行。

进一步，引入一个描述土体密实状态的参数 ξ：

$$\xi = e_\eta - e \tag{9-21}$$

式中：e 是当前孔隙比，e_η 是指给定应力比 η 条件下的参考孔隙比［见图 9-36（b），ACL 线上中的 E 点］。由 $\eta = 0$ 加载到 $\eta = \eta$ 时，土样孔隙比的变化量 Δe_p 可根据式（9-17）和等围压条件计算得到。进而将 NCL 线向下平移，即将式（9-13）和 Δe_p 相减得到 e_η：

$$e_\eta = e - \Delta e_p = N - \lambda \ln p' - \Delta e_p = N - \lambda \ln p' - (\lambda - \kappa) \ln\left(1 + \frac{\eta^2}{M^2}\right) \tag{9-22}$$

式（9-22）即为 ACL 表达式。令 $\eta = 0$，即得 NCL；令 $\eta = M$，即为 CSL。如图 9-36（b）所示，ξ 是 E 点到 A 点的竖向距离，它反映了土体当前的超固结度或者密实度状态。

根据式（9-18）可求出 $\bar{p}'$，将所求的 $\bar{p}'$ 代入式（9-19）可得应力比值形式的 R：

$$R = \frac{p'}{\bar{p}'_{x0}}\left(1 + \frac{\eta^2}{M^2}\right)\exp\left(-\frac{\varepsilon_v^p}{c_p}\right) \tag{9-23}$$

根据图 9-36（b）中三角形 ABE 的几何关系，通过推导可知状态参量形式的 R：

$$R = \exp\left(-\frac{\xi}{\lambda - \kappa}\right) \tag{9-24}$$

应力比值形式的 R 与状态参量形式的 R 完全等效，无论使用哪种形式的 R，都不影响 UH 模型的计算结果。

4. 硬化参数 H

为了满足硬化行为和加载路径无关的条件，通过数学推导得到了 UH 模型硬化参数表达如下（Yao et al.，1999，2004，2008）：

$$H = \int \frac{M_Y^4 - \eta^4}{M^4 - \eta^4} d\varepsilon_v^p \tag{9-25}$$

式中：M_Y 是潜在破坏应力比，它决定了土体的最大强度（也就是超固结土或密实砂土的峰值强度）。通过引入 M_Y，可以使得土体峰值强度应力比能够超越临界状态应力比 M，从而可以用来描述剪胀。采用抛物线近似替代伏斯列夫包线和零拉力线（斜率为 3）组成的超固结土强度包线，从而推导得出 M_Y：

$$M_Y = 6\left[\sqrt{\frac{k}{R}\left(1 + \frac{k}{R}\right)} - \frac{k}{R}\right], k = \frac{M^2}{12(3 - M)} \tag{9-26}$$

如果将式（9-24）代入式（9-26），可得用状态参数 ξ 表示的 M_Y 的另一种表达式：

$$M_Y = 6\left[\sqrt{\frac{12(3 - M)}{M^2}\exp\left(-\frac{\xi}{\lambda - \kappa}\right) + 1} + 1\right]^{-1} \tag{9-27}$$

两种形式的 M_Y 也完全等效，需要注意的是：式（9-26）中的 R 或式（9-27）中的 ξ 都会随着土体的当前应力状态改变，导致 M_Y 和硬化参数 H 也随之改变。因此，UH 模型可以通过它们来反映土体的超固结行为。

在加载过程中，土体的超固结比不断降低。当加载到其参考屈服面与当前屈服面重合时，

则 R 将变为 1、M_Y 与临界状态应力比 M 相等，同时硬化参数 H 也退化为塑性体变 ε_v^p，此时 UH 模型就与 MCC 模型完全相同。

如果使用式（9-27）表示的 M_Y，由于超固结信息已包含在状态参数 ξ 中，因此在 UH 模型的计算中，不再需要考虑参考屈服面，仅需考虑当前屈服面，直接根据土体的当前状态，即当前的平均有效主应力 p' 和孔隙比 e，进行应力应变计算。

5. 塑性势面

UH 模型采用相关联流动法则，即采用当前屈服面作为塑性势面：

$$g = \ln\left[\left(1+\frac{q^2}{M^2 p'^2}\right)p'\right] - \ln p_y' = 0 \tag{9-28}$$

式中：p_y' 是当前塑性势面与 p' 轴的交点。相应的剪胀方程为

$$\frac{d\varepsilon_v^p}{d\varepsilon_d^p} = \frac{M^2-\eta^2}{2\eta} \tag{9-29}$$

对比 UH 模型当前屈服面和 MCC 模型的屈服面，可知其形式完全相同，仅用硬化参数 H 代替了硬化参数 ε_v^p。MCC 模型只能弹塑性地算出剪缩（$d\varepsilon_v^p>0$），因此，在应变硬化过程中，H 也为正值且总在增加（$dH>0$），如图 9-37 所示。

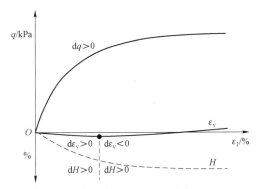

图 9-37　统一硬化参数 H 在应变硬化（$dq>0$）过程中描述剪缩和剪胀示意图

如果在此过程中能计算出负的塑性体积应变增量 $d\varepsilon_v^p$，也就可以反映剪胀了。由式（9-25）可知：

$$dH = \frac{M_Y^4-\eta^4}{M^4-\eta^4}d\varepsilon_v^p \tag{9-30}$$

联立式（9-29）和式（9-30）：

$$dH = \frac{1}{2\eta}\frac{M_Y^4-\eta^4}{(M^2+\eta^2)}d\varepsilon_d^p \tag{9-31}$$

由式（9-31）可知，加载（$d\varepsilon_d^p>0$）时：
（1）当 $0<\eta<M_Y$ 时，$dH>0$，屈服面外扩，发生应变硬化；
（2）当 $\eta=M_Y$ 时，$dH=0$，屈服面不动，达到峰值强度；
（3）当 $\eta>M_Y>0$ 时，$dH<0$，屈服面内缩，发生应变软化。

等 p 路径排水剪切实验中没有弹性体变，即总体变 $d\varepsilon_v = d\varepsilon_v^p$，便于分析剪胀性。如图 9-37 所示，在等 p 排水剪切实验应变硬化过程中（$dH > 0$ 且 $0 < \eta < M_Y$），根据式（9-30）有：

（1）当 $0 < \eta < M$ 时， $d\varepsilon_v^p > 0$，加载过程中体积缩小，即剪缩；

（2）当 $\eta = M$ 时，结合流动法则可知 $d\varepsilon_v^p = 0$，体积不变，是体积缩小和体积膨胀的转换点，即特征状态点；

（3）当 $\eta > M > 0$ 时， $d\varepsilon_v^p < 0$，发生体积膨胀，即剪胀。

其余路径实验虽然有弹性体变增量，但只要能算出负的塑性体变增量，在一定条件下总能算出负的总体变增量，即其他路径下使用 H 也能描述剪胀。

虽然 UH 模型与 MCC 模型的剪胀方程完全相同，但由于 UH 模型中引入了硬化参数 H，因此它便可以用于统一描述剪缩和剪胀、应变硬化和应变软化现象，因此 H 也被称为统一硬化参数，得到的模型也被称为统一硬化模型。

6. 小结

UH 模型创造性地引入参考屈服面的概念，使用土体当前密实状态变量 ξ 来描述土体的固结状态；并引入和土体状态相关的统一硬化参数 H，用于描述土体的剪缩和剪胀行为。但 ξ 和 H 这两个状态量都和土体的基本性质无关，并不是本构参数。因此 UH 模型与 MCC 模型的参数数量完全相同，都只有 5 个基本参数，包括临界状态应力比 M、泊松比 ν、等向回弹指数 κ、等向压缩指数 λ 和正常压缩线截距 N。

由于以上优点，UH 模型能够兼容并全面超越 MCC 模型，具有普遍适用性。

9.9.2 基于三轴实验数据标定 UH 模型参数电子表格法示例

为了方便读者确定 UH 模型参数，下面将对基于三轴实验数据的 UH 模型参数拟合电子表格进行介绍，该表格由中国水利水电科学研究院陈祖煜院士指导博士生朱丙龙开发完成（朱丙龙，2022）。该表格通过拟合实验数据确定 UH 模型参数。由于 UH 模型参数与 MCC 模型完全相同，因此其确定方法也相同。按照参数的物理意义，一般来说，需要 3 个 CD 实验数据，以及土体的等向压缩和卸载实验数据来进行参数的确定。

当数据较少时，考虑到：① 临界状态线 CSL 与正常压缩线 NCL 平行且竖直距离为 $(\lambda - \kappa)\ln 2$，故 NCL 的斜率 λ 和 N 可以通过 CD 实验获得的临界状态线确定；② CD 实验的初始阶段近似是弹性的，即包含泊松比 ν 和等向卸载线斜率 κ 的信息。因此仅通过 CD 实验就可以获得 UH 模型的全部参数。

在 UH 模型拟合中，需设一个拟合参数的上下限。M 取值一般在 0.85 到 1.35 之间（Marto et al.，2014）；泊松比取值一般在 0.1 到 0.25 之间；λ 取值一般在 0.093 到 0.356 之间；κ 取值一般在 0.034 6 到 0.184 之间；N 取值一般在 0.92 到 3.109 之间（Schofield et al.，1968）。在参数拟合时，可适当放宽以上各参数的上下限，以便模型具有更好的适应性。

1. 表格首页简介

UH 模型参数的电子表格共包括 1 个首页、5 种常用实验的数据输入表格、5 个模拟结果输出表格和 1 个优化过程输出表格，其界面如图 9-38 所示。

首页主要包括以下 3 个部分。

（1）第 1 部分是操作区域，它包括 5 个优化选项和 2 个按钮。

①【1. 优化算法】选项仅给出了差分进化与状态转移相耦合的优化算法（STADE）。

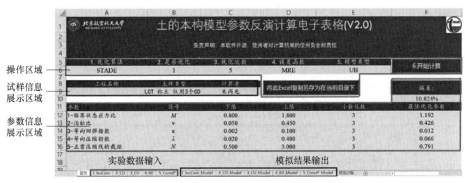

图 9-38 电子表格首页

②【2. 是否优化】有 3 个选项。"0"代表不优化，可将上下限填为同一数值，仅根据上下限"夹逼"的参数给出模拟结果和误差。"1"代表快速计算。"2"代表稳定计算。快速计算模式下计算一次一般耗时 1～5 min，供需要快速展示近似结果时使用。稳定计算模式下计算一次一般需要 30 min 左右，其计算时长随实验数据量和迭代步数的增加而增加，可供需要得到较精确结果时使用。

③【3. 优化次数】可以根据可接受的时间调整。其作用是为了降低某次优化不理想的概率，优化多次并将最好的那次结果输出。

④【4. 误差函数】有多种可供选择，一般选用平均相对误差 MRE 即可：

$$\text{MRE} = \frac{1}{N} \sum_{i=1}^{N} \frac{\left| y_{\text{e}}^i(x_i) - y_{\text{m}}^i(x_i) \right|}{\left| y_{\text{e}}^i(x_i) \right| + \varepsilon} \qquad (9-32)$$

式中：N 为实验点个数；$y_{\text{e}}^i(x_i)$ 和 $y_{\text{m}}^i(x_i)$ 是与自变量 x_i 对应的因变量，分别为实验值与模拟值；ε 为一个避免数值奇异性的小量，可取为 $0.00001\bar{y}$；$\bar{y}$ 为实测值的均值。

⑤【5. 模型类型】有 UH 模型、CSUH 模型、MC 模型、EB 模型等可供选择。

⑥【6. 开始计算】按钮：单击该按钮后即可执行优化过程。

⑦【将此 Excel 复制另存为在当前目录下】按钮：单击该按钮后会将此 Excel 复制一份并另存为一个 Excel 副本，此副本的名称包括软件名称、试样信息、所选用的本构模型、保存时间等内容。

（2）第 2 部分是试样信息展示区域，主要是一些说明性的信息。在这里可以输入试样信息展示内容，比如"工程名称""土样类型""计算者"信息，不输入也不影响优化参数的结果。

（3）第 3 部分是参数信息展示区域。参数信息展示区域给出了所选择本构模型的每个模型参数的名称、上下限、保留小数位数，以及优化完成后的最优参数和最优参数对应的所使用的实验数据的误差函数值。

为了增加此电子表格的易用性，在很多单元格位置都添加了批注。将鼠标指针悬浮在单元格上就会自动弹出批注用以提示此单元格的作用。

2. 数据输入表格简介

除首页外，本表格还包含 5 种常用实验的数据输入表格（见图 9-39），包括等向压缩实验（1_IsoCom）、围压不变的排水三轴剪切实验（2_CD）、围压不变的不排水三轴剪切实验

(3_CU)、侧限固结实验(4_K0)、等 p 应力路径排水剪切实验(5_ConstP)。

5 种实验的输入格式都比较类似。如图 9–39 所示，以【2_CD】表格为例，对实验数据的输入格式进行说明，它包括 3 个部分。

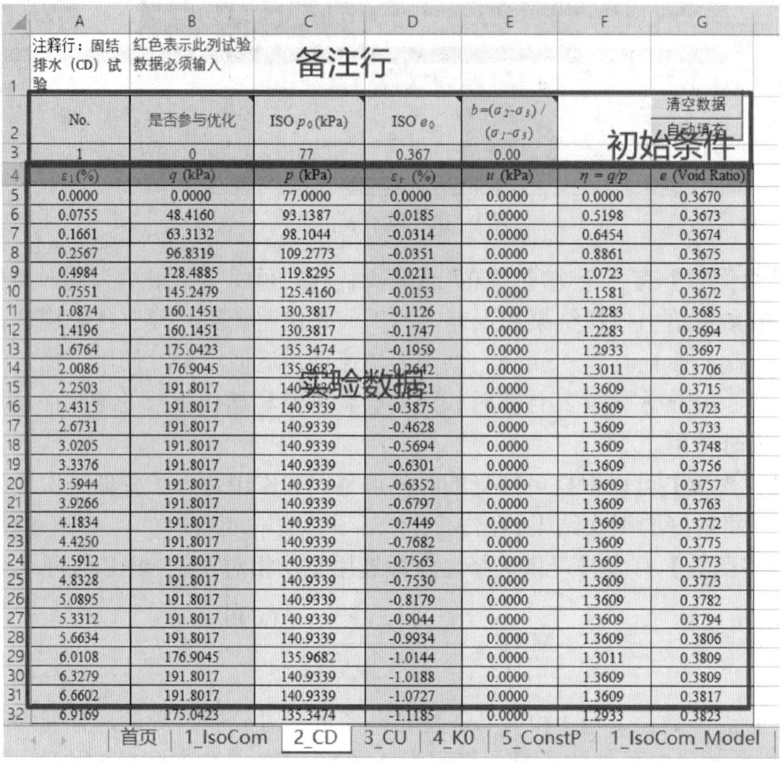

	A	B	C	D	E	F	G
1	注释行：固结排水（CD）试验	红色表示此列试验数据必须输入	备注行				
2	No.	是否参与优化	ISO p_0(kPa)	ISO e_0	$b=(\sigma_2-\sigma_3)/(\sigma_1-\sigma_3)$	清空数据 自动填充 初始条件	
3	1	0	77	0.367	0.00		
4	ε_1(%)	q (kPa)	p (kPa)	ε_v (%)	u (kPa)	$\eta=q/p$	e (Void Ratio)
5	0.0000	0.0000	77.0000	0.0000	0.0000	0.0000	0.3670
6	0.0755	48.4160	93.1387	-0.0185	0.0000	0.5198	0.3673
7	0.1661	63.3132	98.1044	-0.0314	0.0000	0.6454	0.3674
8	0.2567	96.8319	109.2773	-0.0351	0.0000	0.8861	0.3675
9	0.4984	128.4885	119.8295	-0.0211	0.0000	1.0723	0.3673
10	0.7551	145.2479	125.4160	-0.0153	0.0000	1.1581	0.3672
11	1.0874	160.1451	130.3817	-0.1126	0.0000	1.2283	0.3685
12	1.4196	160.1451	130.3817	-0.1747	0.0000	1.2283	0.3694
13	1.6764	175.0423	135.3474	-0.1959	0.0000	1.2933	0.3697
14	2.0086	176.9045	135.9682	-0.2642	0.0000	1.3011	0.3706
15	2.2503	191.8017	140[illegible] 实验数据	[illegible]21	0.0000	1.3609	0.3715
16	2.4315	191.8017	140.9339	-0.3875	0.0000	1.3609	0.3723
17	2.6731	191.8017	140.9339	-0.4628	0.0000	1.3609	0.3733
18	3.0205	191.8017	140.9339	-0.5694	0.0000	1.3609	0.3748
19	3.3376	191.8017	140.9339	-0.6301	0.0000	1.3609	0.3756
20	3.5944	191.8017	140.9339	-0.6352	0.0000	1.3609	0.3757
21	3.9266	191.8017	140.9339	-0.6797	0.0000	1.3609	0.3763
22	4.1834	191.8017	140.9339	-0.7449	0.0000	1.3609	0.3772
23	4.4250	191.8017	140.9339	-0.7682	0.0000	1.3609	0.3775
24	4.5912	191.8017	140.9339	-0.7563	0.0000	1.3609	0.3773
25	4.8328	191.8017	140.9339	-0.7530	0.0000	1.3609	0.3773
26	5.0895	191.8017	140.9339	-0.8179	0.0000	1.3609	0.3782
27	5.3312	191.8017	140.9339	-0.9044	0.0000	1.3609	0.3794
28	5.6634	191.8017	140.9339	-0.9934	0.0000	1.3609	0.3806
29	6.0108	176.9045	135.9682	-1.0144	0.0000	1.3011	0.3809
30	6.3279	191.8017	140.9339	-1.0188	0.0000	1.3609	0.3809
31	6.6602	191.8017	140.9339	-1.0727	0.0000	1.3609	0.3817
32	6.9169	175.0423	135.3474	-1.1185	0.0000	1.2933	0.3823

首页 | 1_IsoCom | 2_CD | 3_CU | 4_K0 | 5_ConstP | 1_IsoCom_Model

图 9–39 所有类型实验数据的输入格式

(1)“备注行”区域。该区域内容的编辑不影响优化结果和表格使用，但不得整行删除。

(2)“初始条件”区域。

① 第一列的实验编号“No.”仅做标记用，不影响计算。

②“是否参与优化”下方单元格可以填“0”或“1”，分别代表此组实验数据不参与或参与优化计算，即本组实验数据是否包含在误差函数的计算中。无论是否参与优化，程序最后都会自动给出本组的预测结果。

③“ISO p_0(kPa)”和“ISO e_0”下方单元格需要输入本组实验的初始围压和初始孔隙比。

④ 还需要给出中主应力系数 b，其范围为 [0，1]。常规三轴固结排水压缩剪切实验中 $b=0$，常规三轴固结排水伸长剪切实验中 $b=1$。

⑤【清空数据】按钮：用于清空此实验所有实验数据。

⑥【自动填充】按钮：用于基于填写的实验数据，计算表格其余列中用于绘图的数据。

(3)“实验数据”区域包括 7 列。随着实验类型不同，需要填写的数据类型会有所差别。

① 对于 CD 实验来说，需要填写轴向应变 $\varepsilon_1(\%)$、偏应力 q(kPa) 和体积应变 $\varepsilon_v(\%)$。

② 对于 ISO 实验来说，需要填写平均应力 p(kPa)、体积应变 $\varepsilon_v(\%)$ 或孔隙比 e。

③ 对于 CU 实验来说，需要填写轴向应变 $\varepsilon_1(\%)$、偏应力 $q(\mathrm{kPa})$、孔隙水压力 $u(\mathrm{kPa})$ 或平均应力 $p(\mathrm{kPa})$。

④ 对于 K0 实验来说，需要填写轴向应变 $\varepsilon_1(\%)$ 和轴向应力 $\sigma_1(\%)$。

⑤ 对于等 p 实验来说，需要填写轴向应变 $\varepsilon_1(\%)$、偏应力 $q(\mathrm{kPa})$ 和体积应变 $\varepsilon_v(\%)$。

如图 9-39 所示，表格中用红色字体表头表示此列实验数据必须输入，其余列仅做绘图用，并不参与计算。在拟合过程中，$\varepsilon_1(\%)$ 将被看作是自变量（需按照单调递增关系排序），其他实测变量将作为因变量参与误差计算。

默认以上 5 种实验都各有 5 组实验数据，所以表头和绘图都留了 5 组实验的空间。若有更多实验，可以仿照输入格式往右扩展，组数不限，程序根据第 5 行数据的列数自动识别实验组数。"实验数据"区域的行数也不限，自动根据轴向应变列的行数识别。

3. 数据输出表格简介

图 9-40 为输出数据表格，其格式与输入格式完全相同，仅在原输入实验数据处存放了本构模型计算结果，并增加了实验数据和本构模型计算数据的对比图，图中点代表实验数据，线代表模型计算结果。

5 种常用的实验都含有如图 9-40 所示的对比图，只要存在实验数据，表格会自动计算出本构模型预测数据并绘入对比图中。每次优化完成时，程序都会自动清除先前计算数据内容并自动填充本次计算结果。

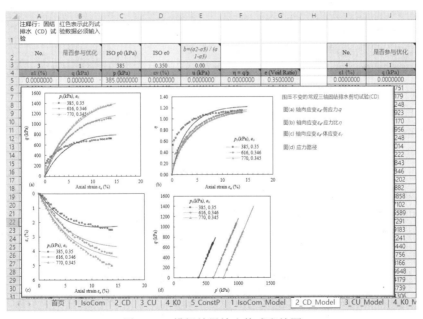

图 9-40　模拟结果输出格式和绘图

4. "优化过程"表格简介

图 9-41 为"优化过程"表格，其中左侧区域按输入实验数据的顺序从上到下给出了每组实验的实验曲线与本构模型模拟曲线的误差。从数值是否为零可以看出参与误差计算的有效变量，CD 实验中参与误差计算的有效变量是 q 和 ε_v。

其右侧区域给出的是反演过程中每代的最优参数和对应的误差值，并给出了误差随优化代数的下降过程图。每次优化完成时，程序都会自动清除先前数据内容并自动填充本次相关结果。

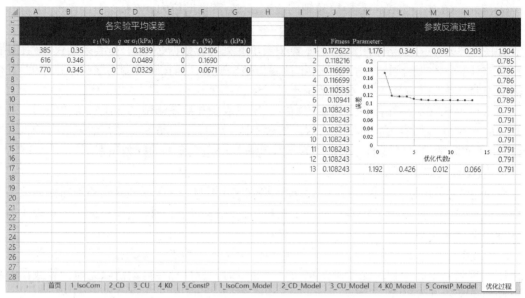

图 9-41 "优化过程"表格

5. 程序操作说明

此"优化电子"表格的使用步骤如下：

（1）根据数据格式要求在对应的数据表格中输入各实验数据，单击【自动填充】按钮，自动计算表格其余列中的数据。

（2）在首页填入工程名称、土样类型和实验者信息。

（3）在首页选择是否优化、优化次数、误差函数种类及本构模型，单击【6. 开始计算】按钮，程序会开始优化。优化过程会在状态栏左下角显示当前迭代步和误差函数，计算完成后有弹窗提示和语音提示，弹窗提示中有计算所费时间。

（4）计算完成后会自动清除最佳优化参数以下内容并自动填充本次优化结果，误差也会自动更新。可观察实验和模拟结果对比图以判断是否满足要求。

（5）若满足要求，可单击【将此 Excel 复制另存为在当前目录下】按钮，将此 Excel 复制一份并另存为一个 Excel 副本。

（6）若不满足要求，可以选择【3. 优化次数】为 3 次甚至更多，程序会自动计算并输出最好的结果。该表格会自动将多次优化的所有结果存储到 D 盘根目录下，为文档"ModelParaOptLog.txt"。

（7）若自己知道参数，仅想利用表格的绘图功能，可以将【2. 是否优化】选择为 0，【3. 优化次数】选择为 1，参数上限和下限都输入自己确定的参数，这样程序只能根据上下限"夹逼"出唯一的一组参数，并经过 1 代优化后，输出模型预测值。

6. 根据 CD 实验确定 UH 模型参数示例

根据 CD 实验确定 UH 模型参数时以 Lower Cromer Till（LCT）黏土（Pestana et al.，2002）为例。LCT 黏土的先期固结压力 $p'_c = 770$ kPa，3 组实验的初始条件和实验数据见表 9-17～

表 9–19。

表 9–17 LCT 黏土 385 kPa 围压下 CD 实验数据表（OCR=2）

轴向应变 ε_1/%	剪应力 q/kPa	平均应力 p'/kPa	体积应变 ε_v/%	孔隙水压力 u/kPa	应力比 $\eta=q/p'$	孔隙比 e
0.000 0	0.000 0	385.000 0	0.000 0	0.000 0	0.000 0	0.350 0
0.241 9	249.349 4	468.116 5	0.030 7	0.000 0	0.532 7	0.349 6
0.498 9	296.543 5	483.847 8	0.153 5	0.000 0	0.612 9	0.347 9
0.755 9	323.959 0	492.986 3	0.153 5	0.000 0	0.657 1	0.347 9
1.088 6	366.937 2	507.312 4	0.276 2	0.000 0	0.723 3	0.346 3
1.406 0	387.144 3	514.048 1	0.383 6	0.000 0	0.753 1	0.344 8
1.829 4	426.208 3	527.069 4	0.644 5	0.000 0	0.808 6	0.341 3
2.086 4	443.789 0	532.929 7	0.751 9	0.000 0	0.832 7	0.339 8
2.313 2	458.083 1	537.694 4	0.751 9	0.000 0	0.851 9	0.339 8
2.736 5	483.444 5	546.148 2	1.028 1	0.000 0	0.885 2	0.336 1
2.993 5	501.628 5	552.209 5	1.012 8	0.000 0	0.908 4	0.336 3
3.326 1	516.056 1	557.018 7	1.135 5	0.000 0	0.926 5	0.334 7
3.583 2	532.371 7	562.457 2	1.258 3	0.000 0	0.946 5	0.333 0
4.082 1	559.906 9	571.635 6	1.396 4	0.000 0	0.979 5	0.331 1
4.414 7	577.057 1	577.352 4	1.381 1	0.000 0	0.999 5	0.331 4
4.822 9	579.292 7	578.097 6	1.519 2	0.000 0	1.002 1	0.329 5
5.246 2	600.476 5	585.158 8	1.626 6	0.000 0	1.026 2	0.328 0
5.654 4	616.451 5	590.483 8	1.764 7	0.000 0	1.044 0	0.326 2
6.168 5	638.856 4	597.952 1	1.764 7	0.000 0	1.068 4	0.326 2
6.743 0	642.684 1	599.228 0	1.887 5	0.000 0	1.072 5	0.324 5
7.166 3	645.606 4	600.202 1	1.887 5	0.000 0	1.075 6	0.324 5
7.665 2	658.645 4	604.548 5	2.010 2	0.000 0	1.089 5	0.322 9
8.164 1	667.026 7	607.342 2	2.010 2	0.000 0	1.098 3	0.322 9
8.753 8	672.195 6	609.065 2	2.133 0	0.000 0	1.103 7	0.321 2
9.419 0	671.223 1	608.741 0	2.133 0	0.000 0	1.102 6	0.321 2
9.827 2	681.983 0	612.327 7	2.133 0	0.000 0	1.113 8	0.321 2
10.250 5	691.134 3	615.378 1	2.271 1	0.000 0	1.123 1	0.319 3
10.673 9	690.873 4	615.291 1	2.271 1	0.000 0	1.122 8	0.319 3
11.172 8	693.333 2	616.111 1	2.271 1	0.000 0	1.125 3	0.319 3
11.686 8	707.683 7	620.894 6	2.378 5	0.000 0	1.139 8	0.317 9
12.079 9	705.587 1	620.195 7	2.378 5	0.000 0	1.137 7	0.317 9

轴向应变 ε_1/%	剪应力 q/kPa	平均应力 p'/kPa	体积应变 ε_v/%	孔隙水压力 u/kPa	应力比 $\eta=q/p'$	孔隙比 e
12.488 1	705.273 2	620.091 1	2.378 5	0.000 0	1.137 4	0.317 9
13.002 2	713.881 9	622.960 6	2.393 9	0.000 0	1.146 0	0.317 7
13.425 5	723.091 9	626.030 6	2.501 3	0.000 0	1.155 0	0.316 2
13.682 5	722.971 8	625.990 6	2.516 6	0.000 0	1.154 9	0.316 0
13.909 3	720.822 6	625.274 2	2.501 3	0.000 0	1.152 8	0.316 2

表 9-18　LCT 黏土 616 kPa 围压下 CD 实验数据表（OCR=1.25）

轴向应变 ε_1/%	剪应力 q/kPa	平均应力 p'/kPa	体积应变 ε_v/%	孔隙水压力 u/kPa	应力比 $\eta=q/p'$	孔隙比 e
0.000 0	0.000 0	616.000 0	0.000 0	0.000 0	0.000 0	0.346 0
0.589 6	262.056 1	703.352 0	0.122 8	0.000 0	0.372 6	0.344 3
0.816 4	279.362 9	709.121 0	0.245 5	0.000 0	0.394 0	0.342 7
1.073 4	318.112 3	722.037 4	0.383 6	0.000 0	0.440 6	0.340 8
1.345 6	353.974 0	733.991 3	0.613 8	0.000 0	0.482 3	0.337 7
1.587 5	385.765 3	744.588 4	0.613 8	0.000 0	0.518 1	0.337 7
1.995 7	440.563 6	762.854 5	0.874 7	0.000 0	0.577 5	0.334 2
2.237 6	465.629 4	771.209 8	1.120 2	0.000 0	0.603 8	0.330 9
2.479 5	499.370 9	782.457 0	1.243 0	0.000 0	0.638 2	0.329 3
2.827 2	538.046 1	795.348 7	1.365 7	0.000 0	0.676 5	0.327 6
2.993 5	553.070 1	800.356 7	1.503 8	0.000 0	0.691 0	0.325 8
3.507 6	609.386 6	819.128 9	1.749 4	0.000 0	0.743 9	0.322 5
3.749 5	635.295 3	827.765 1	1.856 8	0.000 0	0.767 5	0.321 0
4.082 1	659.556 5	835.852 2	1.994 9	0.000 0	0.789 1	0.319 1
4.490 3	697.737 4	848.579 1	2.133 0	0.000 0	0.822 2	0.317 3
4.747 3	728.686 8	858.895 6	2.378 5	0.000 0	0.848 4	0.314 0
4.989 2	750.791 6	866.263 9	2.378 5	0.000 0	0.866 7	0.314 0
5.321 8	772.243 9	873.414 6	2.501 3	0.000 0	0.884 2	0.312 3
5.654 4	796.781 6	881.593 9	2.624 0	0.000 0	0.903 8	0.310 7
5.987 0	824.147 7	890.715 9	2.624 0	0.000 0	0.925 3	0.310 7
6.425 5	862.667 0	903.555 7	2.869 6	0.000 0	0.954 7	0.307 4
6.833 7	891.273 7	913.091 2	3.007 7	0.000 0	0.976 1	0.305 5
7.347 7	924.787 8	924.262 6	3.007 7	0.000 0	1.000 6	0.305 5
7.740 8	934.379 7	927.459 9	3.115 1	0.000 0	1.007 5	0.304 1

续表

轴向应变 ε_1/%	剪应力 q/kPa	平均应力 p'/kPa	体积应变 ε_v/%	孔隙水压力 u/kPa	应力比 $\eta=q/p'$	孔隙比 e
8.254 9	976.495 1	941.498 4	3.237 9	0.000 0	1.037 2	0.302 4
8.663 1	994.142 1	947.380 7	3.376 0	0.000 0	1.049 4	0.300 6
9.010 8	1 010.294 4	952.764 8	3.391 3	0.000 0	1.060 4	0.300 4
9.419 0	1 023.301 8	957.100 6	3.498 7	0.000 0	1.069 2	0.298 9
9.751 6	1 033.072 9	960.357 6	3.621 5	0.000 0	1.075 7	0.297 3
10.084 2	1 044.531 5	964.177 2	3.621 5	0.000 0	1.083 3	0.297 3
10.583 2	1 058.703 8	968.901 3	3.759 6	0.000 0	1.092 7	0.295 4
10.915 8	1 068.704 1	972.234 7	3.759 6	0.000 0	1.099 2	0.295 4
11.414 7	1 076.994 6	974.998 2	3.867 0	0.000 0	1.104 6	0.294 0
11.913 6	1 076.305 3	974.768 4	4.005 1	0.000 0	1.104 2	0.292 1
12.427 6	1 088.578 9	978.859 6	4.035 8	0.000 0	1.112 1	0.291 7
12.911 4	1 104.242 4	984.080 8	4.112 5	0.000 0	1.122 1	0.290 6
13.334 8	1 109.759 8	985.919 9	4.112 5	0.000 0	1.125 6	0.290 6
13.591 8	1 109.830 5	985.943 5	4.127 9	0.000 0	1.125 7	0.290 4
13.833 7	1 109.841 2	985.947 1	4.127 9	0.000 0	1.125 7	0.290 4

表 9-19 LCT 黏土 770 kPa 围压下 CD 实验数据表（OCR=1）

轴向应变 ε_1/%	剪应力 q/kPa	平均应力 p'/kPa	体积应变 ε_v/%	孔隙水压力 u/kPa	应力比 $\eta=q/p'$	孔隙比 e
0.000 0	0.000 0	770.000 0	0.000 0	0.000 0	0.000 0	0.345 0
0.362 9	156.642 4	822.214 1	0.260 9	0.000 0	0.190 5	0.341 5
0.559 4	176.980 7	828.993 6	0.491 0	0.000 0	0.213 5	0.338 4
0.907 1	257.302 9	855.767 6	0.629 2	0.000 0	0.300 7	0.336 5
1.073 4	302.040 3	870.680 1	0.736 6	0.000 0	0.346 9	0.335 1
1.330 5	353.101 3	887.700 4	0.859 3	0.000 0	0.397 8	0.333 4
1.406 0	366.292 3	892.097 4	0.997 4	0.000 0	0.410 6	0.331 6
1.663 1	416.161 2	908.720 4	1.120 2	0.000 0	0.458 0	0.329 9
1.905 0	465.897 6	925.299 2	1.365 7	0.000 0	0.503 5	0.326 6
2.162 0	500.995 7	936.998 6	1.503 8	0.000 0	0.534 7	0.324 8
2.419 0	536.942 9	948.981 0	1.611 3	0.000 0	0.565 8	0.323 3
2.570 2	562.576 6	957.525 5	1.749 4	0.000 0	0.587 5	0.321 5
2.736 5	591.332 1	967.110 7	1.856 8	0.000 0	0.611 4	0.320 0
2.978 4	628.996 8	979.665 6	1.994 9	0.000 0	0.642 1	0.318 2

轴向应变 ε_1/%	剪应力 q/kPa	平均应力 p'/kPa	体积应变 ε_v/%	孔隙水压力 u/kPa	应力比 $\eta=q/p'$	孔隙比 e
3.069 1	641.555 0	983.851 7	1.994 9	0.000 0	0.652 1	0.318 2
3.159 8	653.303 9	987.768 0	1.979 5	0.000 0	0.661 4	0.318 4
3.401 7	680.920 0	996.973 3	2.117 6	0.000 0	0.683 0	0.316 5
3.658 7	707.182 1	1 005.727 4	2.255 8	0.000 0	0.703 2	0.314 7
3.825 1	725.968 9	1 011.989 6	2.363 2	0.000 0	0.717 4	0.313 2
4.067 0	760.334 2	1 023.444 7	2.501 3	0.000 0	0.742 9	0.311 4
4.324 0	799.230 5	1 036.410 2	2.485 9	0.000 0	0.771 2	0.311 6
4.565 9	825.938 3	1 045.312 8	2.624 0	0.000 0	0.790 1	0.309 7
4.913 6	859.798 1	1 056.599 4	2.746 8	0.000 0	0.813 7	0.308 1
5.155 5	888.289 7	1 066.096 6	2.869 6	0.000 0	0.833 2	0.306 4
5.412 5	914.699 0	1 074.899 7	3.007 7	0.000 0	0.851 0	0.304 5
5.745 1	947.472 7	1 085.824 2	3.115 1	0.000 0	0.872 6	0.303 1
6.077 8	985.255 0	1 098.418 3	3.237 9	0.000 0	0.897 0	0.301 5
6.501 1	1 028.790 4	1 112.930 1	3.376 0	0.000 0	0.924 4	0.299 6
6.743 0	1 050.647 0	1 120.215 7	3.376 0	0.000 0	0.937 9	0.299 6
7.075 6	1 078.907 5	1 129.635 8	3.498 7	0.000 0	0.955 1	0.297 9
7.498 9	1 112.819 7	1 140.939 9	3.621 5	0.000 0	0.975 4	0.296 3
7.997 8	1 146.352 1	1 152.117 4	3.759 6	0.000 0	0.995 0	0.294 4
8.421 2	1 168.585 1	1 159.528 4	3.867 0	0.000 0	1.007 8	0.293 0
8.920 1	1 200.134 5	1 170.044 8	3.989 8	0.000 0	1.025 7	0.291 3
9.328 3	1 226.452 4	1 178.817 5	4.127 9	0.000 0	1.040 4	0.289 5
9.827 2	1 243.898 1	1 184.632 7	4.250 6	0.000 0	1.050 0	0.287 8
10.326 1	1 261.068 5	1 190.356 2	4.373 4	0.000 0	1.059 4	0.286 2
10.749 5	1 289.435 4	1 199.811 8	4.373 4	0.000 0	1.074 7	0.286 2
11.172 8	1 310.250 0	1 206.750 0	4.511 5	0.000 0	1.085 8	0.284 3
11.581 0	1 322.640 3	1 210.880 1	4.618 9	0.000 0	1.092 3	0.282 9
12.004 3	1 331.405 9	1 213.802 0	4.757 0	0.000 0	1.096 9	0.281 0
12.336 9	1 338.804 8	1 216.268 3	4.757 0	0.000 0	1.100 7	0.281 0
12.760 3	1 351.872 4	1 220.624 1	4.879 8	0.000 0	1.107 5	0.279 4
13.168 5	1 365.669 2	1 225.223 1	4.879 8	0.000 0	1.114 6	0.279 4
13.425 5	1 366.565 6	1 225.521 9	4.879 8	0.000 0	1.115 1	0.279 4
13.743 0	1 373.141 0	1 227.713 7	5.002 6	0.000 0	1.118 5	0.277 7
13.848 8	1 377.975 9	1 229.325 3	5.002 6	0.000 0	1.120 9	0.277 7

根据 3 组 LCT 黏土的 CD 实验标定 UH 模型参数时，误差函数下降过程如图 9-42 所示，标定的 UH 模型最佳参数如图 9-43 所示，实验值与 UH 模型预测结果对比如图 9-44 所示，其中点为实验值，线为预测值。CD 实验中 3 条实验曲线与 3 条 UH 模型预测曲线之间的误差如图 9-45 所示。

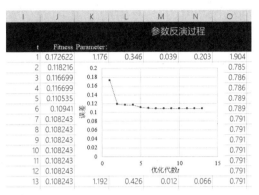

图 9-42 标定 UH 模型参数时误差函数下降过程

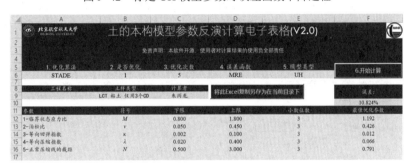

图 9-43 根据 CD 实验确定的 LCT 黏土的 UH 模型参数

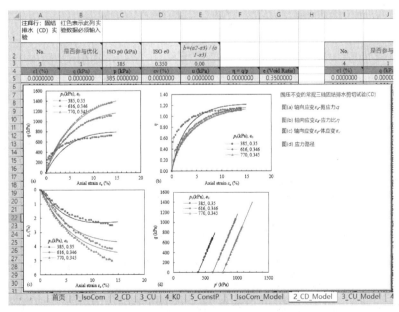

图 9-44 LCT 黏土实验结果与 UH 模型预测结果对比

▲	A	B	C	D	E	F	G
3			各试验平均误差				
4		$\varepsilon_1(\%)$	q or σ_1(kPa)	p (kPa)	ε_v (%)	u (kPa)	
5	385	0.35	0	0.1839	0	0.2106	0
6	616	0.346	0	0.0489	0	0.1690	0
7	770	0.345	0	0.0329	0	0.0671	0
8							

图 9-45　LCT 黏土 CD 实验各曲线与 UH 模型预测曲线的平均相对误差

9.10　基于三轴实验数据的 CSUH 模型参数标定

9.10.1　CSUH 模型基本简介及参数物理意义

由于粗粒土的工程性质和黏土存在很大差异，因此适用于黏土的 UH 模型在描述粗粒土行为时精度较低。为此，姚仰平等人（Yao et al.，2019）基于 UH 模型又提出了能统一描述黏土和砂土行为的统一硬化模型（unified hardening model for clays and sands，CSUH）。

1. 正常压缩线和回弹曲线

如图 9-46 所示，粗粒土的等向压缩线（NCL）在 $e-\ln p'$ 空间内是一条曲线，在应力 p' 较小时较为平直，随着应力增大颗粒发生破碎，等向压缩线也变得陡峭（Sheng et al.，2008）。

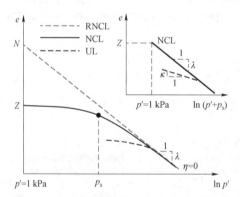

图 9-46　CSUH 模型的 NCL、RNCL 和 UL

为了描述这种行为，CSUH 模型采用如下形式的 NCL 和 UL 公式（Wang et al.，2022）：

$$\text{NCL:} \quad e = Z - \lambda \ln\left(\frac{p' + p_s}{1 + p_s}\right) \tag{9-33}$$

$$\text{UL:} \quad e = e_0 - \kappa \ln\left(\frac{p' + p_s}{p'_0 + p_s}\right) \tag{9-34}$$

式中：Z 是 NCL 上 $p'=1$ kPa 时所对应的孔隙比；λ 是 NCL 在 $e-\ln(p' + p_s)$ 空间内的斜率；κ 为回弹曲线在 $e-\ln(p' + p_s)$ 空间中的斜率；p_s 是一个压硬性参数，即 NCL 最大曲率处的 p'。

CSUH 模型中的 NCL 存在一个渐近线，被称为参考正常压缩线（reference normal

consolidated line，RNCL），如图 9-46 所示，显然该渐近线和 UH 模型中的 NCL 相同。根据渐近线的性质，CSUH 模型的 RNCL 与 NCL 在 p' 取无穷大时孔隙比相等，据此可解出 p_s：

$$p_s = \exp\left(\frac{N-Z}{\lambda}\right) - 1 \tag{9-35}$$

式中：N 为 RNCL 上 p'=1 kPa 时所对应的孔隙比。由式（9-35）可知，N，p_s，Z 三者相互关联，其中两个可以看作模型参数，另外一个可以通过求解得到。CSUH 模型常选用参数 N，Z 作为模型的基本参数。

当 $Z<N$ 时，$p_s > 0$ kPa，CSUH 模型的 NCL 为曲线，用于描述砂土的行为。当 $Z=N$ 时，当 $p_s = 0$ kPa，CSUH 模型的曲线形 NCL 退化为 UH 模型的直线形 NCL。因此，通过这样一个巧妙的处理，CSUH 模型的 NCL 就能统一描述黏土和砂土的 NCL。

类似 UH 模型，引入卸载过程只发生弹性变形的假定，可根据 UL 和各向同性条件下的胡克定律得到土体的弹性行为表达：

$$E = 3(1-2v)K = \frac{3(1-2v)(1+e_0)(p'+p_s)}{\kappa} \tag{9-36}$$

式中：E 为弹性模量，随 p' 的改变而改变；K 为土体的体积模量；v 为土体泊松比，可取为一个常数，对于黏土一般在 0.1 到 0.25 之间，松砂在 0.2 和 0.4 之间，中密砂在 0.25 和 0.4 之间，密砂在 0.3 和 0.45 之间，砂和卵石混合物在 0.15 和 0.35 之间（Gercek，2007）。

2. 当前屈服面和参考屈服面

类似于 UH 模型，CSUH 模型也有两个屈服面，即当前屈服面和参考屈服面。如图 9-47 所示，它们的概念和 UH 模型的相应概念相同，但是形状从椭圆形变为水滴形。

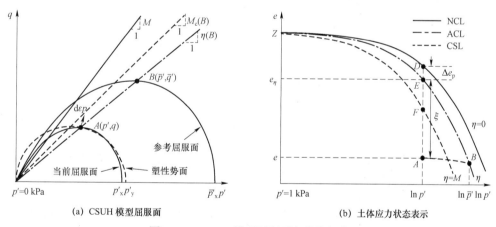

(a) CSUH 模型屈服面　　　　　　　(b) 土体应力状态表示

图 9-47　CSUH 模型屈服面和其他概念

为了更灵活地调整粗粒土的最终剪胀量，CSUH 模型引入了参数 χ 以调整屈服面的形状，CSUH 模型的当前屈服面为

$$f = \ln\left[\left(1 + \frac{(1+\chi)q^2}{M^2 p'^2 - \chi q^2}\right)p' + p_s\right] - \ln\left(p'_{x0} + p_s\right) - \frac{H}{c_p} = 0 \tag{9-37}$$

式中：参数 χ 的理论范围为 [0，1），当 $\chi>0$ 时，f 为水滴形屈服面，当 $\chi=0$ 时，f 退化为椭

圆形屈服面；p_s 为式（9-35）中的压硬性参数；H 是当前屈服面中的硬化参数，其定义和计算过程将在后面介绍；其余变量与 UH 模型相同。

CSUH 模型的参考屈服面如下式所示：

$$f = \ln\left[\left(1 + \frac{(1+\chi)\,\bar{q}^2}{M^2 \bar{p}'^2 - \chi \bar{q}^2}\right)\bar{p}' + p_s\right] - \ln\left(\bar{p}'_{x0} + p_s\right) - \frac{\varepsilon_v^p}{c_p} = 0 \tag{9-38}$$

式中：$\bar{p}'_{x0}$ 是参考屈服面与 p' 轴的交点，其物理意义是土的先期固结压力；参考应力 $\bar{p}'$ 和 $\bar{q}$ 分别为当前应力 p' 和 q 在参考屈服面上的投影，同样满足如下关系：

$$R = p'/\bar{p}' = q/\bar{q} \tag{9-39}$$

3. 土体当前应力状态和密实状态参数

CSUH 模型继承了 UH 模型的当前应力比 η、土体密实状态参数 ξ 和投影应力比 R 的定义：

$$\eta = q/p' \tag{9-40}$$

$$\xi = e_\eta - e \tag{9-41}$$

$$R = \exp\left(-\frac{\xi}{\lambda - \kappa}\right) \tag{9-42}$$

需要注意的是，由式（9-33）和 Δe_p 相减得到的 CSUH 模型 ACL 的表达式和 UH 模型不同：

$$e_\eta = Z - \lambda \ln\left(\frac{p' + p_s}{1 + p_s}\right) - (\lambda - \kappa)\ln\left[\frac{\left(\dfrac{M^2 + \eta^2}{M^2 - \chi\eta^2}\right)p' + p_s}{p' + p_s}\right] \tag{9-43}$$

4. 硬化参数 H

与 UH 模型相似，CSUH 模型也因为引入统一硬化参数 H 便可以统一描述土的剪缩和剪胀、应变硬化和应变软化现象。CSUH 模型的硬化参数 H 的表达式为

$$H = \int \frac{M_Y^4 - \eta^4}{M_c^4 - \eta^4}\,d\varepsilon_v^p \tag{9-44}$$

式中：M_c 为特征状态应力比。在 UH 模型中，特征状态应力比设为临界状态应力比 M，为一个常数。但是在 CSUH 模型中，M_c 与当前密实度程度 ξ 有关，可以和 M 不同，使得模型的硬化法则具有更大的灵活性和适应能力。显然，当最终土体达到临界状态时，M_c 应等于临界状态应力比 M。因此为了描述密实状态参数 ξ 对塑性变形参数 M_c 的影响，CSUH 模型引入了一个剪胀性参数 m，如下式所示：

$$M_c = M \cdot \exp(-m \cdot \xi) \tag{9-45}$$

类似于 UH 模型，将式（9-42）代入式（9-26）可得 CSUH 模型的 M_Y：

$$M_Y = 6\left[\sqrt{\frac{12(3-M)}{M^2}\exp\left(-\frac{\xi}{\lambda-\kappa}\right) + 1} + 1\right]^{-1} \tag{9-46}$$

对于 CSUH 模型与 UH 模型，M_Y 的唯一不同之处在于状态参量 ξ 表达不同，其物理概念

和计算公式没有变化。

5. 塑性势面

CSUH 模型的塑性势面与 UH 模型或 MCC 模型相同，都是椭圆，如图 9-47 所示。CSUH 模型的椭圆形塑性势面方程为

$$g = \ln \frac{p'}{p'_y} + \ln \left(1 + \frac{q^2}{M_c^2 p'^2}\right) = 0 \tag{9-47}$$

式中：p'_y 为塑性势面与 p' 轴右侧交点横坐标；M_c 为特征状态应力比，几何意义为椭圆最高点处的应力比。相应的剪胀方程为

$$\frac{d\varepsilon_v^p}{d\varepsilon_d^p} = \frac{M_c^2 - \eta^2}{2\eta} \tag{9-48}$$

6. 小结

CSUH 模型有 M，v，κ，λ，N，Z，χ，m 共 8 个基本参数，其中 5 个参数和 UH 模型相同，即 M，v，κ，λ，N，新增加的参数有 3 个（Z，χ，m）。

1）参数 Z

参数 Z 是 NCL 在 $e - \ln p'$ 空间中的截距，作用是调整 NCL 左端上下位置，代表了正常压缩状态土在 $p' = 1 \text{ kPa}$ 时的孔隙比。由图 9-48 可知，当参数 Z 逐渐增加到 N 时，弯曲的 NCL 也渐进变化到 RNCL，CSL 也随着 NCL 逐渐变直。

2）临界状态参数 χ

如图 9-49 所示，当 $\chi = 0$ 时，屈服面为椭圆形，当 $\chi > 0$ 时，屈服面为水滴形，两种 χ 值情况下都由 A_2 点等 p 剪切到 F（F'）点。可见，χ 越大，当前屈服面与 p' 轴右侧的交点和初

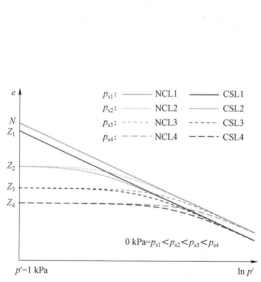

图 9-48　CSUH 模型 NCL 和 CSL 随参数 Z 或 p_s 的变化规律

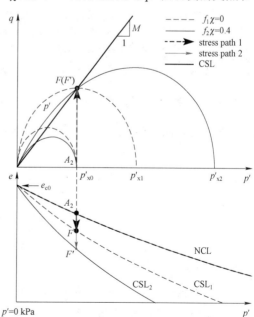

图 9-49　CSUH 模型中参数 χ 对当前屈服面和 CSL 的影响

始状态时 p'_{x0} 的差值就越大（ $p'_{x2} - p'_{x0} > p'_{x1} - p'_{x0}$ ），剪切破坏过程中发生的体应变越大（可根据式（9–38）计算塑性体变），临界状态线 CSL 也越靠下。由于 χ 决定了 CSUH 模型中 NCL 和 CSL 之间的距离，因此被称为临界状态参数。

3）剪胀性参数 m

M_c 是塑性势椭圆面最高点和原点连线的斜率，它代表着剪缩和剪胀转化处的特征状态应力比。由式（9–45）可知，剪胀性参数 m 越大， M_c 越小。因此 m 越大，塑性势面越扁平，土体在剪切过程中就能更快地达到塑性势面。因此， m 能够调整剪胀的速率。

综上，CSUH 模型在 UH 模型的基础上，通过参数 Z 考虑粗粒土等向压缩实验在 $e - \ln p'$ 空间内的弯曲特性；通过参数 χ 考虑最终剪胀量的大小；通过参数 m 调节剪胀的速率。当参数 $Z=N$、 $\chi=0$ 且 $m=0$ 时，CSUH 模型就退化为 UH 模型。

上述改进使得 CSUH 模型能够灵活地描述土体的剪缩、剪胀、应变硬化和软化等特性，全面兼容并超越 UH 模型，具有更普遍的适用性。它不仅能描述黏土的行为，而且能描述粗粒土的行为。可以说 CSUH 模型是剑桥模型和 UH 模型的理论提升与创新性发展（Zhu et al.，2022）。

9.10.2 基于三轴实验数据标定 CSUH 模型参数电子表格法示例

CSUH 模型参数和 UH 模型参数拟合采用同一个电子表格进行，该表格由中国水利水电科学研究院陈祖煜院士指导博士生朱丙龙开发完成（朱丙龙，2022）。在进行 CSUH 模型参数拟合时，只需要在界面中，将其设置为【CSUH 模型】模型即可，如图 9–50 所示。如果已知试样为黏土，选择【CSUH–Clay】选项，否则就用【CSUH–Sand】选项。下面介绍两个 CSUH 模型参数拟合实例。

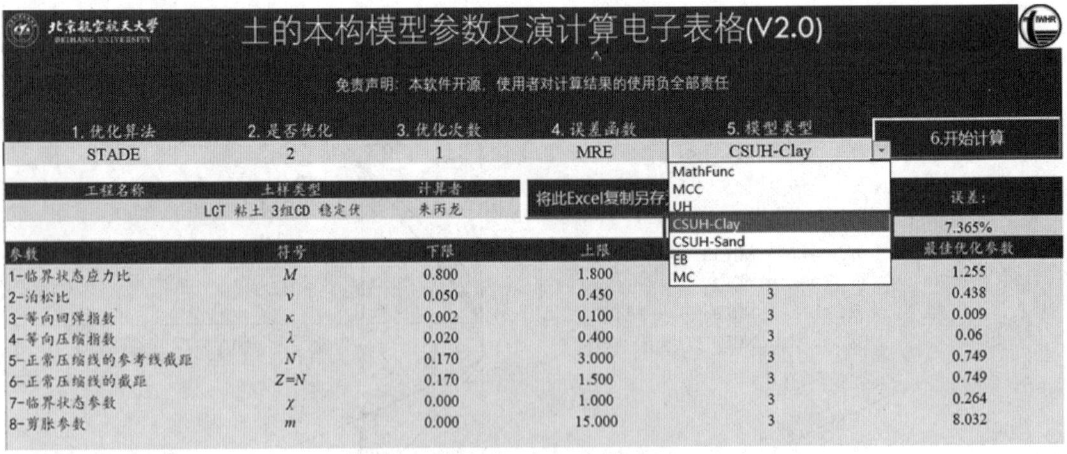

图 9–50 在电子表格中选用 CSUH 模型

1. LCT 黏土

以 LCT 黏土为例，采用 9.9.2 节中的 3 组 CD 实验数据进行 CSUH 模型参数的拟合，标定的 CSUH 模型最佳参数如图 9–51 所示，实验值与 CSUH 模型预测结果对比如图 9–52 所示，其中点为实验值，线为预测值。与 UH 模型预测结果（见图 9–43）对比可知，CSUH 模型的预测效果比 UH 模型更好。

北京航空航天大学 BEIHANG UNIVERSITY

土的本构模型参数反演计算电子表格(V2.0)

免责声明：本软件开源，使用者对计算结果的使用负全部责任

1. 优化算法	2. 是否优化	3. 优化次数	4. 误差函数	5. 模型类型	6.开始计算
STADE	2	1	MRE	CSUH-Clay	

工程名称	土样类型	计算者	将此Excel复制另存为在当前目录下	误差:
	LCT 黏土 3组CD 稳定优	朱丙龙		7.365%

参数	符号	下限	上限	小数位数	最佳优化参数
1-临界状态应力比	M	0.800	1.800	3	1.255
2-泊松比	ν	0.050	0.450	3	0.438
3-等向回弹指数	κ	0.002	0.100	3	0.009
4-等向压缩指数	λ	0.020	0.400	3	0.06
5-正常压缩线的参考线截距	N	0.170	3.000	3	0.749
6-正常压缩线的截距	Z=N	0.170	1.500	3	0.749
7-临界状态参数	χ	0.000	1.000	3	0.264
8-剪胀参数	m	0.000	15.000	3	8.032

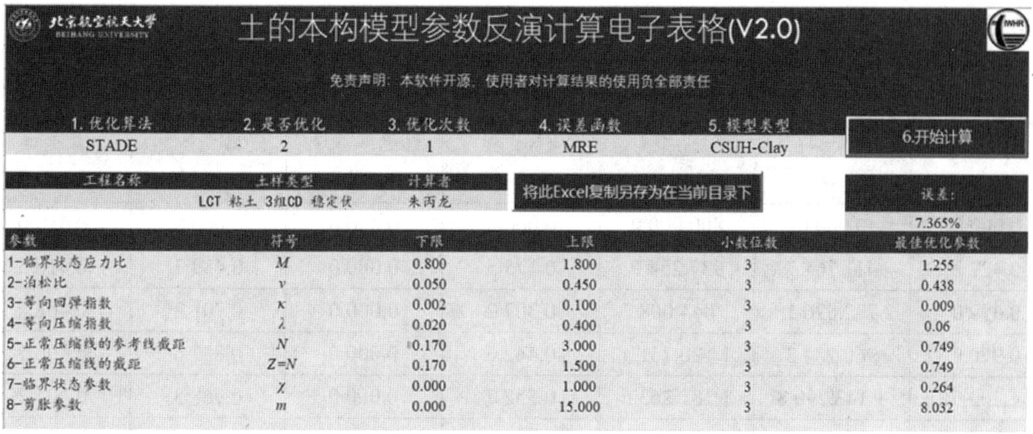

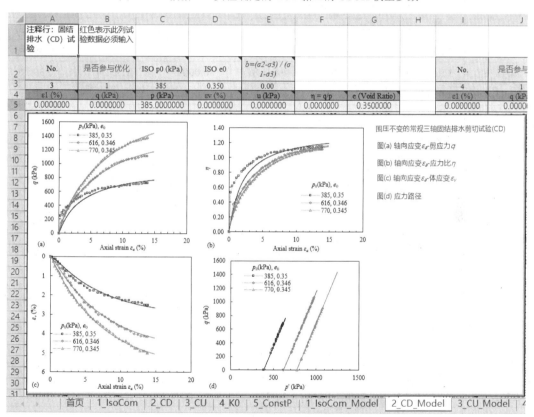

图 9-51　根据 CD 实验确定的 LCT 黏土的 CSUH 模型参数

图 9-52　LCT 黏土三轴实验结果与 CSUH 模型预测结果对比

2. 长河坝堆石料

刘恩龙等人对长河坝的主堆石料（硬质闪长石构成）进行了等向压缩、CD 和 CU 实验（Liu et al., 2011）。下面以 3 组 CD 实验标定该堆石料的 CSUH 模型参数，所用到的 CD 实验数据见表 9-20～表 9-22。

标定的 CSUH 模型参数结果如图 9-53 所示，实验值与 CSUH 模型的预测值对比结果如图 9-54 所示。该结果表明，CSUH 模型能同时描述该堆石料在低围压条件下的剪胀行为

（800 kPa 围压）和高围压条件下的剪缩行为。

表 9-20 堆石料 800 kPa 围压下 CD 实验数据表

轴向应变 ε_1/%	剪应力 q/kPa	平均应力 p'/kPa	体积应变 ε_v/%	孔隙水压力 u/kPa	应力比 $\eta=q/p'$	孔隙比 e
0.000 0	0.000 0	800.000 0	0.000 0	0.000 0	0.000 0	0.413 0
0.427 2	411.764 7	937.254 9	0.175 5	0.000 0	0.439 3	0.410 5
0.699 0	732.026 1	1 044.008 7	0.307 2	0.000 0	0.701 2	0.408 7
0.970 9	960.784 3	1 120.261 4	0.442 6	0.000 0	0.857 6	0.406 7
1.203 9	1 143.790 8	1 181.263 6	0.552 7	0.000 0	0.968 3	0.405 2
1.436 9	1 326.797 4	1 242.265 8	0.677 3	0.000 0	1.068 0	0.403 4
1.708 7	1 509.803 9	1 303.268 0	0.853 3	0.000 0	1.158 5	0.400 9
1.902 9	1 647.058 8	1 349.019 6	0.970 2	0.000 0	1.220 9	0.399 3
2.252 4	1 830.065 4	1 410.021 8	1.107 2	0.000 0	1.297 9	0.397 4
2.446 6	1 967.320 3	1 455.773 4	1.161 8	0.000 0	1.351 4	0.396 6
2.601 9	2 013.071 9	1 471.024 0	1.207 1	0.000 0	1.368 5	0.395 9
2.835 0	2 104.575 2	1 501.525 1	1.291 9	0.000 0	1.401 6	0.394 7
3.029 1	2 241.830 1	1 547.276 7	1.373 6	0.000 0	1.448 9	0.393 6
3.262 1	2 287.581 7	1 562.527 2	1.463 3	0.000 0	1.464 0	0.392 3
3.456 3	2 379.085 0	1 593.028 3	1.522 7	0.000 0	1.493 4	0.391 5
3.689 3	2 424.836 6	1 608.278 9	1.604 5	0.000 0	1.507 7	0.390 3
3.844 7	2 470.588 2	1 623.529 4	1.654 9	0.000 0	1.521 7	0.389 6
4.038 8	2 516.339 9	1 638.780 0	1.701 9	0.000 0	1.535 5	0.389 0
4.194 2	2 607.843 1	1 669.281 0	1.745 4	0.000 0	1.562 3	0.388 3
4.388 4	2 653.594 8	1 684.531 6	1.820 4	0.000 0	1.575 3	0.387 3
4.543 7	2 699.346 4	1 699.782 1	1.846 6	0.000 0	1.588 1	0.386 9
4.699 0	2 745.098 0	1 715.032 7	1.872 4	0.000 0	1.600 6	0.386 5
4.854 4	2 790.849 7	1 730.283 2	1.906 5	0.000 0	1.612 9	0.386 1
5.009 7	2 836.601 3	1 745.533 8	1.939 7	0.000 0	1.625 1	0.385 6
5.203 9	2 882.352 9	1 760.784 3	1.977 8	0.000 0	1.637 0	0.385 1
5.359 2	2 928.104 6	1 776.034 9	2.006 4	0.000 0	1.648 7	0.384 6
5.553 4	2 928.104 6	1 776.034 9	2.035 3	0.000 0	1.648 7	0.384 2
5.708 7	2 973.856 2	1 791.285 4	2.055 2	0.000 0	1.660 2	0.384 0
5.902 9	3 019.607 8	1 806.535 9	2.081 2	0.000 0	1.671 5	0.383 6
6.058 3	3 019.607 8	1 806.535 9	2.102 7	0.000 0	1.671 5	0.383 3
6.252 4	3 065.359 5	1 821.786 5	2.127 3	0.000 0	1.682 6	0.382 9
6.446 6	3 065.359 5	1 821.786 5	2.143 9	0.000 0	1.682 6	0.382 7

轴向应变 ε_1/%	剪应力 q/kPa	平均应力 p'/kPa	体积应变 ε_v/%	孔隙水压力 u/kPa	应力比 $\eta=q/p'$	孔隙比 e
6.601 9	3 111.111 1	1 837.037 0	2.153 6	0.000 0	1.693 5	0.382 6
6.912 6	3 156.862 7	1 852.287 6	2.177 4	0.000 0	1.704 3	0.382 2
7.068 0	3 156.862 7	1 852.287 6	2.178 9	0.000 0	1.704 3	0.382 2
7.262 1	3 202.614 4	1 867.538 1	2.177 5	0.000 0	1.714 9	0.382 2
7.417 5	3 202.614 4	1 867.538 1	2.183 1	0.000 0	1.714 9	0.382 2
7.611 7	3 248.366 0	1 882.788 7	2.196 7	0.000 0	1.725 3	0.382 0
7.805 8	3 248.366 0	1 882.788 7	2.211 4	0.000 0	1.725 3	0.381 8
8.116 5	3 248.366 0	1 882.788 7	2.217 0	0.000 0	1.725 3	0.381 7
8.621 4	3 248.366 0	1 882.788 7	2.238 0	0.000 0	1.725 3	0.381 4
8.932 0	3 248.366 0	1 882.788 7	2.222 8	0.000 0	1.725 3	0.381 6
9.281 6	3 248.366 0	1 882.788 7	2.218 1	0.000 0	1.725 3	0.381 7
9.631 1	3 248.366 0	1 882.788 7	2.218 1	0.000 0	1.725 3	0.381 7
9.980 6	3 248.366 0	1 882.788 7	2.218 1	0.000 0	1.725 3	0.381 7
10.291 3	3 248.366 0	1 882.788 7	2.217 7	0.000 0	1.725 3	0.381 7
10.640 8	3 248.366 0	1 882.788 7	2.218 9	0.000 0	1.725 3	0.381 6
10.990 3	3 202.614 4	1 867.538 1	2.198 2	0.000 0	1.714 9	0.381 9
11.339 8	3 248.366 0	1 882.788 7	2.202 7	0.000 0	1.725 3	0.381 9
11.650 5	3 202.614 4	1 867.538 1	2.217 2	0.000 0	1.714 9	0.381 7
12.000 0	3 202.614 4	1 867.538 1	2.218 2	0.000 0	1.714 9	0.381 7
12.349 5	3 248.366 0	1 882.788 7	2.218 0	0.000 0	1.725 3	0.381 7
12.660 2	3 202.614 4	1 867.538 1	2.218 0	0.000 0	1.714 9	0.381 7
13.048 5	3 202.614 4	1 867.538 1	2.218 0	0.000 0	1.714 9	0.381 7
13.320 4	3 156.862 7	1 852.287 6	2.218 0	0.000 0	1.704 3	0.381 7
13.669 9	3 156.862 7	1 852.287 6	2.218 0	0.000 0	1.704 3	0.381 7
14.019 4	3 156.862 7	1 852.287 6	2.218 0	0.000 0	1.704 3	0.381 7
14.368 9	3 156.862 7	1 852.287 6	2.218 1	0.000 0	1.704 3	0.381 7
14.718 5	3 111.111 1	1 837.037 0	2.218 0	0.000 0	1.693 5	0.381 7
15.029 1	3 111.111 1	1 837.037 0	2.218 8	0.000 0	1.693 5	0.381 6
15.378 6	3 111.111 1	1 837.037 0	2.199 1	0.000 0	1.693 5	0.381 9
15.728 2	3 065.359 5	1 821.786 5	2.177 8	0.000 0	1.682 6	0.382 2

表 9–21　堆石料 1 600 kPa 围压下 CD 实验数据表

轴向应变 ε_1/%	剪应力 q/kPa	平均应力 p'/kPa	体积应变 ε_v/%	孔隙水压力 u/kPa	应力比 $\eta=q/p'$	孔隙比 e
0.000 0	0.000 0	1 600.000 0	0.000 0	0.000 0	0.000 0	0.395 0
0.233 0	411.764 7	1 737.254 9	0.168 2	0.000 0	0.237 0	0.392 7
0.466 0	732.026 1	1 844.008 7	0.322 1	0.000 0	0.397 0	0.390 5
0.737 9	1 143.790 8	1 981.263 6	0.495 2	0.000 0	0.577 3	0.388 1
1.087 4	1 509.803 9	2 103.268 0	0.691 1	0.000 0	0.717 8	0.385 4
1.398 1	1 830.065 4	2 210.021 8	0.860 6	0.000 0	0.828 1	0.383 0
1.747 6	2 104.575 2	2 301.525 1	1.125 4	0.000 0	0.914 4	0.379 3
2.097 1	2 424.836 6	2 408.278 9	1.349 7	0.000 0	1.006 9	0.376 2
2.485 4	2 699.346 4	2 499.782 1	1.615 4	0.000 0	1.079 8	0.372 5
2.796 1	2 882.352 9	2 560.784 3	1.802 3	0.000 0	1.125 6	0.369 9
3.145 6	3 019.607 8	2 606.535 9	1.977 8	0.000 0	1.158 5	0.367 4
3.495 2	3 248.366 0	2 682.788 7	2.118 1	0.000 0	1.210 8	0.365 5
3.844 7	3 385.620 9	2 728.540 3	2.242 7	0.000 0	1.240 8	0.363 7
4.194 2	3 705.882 4	2 835.294 1	2.376 4	0.000 0	1.307 1	0.361 8
4.504 9	3 843.137 3	2 881.045 8	2.495 4	0.000 0	1.333 9	0.360 2
4.854 4	3 980.392 2	2 926.797 4	2.599 0	0.000 0	1.360 0	0.358 7
5.203 9	4 071.895 4	2 957.298 5	2.678 8	0.000 0	1.376 9	0.357 6
5.514 6	4 163.398 7	2 987.799 6	2.851 4	0.000 0	1.393 5	0.355 2
5.864 1	4 254.902 0	3 018.300 7	2.910 6	0.000 0	1.409 7	0.354 4
6.213 6	4 392.156 9	3 064.052 3	3.017 4	0.000 0	1.433 4	0.352 9
6.563 1	4 437.908 5	3 079.302 8	3.119 8	0.000 0	1.441 2	0.351 5
6.873 8	4 483.660 1	3 094.553 4	3.172 7	0.000 0	1.448 9	0.350 7
7.223 3	4 620.915 0	3 140.305 0	3.216 8	0.000 0	1.471 5	0.350 1
7.572 8	4 620.915 0	3 140.305 0	3.275 2	0.000 0	1.471 5	0.349 3
7.922 3	4 712.418 3	3 170.806 1	3.355 8	0.000 0	1.486 2	0.348 2
8.271 8	4 849.673 2	3 216.557 7	3.440 7	0.000 0	1.507 7	0.347 0
8.621 4	4 895.424 8	3 231.808 3	3.492 2	0.000 0	1.514 8	0.346 3
8.932 0	4 895.424 8	3 231.808 3	3.543 8	0.000 0	1.514 8	0.345 6
9.281 6	4 941.176 5	3 247.058 8	3.609 2	0.000 0	1.521 7	0.344 7
9.631 1	4 986.928 1	3 262.309 4	3.664 3	0.000 0	1.528 6	0.343 9
9.941 8	5 124.183 0	3 308.061 0	3.706 5	0.000 0	1.549 0	0.343 3
10.330 1	5 124.183 0	3 308.061 0	3.747 4	0.000 0	1.549 0	0.342 7
10.640 8	5 169.934 6	3 323.311 5	3.766 7	0.000 0	1.555 7	0.342 5

轴向应变 ε_1/%	剪应力 q/kPa	平均应力 p'/kPa	体积应变 ε_v/%	孔隙水压力 u/kPa	应力比 $\eta=q/p'$	孔隙比 e
10.990 3	5 169.934 6	3 323.311 5	3.782 4	0.000 0	1.555 7	0.342 2
11.301 0	5 215.686 3	3 338.562 1	3.799 2	0.000 0	1.562 3	0.342 0
11.650 5	5 215.686 3	3 338.562 1	3.821 3	0.000 0	1.562 3	0.341 7
12.000 0	5 261.437 9	3 353.812 6	3.842 6	0.000 0	1.568 8	0.341 4
12.349 5	5 169.934 6	3 323.311 5	3.859 8	0.000 0	1.555 7	0.341 2
12.699 0	5 261.437 9	3 353.812 6	3.869 6	0.000 0	1.568 8	0.341 0
13.048 5	5 261.437 9	3 353.812 6	3.874 8	0.000 0	1.568 8	0.340 9
13.398 1	5 261.437 9	3 353.812 6	3.884 4	0.000 0	1.568 8	0.340 8
13.747 6	5 261.437 9	3 353.812 6	3.905 6	0.000 0	1.568 8	0.340 5
14.058 3	5 261.437 9	3 353.812 6	3.928 1	0.000 0	1.568 8	0.340 2
14.407 8	5 307.189 5	3 369.063 2	3.949 5	0.000 0	1.575 3	0.339 9
14.757 3	5 307.189 5	3 369.063 2	3.970 2	0.000 0	1.575 3	0.339 6
15.068 0	5 261.437 9	3 353.812 6	3.990 9	0.000 0	1.568 8	0.339 3
15.417 5	5 307.189 5	3 369.063 2	4.011 6	0.000 0	1.575 3	0.339 0
15.767 0	5 307.189 5	3 369.063 2	4.026 1	0.000 0	1.575 3	0.338 8

表 9-22　堆石料 3 500 kPa 围压下 CD 实验数据表

轴向应变 ε_1/%	剪应力 q/kPa	平均应力 p'/kPa	体积应变 ε_v/%	孔隙水压力 u/kPa	应力比 $\eta=q/p'$	孔隙比 e
0.000 0	0.000 0	3 500.000 0	0.000 0	0.000 0	0.000 0	0.367 0
0.037 6	158.790 4	3 552.930 1	0.061 1	0.000 0	0.044 7	0.366 2
0.150 2	569.273 2	3 689.757 7	0.162 8	0.000 0	0.154 3	0.364 8
0.300 5	878.724 2	3 792.908 1	0.305 2	0.000 0	0.231 7	0.362 8
0.450 7	1 175.777 1	3 891.925 7	0.427 3	0.000 0	0.302 1	0.361 2
0.600 9	1 465.148 1	3 988.382 7	0.569 8	0.000 0	0.367 4	0.359 2
0.901 4	1 908.793 8	4 136.264 6	0.773 3	0.000 0	0.461 5	0.356 4
1.089 2	2 224.936 9	4 241.645 6	0.895 4	0.000 0	0.524 5	0.354 8
1.277 0	2 464.691 0	4 321.563 7	1.058 1	0.000 0	0.570 3	0.352 5
1.539 9	2 839.757 8	4 446.585 9	1.261 6	0.000 0	0.638 6	0.349 8
1.802 8	3 211.051 4	4 570.350 5	1.424 4	0.000 0	0.702 6	0.347 5
2.065 7	3 529.797 4	4 676.599 1	1.607 6	0.000 0	0.754 8	0.345 0
2.403 8	3 954.333 1	4 818.111 0	1.831 4	0.000 0	0.820 7	0.342 0
2.591 6	4 203.963 7	4 901.321 2	1.953 5	0.000 0	0.857 7	0.340 3
2.816 9	4 470.808 8	4 990.269 6	2.095 9	0.000 0	0.895 9	0.338 3
3.117 4	4 816.992 8	5 105.664 3	2.238 4	0.000 0	0.943 5	0.336 4

续表

轴向应变 ε_1/%	剪应力 q/kPa	平均应力 p'/kPa	体积应变 ε_v/%	孔隙水压力 u/kPa	应力比 $\eta=q/p'$	孔隙比 e
3.380 3	5 125.977 5	5 208.659 2	2.380 8	0.000 0	0.984 1	0.334 5
3.680 8	5 408.023 0	5 302.674 3	2.502 9	0.000 0	1.019 9	0.332 8
3.943 7	5 600.209 8	5 366.736 6	2.645 4	0.000 0	1.043 5	0.330 8
4.206 6	5 867.118 4	5 455.706 1	2.767 4	0.000 0	1.075 4	0.329 2
4.544 6	6 238.359 8	5 579.453 3	2.930 2	0.000 0	1.118 1	0.326 9
4.845 1	6 454.351 2	5 651.450 4	3.093 0	0.000 0	1.142 1	0.324 7
5.183 1	6 729.655 4	5 743.218 5	3.235 5	0.000 0	1.171 8	0.322 8
5.521 1	7 042.646 9	5 847.549 0	3.398 3	0.000 0	1.204 4	0.320 5
5.934 3	7 378.530 2	5 959.510 1	3.561 1	0.000 0	1.238 1	0.318 3
6.347 4	7 637.601 4	6 045.867 1	3.744 2	0.000 0	1.263 3	0.315 8
6.497 7	7 740.699 5	6 080.233 2	3.825 6	0.000 0	1.273 1	0.314 7
6.760 6	7 934.506 8	6 144.835 6	4.029 1	0.000 0	1.291 2	0.311 9
7.136 2	8 184.533 5	6 228.177 8	4.151 2	0.000 0	1.314 1	0.310 3
7.474 2	8 358.223 9	6 286.074 6	4.293 6	0.000 0	1.329 6	0.308 3
7.812 2	8 604.296 2	6 368.098 7	4.436 1	0.000 0	1.351 2	0.306 4
8.150 2	8 690.604 6	6 396.868 2	4.700 6	0.000 0	1.358 6	0.302 7
8.525 8	8 931.596 9	6 477.199 0	4.802 3	0.000 0	1.378 9	0.301 4
8.863 9	9 015.771 5	6 505.257 2	4.944 8	0.000 0	1.385 9	0.299 4
9.201 9	9 149.629 8	6 549.876 6	5.046 5	0.000 0	1.396 9	0.298 0
9.502 4	9 227.552 9	6 575.851 0	5.168 6	0.000 0	1.403 2	0.296 3
9.877 9	9 387.192 2	6 629.064 1	5.270 4	0.000 0	1.416 1	0.295 0
10.216 0	9 562.702 5	6 687.567 5	5.331 4	0.000 0	1.429 9	0.294 1
10.554 0	9 604.869 4	6 701.623 1	5.392 4	0.000 0	1.433 2	0.293 3
10.929 6	9 796.203 1	6 765.401 0	5.453 5	0.000 0	1.448 0	0.292 5
11.230 1	9 838.315 8	6 779.438 6	5.514 5	0.000 0	1.451 2	0.291 6
11.605 6	9 980.698 6	6 826.899 5	5.595 9	0.000 0	1.462 0	0.290 5
11.943 7	10 045.014 9	6 848.338 3	5.616 3	0.000 0	1.466 8	0.290 2
12.244 1	10 206.303 4	6 902.101 1	5.677 3	0.000 0	1.478 7	0.289 4
12.582 2	10 248.282 1	6 916.094 0	5.718 0	0.000 0	1.481 8	0.288 8
12.957 8	10 392.697 6	6 964.232 5	5.758 7	0.000 0	1.492 3	0.288 3
13.258 2	10 428.365 5	6 976.121 8	5.779 1	0.000 0	1.494 9	0.288 0
13.633 8	10 523.738 9	7 007.913 0	5.819 8	0.000 0	1.501 7	0.287 4
13.971 8	10 622.219 7	7 040.739 9	5.840 1	0.000 0	1.508 7	0.287 2
14.309 9	10 711.567 0	7 070.522 3	5.880 8	0.000 0	1.515 0	0.286 6
14.647 9	10 798.056 4	7 099.352 1	5.901 2	0.000 0	1.521 0	0.286 3
14.985 9	10 797.034 2	7 099.011 4	5.941 9	0.000 0	1.520 9	0.285 8
15.323 9	10 883.325 9	7 127.775 3	5.982 6	0.000 0	1.526 9	0.285 2
15.662 0	10 977.548 2	7 159.182 7	6.023 3	0.000 0	1.533 4	0.284 7
15.962 4	10 931.330 0	7 143.776 7	6.002 9	0.000 0	1.530 2	0.284 9

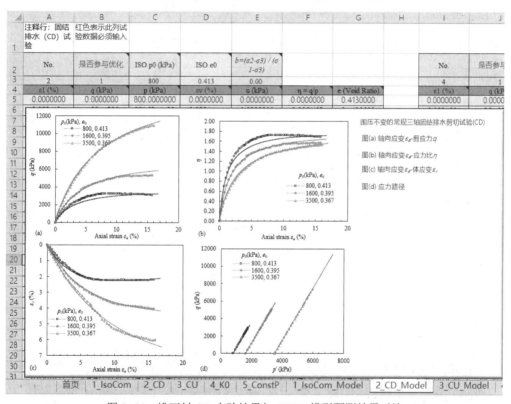

图 9-53　根据 CD 实验确定的堆石料的 CSUH 模型参数

图 9-54　堆石料 CD 实验结果与 CSUH 模型预测结果对比

9.10.3　基于多种实验数据标定 CSUH 模型参数电子表格法简介

如果不仅有 CD 实验，而且还有实测的等向压缩实验数据，那么建议同时采用等向压缩实验和 CD 实验进行 CSUH 模型参数的标定。本节所用实验数据详见本章提供的电子资源。

（1）同时基于等向压缩实验和 CD 实验标定 LCT 黏土的 CSUH 模型参数。

如果希望采用等向压缩实验数据参与参数标定，须在【1_IsoCom】工作表中填入等向压缩实验数据，并在【是否参与优化】下方单元格中填入 1，如图 9-55 所示。

	A	B	C	D	E	F	G
1	注释行：等向压缩试验。本行随便编辑。	红色表示此列试验数据必须输入					清空数据 / 自动填充
2	No.	是否参与优化	ISO_p0(kPa)	ISO_e0	b=(σ2-σ3)/(σ1-σ3)		
3	1	1	1	0.752	0.00		
4	ε_1 (%)	q (kPa)	p (kPa)	ε_v (%)	u (kPa)	$\eta = q/p$	e (Void Ratio)
5	0.0000	0.0000	1.0000	0.0000	0.0000	0.0000	0.7520
6	5.1921	0.0000	73.9323	15.5762	0.0000	0.0000	0.4791
7	5.0594	0.0000	74.5825	15.1782	0.0000	0.0000	0.4861
8	5.1365	0.0000	79.9993	15.4096	0.0000	0.0000	0.4820
9	5.2823	0.0000	108.6763	15.8469	0.0000	0.0000	0.4744
10	5.3643	0.0000	108.6763	16.0928	0.0000	0.0000	0.4701
11	5.4253	0.0000	108.6763	16.2758	0.0000	0.0000	0.4668
12	5.5864	0.0000	147.6436	16.7591	0.0000	0.0000	0.4584
13	5.6984	0.0000	147.6436	17.0951	0.0000	0.0000	0.4525
14	5.6590	0.0000	148.9419	16.9770	0.0000	0.0000	0.4546
15	5.8737	0.0000	187.0149	17.6210	0.0000	0.0000	0.4433
16	5.9248	0.0000	188.6595	17.7745	0.0000	0.0000	0.4406
17	5.9757	0.0000	188.6595	17.9270	0.0000	0.0000	0.4379
18	6.1391	0.0000	232.7734	18.4172	0.0000	0.0000	0.4293
19	6.1886	0.0000	232.7734	18.5659	0.0000	0.0000	0.4267
20	6.2256	0.0000	232.7734	18.6767	0.0000	0.0000	0.4248
21	6.3900	0.0000	270.1296	19.1701	0.0000	0.0000	0.4161
22	6.3175	0.0000	272.5050	18.9524	0.0000	0.0000	0.4200
23	6.3599	0.0000	274.9012	19.0797	0.0000	0.0000	0.4177
24	6.4919	0.0000	316.2374	19.4758	0.0000	0.0000	0.4108
25	6.5452	0.0000	316.2374	19.6357	0.0000	0.0000	0.4080
26	6.6041	0.0000	327.5083	19.8123	0.0000	0.0000	0.4049
27	6.6916	0.0000	363.7891	20.0748	0.0000	0.0000	0.4003
28	6.7320	0.0000	363.7891	20.1961	0.0000	0.0000	0.3982
29	6.7147	0.0000	366.9881	20.1442	0.0000	0.0000	0.3991
30	6.8294	0.0000	383.4100	20.4882	0.0000	0.0000	0.3930
31	6.8805	0.0000	411.2270	20.6415	0.0000	0.0000	0.3904
32	6.8522	0.0000	418.4911	20.5567	0.0000	0.0000	0.3918

首页 | 1_IsoCom | 2_CD | 3_CU | 4_K0 | 5_ConstP | 1_IsoCom_Model | 2_CD

图 9-55　激活等向压缩实验数据，参与模型参数拟合

用 1 组等向压缩实验和 4 组 CD 实验数据标定 LCT 黏土的 CSUH 模型参数，其结果如图 9-56 和图 9-57 所示。

图 9-56　根据等向压缩实验和 CD 实验确定的 LCT 黏土的 CSUH 模型参数

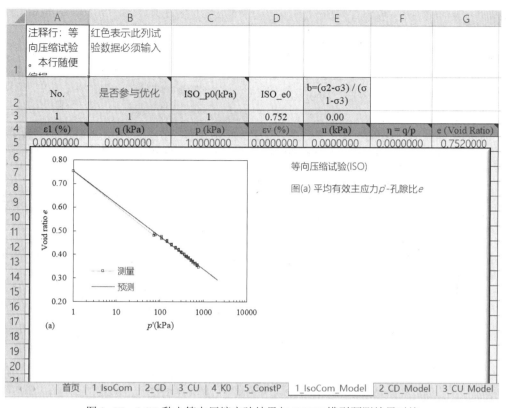

图 9-57　LCT 黏土等向压缩实验结果与 CSUH 模型预测结果对比

（2）基于等向压缩实验和 CD 实验标定长河坝堆石料的 CSUH 模型参数。

采用 1 组等向压缩实验和 4 组 CD 实验数据，重新标定长河坝堆石料的 CSUH 模型参数，结果如图 9-58 和图 9-59 所示。

对比图 9-57 和图 9-59 可知，正常固结黏土的等向压缩线为直线，而堆石料的等向压缩线是曲线，CSUH 模型可以通过调整参数 Z 是否等于 N 来分别描述这两种情况：当 Z=N 时，用于描述黏土；当 Z<N 时，用以描述砂土或堆石料等粗粒土。

土的本构模型参数反演计算电子表格(V2.0)

北京航空航天大学　BEIHANG UNIVERSITY

免责声明：本软件开源，使用者对计算结果的使用负全部责任

1.优化算法	2.是否优化	3.优化次数	4.误差函数	5.模型类型	6.开始计算
STADE	1	10	MRE	CSUH-Sand	

工程名称	土样类型	计算者	将此Excel复制另存为在当前		误差：
长河坝	石料 11S04CD 快速便	朱丙龙			6.050%

参数	符号	下限	上限	小数位数	最佳优化参数
1-临界状态应力比	M	0.800	1.800	3	1.674
2-泊松比	v	0.050	0.450	3	0.302
3-等向回弹指数	κ	0.002	0.100	3	0.018
4-等向压缩指数	λ	0.020	0.400	3	0.09
5-正常压缩线的参考线截距	N	0.170	3.000	3	1.153
6-正常压缩线的截距	Z	0.170	1.500	3	0.77
7-临界状态参数	χ	0.000	1.000	3	0.325
8-剪胀参数	m	0.000	15.000	3	1.399

图 9-58　根据等向压缩实验和 CD 实验确定的堆石料的 CSUH 模型参数

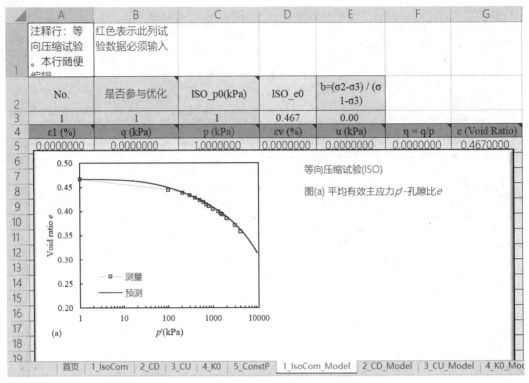

图 9-59 堆石料等向压缩实验结果与 CSUH 模型预测结果对比

（3）基于等向压缩、CD 和 CU 实验标定长河坝堆石料的 CSUH 模型参数。

进一步，还可以同时激活 1 组等向压缩、4 组 CD 实验和 4 组 CU 实验的数据，来标定长河坝堆石料的 CSUH 模型参数，结果如图 9-60 和图 9-61 所示。

由图 9-61 中的孔隙水压力结果可知，CSUH 模型能较好地描述孔隙水压力先增大后减小的趋势。孔隙水压力的增大代表试样有剪缩的趋势，孔隙水压力的减小代表试样有剪胀的趋势。从这些预测结果中可以看出，CSUH 模型能很好地描述堆石料的排水和不排水实验，包括实验中应变硬化、剪缩和剪胀现象。

北京航空航天大学 BEIHANG UNIVERSITY

土的本构模型参数反演计算电子表格(V2.0)

免责声明：本软件开源，使用者对计算结果的使用负全部责任

1. 优化算法	2. 是否优化	3. 优化次数	4. 误差函数	5. 模型类型	6.开始计算
STADE	2	1	MRE	CSUH-Sand	

工程名称	土样类型	计算者	将此Excel复制另存为在当前		误差：
长河坝	料 1ISO 4CD CU 稳定	宋丙龙			6.730%

参数	符号	下限	上限	小数位数	最佳优化参数
1-临界状态应力比	M	0.800	1.800	3	1.673
2-泊松比	v	0.050	0.450	3	0.315
3-等向回弹指数	κ	0.002	0.100	3	0.018
4-等向压缩指数	λ	0.020	0.400	3	0.078
5-正常压缩线的参考线截距	N	0.170	3.000	3	1.03
6-正常压缩线的截距	Z	0.170	1.500	3	0.707
7-临界状态参数	χ	0.000	1.000	3	0.194
8-剪胀参数	m	0.000	15.000	3	1.998

图 9-60 根据等向压缩、CD 和 CU 实验确定的堆石料的 CSUH 模型参数

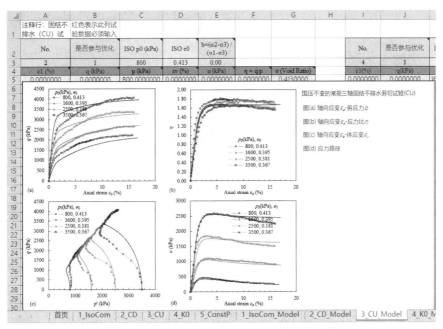

图 9-61 堆石料 CU 实验结果与 CSUH 模型预测结果对比

9.11 习 题

1. 当施工速度较快，而地基土体的透水性差时，应采用哪种三轴实验来测量其抗剪强度？

2. 当土中某点处于剪切破坏状态时，剪切破坏面与大主应力作用面的夹角是多少？

3. 三轴实验有什么优缺点？

4. 什么叫破坏主应力线？它在确定抗剪强度指标中有什么作用？

5. 通过三轴实验获得的强度指标和通过直剪实验获得的强度指标有何区别和联系？

6. 三轴实验中的三通阀有什么作用？需要几个三通阀？连接轴室的三通阀在轴室注水、轴室加压两个过程中应分别如何连接？连接土样的三通阀在土样排水、孔隙水压力测量两种状态下应分别如何连接？

7. 原状土在不同围压下的 UU 实验抗剪强度是否相同？为什么？

8. 三轴实验中的围压水平应如何选择？

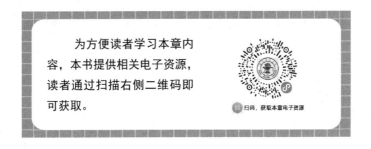

为方便读者学习本章内容，本书提供相关电子资源，读者通过扫描右侧二维码即可获取。

扫码，获取本章电子资源

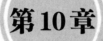

第10章

渗 透 实 验

　　土是一种孔隙介质，水在孔隙中流动的现象就是土的渗流。土被水、气、油等流体通过的特性称为渗透性。由于土体颗粒排列具有任意性，水在土孔隙中流动的实际路线是不规则的，渗流的实际方向和速度都是变化着的。为简化并方便分析问题，在渗流分析时，常将复杂的孔隙介质渗流简化为一种理想的连续介质均匀渗流模型。该模型认为整个空间均为渗流所充满，而且只分析渗流的主要流向。基于这一均匀渗流的假定，土力学中采用渗透系数 k 来定量描述土体的渗透性。

　　渗透系数 k 的室内测定方法可以分为常水头法和变水头法。常水头渗透实验适用于渗透系数较大的粗粒土，变水头渗透实验适用于渗透系数较小的细粒土。本章将对渗透实验的测定原理和渗透系数的两种室内测定方法进行介绍。

10.1　渗透系数的测定原理

　　19 世纪达西（Darcy）进行了大量的渗透实验，得出了土中水渗流速度和水力坡降之间成正比的规律，即达西定律。数学表达式为

$$v = ki \tag{10-1}$$

式中：v 为渗流速度，m/s；i 为水力坡降；k 为土的渗透系数，m/s，其物理意义为单位水力坡降时的渗流速度。

　　达西定律认为土的渗透流速与其水力坡降间呈线性关系，它仅在层流和流体的流变方程符合牛顿定律的前提下才成立。大颗粒土存在大孔隙通道，随着渗流速度的增加，可能会使渗透变成紊流，这时线性关系不再成立。而在致密黏土中，自由水的渗流会受到结合水膜黏滞阻力的影响，这类土的渗流特性也偏离达西定律，只有当水力坡降达到一定值后，渗流才能发生。

　　从实验原理上看，渗透系数 k 的室内测定方法可以分为常水头法和变水头法。

10.1.1　常水头渗透实验

　　常水头渗透实验装置如图 10-1 所示，它适用于测量渗透性大的砂性土的渗透系数，达西

进行渗流实验时就是用的常水头法。实验时，在圆筒中装入高度为 L、横截面积为 A 的饱和土样。不断向筒内加水，使其水位保持不变，水在恒定水头差Δh 的作用下流过土样，从筒底排出。实验过程中，水头差Δh 保持不变，因此叫常水头渗透实验。实验过程中测得在一定时间 t 内流经试样的水量 Q，那么根据达西定律有

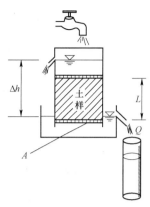

$$Q = vAt = kiAt = k\frac{\Delta h}{L}At \qquad (10\text{-}2)$$

$$k = \frac{QL}{A\Delta ht} \qquad (10\text{-}3)$$

图 10-1　常水头渗透实验装置

10.1.2　变水头渗透实验

对于黏性土来说，由于其渗透系数较小，渗水量较小，用常水头渗透实验不易准确测定。因此，对于这种渗透系数小的土，需改用变水头渗透实验。实验时，装土样容器内出水口的水位保持不变，而水头管内由于不进行补水，水位逐渐下降，渗流水头差随实验时间的增加而减小，因此叫变水头渗透实验（殷宗泽，2007）。

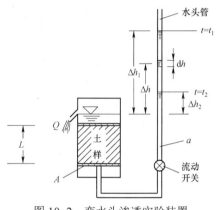

变水头渗透实验装置如图 10-2 所示，土样的高度为 L，截面积为 A。水流从一根直立的带有刻度的水头管和 U 形管自下而上渗过土样。

实验时，先将水头管充水至需要的高度，测记土样两端在 $t=t_1$ 时刻的起始水头差Δh_1。之后打开渗流开关，同时开动秒表，经过时间Δt 后，再测记土样两端在 $t=t_2$ 时刻的水头差Δh_2。根据上述实验结果和达西定律，即可推出土样渗透系数 k 的表达式。

图 10-2　变水头渗透实验装置

设实验过程中任意时刻 t 作用于土样两端的水头差为Δh，经过 dt 微时段后，管中水位下降 dh，则 dt 时段内流入试样的水量微增量 dQ 为

$$dQ = -adh \qquad (10\text{-}4)$$

式中：a 为水头管的内截面积。

根据达西定律，dt 时间内流出试样的渗流量为

$$dQ = kiAdt = k\frac{\Delta h}{L}Adt \qquad (10\text{-}5)$$

根据水流连续条件，流入量和流出量应该相等，那么

$$-adh = k\frac{\Delta h}{L}Adt \qquad (10\text{-}6)$$

即

$$dt = -\frac{aL}{kA}\frac{dh}{\Delta h} \qquad (10\text{-}7)$$

将等式两边在 $t_0 \sim t_1$ 时间内积分，得

$$\int_{t_0}^{t_1} \mathrm{d}t = -\frac{aL}{kA} \int_{h_1}^{h_2} \frac{\mathrm{d}h}{\Delta h} \qquad (10-8)$$

$$t_1 - t_0 = \Delta t = \frac{aL}{kA} \ln \frac{\Delta h_1}{\Delta h_2} \qquad (10-9)$$

于是，可得土的渗透系数为

$$k = \frac{aL}{A(t_1 - t_0)} \ln \frac{\Delta h_1}{\Delta h_2} \qquad (10-10)$$

10.1.3 渗透系数的影响因素

土的渗透系数受到以下多个因素的影响：

（1）土颗粒的粒径、级配和矿物成分。土中孔隙通道大小直接影响土的渗透性。一般情况下，细粒土的孔隙通道比粗粒土的小，其渗透系数也较小；级配良好的土，粗粒土间的孔隙被细粒土所填充，它的渗透系数比粒径均匀、级配良好的土要小。

（2）土的孔隙比。同一种土，孔隙比越大，则土中过水断面越大，渗透系数也就越大。渗透系数与孔隙比之间的关系是非线性的，与土的性质有关。

（3）土的结构和构造。当土的孔隙比相同时，具有絮凝结构的黏性土，其渗透系数比具有分散结构的大；宏观构造上的成层扁平黏粒土在水平方向上的渗透系数远大于垂直方向上的。

（4）土的饱和度。土中的封闭气泡不仅减小了土的过水断面，而且可以堵塞一些孔隙通道，使土的渗透系数降低，同时可能会使流速与水力坡降之间的关系不符合达西定律。

（5）渗流水的性质。水的流速与其动力黏滞度有关，动力黏滞度越大，流速越小。动力黏滞度随温度的增加而减小，因此温度升高一般会使土的渗透系数增加。

10.2 常水头渗透实验方法

10.2.1 仪器设备

常水头渗透实验装置结构图如图 10-3（a）所示。图 10-3（b）为常用的 70 型渗透仪实物照片。该装置包括：圆柱形试样筒，总高 40 cm，内径 9.44 cm（内截面积 A=70 cm^2）；金属透水板，顶面到圆筒顶面高 32 cm。3 个测压管孔的相邻中心距 L=10 cm。该装置附属仪器包括木锤、秒表、电子秤等。

10.2.2 实验步骤

常水头渗透实验过程如图 10-4 所示。

（1）安装仪器，检查各管与接头处是否漏水，如图 10-4（a）所示。将调节管与供水管相连，由仪器底部充水至水位达到金属透水板顶面，然后放入滤纸，关闭止水夹。

（2）取代表性风干土样 3～4 kg，称重精确至 1.0 g，测定风干含水率。

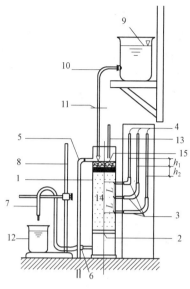
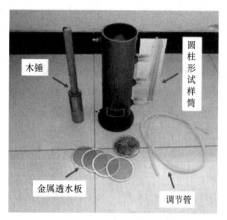

(a) 结构图　　　　　　　　　　　　　(b) 70型渗透仪

1—圆柱形试样筒；2—金属透水板；3—测压孔；4—玻璃测压管；5—溢水孔；6—渗水孔；7—调节管；8—滑动支架；
9—容量为 5 000 mL 的供水瓶；10—供水管；11—止水夹；12—量杯；13—温度计；
14—试样；15—砾石层。

图 10-3　常水头渗透实验装置

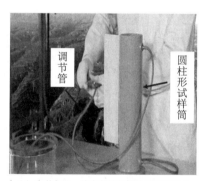

(a) 安装仪器，检查各管与接头处是否漏水　　　(b) 将试样分层装入仪器中

(c) 饱和试样　　　　　　　　(d) 向圆筒顶面供水，形成稳定渗流

图 10-4　常水头渗透实验过程

（3）如图 10-4（b）所示，将试样分层装入仪器中，每层 2～3 cm，用木锤轻轻击实至预定孔隙比。如试样含黏粒较多，应在金属孔板上加铺厚 2 cm 的粗砂作过渡层[见图 10-4（c）]，防止实验时细料流失，并测量过渡层的厚度。每层试样装完后从调节管进水，使试样饱和。饱和时水流不应过急，以免冲动试样。试样最后一层应高出上测压孔 3～4 cm。待最后一层试样饱和后，继续使水位上升至圆筒顶面。将调节管卸下，使管口高于圆筒顶面，观察 3 个测压管水位是否与孔口齐平。

（4）量测试样顶面至筒顶的剩余高度，计算出试样高度。称量剩余土样，计算出装入土（试样）质量，计算试样干密度和孔隙比。

（5）打开供水管的止水夹，向封底金属圆筒顶面供水 [见图 10-4（d）]，使水面始终保持与溢水孔齐平，同时降低调节管高度，形成自上而下的渗流。固定调节管在试样的上 1/3 处。过一段时间以后，3 个上部测压管水位达到稳定值，表明已经形成了稳定的渗流场。

（6）记录 3 个上部测压管水位 H_1、H_2、H_3。则上部测压管和中部测压管的水位差 $h_1=H_1-H_2$，中部测压管和下部测压管的水位差 $h_2=H_2-H_3$。计算渗径长度 $L=10$ cm 的平均水位差 $h_2=(h_1+h_2)/2=(H_1-H_3)/2$。

（7）起动秒表，用量筒接取经过一段时间 Δt 的渗水量 ΔQ，量测渗透水的水温 t。

（8）改变调节管管口至试样的中部和下 1/3 处，达到渗透稳定后，重复步骤（6）、步骤（7），进行 5～6 次平行实验。

10.2.3　实验记录与处理

实验记录表格通过扫描本章末尾二维码获取。获得实验数据后，按下式计算每次量测的水温 t 时的渗透系数 k_t。

$$k_t = \frac{QL}{AHt} \tag{10-11}$$

$$k_{20} = k_t \frac{\eta_t}{\eta_{20}} \tag{10-12}$$

式中：η_t、η_{20} 分别为水温 t 和 20 ℃时水的黏滞系数（扫码获取）；k_t 为水温 t 时试样的渗透系数，cm/s；Q 为时间 t 内的渗透水量，cm^3；L 为两测压孔中心间的试样高度，$L=10$ cm；h 为平均水位差，$h=(h_1+h_2)/2$，cm，如图 10-3 所示；t 为时间，s；k_{20} 为标准温度（20 ℃）时试样的渗透系数，cm/s；η_t 为 t 时水的黏滞系数，kPa·s（10^{-6}）。

10.3　变水头渗透实验方法

10.3.1　仪器设备

改进南 55 型渗透仪如图 10-5 所示。试样高 $L=4$ cm，试样横截面积 $A=30$ cm^2。变水头管的内径根据试样渗透系数选择不同尺寸，长度为 1.0 m 以上，分度值为 1.0 mm。辅助设备：切土器、秒表、温度计、修土刀等。

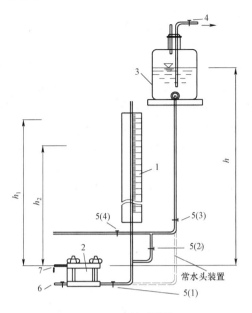
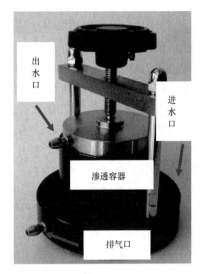

(a) 结构图 (b) 实物图

1—变水头管；2—渗透容器；3—供水瓶；4—接水源管；5—进水管夹；6—排气管；7—出水管子。

图 10-5 改进南 55 型渗透仪

10.3.2 实验步骤

变水头渗透实验过程如图 10-6 所示。

(a) 安装试样

(b) 连接进水管和出水管

(c) 排气嘴出水，排除底部空气

(d) 打开进水管夹开始实验

图 10-6 变水头渗透实验过程

（1）试样制备。变水头渗透实验的试样分原状试样和扰动试样两种，其制备方法分别如下所述。

① 原状试样：根据要测定的渗透系数的方向，用环刀在垂直或平行土层面方向上切取原状试样，试样两端削平即可，禁止用修土刀反复涂抹，然后将其放入饱和器内抽气饱和。

② 扰动试样：当干密度较大（$\rho_d \geqslant 1.40$ g/cm^3）时，用饱和度较低（$\leqslant 80\%$）的土压实或击实办法制样；当干密度较小时，使试样泡于水中饱和后，制成需要的饱和试样。

（2）将盛有试样的环刀套入护筒 [见图 10-6（a）]，装好各部位止水圈。注意试样上下透水石和滤纸按先后顺序装好，盖上顶盖，拧紧顶部螺丝，不得漏水漏气。

（3）把装好试样的渗透仪进水口与水头装置（测压管）相连 [见图 10-6（b）]。注意及时向测压管中补充水源，补水时，关闭进水口。

（4）在试样正式渗透前，先由底部排气嘴出水，排除底部空气 [见图 10-6（c）]，至排气嘴无气泡时，关闭排气嘴，水自下而上渗流，由顶部出水管排水。

（5）打开阀门，开始实验 [见图 10-6（d）]。待出水管水流稳定流出后，记录实验数据。记录实验开始时的上下游水位差 h_1；记录 $t=t_2$ 时，上下游水位差 h_2。改变测压管中水位（由进水管补充水），进行 6 次以上平行实验。同时测量实验开始与终止时的水温 t。

10.3.3　实验记录与数据处理

变水头渗透实验数据记录表格通过扫描本章末尾的二维码获取。按式（10-13）计算渗透系数：

$$k_T = 2.3 \frac{aL}{At} \lg \frac{h_1}{h_2} \tag{10-13}$$

式中：a 为变水头管截面积，cm^2；L 为渗径，等于实验高度，cm；h_1 为开始时水头，cm；h_2 为终止时水头，cm；A 为试样的断面积，cm；t 为时间，s。

按式（10-14）计算标准温度下的渗透系数：

$$k_{20} = k_t \frac{\eta_t}{\eta_{20}} \tag{10-14}$$

式中：k_t 为水温 t 时试样的渗透系数，cm/s；η_{20} 为 20 ℃时水的黏滞系数，kPa·s（10^{-6}）；η_t 为 t 时水的黏滞系数，kPa·s（10^{-6}），取值范围可通过扫码获取。

当测量结果的差别小于 2×10^{-n} m/s 时（n 为渗透系数最大值所在的数量级），可在测得的结果中取 3～4 个在允许差值范围以内的数值求其平均值，作为试样在该孔隙比 e 时的渗透系数。需要指出的是，渗透系数是一种变异性比较大的土体参数，土样在孔隙比、饱和度、孔隙结构上的的微小差异都可能导致其渗透系数发生较大的变化。

10.4　注　意　事　项

（1）两种方法的适用范围。常水头渗透实验适用于粗粒土，变水头渗透实验适用于细粒土，这种规定比较直观（赵成刚 等，2009）。常水头渗透实验适用于渗透系数较大的试样，即 $k=10^{-2} \sim 10^{-3}$ cm/s；变水头渗透实验适用于渗透系数较小的试样，通常 $k=10^{-3} \sim 10^{-6}$ cm/s。也就是说，上述两种方法仅适用于 $k=10^{-2} \sim 10^{-6}$ cm/s。至于渗透性极高和极低的透水性土，需要采用特殊的实验方法或通过间接的推算求取渗透系数。

（2）土样的饱和度越小，土内的残留气体越多，土的有效渗透面积越小。并且当土体饱和度不足时，孔隙气体易于因孔隙水压力的变化而胀缩，造成土样渗透系数发生变化。为了实验准确，要求试样必须充分饱和，排尽土孔隙中的气体。

需特别强调指出：有些实验人员对此问题认识不足，不测定饱和度是否达到要求，这是造成实验结果不稳定的重要原因。因此在进行渗透实验之前，必须测定试样的饱和度。实践证明：真空饱和法是较有效的方法，应按规程规定的饱和方法进行。

（3）变水头渗透实验中每次测得的水头 h_1 和 h_2 的差值应大于 10 cm。对于黏粒含量较高或干密度较大的试样，规定 h_1 和 h_2 经过时间不能超过 3～4 h。若在此时段内 h_1 和 h_2 的差值过小，可改用负压法实验（李广信 等，2013）。实际操作中常采取增加上游水头的方法进行实验。

（4）实验过程中，若发现水流过快或出水口有浑浊现象，应立即检查容器有无漏水或试样中是否出现集中渗流或颗粒流失。若有，应重新制样实验。

（5）应注意渗透实验中的边壁效应。对于粗粒土来说，如果土体颗粒和刚性边壁接触得不够紧密，土体将沿着刚性边壁流动，称之为边壁绕流现象。如果边壁绕流现象严重，将使得土体渗透系数的测量结果偏大。因此，在实验过程中，如果发现边壁绕流现象，则应改用柔性约束的设备（如三轴仪或柔性约束渗透仪）来测量土体的渗透系数。

10.5　常水头渗透实验数据处理的电子表格法

为了方便地进行常水头渗透实验的数据处理，本书作者特意编制了相关的电子表格，见本章电子资源。该表格的主要功能是基于常水头渗透实验数据计算所测土的渗透系数，并根据修正系数计算得到 20 ℃下的渗透系数。

该电子表格界面如图 10-7 所示。该表格具有数据导入、导出、初始化、生成实验报告等

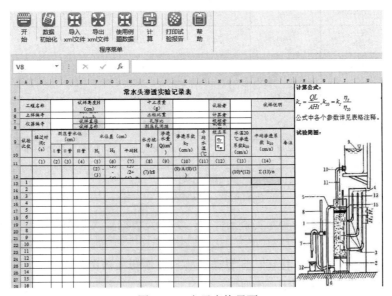

图 10-7　电子表格界面

功能。这些功能的调用方法和之前章节中介绍的方法相同，在此不再赘述。下面举例说明该电子表格的使用方法。

采用用砂质粉土制作的土柱试样开展常水头渗透实验，实验原始数据记录见表 10-1。该土样为饱和土样，直径为 7.52 cm，高度为 20 cm，初始干密度为 1.6 g/cm³。

表 10-1　常水头渗透实验原始数据

实验次数	经时 t/s	测压管水位/cm			渗透水量 Q/cm³	平均水温/℃
		Ⅰ管	Ⅱ管	Ⅲ管		
1	448.95	510	498	466	8.43	20
2	484.782	513	502	472	8.43	20
3	497.15	298	289	260	8.43	20
4	331.12	833	817	763	8.43	20
5	319.80	709	690	643	8.43	20
6	322.80	717	700	652	8.43	20
7	326.81	724	707	662	8.43	20
8	329.05	730	713	668	8.43	20
9	333.02	732	715	672	8.43	20
10	362.03	750	736	694	8.43	20
11	363.10	751	739	701	8.43	20
12	365.65	757	743	704	8.43	20
13	366.54	760	747	708	8.43	20
14	424.69	557	543	513.5	8.43	20
15	429.00	563	550	520	8.43	20
16	431.79	567	554	527	8.43	20
17	500.57	312	304	281	8.43	20
18	506.75	313	306	284	8.43	20

（1）数据导入：在左上角输入实验条件后，将实验数据输入下面的工作表中，如图 10-8 所示。

（2）计算：单击【计算】按钮，计算结果显示在实验报告工作表中，如图 10-9 所示。

（3）完成实验报告，如图 10-10 所示。

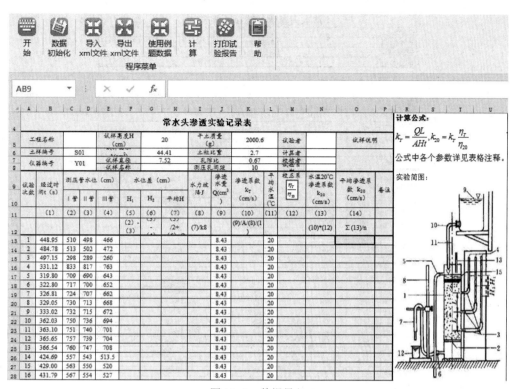

图 10-8　数据导入

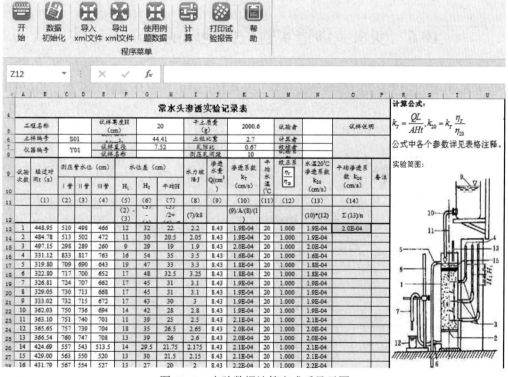

图 10-9　实验数据计算完成后显示图

常水头渗透实验试验报告

工程名称：			
计算者：		审核者：	
计算日期：		审核日期：	
备注：			

基本参数

试样高度(cm)	20	土粒比重	2.67
试样面积(cm²)	44.41	孔隙比(e)	0.68
干土质量(g)	2000.6	测压孔间距(cm)	10

试验数据

经过时间 t（s）	测压I管水位（cm）	测压II管水位（cm）	测压III管水位（cm）	渗透水量 Q(cm³)	平均水温（℃）	水温20℃渗透系数 k_{20}（cm/s）	平均渗透系数k20（cm/s）
448.95	510	498	466	8.43	20	1.9E-04	2.0E-04
484.782	513	502	472	8.43	20	1.9E-04	
497.154	298	289	260	8.43	20	2.0E-04	
331.122	833	817	763	8.43	20	1.6E-04	
319.8	709	690	643	8.43	20	1.8E-04	
322.8	717	700	652	8.43	20	1.8E-04	
326.808	724	707	662	8.43	20	1.9E-04	
329.046	730	713	668	8.43	20	1.9E-04	
333.018	732	715	672	8.43	20	1.9E-04	
362.028	750	736	694	8.43	20	1.9E-04	
363.096	751	740	701	8.43	20	2.1E-04	
365.646	757	739	704	8.43	20	2.0E-04	
366.54	760	747	708	8.43	20	2.0E-04	
424.686	557	543	513.5	8.43	20	2.1E-04	
429	563	550	520	8.43	20	2.1E-04	
431.79	567	554	527	8.43	20	2.2E-04	
500.568	312	304	281	8.43	20	2.4E-04	
506.754	313	306	284	8.43	20	2.6E-04	

图 10-10　生成实验报告

10.6　变水头渗透实验数据处理的电子表格法

为了实现变水头渗透实验后的渗透系数的自动化计算，本书作者特意编制了相应的电子表格，其用户界面如图 10-11 所示。该表格同样具有数据导入、导出、初始化、生成实验报告等功能。下面举例说明该电子表格的使用方法。

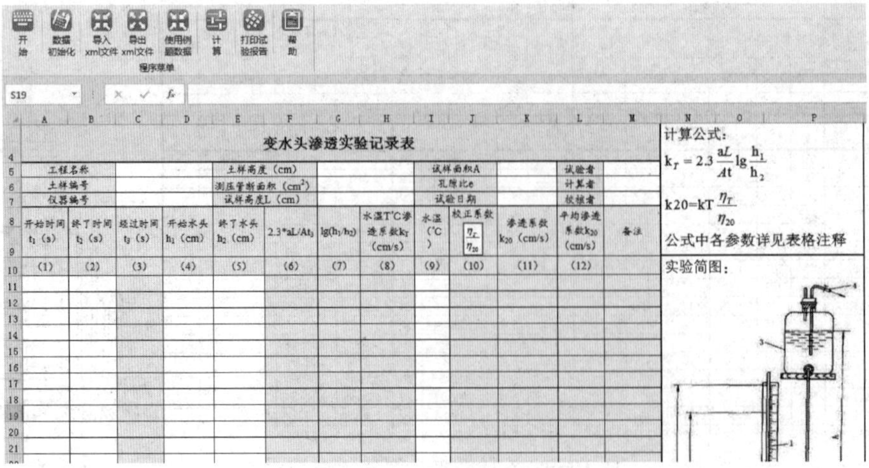

图 10-11　电子表格界面

采用用砂质粉土制作的土柱试样开展变水头渗透实验，实验原始数据记录见表 10-2。该土样为饱和土样，直径为 7.52 cm，高度为 20 cm，初始干密度为 1.6 g/cm^3。

表 10-2　变水头渗透实验原始数据

开始时间 t_1/s	终了时间 t_2/s	开始水头 h_1/cm	终了水头 h_2/cm	水温/℃
0	89	180	100	20
0	1 257	180	120	20
0	1 410	180	120	20
0	1 589	180	120	20
0	1 345	180	110	20
0	1 657	180	100	20

（1）数据导入：在左上角输入实验条件后，将实验数据输入下面的工作表中，如图 10-12 所示。

4	变水头渗透实验记录表							
5	工程名称		土样高度（cm）	4	试样面积A	30	实验者	
6	土样编号	S01	测压管断面积（cm^2）	0.34	孔隙比e	0.67	计算者	
7	仪器编号	Y01	试样高度L（cm）	4	实验日期		校核者	

8–9	开始时间 t_1（s）	终了时间 t_2（s）	经过时间 t_3（s）	开始水头 h_1（cm）	终了水头 h_2（cm）	$2.3*aL/At_3$	$\lg(h_1/h_2)$	水温T℃渗透系数k_T（cm/s）	水温（℃）	校正系数 $\frac{\eta_T}{\eta_{20}}$	渗透系数k_{20}（cm/s）	平均渗透系数k_{20}（cm/s）	备注
10	(1)	(2)	(3)	(4)	(5)	(6)	(7)	(8)	(9)	(10)	(11)	(12)	
11	0	89		180	100				20				
12	0	1257		180	120				20				
13	0	1410		180	120				20				
14	0	1589		180	120				20				
15	0	1345		180	110				20				
16	0	1657		180	100				20				
17													

图 10-12　数据导入

（2）计算：单击【计算】按钮，计算结果显示在实验报告工作表中，如图 10-13 所示。

4	变水头渗透实验记录表							
5	工程名称		土样高度（cm）	4	试样面积A	30	实验者	
6	土样编号	S01	测压管断面积（cm^2）	0.34	孔隙比e	0.67	计算者	
7	仪器编号	Y01	试样高度L（cm）	4	实验日期		校核者	

8–9	开始时间 t_1（s）	终了时间 t_2（s）	经过时间 t_3（s）	开始水头 h_1（cm）	终了水头 h_2（cm）	$2.3*aL/At_3$	$\lg(h_1/h_2)$	水温T℃渗透系数k_T（cm/s）	水温（℃）	校正系数 $\frac{\eta_T}{\eta_{20}}$	渗透系数k_{20}（cm/s）	平均渗透系数k_{20}（cm/s）	备注
10	(1)	(2)	(3)	(4)	(5)	(6)	(7)	(8)	(9)	(10)	(11)	(12)	
11	0	89	89	180	100	0.00117	0.25527	3.0E-04	20	1.000	3.0E-04	1.4E-05	
12	0	1257	1257	180	120	0.00008	0.17609	1.5E-05	20	1.000	1.5E-05		
13	0	1410	1410	180	120	0.00007	0.17609	1.3E-05	20	1.000	1.3E-05		
14	0	1589	1589	180	120	0.00007	0.17609	1.2E-05	20	1.000	1.2E-05		
15	0	1345	1345	180	110	0.00008	0.21388	1.7E-05	20	1.000	1.7E-05		
16	0	1657	1657	180	100	0.00006	0.25527	1.6E-05	20	1.000	1.6E-05		

图 10-13　实验数据计算完成后显示图

（3）完成实验报告，如图 10-14 所示。

变水头渗透实验试验报告

工程名称:				
计算者:		审核者:		
计算日期:		审核日期:		
备注:				

基本参数

试样高度(cm)	4	试样面积A (cm²)	30	
测压管断面积(cm²)	0.34	孔隙比(e)	0.67	

试验数据

开始时间t₁ (s)	终了时间 t₁ (s)	开始水头 h₁ (cm)	终了水头 h₁ (cm)	水温(℃)	渗透系数 k₂₀ (cm/s)	平均渗透系数 k₂₀ (cm/s)
0	89	180	100	20	3.0E-04	1.4E-05
0	1257	180	120	20	1.5E-05	
0	1410	180	120	20	1.3E-05	
0	1589	180	120	20	1.2E-05	
0	1345	180	110	20	1.7E-05	
0	1657	180	100	20	1.6E-05	

图 10-14　生成实验报告

10.7　习　　题

1. 渗透系数的测量精度要求是多少？
2. 对于粉土，应该采用何种方法测量其渗透系数？
3. 当土体被压密后，其渗透系数会发生何种变化，为什么？
4. 简述达西定律的原理和适用条件。

为方便读者学习本章内容，本书提供相关电子资源，读者通过扫描右侧二维码即可获取。

扫码，获取本章电子资源

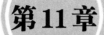

第11章

非饱和土土水特征曲线的测量

在非饱和土力学中，常用土水特征曲线来描述土体的持水能力，该曲线反映土体含水率随土体吸力改变的过程。和自由水有所不同，土中孔隙水会受到一定的束缚，其束缚程度的强弱，可以采用自由能来描述。如果孔隙水受到的束缚越强，其自由能状态越低，越难以丧失。

除吸附作用外，孔隙水受到的束缚主要有两个影响因素，即孔隙水溶液的浓度和孔隙水所在孔隙的大小。为此，特定义了两种不同的吸力来描述这两者对孔隙水自由能的影响。

（1）渗透吸力 ψ_o。

ψ_o 由土体中可溶性物质引起，和溶质浓度成正比。土壤中总是存在一些矿物质，因此其渗透吸力总是存在。对于常规土壤，其土壤水渗透吸力为 $100\sim300$ kPa，对于盐渍土等可溶性物质多的土壤，其孔隙水渗透吸力和孔隙水中的盐分摩尔浓度成正比，可达 $1\sim10$ MPa 以上。

（2）基质吸力 ψ。

如果将土体孔隙等效成毛细管束，则其孔隙半径越小，孔隙水受到的束缚越强，基质吸力越高。由开尔文公式可知：基质吸力和毛细管束的半径呈反比的关系，即管径减少 10 倍，基质吸力增大 10 倍。在数值上，ψ 等于孔隙气压力和孔隙水压力的差值，也常记为 s。

为了综合描述孔隙水所受到的束缚作用，特定义了土体的总吸力 ψ_t，它代表土体中水分自由能的状态。当土体达到残余阶段之前，无须考虑结合水所受到的吸附作用，ψ_t 在数值上近似等于 ψ_o 和 ψ 之和。

因此，随着吸力的不同，土体中孔隙水赋存状态不同，其总含水率不同。特将土体中含水率-吸力关系定义为土水特征曲线。其中含水率可用饱和度、体积含水率等其他描述水分含量的物理量代替。类似地，吸力也可用相对湿度等其他描述孔隙水自由能状态的物理量代替。

图 11-1 是常用的土水特征曲线。土水特征曲线分为脱湿曲线和吸湿曲线两种。从饱和状态开始，在土样含水率逐步降低的过程中获得的关系曲线为脱湿曲线；从较低含水率状态开始，在土样含水率逐步增加的过程中获得的关系曲线为吸湿曲线。

脱湿曲线和吸湿曲线存在较大的区别。在自然条件下吸湿，一般当基质吸力降低为 0 时，土体饱和度很难达到 1。尤其是黏土，其吸湿曲线最终饱和度甚至会低于 0.9。这也是为什么饱和土样的制备需要采取抽真空或反压等手段的原因。在非饱和土的工程应用和研究中，应根据实际工程的需要，选择合适的吸湿或脱湿路径来进行土水特征曲线的测量。

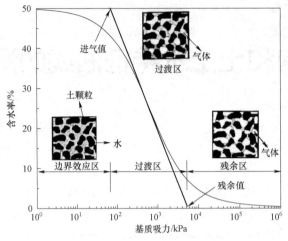

图 11-1　常用的土水特征曲线

测量土水特征曲线有以下两种不同的思路。

（1）控制吸力的土水特征曲线测量方法。

该方法通过控制土样的吸力，待土样达到平衡态后测量土样的含水率或饱和度，从而建立二者的对应关系。目前控制非饱和土吸力的方法共有 3 种，见表 11-1。其中，最常用的是轴平移技术，通常又被称为压力板法，它可用来测量土体在饱和度较高情况下的土水特征曲线。

表 11-1　控制非饱和土吸力的 3 种方法

测量方法	控制方式	控制范围/kPa	方法简介
压力板法	土样基质吸力=气压-水压	0~1 500	分别控制高进气值陶土板两侧的气压和水压，其差值即为基质吸力
渗析法	土样基质吸力=溶液渗透吸力	500 以上	通过半透膜，使得土样中的基质吸力和高分子溶液（如聚乙烯溶液）的渗透吸力达到平衡主要缺点：平衡时间较长，半透膜易损坏
湿度法	土样总吸力=溶液渗透吸力	1 500 以上	通过密闭空间中的水蒸气交换，使得土样中的总吸力和盐溶液的渗透吸力达到平衡主要缺点：平衡时间较长，控制精度较低

（2）监测吸力的土水特征曲线测量方法。

该方法可用于直接测量平衡态下的土样吸力，并采用烘干法测量或通过质量变化计算得到土样的含水率，以便得到二者的对应关系。测量非饱和土吸力的方法多种多样，其中主要的方法见表 11-2，应用较广的是张力计法和滤纸法。另外，当土样较干时（吸力超过 1 MPa），不少学者采用露点水势仪来测量土样的总吸力。

表 11-2　测量非饱和土吸力的常用方法

测量方法	类型	范围/kPa	优缺点
张力计法	基质吸力	0~100	优点：无须率定，测量迅速而准确，读数方便 缺点：有气蚀现象，测量范围受陶瓷头测量范围限制，且陶瓷头易裂开
电/热传导传感器法	基质吸力	0~1 500	优点：自动采集数据，输出稳定，比较准确 缺点：无法用于瞬流监测，高吸力平衡时间长，陶瓷探头易裂
滤纸法	基质吸力 总吸力	全范围	优点：价格便宜，方法简单，测量范围较大 缺点：平衡时间长，接触式测量时滤纸可能与土样接触不良
湿度计法	总吸力	100~8 000	优点：测量迅速而准确 缺点：率定复杂，要求严格的恒温环境
露点水势仪法	总吸力	0~300 000	优点：测量迅速，5 min 可测量总吸力，适用于测量高吸力

本章分别介绍压力板法、滤纸法和露点水势仪法这 3 种常用的土水特征曲线测量方法。

11.1　压 力 板 法

11.1.1　测量原理

在大气压力下，非饱和土试样的孔隙水压力 u_w 是负值。水室中的水压力如果是负压，水会汽化，即原本溶解在水中的空气，由于压力降低而释放出来变成气泡，从而影响水压力的量测。只要吸力不变，非饱和土性质就不变。基质吸力 $\psi = u_a - u_w$，压力板法测量原理图和测量装置示意图如图 11-2 所示，同时增加孔隙气压 u_a 和孔隙水压力 u_w，使试样中的应力状态变量保持不变，进而可以解决孔隙水压力量测的气蚀问题。也就是说，压力板法将实际 $u_a=0$，$u_w<0$ 的问题转化为控制 u_a 并使 $u_w \geqslant 0$ 的问题。这个技术最初是由 Hilf（1956）提出的，压力板法是在不排水条件下人为地提高孔隙气压，相应的孔隙水压力随之平移提高，而两者之间的差值即基质吸力保持不变。

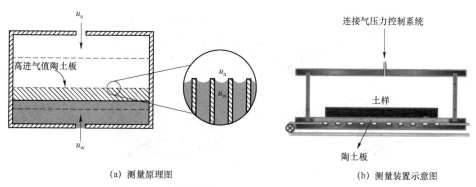

(a) 测量原理图　　　　　　　　　　　(b) 测量装置示意图

图 11-2　压力板法测量原理图和测量装置示意图

借助于陶土板，可以实现独立控制土样中的孔隙气压和孔隙水压力的目的，从而可以自由调节土体中的基质吸力。如图 11-3 所示，压力板仪是一种采用了轴平移技术的仪器，它通过控制试样的孔隙气压和孔隙水压力的差值达到控制吸力的目的。

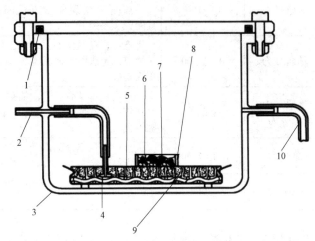

1—气压密封垫；2—出流管；3—压力容器；4—出露杆；5—陶瓷板上面的孔隙；6—水膜；7—放大了的土颗粒；8—环刀；9—高进气值陶土板；10—与可控的气压施加装置相连。

图 11-3　压力板仪示意图

11.1.2　仪器设备

采用压力板法时所需要的主要仪器设备包括压力板仪、超纯水机、扳手、空压机等。如图 11-4 所示，由美国 SoilMoisture 设备公司生产的压力板仪，主要包括压力表、进气阀门、压力室、集水瓶。压力室由不锈钢土样室、顶盖、螺栓和陶土板组成。不锈钢土样室、顶盖和螺栓组成密封空间，以保证压力室内施加的气压不变。陶土板是轴平移技术的关键构件，起到排水隔气的作用。此仪器中，陶土板为独立配件，更换方便。根据实验土样的种类和实验方法，可选用 1 bar、3 bar、5 bar 或 15 bar 进气值的陶土板（1 bar 等于一个大气压，约为 101 kPa）。受陶土板进气值的限制，该仪器最大气压为 1 500 kPa。实验之前，陶土板要充分饱和，以便在实验过程中水能够自由地通过陶土板。一般土力学实验室中由空压机提供的气源最大压力为 800 kPa，如需施加大于 800 kPa 的气压，需借助增压器，以提高气源压力的范围。

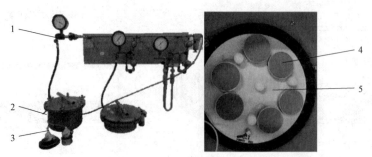

1—进气阀门；2—压力室；3—集水瓶；4—土样；5—陶土板。

图 11-4　压力板仪

压力板上有两个进气阀门，一个连接低量程气压表（0～500 kPa），精度为 2 kPa；另一个连接高量程气压表（0～1 500 kPa），精度为 10 kPa。根据欲施加的目标基质吸力，选择合适的压力室及气压表。

11.1.3　实验步骤

压力板法实验流程如图 11-5 所示，包括以下步骤：

（1）饱和陶土板。陶土板应先在实验用水中浸泡 1 h，然后在 75 kPa 负压下抽气饱和至少 24 h，直到板面不再有气泡析出。

（2）在 3 个不同位置处测量环刀的内径和高度，要求测量误差小于 0.1 mm，取平均值作为环刀的内径和高度。称量并记录环刀的质量 m_1，精确到 0.01 g。

（3）应参照《土工试验方法标准》（GB/T 50123—2019）4.4 节的规定制备扰动土样，按 4.5 节的规定制备原状土样。

（4）按照《土工试验方法标准》（GB/T 50123—2019）4.6 节的规定对试样进行饱和，如图 11-5（a）所示。

（5）将饱和陶土板置于压力室中，与排水管相连。用脱气水饱和排水管及排水管与陶土板之间的所有连接。用量筒收集排水管导出的水，并测量其体积，精度应为 0.1 mL 或更高。

（6）将装有试样的环刀置于陶土板上 [见图 11-5（b）]，稍加压力并旋转约 45°，以确保试样与陶土板之间有良好的接触。试样应间隔放置以避免接触。密封压力室 [见图 11-5（c）]，让试样平衡至少 48 h。在 48 h 结束后，记录量筒内水的体积。

（7）平衡后，调节压力源施加吸力。第一级吸力不应超过土样预计进气值的一半，并维持吸力直至吸力达到平衡。

（a）饱和试样

（b）将试样放在陶土板上

（c）密封压力室

（d）称量平衡后的试样

图 11-5　压力板法实验流程

（8）若压力室中仅放置一个土样，则在吸力平衡后可直接根据量筒所测试样排水量计算平衡时土样的含水率。若压力室中放置多个土样，则在吸力平衡后应用夹子夹紧排水管防止回流，卸载压力室内的压力，打开压力室，快速从陶土板上取出环刀样，立即称量环刀和试样的总质量 m_2 ［见图 11-5（d）］。

（9）称量结束后，将环刀样迅速放回至陶土板上，并稍加压力将每个环刀样旋转约 45°，以确保良好的接触。关闭并密封压力室，迅速加载至下一级吸力，然后取下排水管上的夹子，直至吸力平衡。重复此过程，直至施加完成所有预定吸力为止。

（10）本实验中判断吸力达到平衡的标准为：当吸力为 0～500 kPa 时，测量排出水体积，直到 24 h 内排出水的体积小于 0.1 mL 为止，视为吸力达到平衡；当吸力为 500～1 000 kPa 时，测量排出水体积，直到 48 h 内排出水的体积小于 0.1 mL 为止，视为吸力达到平衡；当吸力大于 1 000 kPa 时，测量排出水体积，直到 96 h 内排出水的体积小于 0.1 mL 为止，视为吸力达到平衡。

（11）实验结束后，将试样取出，采用烘干法将试样烘干，并称量烘干后的试样质量 m_3，按照《土工试验方法标准》（GB/T 50123—2019）第 5 章所列方法测定其含水率。

11.1.4　实验记录及结果整理

获得实验数据后，按照式（11-1）计算基质吸力：

$$\psi = u_a - u_w \qquad (11-1)$$

式中：ψ 为土样对应的基质吸力；u_a 为孔隙气压；u_w 为孔隙水压力。按照式（11-2）计算试样的含水率：

$$w = \frac{m_2 - m_3}{m_3 - m_1} \times 100\% \qquad (11-2)$$

式中：w 为试样的含水率；m_1 为环刀质量；m_2 为试样平衡后的质量；m_3 为试样烘干后的质量。

最后根据土样的含水率和基质吸力绘制实验土的土水特征曲线。

11.1.5　注意事项

（1）压力板法要求土壤中的孔隙水和陶土板中孔隙水连通，从而保证二者的孔隙水压力相等，能够自由流通。因此为了保证这一点，需要满足以下条件：① 试样中的孔隙水必须处于联通状态，即土样饱和度需高于残余饱和度；② 实验前保证陶土板充分饱和、其孔隙中充满的是孔隙水，而不是孔隙气泡；③ 实验过程中必须将试样和陶土板紧贴，保持试样中孔隙水和陶土板中孔隙水之间的联通状态。

（2）实验中所施加的基质吸力，即气压和水压差，不能超过陶土板的进气值。当所施加的气压超过陶土板的进气值时，空气就会穿过陶土板而进入到吸排水量测系统中，使实验所得数据失真。

（3）实验结束后，从底座的凹槽中取出陶土板，并在陶土板的两面均匀地涂上滑石粉，将其放在阴凉处自行干燥，不得放在阳光下暴晒，否则陶土板会因为不均匀干燥而出现裂痕甚至发生损坏。

11.1.6　应用实例

本案例采用压力板法进行青海粉质黏土高饱和度区的土水特征曲线测量,具体流程如下。

（1）制作环刀试样,共制作 2 个平行试样。该土样为饱和试样,直径为 61.8 mm,高度为 20 mm,初始干密度为 1.58 g/cm³。

（2）采用压力板法分别测量 2 个土样脱湿过程中的基质吸力与含水率 w 的对应关系。取 2 个试样的平均值作为最终实验结果,见表 11-3。

表 11-3　压力板法实验数据

孔隙气压 u_a/kPa	孔隙水压力 u_w/kPa	基质吸力 u_a-u_w/kPa	平衡后质量 m	土样含水率 w
0	0	0	166.50	26.40
4	0	4	166.48	26.21
10	0	10	166.30	20.67
20	0	20	160.88	14.41
50	0	50	154.77	10.97
100	0	100	151.42	7.12
300	0	300	147.66	5.83
500	0	500	146.39	5.11
700	0	700	145.69	4.63
900	0	900	144.87	4.27
1 300	0	1 300	144.61	4.00

（3）数据处理。

将实测数据代入式（11-1）、式（11-2）可计算得到土样的基质吸力及含水率,然后将基质吸力和含水率的数据点连线,即为该土的土水特征曲线,如图 11-6 所示。

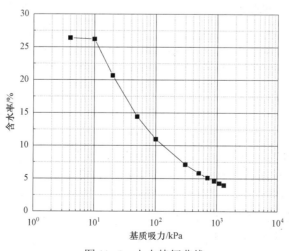

图 11-6　土水特征曲线

11.2 滤　纸　法

11.2.1　测量原理

　　滤纸法是将实验滤纸用作被动传感器，以评估土体基质和总电位，这是一种测量孔隙水自由能或土体基质施加在孔隙水上的拉应力的方法。采用滤纸测量土样的基质吸力技术起初主要应用于农业和土体科学，其操作方便、造价低廉，是一种普遍适用且准确度较高的方法。

　　滤纸法分为接触式滤纸技术和非接触式滤纸技术，均是确定非饱和土吸力的间接方法，即通过测量从非饱和土样向初始干燥滤纸转移水的量，间接确定土样的吸力值。采用这两种方法，均需要测量平衡状态滤纸的质量含水率，并通过预先测定的滤纸校准曲线确定出对应的吸力值。

　　图 11-7（a）、(b）分别为采用接触和非接触式滤纸技术测量基质吸力和总吸力时所常用的实验设备结构示意图。当采用非接触式滤纸技术实验时，需要把滤纸放在土样上方，以便滤纸吸收蒸汽。达到平衡状态时，被滤纸吸收的水量与土样孔隙气体的相对湿度、对应的总吸力成一定的函数关系。当采用接触式滤纸技术实验时，需要把滤纸放置在土样之中，使其与土样直接接触，或将 3 层滤纸置于土样底面。由土样直接转移到滤纸中的水量受毛细作用和土颗粒表面吸附力的控制，土体基质吸力包含了这两种作用。通常情况下，需要把 3 张滤纸叠加在一起，上下两张滤纸可起保护作用，以免中间用于测量的那张滤纸受到污染。

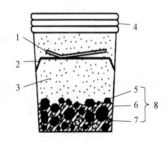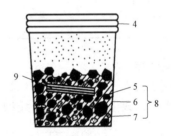

(a) 用于总吸力测量的非接触式滤纸技术　　　　(b) 用于基质吸力测量的接触式滤纸技术

1—滤纸；2—塑料网罩；3—土样上方的孔隙水蒸气；4—密封的玻璃瓶；5—土中固体物质；
6—孔隙水；7—孔隙气体/水蒸气；8—非饱和土样；9—滤纸"堆"。

图 11-7　滤纸技术常用设备示意图

11.2.2　仪器设备

　　采用滤纸法实验时所需要的主要仪器设备如图 11-8 所示：

　　（1）Whatman 42 号滤纸；定性滤纸；分析天平（精度为 0.1 mg）；烘箱，温度控制在（105±0.5）℃。

　　（2）恒温箱，温度控制在（25±0.5）℃。

　　（3）密封玻璃罐：高度为 12.5 cm，直径为 11.3 cm，体积为 750 cm^3。

　　（4）其他仪器：镊子、温度计、橡皮手套、绝缘胶带、铝块、保鲜袋等。

(a) Whatman 42号滤纸

(b) 定性滤纸

(c) 分析天平

(d) 烘箱

图 11-8　滤纸法实验设备

11.2.3　标定滤纸含水率−基质吸力关系曲线

滤纸法率定曲线的准确性直接影响到滤纸法测量吸力的实验结果，在进行滤纸法实验前，需要预先标定出滤纸含水率−基质吸力关系曲线，主要有两种方法，如图 11-9 所示。一种方法是利用已知渗透吸力的盐溶液与滤纸达到平衡时的含水率来加以建立；另一种方法则是采用轴平移技术得到不同基质吸力的滤纸，然后测量其质量。

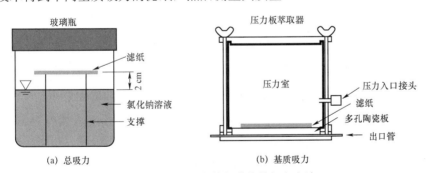

(a) 总吸力　　　　　　　　　　(b) 基质吸力

图 11-9　滤纸土水特征曲线的标定方法

采用如图 11-4 所示的压力板仪进行滤纸土水特征曲线的标定，其实验主要步骤如下：

（1）将饱和的 Whatman 42 号滤纸夹于两层普通滤纸之间，放于压力板仪中的陶土板之上并压紧。

（2）采用轴平移技术按照吸力分级方案施加基质吸力。

（3）待滤纸达到吸力平衡后，其含水率达到稳定状态，取出滤纸测量其质量。由于滤纸质量非常敏感，因此应立刻取出滤纸，并采用精度为 0.000 1 g 的高精度分析天平进行称量。

（4）为防止滤纸被污染，将其放置于打开盒盖的铝盒中，并放入 105 ℃烘箱中烘干。滤纸烘干后，将铝盒盒盖盖紧继续烘 30 min，然后取出铝盒放于装有干燥剂的密封袋中，再放于干燥器中冷却 1 min，防止铝盒热量变化对称量的影响。最后称量铝盒与滤纸的总质量，然后将滤纸倒出，单独称量热铝盒的质量，二者的差值为滤纸的干质量。

（5）基于以上质量测量结果，计算滤纸含水率。

（6）重复步骤（1）～（5），得到不同基质吸力条件所对应的滤纸含水率，即为滤纸含水率-基质吸力关系曲线。

在滤纸法的标定和使用过程中，应立即测量滤纸质量，一般认为 3～5 s 内测量结果比较准确。如果测量时间较长，可因为吸水或蒸发因素，导致所测得的质量和实际情况存在较大的偏差。

图 11-10 为两种不同批次 Whatman 42 号滤纸的含水率-基质吸力关系标定结果，相应的公式如下：

$$\lg \psi = -0.067\,3w + 4.900\,0, \qquad w < 47\% \tag{11-3}$$

$$\lg \psi = -0.022\,9w + 2.909\,0, \qquad w \geqslant 47\% \tag{11-4}$$

$$\lg \psi = -0.037\,0w + 3.982\,5, \qquad w < 59.5\% \tag{11-5}$$

$$\lg \psi = -0.011\,2w + 2.442\,3, \qquad w \geqslant 59.5\% \tag{11-6}$$

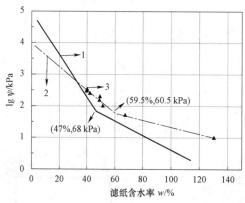

1—L. D. Suits 等的标定曲线（Suits et al., 2002）；2—根据实测数据拟合得到的标定曲线；3—采用压力板仪实测的数据。

图 11-10　标定得到的 Whatman 42 号滤纸的土水特征曲线

11.2.4　实验步骤

滤纸法的实验流程如图 11-11 所示，包括以下主要实验步骤。

（1）参照《土工试验方法标准》（GB/T 50123—2019）4.4 节的规定制备扰动土样，按 4.5 节的规定制备原状土样。

（2）按照《土工试验方法标准》（GB/T 50123—2019）4.6 节的规定对试样进行饱和处理［见图 11-11（a）］，并风干至不同饱和度［见图 11-11（b）］。

（3）将滤纸放入烘箱中，在（110±1）℃条件下烘烤至少 12 h。烘干后将其置于干燥器内存储待用。

（4）将制备好的土样置于密闭容器中，土样应尽量填满整个密闭容器，以缩短平衡时间，并减小密闭容器中空气里的水蒸气对土样吸力的影响。

（5）用非接触法测量总吸力。在土样上方放置由金属网、O 形环等憎水材料做成的悬空支架，用镊子从干燥器内取出两片滤纸并快速放置在支架上，避免滤纸和土样直接接触。

（6）用接触法测量基质吸力。将 3 张一叠的滤纸夹在 2 个平行土样之间［见图 11-11（c）］。中间滤纸的直径应比外层滤纸的直径至少小 3～4 mm，以确保测量基质吸力的中间滤纸不受污染。

（7）将试样进行密封处理［见图 11-11（d）］，用胶带封口，置于隔热箱内进行吸力平衡［见图 11-11（e）］。隔热箱内的温度变化应在 ±1 ℃以内，环境温度一般设置为 20 ℃。吸力平衡时间至少为 7 d。

(a) 饱和试样

(b) 具有不同饱和度的试样

(c) 放置滤纸（接触式滤纸法）

(d) 密封试样

(e) 养护试样

(f) 称量湿滤纸+冷铝盆的质量

图 11-11　滤纸法实验流程

（8）待吸力平衡之后，首先称量冷铝盒质量 M_1，将盛有土样的密闭容器移出隔热箱并打开，迅速用镊子将实验滤纸夹到称量盒中，应取 3 层滤纸中的中间层滤纸进行测量。整个过程应在 3～5 s 内完成。

（9）用天平快速称量装有湿滤纸的称量盒的质量 M_2［见图 11-11（f）］，精确至 0.1 mg。

（10）将装有滤纸的称量盒敞口放置在烘箱内烘干至少 2 h。

（11）烘干后，立即用天平称量装有干滤纸的称量盒的质量 M_3，精确至 0.1 mg。取出滤纸，称量热铝盒的质量 M_4，精确至 0.1 mg。

（12）从密闭容器中取出土样，按照《土工试验方法标准》（GB/T 50123—2019）5.2 节所列方法测量土样的含水率 w_s。

11.2.5 实验记录及结果整理

滤纸法实验数据记录表见电子资源。在获得实验数据后，即可进行数据整理。

（1）计算滤纸含水率：

$$w_f = \frac{(M_2 - M_1) - (M_3 - M_4)}{M_3 - M_4} \times 100\% \tag{11-7}$$

式中：w_f 为滤纸含水率；M_1 为冷铝盒质量；M_2 为冷铝盒+湿滤纸质量；M_3 为热铝盒+干滤纸质量；M_4 为热铝盒质量。

将计算得到的滤纸质量含水率代入式（11-5）、式（11-6）中即可得到对应的基质吸力 ψ。

（2）计算试样的质量含水率：

$$w_s = \frac{m_2 - m_3}{m_3 - m_1} \times 100\% \tag{11-8}$$

式中：w_s 为试样的质量含水率；m_1 为环刀质量；m_2 为试样平衡后的质量；m_3 为试样烘干后的质量。

（3）根据试样的质量含水率 w_s 和试样平衡的滤纸含水率对应的基质吸力 ψ 绘制该实验土的土水特征曲线。

11.2.6 应用实例

本案例采用滤纸法进行青海粉质黏土的土水特征曲线测量。

（1）采用青海粉质黏土制作环刀试样，共制作 13 个实验土样。土样均为饱和试样，直径为 61.8 mm，高度为 20 mm，初始干密度为 1.58 g/cm³。

（2）将 13 个土样分别风干至不同的含水率，然后贴紧滤纸，按照 11.2.4 节中介绍的步骤，进行土样养护和滤纸法测量。

（3）针对 13 个土样，分别采用滤纸法进行测量，其原始实验数据见表 11-4。

表 11-4 滤纸法土水特征曲线测量数据记录表

编号	M_1/g	M_2/g	M_3/g	M_4/g	w_f/%	ψ /kPa	w/%
1	33.614 2	33.868 4	33.606 7	33.832 3	12.7	3 261.7	4.3
2	33.769 4	34.036 5	33.765 5	33.993 9	16.9	2 267.6	5.8

编号	M_1/g	M_2/g	M_3/g	M_4/g	w_f/%	ψ/kPa	w/%
3	35.079 2	35.353 4	35.075 8	35.303 9	20.2	1 716.8	8.0
4	24.417 4	24.702	24.415 4	24.650 1	21.3	1 569.8	11.6
5	24.747 1	25.040 1	24.744 3	24.972 2	28.6	842.5	13.8
6	34.922 6	35.221 3	34.922 6	34.145 8	33.8	538.2	16.5
7	34.840 9	35.145 7	34.840 9	35.067 3	34.6	502.6	17.7
8	33.440 7	33.762 8	33.440 7	33.664 3	44.1	225.2	22.2
9	33.660 9	33.997 5	33.660 9	33.884 1	50.0	135.7	22.5
10	24.350 5	24.723 8	34.350 5	34.576 4	65.3	52.2	25.0
11	24.642 9	25.107 5	24.642 9	24.871 9	102.9	20.0	27.4
12	23.299 2	23.842 7	23.299 2	23.524 3	141.1	7.5	29.7
13	24.159 4	24.778 8	24.159 4	24.386 1	173.2	3.3	33.5

（4）表 11-4 中的 w_f 为滤纸的含水率，将其代入其标定曲线，即式（11-3）～式（11-5），可得滤纸的基质吸力。同时，基于表 11-4 中的实验数据，可计算土样含水率。由于滤纸的基质吸力和土样的基质吸力相同，因此基于不同测点的滤纸测量获得的基质吸力和土样含水率，即可绘制出该土样的土水特征曲线，如图 11-12 所示。

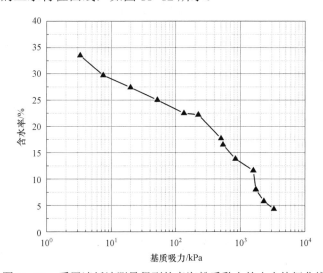

图 11-12　采用滤纸法测量得到的青海粉质黏土的土水特征曲线

11.3　露点水势仪法

当土样较干时，可采用露点水势仪 WP4 来测量土样的总吸力，其测量误差一般在 $100\sim$ $500\,kPa$。张悦等人（2019）的测量结果表明：露点水势仪的测量结果在高吸力段的相对测量误差较小，普遍在±1%，最大不超过±5%；但是当吸力降至 1 MPa 以下时，相对测量误差急剧变大。因此，露点水势仪不可用于低吸力条件下的总吸力测量。

11.3.1 测量原理

露点水势仪 WP4 是一种通过测量土样周围的露点温度来计算土样总吸力的装置。该装置采用冷镜传感技术测量潮湿、封闭环境中的露点温度。Gee 等人（1992）对冷镜传感系统在吸力测试中的应用进行了介绍。冷镜传感技术是一种冷镜传感测量系统，它包含了一个热电冷却反射面，通常是一个金属镜面。当温度达到某一个值时，封闭中的水蒸气在镜面上凝结，系统中的发光二极管将发射一束光到镜面上，并被镜面反射到光电探测器上。当金属镜面被冷却到露点温度时，将有水凝结在镜面上，镜面反射出来的光束分散，光电探测器所接收到的光束强度也随之减弱。冷镜传感技术原理示意图如图 11-13 所示。

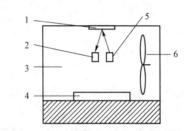

1—冷镜；2—光电探测器；3—传感器室；4—土样；
5—发光二极管；6—风扇。

图 11-13　冷镜传感技术原理示意图

在密闭空间中，如果土样周围的相对湿度和土样的总吸力达到了平衡，利用露点水势仪测量出环境的露点温度，就可以确定空气中的相对湿度，进而计算得到土样的总吸力，相应的计算公式如下：

$$\psi_t = -\frac{RT}{M}\ln H \qquad (11-9)$$

$$H = \frac{u_v}{u_{v,sat}} \qquad (11-10)$$

$$u_v = \exp\left(\frac{4\,700 - 16.78T_d}{36 - T_d}\right) \qquad (11-11)$$

$$u_{v,sat} = 0.611\exp\left(17.27\frac{T - 273.2}{T - 36}\right) \qquad (11-12)$$

式中：ψ_t 为总吸力；R 为气体常数，为 8.314 32 J/（mol·K）；T 为环境温度，采用热力学温度计算；M 为水的摩尔质量；H 为空气中的相对湿度；u_v 为空气中的水蒸气压；$u_{v,sat}$ 为当前环境温度 T 条件下的饱和蒸汽压；T_d 为露点温度，可由 WP4C 型露点水势仪测量得到。

11.3.2 仪器设备

采用露点水势仪法实验时所需要的主要仪器设备如图 11-14 所示，包括：

（1）美国 Decagon 公司生产的 WP4C 型露点水势仪；

（2）定制模具，试样高度为 0.5 cm，直径为 3.5 cm，略小于样品盒内径，样品盒内径为 3.8 cm。

(a) 露点水势仪

(b) 定制模具

图 11-14　露点水势仪法实验设备

11.3.3　实验步骤

露点水势仪法实验流程如图 11-15 所示，实验步骤如下所述。

（1）仪器标定。准备 20 ℃下如表 11-5 所列浓度的氯化钠或氯化钾溶液，将已知吸力的不同浓度的溶液依次放入试样盒中，测定溶液的吸力值，将显示值与真实值进行对比，数据处理时用标定曲线校正实验值。溶液的浓度和其吸力关系见表 11-5。

表 11-5　氯化钠和氯化钾溶液的水势（渗透吸力）　　　　单位：MPa

浓度/（mol/kg）	氯化钠溶液的水势	氯化钾溶液的水势
0.05	−0.232	−0.232
0.10	−0.454	−0.452
0.20	−0.901	−0.888
0.30	−1.349	−1.326
0.40	−1.793	−1.760
0.50	−2.242	−2.190
0.60	−2.699	−2.622
0.70	−3.159	−3.061
0.80	−3.618	−3.501
0.90	−4.087	−3.931
1.00	−4.558	−4.372

(a) 仪器预热

(b) 准备土样

(c) 放入试样

(d) 烘干后的土样

图 11-15　露点水势仪法实验流程

（2）开机预热 15～30 min，如图 11-15（a）所示。选择快速测量模式，把准备好的样品放置到样品盒内，检查样品盒的上边缘，确保没有样品残留。由于露点温度的测量对环境温度和湿度都极为敏感，因此样品和装置的温度应该保持一致。理想情况下，试样温度 T_s 和设备温度 T_b 之差应该小于 0.5 ℃。如果样品与 WP4C 腔体内的温差显示为正数，应立即取出样品，否则可能会导致腔室内出现冷凝，并对随后的读数产生不利的影响。

（3）制备土样，如图 11-15（b）所示。应参照《土工试验方法标准》（GB/T 50123—2019）4.4 节的规定制备扰动土样。

（4）将土样放置于样品杯中，如图 11-15（c）所示，然后将其推至 WP4C 型露点水势仪内部的腔室中，开始测量。将 WP4C 型露点水势仪的旋钮转到 READ 位置，仪器将发出一次哔哔声，绿灯将闪烁一次，表示读数循环已开始。大约 40 s 后将显示第一个测量值。当仪器完成循环读取后，将显示总吸力，并伴有 LED 灯闪烁。

（5）由于 WP4C 型露点水势仪测定的吸力波动较大，每次测量的结果并不相同。因此应该连续测读 10 次，取其平均值作为土样的总吸力。

（6）读数完毕后，将样品从 WP4C 型露点水势仪中内取出，采用烘干法测定其对应的烘干含水率，烘干后的土样如图 11-15（d）所示。

11.3.4　实验记录及结果整理

露点水势仪实验记录见电子资源，通过实验数据可以直接获得总吸力的平均值 ψ_t。

可按照下式计算土样的含水率：

$$w = \frac{m_2 - m_3}{m_3 - m_1} \times 100\% \tag{11-13}$$

式中：w 为土样的含水率；m_1 为铝盒质量；m_2 为铝盒+土样质量；m_3 为铝盒+烘干土样的质量。

最后根据土样的含水率 w 和该含水率对应总吸力平均值 ψ_t 绘制该实验土的土水特征曲线。

11.3.5　注意事项

（1）试样盒及试样表面应平整、无浮尘无裂缝，否则会污染仪器导致不可修复的损坏。

（2）仪器中装有试样时不可搬动或震动仪器，否则样品可能会溢出并污染样品室。

（3）测量完成后立即取出试样，试样不可长期放置在仪器中，否则会污染仪器导致不可修复的损坏。

（4）在将试样放入仪器前，要先将其放入恒温箱中降温至略低于 25 ℃，否则可能会导致腔室内出现冷凝，并对随后的读数产生不利的影响。

（5）如果实验过程中显示屏右上角出现一个三角形警告符号，则表示冷镜太脏，无法进行准确测量。实验前应清洁镜子和腔室。

（6）由于露点水势仪测量高吸力区的土样，其吸力主要由含水率决定，受初始干密度、土样结构影响较小。因此当精度要求不高时，可以采用给定含水率的压实土样进行吸力的量测，无须采用饱和风干土样进行实验，以便节约实验中的制样和土样养护时间。

11.3.6　应用实例

本案例采用露点水势仪法进行青海粉质黏土高吸力区的土水特征曲线测量，具体流程如下。

（1）采用青海粉质黏土制作土样。即按照设定的含水率进行分别配制，然后采用相同的初始干密度制作压实土样。其原始数据见表 11-6。试样的高为 5 mm，直径为 35 mm，初始干密度为 1.58 g/cm³。

表 11-6　露点水势仪法实验结果

编号	铝盒质量 m_1/g	铝盒+土样质量 m_2/g	铝盒+烘干土样质量 m_3/g	含水率 w/%	基质吸力 ψ/kPa
1	24.85	32.40	32.15	3.42	60 940
2	25.03	32.90	32.64	3.42	60 390
3	25.20	33.56	33.04	6.63	21 720
4	25.05	33.31	32.80	6.58	21 530
5	24.99	33.62	32.90	9.10	12 600
6	24.22	32.82	32.10	9.14	12 170
7	25.00	33.74	32.89	10.77	7 420
8	25.11	33.85	33.00	10.77	7 580
9	24.98	33.92	32.93	12.45	4 750
10	25.04	34.00	33.00	12.56	4 940
11	25.15	34.31	33.03	16.24	1 840
12	25.18	34.52	33.19	16.60	1 860
13	24.60	34.10	32.64	18.16	1 280
14	24.91	34.36	32.91	18.13	1 330

续表

编号	铝盒质量 m_1/g	铝盒+土样质量 m_2/g	铝盒+烘干土样质量 m_3/g	含水率 w/%	基质吸力 ψ /kPa
15	25.10	34.72	33.09	20.40	940
16	24.71	34.37	32.75	20.13	930
17	25.09	35.01	33.20	22.32	580
18	25.03	34.78	33.03	21.88	580
19	24.95	34.84	32.84	25.35	350

（2）将 19 个试样分别按照 11.3.3 节中所述的实验步骤进行总吸力的测量，结果见表 11-7。其中试样含水率采用烘干法测量，按照式（11-13）计算得到；吸力由露点水势仪直接测得，为总吸力。

（3）基于表 11-7 中的实验数据，可绘制出该土的土水特征曲线，如图 11-16 所示。

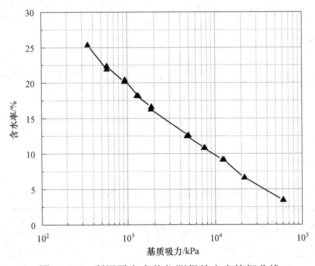

图 11-16　利用露点水势仪测得的土水特征曲线

11.4　土水特征曲线的联合快速测量方法

传统方法一般采用一个土样，采用压力板法进行连续的土水特征曲线测量。由于在每一个测量点都要等待基质吸力达到平衡，因此这种方法耗时较为漫长，一般需要 1～2 个月以上。针对这一缺陷，本书特提出土水特征曲线的并行测量方法，即同时制备多个平行土样，然后用于土水特征曲线的测量。具体方法如下所述。

（1）脱湿曲线的测量。

① 按照相同的方法制备平行的饱和土样 4～15 个。

② 根据实验的需要，选择多个预期饱和度水平。对于全吸力范围的土水特征曲线测量，应至少在边界效应区、过渡区、残余区各选一个饱和度水平（如选择饱和度 0.95，0.5，0.15），

或按照等间距在 1～0 范围内选择饱和度水平。然后将土样分别风干（或烘干）至预期的饱和度。在风干过程中，可以监测土样的质量，达到预期的饱和度后，停止风干过程。

③ 将达到预期饱和度的土样在恒温条件下进行密封养护，使得土样内部的含水率分布均匀。

④ 根据土体的类型及每个土样的饱和度预估其基质吸力，然后根据预估的基质吸力水平，选择合适的方法测量各土样的基质吸力。

⑤ 对于基质吸力超过 1 MPa 的土样，宜采用露点水势仪测量其总吸力。

⑥ 对于基质吸力低于 1 MPa 的土样，可采用滤纸法测量其基质吸力和总吸力。

⑦ 必要时，可采用轴平移技术补充测量低吸力水平下的土水特征曲线。

（2）吸湿曲线的测量。

吸湿曲线和脱湿曲线测量过程的区别仅在于土样的制备，其他过程相同。对于吸湿曲线，应该：① 首先准备 4～15 个干燥土样，② 然后通过滴水或者浸水的方法达到目标饱和度。在滴水或浸水之前，应根据拟定的目标饱和度，事先计算好滴水或浸水后的总量。滴水或浸水过程中应密切量测其总质量，达到事先计算好的总质量后，立即停止。③ 对土样进行养护，使其内部含水率和基质吸力分布均匀，养护时间以 1～7 天为宜。④ 如果采用滤纸法或压力板法测量，可在养护过程中进行同步的吸力测量。⑤ 如果采用露点水势仪法，可在养护后进行土样的总吸力测量。

【例 11-1】采用联合快速测量方法在宽吸力范围内测量兰州粉土的土水特征曲线。

图 11-17 是 7 天内采用联合快速测量方法获得的宽吸力范围内兰州粉土的土水特征曲线。由实验结果可知，3 种不同的实验方法在吸力重叠区的曲线基本重合，表明实验结果准确可靠。如图 11-17 所示，3 种实验方法恰好描绘了经典土水特征曲线的 3 个区，即边界效应区、过渡区和残余区。其中，压力板法用来测定土水特征曲线的低吸力阶段，描绘该曲线的边界效应区；滤纸法用来测定土水特征曲线的中间吸力段，描绘该曲线的过渡区；露点水势仪法用来测定土水特征曲线的高吸力阶段，描绘该曲线的残余区。3 种实验方法联合使用可以描绘完整的土水特征曲线。

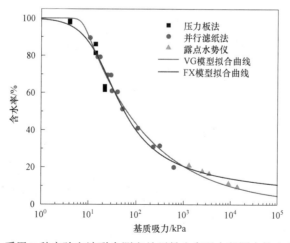

图 11-17　采用 3 种实验方法联合测定兰州粉土宽吸力范围内的土水特征曲线

这个案例表明：联合快速测量方法能够获得较完整的土水特征曲线，并且能够大大缩短土水特征曲线的测量时间，显著提高实验效率。

11.5 习　　题

1. 能否采用压力板法测量粗砂在残余阶段的土水特征曲线？为什么？

2. 为什么在使用露点水势仪测量土样吸力时要进行多次测量？通过这种方法测量得到的是何种吸力？

3. 采用滤纸法测量吸力有什么优缺点？通过滤纸法可以测量何种吸力？

4. 轴平移技术引入了哪些假定？

5. 控制土体基质吸力的方法有哪几种？

为方便读者学习本章内容，本书提供相关电子资源，读者通过扫描右侧二维码即可获取。

扫码，获取本章电子资源

第12章

非饱和土渗透系数的测量

非饱和土渗透系数是控制非饱和土入渗过程的主要参数，对降雨滑坡、非饱和土的毛细阻滞隔离层设计、核废料的岩土介质封存等非饱和土工程问题的计算分析至关重要。传统非饱和土渗透系数的测量主要有两种方法，即湿润锋前进法（WFAM）和瞬时剖面法（IPM）。本章将对这两种方法的原理和使用方法进行详细介绍。

12.1　湿润锋前进法

Li 等人（2009）提出了湿润锋前进法，用于测量非饱和土渗透系数，该方法能够在一周时间内测量出宽吸力范围内的非饱和土渗透系数函数曲线，已被广泛使用（Li et al.，2009；苗强强 等，2011；李旭 等，2014；刘丽 等，2019，2021；Liu et al.，2020；蔡国庆 等，2021；Li et al.，2021）。

12.1.1　测定原理

在非饱和土的入渗过程中，干土和湿土交界处会形成湿润锋。随着入渗过程的进行，湿润锋逐步向前推移，如图 12-1 所示。

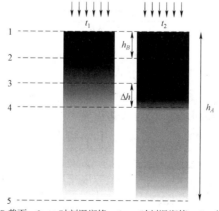

1—土柱顶部；2—B 截面；3—t_1 时刻湿润锋；4—t_2 时刻湿润锋；5—土柱底部截面。

图 12-1　湿润锋前进法实验中的水分入渗过程

假设 t_1 时刻湿润锋在 B 截面，t_2 时刻湿润锋推进到 A 截面。考虑这段时间内的水量平衡，存在以下关系：

$$Q_B = W_{B-A} + Q_A \tag{12-1}$$

式中：Q_B 为 $t_1 \sim t_2$ 时间内通过 B 截面的流量；Q_A 为 $t_1 \sim t_2$ 时间内通过 A 截面的流量，由于 A 截面为湿润锋前缘，因此此处流量为 0；W_{B-A} 为 $t_1 \sim t_2$ 时间内储存在土体 A 截面与 B 截面之间的水量。

W_{B-A} 可以通过积分得到：

$$Q_B = W_{B-A} = \int_{h_B}^{h_A} \theta(h,t_2) A_c \mathrm{d}h - \int_{h_B}^{h_A} \theta(h,t_1) A_c \mathrm{d}h \tag{12-2}$$

式中：$\theta(h,t)$ 为含水率分布函数；A_c 为土柱横截面面积；h_A 为 A 截面的高度；h_B 为 B 截面的高度。

假设 $t_1 \sim t_2$ 时间内，湿润锋均匀推进，即湿润锋后缘一定范围内含水率剖面相同，则有以下关系：

$$\theta(h, t+\Delta t) = \theta(h-\Delta h, t) \tag{12-3}$$

$$\psi(h, t+\Delta t) = \psi(h-\Delta h, t) \tag{12-4}$$

式中：h 为截面的高度；t 为时间。

将式（12-3）和式（12-4）代入式（12-2），可得

$$Q_B = W_{B-A} = \int_{h_B}^{h_A} \theta(h-\Delta h, t_1) A \mathrm{d}h - \int_{h_B}^{h_A} \theta(h,t_1) A \mathrm{d}h$$
$$= \int_{h_B-\Delta h}^{h_B} \theta(h,t_1) A \mathrm{d}h - \int_{h_A-\Delta h}^{h_A} \theta(h,t_1) A \mathrm{d}h \tag{12-5}$$

采用平均值进行计算，式（12-5）可离散为

$$Q_B = W_{B-A} \approx 0.5 \big[\theta(h_B, t_1) + \theta(h_B, t_2) - 2\theta_i \big] A \Delta h \tag{12-6}$$

另外，通过 B 截面的流量还可以采用达西定律进行计算，即

$$Q_B = kiA\Delta t \tag{12-7}$$

式中：k 为渗透系数；i 为水力梯度。

水力梯度可取 $t_1 \sim t_2$ 时间内的平均值，为

$$i = \frac{-\psi(h_B, t_2) + \psi(h_B+\Delta h, t_2)}{\gamma_w \Delta h} - c$$
$$= \frac{\psi(h_B, t_1) - \psi(h_B, t_2)}{\gamma_w \Delta h} - c \tag{12-8}$$

式中：c 为重力作用的水力梯度，水平入渗时，$c=0$，毛细水上升入渗时，$c=-1$，降雨下渗时，$c=1$；$\psi(h,t)$ 为吸力分布函数；γ_w 为水的重度。

将式（12-6）～式（12-8）代入式（12-1），可得渗透系数的计算公式：

$$k_{ave} = \frac{Q_B}{iA(t_2-t_1)}$$
$$= \frac{\big[\theta(h_B, t_1) + \theta(h_B, t_2) - 2\theta_i \big] \gamma_w \Delta h^2}{2 \big[\psi(h_B, t_1) - \psi(h_B, t_2) - c\gamma_w \Delta h \big](t_2-t_1)} \tag{12-9}$$

引入湿润锋前进速率，记为 v：

$$v = \frac{\Delta h}{\Delta t} \tag{12-10}$$

从而式（12-9）可以简化为

$$k_{\text{ave}} = \frac{[\theta(h_B, t_1) + \theta(h_B, t_2) - 2\theta_i]\gamma_{\text{w}} v^2 (t_2 - t_1)}{2[\psi(h_B, t_1) - \psi(h_B, t_2) - c\gamma_{\text{w}} v(t_2 - t_1)]} \tag{12-11}$$

从以上的推导过程可以看出，湿润锋前进法基于时间微分原理，即在相邻时刻的渗流场上应用微分原理，采用线性近似计算土体的渗透系数。因此，数据采集频率越高，计算中的时间间隔 Δt 越小，计算得到的渗透系数就越精确。

12.1.2　仪器设备

湿润锋前进法实验装置如图 12-2 所示，包括以下几部分：

（1）土柱模具。土柱模具用于装填均质非饱和土。考虑到填装的方便性，模具直径范围为 10～30 cm，一般为 12 cm。当使用其他尺寸时，应不小于土体最大粒径的 10 倍。模具高度范围为 30～80 cm，一般为 50 cm，可根据土体水分传感器的数量进行调整。模具截面一般为圆形，也可根据实验需求改为方形或矩形。模具外壁宜透明，可标上高度刻度线，方便填装土样及肉眼观测湿润锋前进过程。模具侧壁一般按 15 cm 间距预留 3 个水分传感器插孔。传感器数量可根据实验需求增加，但不宜小于 3 个。当使用其他传感器间距时，传感器宜沿高度方向等间距布置，并满足传感器抗干扰要求。

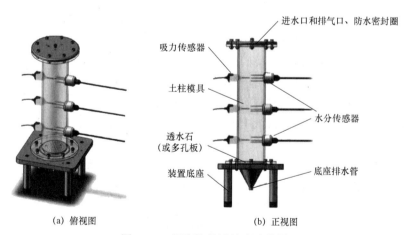

（a）俯视图　　　　　　　　（b）正视图

图 12-2　湿润锋前进法实验装置

（2）供水装置：马氏瓶。

（3）水分传感器：应安装 3 个或以上的水分传感器。例如可采用如图 12-3（a）所示的 SM926 型号水分传感器，它有 4 根探针，每个探针直径为 4 mm，长为 50 mm。

（4）透水石或多孔板。

（5）装置底座。

（6）数据采集仪。土柱装置需配套一个数据采集仪，用于采集水分传感器和吸力传感器的数据。例如，可采用 Campbell 公司生产的 CR1000 数采仪，如图 12-3（b）所示，其尺寸为 23.9 cm×10.2 cm×6.1 cm，共 8 个差分通道，采样频率为 100 Hz。本实验的数据采集需求不高，Data Taker 系列或其他国产数据采集仪都可以满足使用需求。

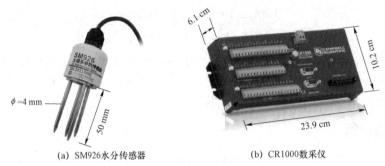

（a）SM926水分传感器　　　　　（b）CR1000数采仪

图 12-3　水分传感器及数采仪

12.1.3　实验步骤

湿润锋前进法采用土柱进行实验，其实验过程如图 12-4 所示，包括以下步骤：

（1）准备土料［见图 12-4（a）］。将土料烘干、碾碎并过 2 mm 筛，按照设定的初始含水率进行人工搅拌并养护 48 h，让水分在土料中分布均匀。

（2）安装土柱模具。将土柱模具与底座连接［见图 12-4（b）］，在底座上放多孔板，在多孔板上铺滤纸，防止土颗粒流失或堵塞底座出水口。

（3）装填土柱［见图 12-4（c）］。按照所设置的干密度将土柱分 20 层装填，每装填 2 cm后应将其压实到设计干密度，装填下一层时应将上一层表面刮花，避免土柱产生分层现象。填装过程中在传感器位置可预先埋置钢针，以方便传感器的安装。

（4）安装水分传感器。将预先埋置的钢针拔出，并将水分传感器插入用钢针预留的孔，将玻璃胶均匀地涂抹在水分传感器的四周，静置 24 h。

（5）连接供水装置，开始实验。将马氏瓶连接在土柱上顶盖进水口，并打开进水口阀门，当降雨器出水稳定后，将降雨器置于土柱主体模具之上，开始进行降雨入渗土柱实验。

（6）记录土体水分含水率的变化过程［见图 12-4（d）］。在实验过程中，通过数据采集仪采集水分传感器示数，记录土体含水率随时间的变化过程，当土柱下部有水流出时停止实验。

（7）采用烘干法测量土体水分传感器所在截面的含水率 θ_1。采用烘干法测量得到的土体含水率和采用传感器测得的土体含水率 θ_2 的差值应小于 1%。如果二者差值超过 1%，应检查土体水分传感器和土体之间接触是否紧密，并对土体水分传感器进行重新标定。如果传感器接触良好且性能良好，可用修正好的参数重新计算实验过程中的含水率。如果传感器和土体接触不够紧密或损坏，需重新进行实验。

（8）根据实验需要，可改变土样的压实度、初始含水率等因素，重复上述步骤进行实验，得到不同条件下的非饱和土渗透系数函数。

(a) 自然风干

(b) 土柱主体

(c) 装填土柱

(d) 实验进行中

图 12-4　湿润锋前进法实验过程

12.1.4　实验记录及结果整理

按照时序记录实验数据。水分传感器读数可手动记录，也可采用数据采集仪自动采集。手动记录时，可以根据数据的变化规律，调整数据记录的频率。即当湿润峰经过某水分传感器时，可增加该水分传感器的读数频率，如 15 s 一次。当湿润峰未靠近该水分传感器时，土体的含水率几乎不变，可以不读数。当湿润峰通过该水分传感器后，土体的含水率变化速率趋缓，可以较低的频率读数，如 5 min 一次。

基于含水率实测数据，可用下式计算该渗透系数所对应的基质吸力：

$$\psi = 0.5[\psi(h_B, t_1) + \psi(h_B, t_2)] \tag{12-12}$$

式中：ψ 为平均基质吸力；$\psi(h_B, t_1)$ 为 t_1 时刻 B 截面的基质吸力；$\psi(h_B, t_2)$ 为 t_2 时刻 B 截面的基质吸力。如果两个时刻基质吸力差别较大，也可以采用其几何平均值为平均基质吸力。

然后，将含水率和基质吸力结果代入式（12-11），即可计算土体的渗透系数。然后基于计算得到的渗透系数和基质吸力，绘制非饱和土渗透系数函数曲线。

12.1.5　应用实例

采用青海粉质黏土进行湿润锋前进法实验，其实验结果如图 12-5 所示。该实验数据处理流程如下。

（1）根据实测数据绘制含水率历时曲线 $\theta(t)$，如图 12-5（a）所示。

（2）确定湿润锋前进过程曲线 $h(t)$。

确定湿润锋前进过程可以采用两种方法：① 基于肉眼观测，记录不同时刻的湿润锋位置；② 通过传感器读数识别。

本实验采用第②种方法，即采用传感器读数来确定湿润锋到达不同传感器的时间。采用特征含水率 θ_d（可取初始含水率和最大含水率的平均值）来记录湿润锋的位置，θ_d 的选取如图 12-5（a）所示，当监测截面含水率增至 θ_d 时，即认为湿润锋行进至该位置，此处的时间记为 t_i。把某一 θ_d 条件下的湿润锋前进距离 h_i 与时间 t_i 绘制在图 12-5（b）中，公式如下：

$$h = at^b \tag{12-13}$$

式中：h 为湿润锋前进距离；t 为时间，a 和 b 为常数。以往的研究表明：特征含水率 θ_d 的取值对渗透系数测量的结果影响很小，只要介于初始含水率和最大含水率之间即可。为了说明这一问题，图 12-5 中给出了 3 个特征含水率 θ_d 下的结果，其曲线基本重合。为了使用方便，建议 θ_d 可取初始含水率和最大含水率二者的平均值，用于湿润峰前进过程的计算。

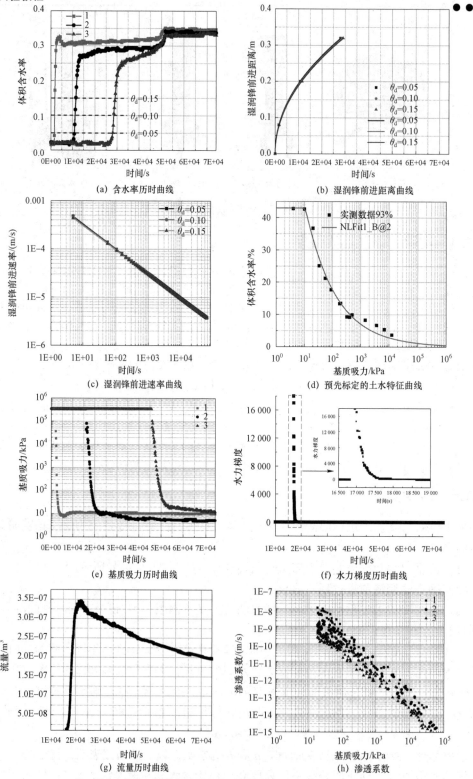

(a) 含水率历时曲线

(b) 湿润锋前进距离曲线

(c) 湿润锋前进速率曲线

(d) 预先标定的土水特征曲线

(e) 基质吸力历时曲线

(f) 水力梯度历时曲线

(g) 流量历时曲线

(h) 渗透系数

注：图中 1 代表 1 号传感器，2 代表 2 号传感器，3 代表 3 号传感器，
1、2、3 号传感器距土样上表面距离分别为 0.08 m、0.20 m、0.32 m。

图 12-5　湿润锋前进法实验结果

（3）确定湿润锋前进速率曲线 $v(t)$。

对式（12-13）求导，并以对数形式书写，即可得到湿润锋前进速率 v 随时间 t 的变化关系：

$$\lg v = \lg(\mathrm{d}h / \mathrm{d}t) = \lg(ab) + (b-1)\lg t \qquad (12-14)$$

式中：v 为湿润锋前进速率，m/s。

由式（12-13）、式（12-14）即可求得湿润锋前进速率曲线 $v(t)$，如图 12-5（c）所示。

（4）根据土水特征曲线，确定基质吸力随时间的变化过程 $\psi(t)$。

对于本实验的土柱，事先已经进行了土水特征曲线的测量，其土水特征曲线测量结果如图 12-5（d）所示。基于图 12-5（a）所示的含水率历时曲线，可在其土水特征曲线上插值得到每一个含水率对应的基质吸力，获得基质吸力历时曲线，如图 12-5（e）所示。可以看出，在湿润峰经过传感器所在位置时，其含水率和基质吸力变化非常快，只有进行高频率的数据采集，才能满足后续数据分析的需要。考虑到传感器需要一定的响应时间，建议采用 5 s 或 10 s 一次的采集频率进行相关数据采集。

（5）基于基质吸力历时曲线，采用式（12-8）可以得到每一个传感器所在位置的水力梯度历时曲线，如图 12-5（f）所示（以 2 号传感器为例）。

（6）基于含水率历时曲线，采用式（12-6），可以得到每一个传感器所在位置的流量历时曲线，如图 12-5（g）所示（以 2 号传感器为例）。

（7）基于水力梯度历时曲线、流量历时曲线，采用式（12-9），可以计算出每一时刻的渗透系数，如图 12-5（h）所示。

本实验耗时总长为 74 040 s（20.57 h），最终得到的渗透系数函数区间为 $10^{-8} \sim 10^{-15}$ m/s，对应的基质吸力区间为 $17 \sim 60\ 600$ kPa。

12.2　瞬时剖面法

瞬时剖面法是测量非饱和渗透系数的传统方法。该方法如果配合γ射线（见 4.4.4 节）连续测量整个土柱剖面的含水率（王文焰 等，1990；陈正汉 等，1993），可以获得非常好的效果。

12.2.1　测定原理

瞬时剖面法（IPM）利用一系列监测断面来获得含水率和吸力剖面。在 IPM（Meerdink et al.，1996）中，通过在两个相邻截面 S_1 和 S_2 监测的吸力计算平均水力梯度，计算公式如下：

$$i^* = \frac{\psi_{S_1} - \psi_{S_2}}{\gamma_{\mathrm{w}} L} + a \qquad (12-15)$$

式中：ψ_{S_1}、ψ_{S_2} 分别为相邻两截面 S_1、S_2 的吸力；L 为相邻两截面之间的距离；a 是一个反映重力影响的水力梯度，即计算方向向上时为-1，向下时为 1，水平时为 0。

显然，采用式（12-15）计算水力梯度 i^* 时有两种选择，即一种是在渗流前进方向上计算的 i_+^*；另外一种是在渗流反方向上计算的 i_-^*。例如对于图 12-2（b）中中部观测截面处的水力梯度，i_-^* 是上部截面和中部截面之间的水力梯度，i_+^* 是中部截面和下部截面之间的水力梯度。当二者差别较大时，i^* 可按照 $\sqrt{i^*_- i^*_+}$ 计算，以减少水力梯度的测量误差。

在 IPM 中，流量是通过水量平衡来计算的。与水力梯度 i^* 类似，计算流量 q^* 也有两种选择：

$$q^*_+ = \sum_{n=j}^{m} \Delta \theta_n S L_n + q_{\text{out}} \qquad (12-16)$$

或

$$q^*_- = q_{\text{in}} - \sum_{0}^{n=j} \Delta \theta_n S L_n \qquad (12-17)$$

式中：m 为监测断面总数；n 为沿向下方向从 0 到 m 计数的监测断面数；j 为用于计算的监测断面数；q^* 为时间间隔 Δt 内通过 j 监测断面的流量；q^*_+ 为在监测截面前方 Δt 时间内土体内部总含水体积变化值；q^*_- 为在监测截面后方 Δt 时间内土体内部总含水体积变化值；$\Delta \theta_n$ 为第 n 个监测断面在 Δt 时间内含水率的平均变化值；L_n 为 n 监测截面传感器的平均间距；S 为监测截面的面积，即土柱的横截面积；q_{in}，q_{out} 为 Δt 时间内土柱边界处的流入和流出流量。q^* 可取为 q^*_+ 和 q^*_- 的均值，以减小流量的测量误差。

用 q^* 和 i^* 可计算出瞬时剖面法实验中的渗透系数 k^*：

$$k^* = \frac{q^*}{i^* S \Delta t} \qquad (12-18)$$

由式（12-15）可知，在瞬时剖面法实验中，在相邻两个截面之间采用线性关系计算水力梯度。这说明 IPM 方法是在空间上对渗流进程进行微分，因此其空间上的线性程度对计算结果的准确性至关重要。为了保证空间上线性关系的成立，瞬时剖面法实验需要尽可能降低监测断面的间距，并采用极低的入渗流量进行实验。

除了上述计算方法之外，瞬时剖面法实验还有一个先计算扩散率再计算渗透系数的改进方法（雷志栋 等，1988；王文焰 等，1990；陈正汉 等，1993；姚志华 等，2012）。这种改进方法的效果较好，但是数学推导较为复杂，在此不做详细介绍。

12.2.2 实验装置和步骤

瞬时剖面法实验所采用的实验装置和湿润锋前进法的装置类似，但是增设了更多的传感器（见图 12-6）。

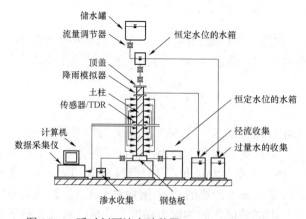

图 12-6 瞬时剖面法实验装置（Yang et al.，2004）

瞬时剖面法所采用的实验进程和湿润锋前进法完全相同，此处不再赘述，二者的区别仅仅在于测量原理和数据分析方法不同。

12.2.3　数据分析

采用甘肃黄土（基本物理性质见表 12-1）进行瞬时剖面法实验，该实验结果如图 12-7 所示。设土柱顶面为纵向坐标零点，纵坐标方向向下，位置水头 h_z 等于深度的复数。图 12-7（a）、（b）为土体不同时刻的含水率剖面和水头剖面图。由含水率剖面图和水头剖面图可以直接得到该土体的土水特征曲线，如图 12-7(c)所示。根据瞬时剖面法的原理,采用式(12-14)～式（12～18）计算非饱和土的渗透系数函数，结果如图 12-7（d）所示。

表 12-1　土的基本物理参数

土的类别	干密度 ρ_d/（g/cm³）	孔隙比 e	相对密度 G	液限 w_L/%	塑限 w_p/%	塑性指数 I_p	饱和体积含水率 θ_s/%	饱和渗透系数 k_s/（10^{-5} m·s^{-1}）
黄土	1.34	1.03	2.71	31.2	17.8	13.4	50.7	2.05

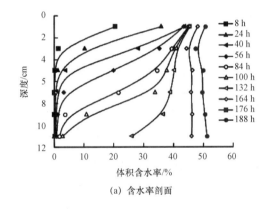

(a) 含水率剖面

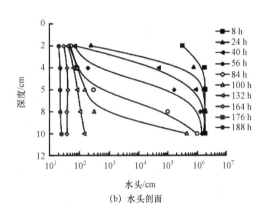

(b) 水头剖面

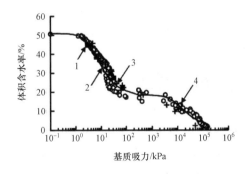

(c) 土水特征曲线

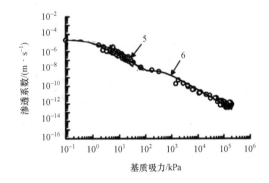

(d) 渗透系数函数

1—张力计数据；2—土水特征曲线拟合曲线；3—滤纸法实验数据；4—露点水势仪实验数据；
5—渗透系数计算结果；6—渗透系数拟合曲线。

图 12-7　瞬时剖面法实验结果

12.3　注　意　事　项

（1）在土柱实验入渗过程中，当湿润锋前进到土柱末端时，渗透过程接近准稳态，此时土柱中的湿润锋失去意义，不可以继续采用湿润锋前进法的公式计算非饱和渗透系数。

（2）瞬时剖面法和湿润锋前进法的比较见表 12–2。两种方法有不同的假设和适用条件。瞬时剖面法适用于在初始含水率较高的土体中进行湿润实验，或者在初始含水率低的土体中进行渗透速率极慢的湿润实验。湿润锋前进法适用于在相对干燥的土体中进行快速入渗实验。与瞬时剖面法相比，湿润锋前进法最重要的优点是可以将测试时间从几个月减少到 1～3 天。

表 12–2　瞬时剖面法和湿润锋前进法的比较

项目	瞬时剖面法	湿润锋前进法
假设	相邻两个截面之间成近似线性	湿润锋平滑推进
监测截面数量	＞10	3～5
传感器间距	尽可能小	无限制
花费时间	数月	1～3 天
快速的入渗流量	精确度低	精确度高
低初始含水率	精确度降低	获得更宽基质吸力范围内的渗透系数测量结果
干燥实验	适用	不适用

（3）由于瞬时剖面法采用了相邻两个断面之间的线性假设，因此瞬时剖面法对入渗速度和传感器间距非常敏感。① 入渗速度越低，渗流进程的非线性程度越低，测量精度越高，这是很多基于瞬时剖面法的实验采用极低入渗速度的原因（如小于 10 mL/d）。② 传感器间距越小越好，然而在实验室中，测量截面的最近间距受到设备的限制。例如，如果使用 TDR 传感器测量土体含水率，则间距应大于 50 mm。γ 射线法（Wang et al.，1990；Chen et al.，2019）被推荐用于监测含水率，因为它对土体没有干扰，可以测量任何断面的含水率。

12.4　宽饱和度范围内的渗透系数联合测量方法

12.4.1　基本思路

为了发挥湿润锋前进法和瞬时剖面法各自的优点，特建立了宽饱和度范围内的渗透系数联合测量方法，即：

（1）首先按照 12.1.3 节中介绍的方法开展湿润锋前进法实验，在低饱和度区进行非饱和渗透系数的快速测量，称之为第一阶段，即湿润锋前进过程。

（2）待土柱出水，土体饱和度达到较高的水平后，继续进行实验，称之为第二阶段，即快速渗水过程。

（3）然后采用 12.2.3 节中介绍的方法，采用瞬时剖面法进行第二阶段的实验数据的分析，计算土体高饱和度区的非饱和渗透系数。

（4）最后将两个阶段的测量结果结合，获得完整的非饱和渗透系数。

由此可以看出，以上渗透系数联合测量方法采用同一个土柱、同一套设备即可开展实验，具有广泛的适用性。

在结合湿润锋前进法和瞬时剖面法的实验设计中，应考虑以下限制：

（1）对于湿润锋前进法，渗透过程越快，求解渗透系数的精度越高。但是，第一阶段的渗透过程不应超过传感器的响应时间，否则，监测的体积含水率或基质吸力将不准确。入渗边界条件选择为 0～10 kPa 的水头将是一个很好的选择。例如，对于超固结黏性土，可以采用相对较高的水头（如 10 kPa）来加速渗透过程。对于砂土，应采用相对较低的水头（如 0 kPa）来控制入渗过程。这样的边界条件在实验室中易于实现，并且能够得到一个合适的入渗速度。

（2）对于瞬时剖面法，渗透过程越慢，瞬时剖面法求解渗透系数的精度越高。因此，在第二阶段，选择一个介于进气值（AEV）和 0 kPa 之间的吸力水头作为入渗边界条件将比较合适。

（3）对于瞬时剖面法，传感器越近，渗透系数的精度越高。但是为了避免传感器之间的相互感染和对土样的过渡扰动，传感器间距不宜过低。例如，如果在实验中使用 TDR 传感器，其最小距离为 5 cm。

12.4.2　案例分析

按照 12.4.1 节中介绍的基本思路，采用标准砂、青海粉质黏土和高庙子膨润土 3 种土壤对渗透系数联合测量方法的可行性和适用性进行验证。本实验基本条件见表 12-3。关于湿润锋前进法和瞬时剖面法的详细过程可参见 12.1 节和 12.2 节。以青海粉质黏土为例，含水率历时曲线如图 12-8（a）所示，湿润锋前进距离曲线如图 12-8（b）所示，并用于计算湿润锋前进速度，如图 12-8（c）所示，监测截面基质吸力历史曲线如图 12-8（d）所示。湿润锋前进法在第一阶段求解的 k 和瞬时剖面法在第二阶段求解的 k^* 如图 12-9 所示。

表 12-3　实验基本条件

土壤类型	初始含水率/（%）	边界条件	分析方法
标准砂	0.5	H_{top}=0 kPa	
青海粉质黏土	0.7	H_{top}=0 kPa	渗透系数联合测量方法
高庙子膨润土	1.2	H_{top}=0 kPa	

注：H_{top} 为渗透实验中上边界总水头。

由图 12-9 可得，采用湿润锋前进法和瞬时剖面法可以较好地测量不同基质吸力范围内的渗透系数，在吸力重叠范围内的渗透系数测量值基本重合，且适用于不同的土体类型，说明渗透系数联合测量方法的测量结果是可靠的，并且能够实现不同土体类型宽吸力范围内渗透系数的测定。

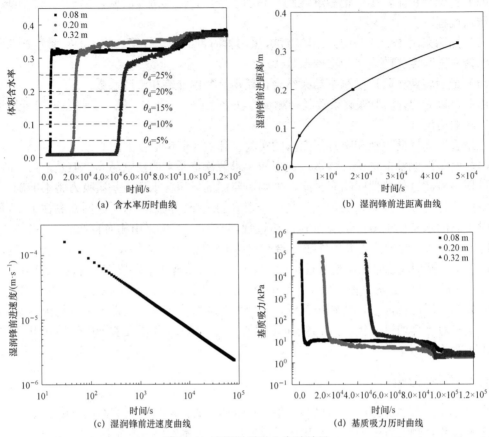

图 12-8　青海粉质黏土实验结果

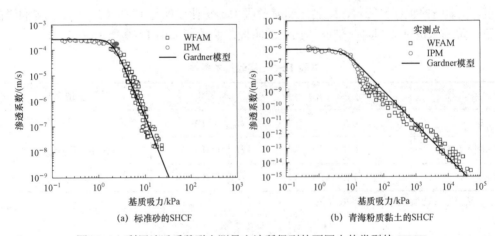

图 12-9　利用渗透系数联合测量方法所得到的不同土体类型的 SHCF

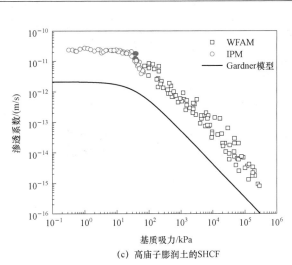

（c）高庙子膨润土的SHCF

图 12-9 利用渗透系数联合测量方法所得到的不同土体类型的 SHCF（续）

12.5 习　题

1. 湿润锋前进法必须通过肉眼观测到湿润锋才能计算渗透系数，这种说法对不对？为什么？

2. 瞬时剖面法的假定和适用条件是什么？

3. 湿润锋前进法的假定和适用条件是什么？

4. 非饱和渗透系数随着饱和度降低会急剧降低，甚至跨越 10 个数量级，这种说法对不对，为什么？

5. 在高基质吸力阶段，粗粒土的渗透系数远低于细粒土的渗透系数，这种说法对不对，为什么？

为方便读者学习本章内容，本书提供相关电子资源，读者通过扫描右侧二维码即可获取。

扫码，获取本章电子资源

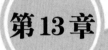

第13章

振动三轴实验

振动三轴实验属于土的动态测试内容，是室内进行土的动变形特性和动强度特性测定时普遍采用的一种方法。土的动力特性实验是了解和评估土体或土-结构物体系在各种动力荷载作用下力学特性的基本手段和途径，内容涉及土的应力状态变化、变形、强度及砂性土的液化等诸多方面。土体动态测试技术，直接影响土动力特性研究和土体动力分析计算的发展，起着正确揭示土的动力特性规律和完善分析计算理论的重要作用，是土动力学发展的基础。

目前，土的动力学参数主要通过实验室测试方法获得，包括循环三轴剪切实验、循环单剪实验、循环扭剪实验、循环真三轴实验、共振柱实验、超声波脉冲实验、振动台实验和动力离心模型实验等。动三轴仪是最常见的土动力学参数测量仪器，在土的动力特性测试和研究中发挥着重要的作用。

本章将针对动三轴仪的原理、使用方法、数据分析过程、应用实例等进行介绍。

13.1 动三轴实验发展历程及实验原理

13.1.1 动三轴实验发展历程

动三轴实验的发展和砂土液化现象的研究和深化密不可分。最初在研究砂土的抗液化性能时，学者们将直剪仪安装在振动平台上，对振动平台设置不同的振动周期、振动幅值、振动加速度及振动方向等不同的振动参数，在不同参数条件下对砂土进行非往返形式的直剪实验，得到试样破坏时的"非循环"抗剪强度，以此作为砂土在循环振动作用下的抗液化强度。

1955 年，Seed 等提出用不排水循环三轴剪切实验方法来模拟现场土的实际应力状态，用于砂土的抗液化强度研究。将砂土的液化定义为砂土试样的累积轴向应变 ε_f 达到一定阈值，同时将土体的抗液化强度曲线定义为轴向动应力值 σ_d 和砂土液化所需的循环次数 N_f 之间的关系曲线。

之后经过许多土力学专家的研究与完善，不排水循环三轴剪切实验已成为最广泛应用的土体液化评价方法。

13.1.2　动三轴实验原理

地震是最普遍的砂土液化诱发因素。一般认为，地震作用是一种频率、幅值不断变化的不规则运动过程，其主要是由下卧基岩层竖直向上传播的剪切波引起的。通常把这种不规则的振动荷载简化为等效常振幅的有限循环次数的振动剪切作用。因此振动三轴仪需模拟地震作用前后的两种土体应力状态，包括：①地震作用前的应力状态，可简化为有效上覆压力引起的竖向静应力 σ 和水平静应力 $K_0\sigma$；②地震作用时的循环剪应力 τ。地震时水平土层中任一土单元上的总应力状态如图 13-1（a）所示（Seed，1979）。动荷载作用下，砂土中会产生超静孔隙水压力，动三轴实验中的有效应力状态和总应力状态存在很大的区别，并随着超静孔隙水压力的演化而改变，如图 13-1（b）所示（Seed，1979）。

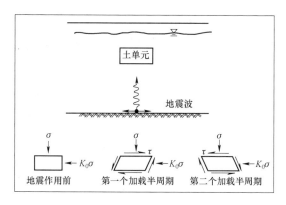 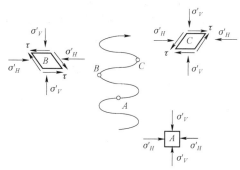

(a)　总应力状态示意图　　　　　　　　　　(b)　有效应力状态示意图

图 13-1　地震作用下土单元所受到的循环剪切作用

如图 13-2 所示，振动三轴实验常采用圆柱体试样进行实验。在不同的围压作用下，在试样上施加不同大小的轴向振动来模拟地震作用下的循环剪切作用。通过循环加载，试样在振动过程中轴向应力、应变和孔隙水压力等发展变化，进而很好地模拟地震作用下土单元体的受力现象，从而可进一步研究土体发生液化的条件并得到土的动强度等重要土体参数。振动三轴实验也可用于测试中大应变时试样动应力与动应变的关系，进而确定其剪切模量和阻尼比。通过振动三轴实验，学者们可精细地进行砂土地震液化机理和变形的研究。

图 13-3 是在等压固结的情况下，在外循环动荷载作用下的受力加载示意图（Ishihara，1996）。为方便起见，实验时可保持周围固结压力不变，而圆柱体试样在竖直方向施加循环轴向应力 $\pm\sigma_d$。振动三轴实验的具体步骤如下：①首先在围压 σ_0' 下对土样进行固结，如图 13-3（a）所示；②然后在试样上加振幅为 σ_d 循环动荷载，试样的应力情况如图 13-3（b）和（c）所示，其内 45°平面上的法向应力为 $\sigma_0' \pm \sigma_d / 2$，动剪切应力大小为交变的 $\pm\sigma_d / 2$。因此，可用该平面上的循环剪切作用来模拟地震产生的动剪切作用。

考虑到地震的持续时间一般很短暂，主震时间仅十几或几十秒，地震产生的超静孔隙水压力来不及消散，因此，在室内一般进行固结不排水剪切实验来模拟地震剪切作用下的土体液化过程。

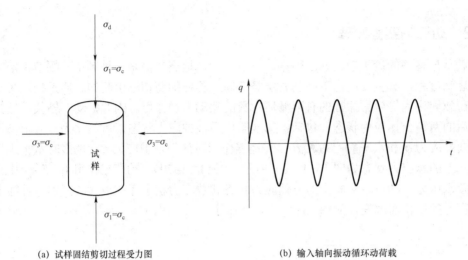

(a) 试样固结剪切过程受力图　　　　　　　(b) 输入轴向振动循环动荷载

图 13-2　动三轴试件受力示意图（等压固结和应力控制方式下的单向振动实验）

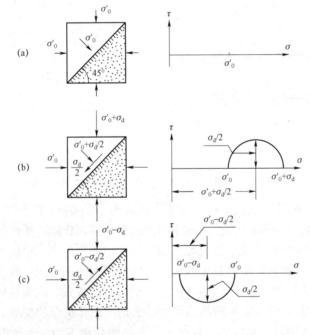

图 13-3　单向振动三轴实验中的土单元应力状态

13.2　理　论　基　础

13.2.1　循环荷载下土体典型响应

在不同类型的动三轴实验中，应用较多的是：通过应力控制，将恒定的周期性轴向荷载作用于不排水试样上的应力控制式实验。该类实验的超静孔隙水压力、竖向荷载及变形随循环荷载次数的变化经典实验结果如图 13-4 所示。土体从承受循环荷载开始直至破坏的过程大致可分为以下 3 个阶段：

① 初期变化阶段。动三轴实验初期，施加等幅正弦波，超静孔隙水压力未出现明显变化，土体小变形不明显。

② 中期稳定阶段。在施加动荷载几个周期后达到中期稳定阶段，表现为孔隙水压力缓慢上升，试样变形出现微小变化。

③ 末期加速阶段。最后加速阶段开始于试样变形突然加快，随循环载荷周期性变化且波幅成倍增加，与此同时孔隙水压力波幅也明显增大。除此之外，施加的循环应力在周期及振幅上表现不对称，表明试样固结等压环境失衡，试样趋于液化。

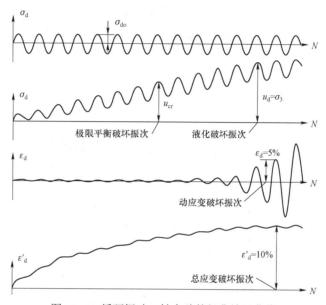

图 13-4　循环振动三轴实验的经典结果曲线

土样变形及孔隙水压力变化趋势的 3 个阶段和砂土液化机理密切相关：超静孔隙水压力随着循环载荷次数的增大而增大，进而达到临界值，该临界值取决于砂土本身的物性特征。目前主要存在两种判断土样是否达到液化的评判准则。一种是以 Seed 等人（1975）为代表提出的循环活动性准则，另一种是以 Casagrande（1936）为代表的临界孔隙比准则。Seed 等人从液化的应力状态出发，将饱和砂土在循环荷载作用下"第一次达到有效应力为零的液化状态"定义为"初始液化"。初始固结应力是约束土体保持稳定性的约束力，一旦孔隙水压力大于等于初始固结应力，土体将失去承载力。随着循环载荷的持续，加快上升的超静孔隙水压力达到初始固结应力等效值（三轴实验中的围压），此时假定土体强度完全丧失，并判定为砂土发生液化。砂土液化的微观表现为砂土颗粒在高孔隙水压力中处于游离状态，悬浮于孔隙水之中；宏观则表现为不再具备承受外部载荷的能力，呈近流体状随外部压力发生变形、流动。随着循环振动继续作用在土样上，液化状态将周期性发生，土样应变量不断积累，宏观上表现出土的循环活动性。前者研究的重点在于确定土样达到初始液化的静动力条件，估计初始液化发生的可能性及其范围。后者则从液化破坏所表现出的过量应变这一特点出发，强调土的流动特征。

在排水条件下，密砂或超固结黏土受到单调的剪切作用会发生体胀，即剪胀，而松砂或正常固结黏土受到单调的剪切作用会发生体缩，即剪缩。然而，同样在排水条件下，无论松密，土体受到循环荷载作用都会发生整体性的体缩。图 13-5 是相对密度为 70%的丰浦砂在循环剪切作用下的排水实验结果（张建民，2012）。在 20 周次的等应力幅值循环剪切作用下，该砂土发生了整体性的体缩，但在每一周次的加载循环步内，土样会随着剪切的加卸载过程出现周期性的体胀和体缩。

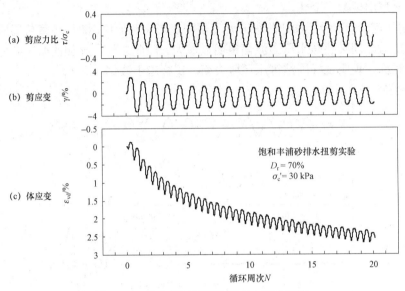

图 13-5　排水循环剪切作用下丰浦砂响应

在不排水条件下，循环荷载引起的饱和砂土整体性体缩趋势和体积不变的约束条件共同作用，会使得孔隙水压力增加和有效应力降低，进而导致土体的模量降低、强度减小、变形增大，其中砂土甚至可能发生液化，即有效应力降低至零。图 13-6 显示相对密度为 70%

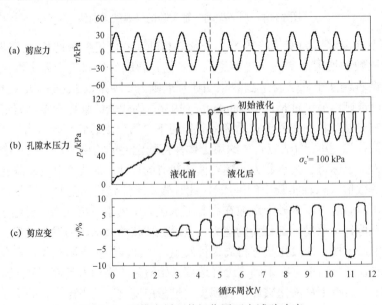

图 13-6　不排水循环剪切作用下丰浦砂响应

的丰浦砂在等应力幅值不排水循环剪切作用下超静孔隙水压力和剪应变的发展（张建民，2012）。随着循环周次的增加，饱和砂土的超静孔隙水压力逐渐累积，应变也逐渐增加，直至砂土发生液化。

13.2.2　土的动应力–动应变关系

土是由土骨架（由土颗粒所构成）与孔隙中的水及空气三相组成的。土在动力荷载作用下，变形常包括弹性变形和塑性变形两部分。当动力荷载在逐渐增大的过程中，土颗粒之间的连接逐渐破坏，土由受弹性或黏弹性变形逐渐发展到产生不可恢复的塑性变形，进而引起土的残余变形和强度的损失。此外，土不仅具有弹塑性的特点，还具有黏性的特点，因此可将土视为具有弹性、塑性和黏滞性的黏弹塑性体。除此之外，有些土还具有明显的结构各向异性。这些因素导致土的动应力–应变关系表现得极为复杂，其应变幅值具有非常大的变化范围，跨越弹性变形、黏弹性变形、塑性变形等多种形式。

一般而言，当土的应变幅值在 $10^{-6} \sim 10^{-4}$ 范围内（如车辆荷载等所引起的振动）时，土近似呈现弹性的特性；当土的应变幅值在 $10^{-4} \sim 10^{-2}$ 范围以内（如打桩、中等程度的地震等）时，土呈现弹塑性的特性；当土的应变幅值达到百分之几的量级（如 2%～5%）时，土可能会发生液化等破坏现象，此时一般主要关注土体在破坏时可达到的强度，即动强度。动三轴仪能较准确地确定中等到大应变条件（即应变幅值在 $10^{-4} \sim 10^{-2}$ 范围内）下的土体动强度、动变形、剪切模量和阻尼比等土动力学参数。

土在周期性动荷载作用下，其动剪应力–动剪应变关系具有滞后性、非线性和变形累积性等特点。

1. 滞后性

对土试样施加周期性动荷载可以得到轴向动应力 σ_d 和相应的轴向动应变 ε_d，并计算相对应的动剪应力 τ_d 和动剪应变 γ_d。在不排水循环荷载作用下，土在一个周期内的动剪应力 τ_d–动剪应变 γ_d 关系曲线会呈现为一个如图 13-7（a）所示的"滞回圈"。土试样在周期荷载作用下的动剪应力–动剪应变关系曲线，反映了土试样动剪应变相比动剪应力的滞后性，表现出土的黏滞特性。其动剪应力计算公式为

$$\tau_d = \sigma_d / 2 \tag{13-1}$$

动剪应变计算公式为

$$\gamma_d = (1 + \nu) \tag{13-2}$$

式中：τ_d 为动剪应力；γ_d 为动剪应变；ν 为泊松比，一般 ν 取 0.5。

2. 非线性

绘出不同周期动应力作用下每一周期的最大周期剪应力和最大周期剪应变的关系曲线，则所得应力–应变滞回圈顶点的轨迹被称为土的应力–应变骨干曲线。连接不同周期的滞回圈顶点就是土的动骨干曲线，它反映了动剪应力–动剪应变关系的非线性。图 13-7（b）给出了最大剪应力和最大剪应变的确定方法。

3. 变形累积性

随着动剪应力不断增大，土体由弹性变形转变为塑性变形状态，而产生不可恢复的塑性变形。这一部分变形在循环动荷载的作用下会逐渐积累。随着循环荷载作用周期的增加，滞

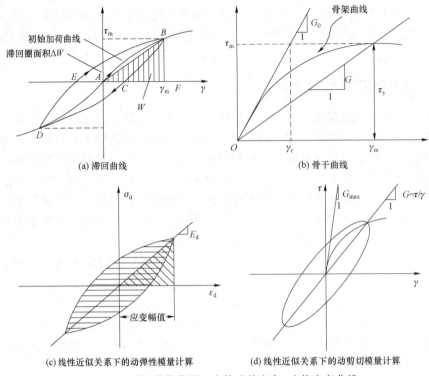

图 13-7　循环荷载作用下土的动剪应力-动剪应变曲线

回曲线开始向横轴正方向移动，它反映出土在周期性动荷载作用下出现累积变形的特性，它是由塑性荷载作用下土的不可逆的结构损伤或破坏引起的，如图 13-8 所示。

图 13-8　循环荷载作用下土的累积变形

　　骨干曲线给出了动力荷载作用下最大动应力与最大动应变的关系，滞回曲线给出了同一个周期内应力-应变曲线的形状，而变形积累则给出了滞回圈中心的位置变化。根据以上 3 个方面的特性，可以确定土的动应力-动应变关系。

　　但需要指出土的动应力-动应变关系并不能简单看作是这 3 个特性的组合。实际上，土的动应力-动应变关系是极其复杂的，它在不同的荷载幅度、土性条件及排水条件下会表现出完全不同的动应力-动应变关系。就简单问题而言，可以从这 3 个特性分别加以考虑得到土的动本构关系，它可以在一定的范围内取得足够精确的结果。对于复杂问题而言，应将这 3 者联合考虑，才有可能得到准确的预测值。

13.2.3　动剪切模量和阻尼比

　　土的动剪切模量（dynamic shear modulus）和阻尼比（damping ratio）是岩土动力学特性

的重要参数，是土层和地基地震分析反应中必备的动力参数。对土的动剪切模量和阻尼比进行研究，具有极为重要的工程价值。

1. 动剪切模量

在了解动剪切模量之前，首先对相关概念做些简单说明。

1）动弹性模量

在动模量与阻尼比的测定中，大多假定土的非线性动应力和动应变关系可以采用等效线性模型描述，如图 13-7（c）所示。通过土样的轴向应力和轴向应变的时程记录，绘出应力、应变滞回曲线［见图 13-7（c）］，通过滞回曲线 B 点的应力、应变值可求得试样的动弹性模量 E_d：

$$E_d = \sigma_d / \varepsilon_d \tag{13-3}$$

式中：E_d 为动弹性模量；σ_d 为轴向动应力；ε_d 为轴向动应变。

2）最大剪切模量（或初始剪切模量）

在小应变条件下（如规定 $\gamma < 10^{-5}$），土体实际上处于完全弹性状态，其剪切模量最大，一般用 G_0 或 G_{max} 表示。最大剪切模量一般采用波动法或共振法确定，前者主要测定土的应变幅小于 10^{-6} 以下的情形，而后者的适用情形为应变幅达 10^{-6} 左右。此外，利用动三轴实验得到动应变-动应力关系曲线后，也可将其转化为 $\varepsilon_d / \sigma_d - \varepsilon_d$ 曲线，进而可以得到直线关系；然后由直线的纵截距的倒数得到弹性模量 E_0，再利用式（13-4）求得最大动剪切模量。

$$G_{max} = \frac{E_0}{2(1+\nu)} \tag{13-4}$$

3）动剪切模量

动剪切模量是土体最重要的动力参数之一。通过动力实验发现土体的动剪切模量 G 在应变为 0.001%～1%的范围内表现出明显的非线性，$G-\gamma$ 衰减曲线能很好地表现出土体的刚度变化情况，因此对于场地地震分析等动力问题尤为重要。

图 13-7（d）为典型的循环荷载作用下土的应力-应变滞回曲线，可以得到该应力荷载作用下的平均动剪切模量 G_d：

$$G_d = \tau_d / \gamma_d = \frac{E_d}{2(1+\nu)} \tag{13-5}$$

式中：G_d 为动剪切模量；τ_d 为动剪应力，即每一滞回圈最高点的动应力；γ_d 为动剪应变，即每一滞回圈最高点的动应变。一般来说，基于 E_d 和式（13-1）及式（13-2），可计算出土样在该循环荷载下的动剪切模量 G_d。

随着动应力水平的增加，滞回圈面积会逐渐增大，且动剪切模量 G_d 会逐渐减小。若将不同循环动应力幅值作用下滞回圈的顶点相连，则可以得到循环荷载作用下土的应力-应变骨干曲线［参见图 13-7（b）］。一般认为，骨干曲线形态接近双曲线（Kondner，1963），最简单的形式可以表示为

$$\tau_d = \frac{\gamma_d}{a + b\gamma_d} \tag{13-6}$$

式中：系数 a 和 b 为和土体性质有关的参数。此时，动剪切模量可以表示为

$$G_d = \frac{1}{a + b\gamma_d} \tag{13-7}$$

对砂性土，动模量主要受到不均匀系数、围压、细颗粒含量、密实度等因素影响，而黏性土的动模量主要受到土体塑性指数的影响。当 $\gamma_d = 0$，根据式（13-6），$a = 1/G_{max}$，这里 G_{max} 即骨干曲线在原点处的切线斜率，也是最大动剪切模量。当 $\gamma_d \to \infty$ 时，根据式（13-7），$b = 1/\tau_{max}$，即循环加载中可以达到的最大动剪应力的倒数。因此，动剪切模量可以进一步表示为（Hardin，1972）：

$$G_d = \frac{1}{\dfrac{1}{G_{max}} + \dfrac{\gamma_d}{\tau_{max}}} \tag{13-8}$$

式中：最大动剪切模量 G_{max} 受到平均有效应力、孔隙比等因素的影响，并可以在室内或现场通过其他实验方法获得。最大动剪应力 τ_{max}，可由动三轴实验求得。

如果将式（13-8）改写成 $\gamma / \tau = 1/G_{max} + (1/\tau_y)\gamma$，其中 τ 为滞回圈上的最大剪应力，τ_y 为骨架曲线上最大剪应力，γ 为滞回圈上的最大剪应变。则在 $\gamma/\tau - \gamma$ 坐标系下的实验结果呈线性关系。实际上，此即 Duncan-Chang 模型（1970）的基本思想。

由图 13-7（d）可知 $G_0 = \tau_y / \gamma_r$，而 γ_r 定义为参考应变（reference strain），即

$$\gamma_r = \tau_y / G_0 \tag{13-9}$$

因此，式（13-8）也可改写为下面的形式：

$$\tau / \tau_y = (\gamma / \gamma_r) / (1 + |\gamma / \gamma_r|) \tag{13-10}$$

而 Ramberg-Osgood 也给出了另一种形式的表达式，即

$$\gamma / \gamma_r = \tau / \tau_y \left[1 + \alpha \left| \tau / (2C_1\tau_y) \right|^{R-1} \right] \tag{13-11}$$

式中：α，C_1 和 R 均为实验参数，绝对值符号表示考虑反向剪切的情况。

2. 阻尼比

土体在循环荷载作用下，由于内摩擦作用存在能量损失，即阻尼。为了定量描述这种材料或物体系在循环荷载作用下能量耗散的现象，特引入阻尼比的概念。它可由滞回圈的面积 ΔW（$BCDEB$）和三角形面积 W（BFA）的比值来定义 [参见图 13-7（a）]。可以证明，阻尼比 λ 与循环荷载作用下的一个周期内能量损耗 ΔW 和一个周期内总能量 W 之比成正比：

$$\lambda = \frac{1}{4\pi} \frac{\Delta W}{W} \tag{13-12}$$

ΔW 近似等于图 13-7（a）中滞回圈 $BCDEB$ 所围成的面积 A，而总能量 W 为三角形 BFA 的面积 A_s，因此式（13-12）可以写为

$$\lambda = \frac{1}{4\pi} \frac{A}{A_s} \tag{13-13}$$

土的阻尼比一般用双曲线形式来近似表达，为

$$\lambda = \lambda_{max} \frac{\gamma_d}{\gamma_d + \dfrac{\tau_{max}}{G_{max}}} \tag{13-14}$$

其中最大阻尼比 $\lambda_{\max}$ 可以认为是土体在剪应变很大时的阻尼比,可通过动三轴实验测定。根据 Hardin-Drnevich 模型,可得到阻尼比 λ 与动剪切模量比 $G / G_{\max}$ 的关系为

$$\lambda = \lambda_{\max}(1 - G / G_{\max}) \tag{13-15}$$

目前,工程上常用如式(13-16)所示经验公式计算土的阻尼比:

$$\lambda = \lambda_{\max}(1 - G / G_{\max})^{\beta} \tag{13-16}$$

式中: $\lambda_{\max}$ 为最大阻尼比; β 为阻尼比曲线的形状系数,是与土性质有关的拟合参数,对于大多数土,取 $0.2 \sim 1.2$。

对于黏性土,陈国兴(1995)基于实验资料,给出了针对阻尼比经验公式计算方法中参数 $\lambda_{\max}$ 和 β 的选取方法:

$$\lambda_{\max} = 5.5 + 18.1\exp(-0.015I_{\mathrm{p}}) \tag{13-17}$$

$$\beta = 0.22 + 0.91\exp(-0.022I_{\mathrm{p}}) \tag{13-18}$$

式中: I_{p} 为塑性指数,且 $0 \leqslant I_{\mathrm{p}} \leqslant 100$。

3. 土动本构模型拟合

土体在动荷载作用下具有黏弹性的特点,因此常把土体等效成黏弹性体,用黏弹性本构模型来研究土体的动应力-应变关系。当应变水平较高时(一般在 10^{-5} 至 10^{-3} 范围内),土体将呈现一定的非线性性质。由于土体具有各相异性,在不同荷载条件、土性条件及排水条件作用下,土体会表现出各不相同的本构特性,因此构建适合全部土体的动本构模型基本是不可能的。

目前,关于土的非线性变形模型已有多种,现介绍 3 种经典的基于等效线性模型理论的模型,即双曲线模型、Ramberg-Osgood 动本构模型、Davidenkov 动本构模型。

1)双曲线模型

双曲线模型又叫 H-D 模型,由 Hardin 等给出动剪切模量比与动剪应变的关系。该法将土视为黏弹性体,以等效剪切模量 G 和等效阻尼比 λ 作为动力特性指标进行实际问题的计算,而不寻求滞回曲线的具体数学表达式。

双曲线模型具有形式简单、参数物理意义明确、应用方便等优点,可较好地模拟砂土、软黏土等强度较低的土体的剪切模量变化规律,但对于硬土的拟合效果较差。双曲线模型的动剪切模量比与动剪应变的关系,以及阻尼比与动剪切模量比的关系分别由式(13-8)和式(13-15)表示。

若将双曲线模型与用物态参数表征变形积累的方法结合起来,就可以较完整地描述土的动应力-动应变关系的 3 个特征,即滞后性、非线性和变形积累性。

2)Ramberg-Osgood 动本构模型

Ramberg-Osgood 动本构模型的骨架曲线表示为式(13-11),由此公式可得到动剪切模量函数的基本关系为

$$G_{\mathrm{d}} / G_{\max} = \cfrac{1}{1 + \alpha \left| \dfrac{\tau_{\mathrm{d}}}{C_1 t_{\max}} \right|^{R-1}} \tag{13-19}$$

式中: α , C_1 和 R 均为实验参数,绝对值符号表示考虑反向剪切的情况。

应用 Ramberg-Osgood 动本构模型对土体的应力-应变关系进行描述拟合时,其滞回圈的形

状完全取决于骨架曲线的形状，与实际情况有一定的区别，不能很好地对土体的 $\tau_d - \gamma_d$ 关系和 $G_d / G_{max} - \gamma_d$ 关系进行拟合，且操作复杂。

3）Davidenkov 动本构模型

Davidenkov 动本构模型是由 Martin 等人为了更好地拟合各类土体的动剪切模量 $G_d / G_{max} - \gamma_d$ 曲线的实验结果，提出了采用 3 参数 A、B 和 γ_0 拟合 $G_d / G_{max} - \gamma_d$ 曲线的方法。其对式（13-8）和式（13-15）进行了修正，阻尼比拟合公式具有幂次形式，且可以较好地预测动剪切模量关系。但该方法的缺陷是当剪应变幅值无穷增长时，剪应力也将无穷增长，这与土体的实际应力-应变关系不相符。同时拟合参数由于众多且不能通过实验给出，取值没有规定的标准且难以把握，拟合大量实验数据时容易造成实验数据无规律的现象，因此在实际应用中较为复杂。

4. 剪切模量和阻尼比随应变的变化规律

Kokusho（1980）对日本丰浦标准砂的动力特性进行了详细的研究，该实验土料和实验方法小结如下：①丰浦标准砂平均粒径 $D_{50} = 0.19$ mm，不均匀系数 $C_u = 1.3$；②将饱和砂置于一个模子内，通过振动法将试样压密到不同要求的密度；③在周围压力为 100 kPa 的作用下，对不同密度的土样进行循环三轴仪实验，剪切模量和阻尼比随应变变化的结果如图 13.9 （a）、（b）所示。

由图 13-9 可知：①剪切模量比 G_d / G_{max} 随动剪应变幅值 γ_d 的增加而减小，当应变减小到 0.5% 时，剪切模量值减小到初始剪切模量值的 1/10；②阻尼比 λ 随剪应变的增加而增大，当应变值减小到 0.5% 时，阻尼比为 0.25；③剪切模量和阻尼比随剪应变的增加而变化的趋势与孔隙比的大小无关。

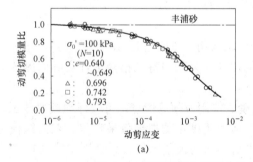
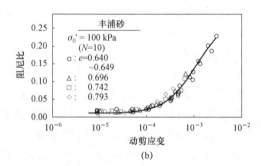

图 13-9　循环荷载作用下土的动剪切模量比及阻尼比-剪切应变关系

13.2.4　动强度

在大幅循环作用下，除了要关注模量和阻尼之外，土的动强度也至关重要。与静力状态下土的强度不同，人们对循环荷载作用下土的动强度所对应的破坏准则的认识并不唯一。材料的破坏是指材料失去承载能力，而在循环荷载作用下，土可能发生不同形式的"破坏"。常用的土的动力破坏标准有以下三大类。

1. 瞬态极限平衡标准

与静力极限平衡条件相对应，在循环荷载作用下土也可能出现瞬时的极限平衡状态，与此对应的应力状态除了受土的有效内摩擦角控制，也与黏滞阻尼力相关。当剪应变速率较小时，可以忽略黏滞阻尼力作用，假定循环荷载和静载的有效内摩擦角相同。

若以瞬态极限平衡状态为标准，可以定义与之相对应的土的动强度。但是，往返加载作用下的动力破坏是变形充分发展和积累的结果。达到瞬态极限平衡状态，在时间域上只是一个瞬间或一个时段，并不意味着产生动力破坏，只反映了该时刻动强度已得到充分发挥，而产生动力破坏的变形是需要逐周累积的。因此，土的瞬态动强度一般仅用于土体动本构模型的标定，但由于其与土的动力破坏并不完全对应，往往并不直接应用于工程中。

2. 破坏应变阈值

在不排水循环加载条件下，随着振动次数的增加，土体的应变会发生累积。因此和静力实验类似，对于动三轴实验，也可以规定一个应变阈值作为土体的动强度破坏标准。这一破坏应变的具体取值与所针对的具体问题相关，如指定双幅轴向应变或双幅剪应变达到 5% 或 10% 作为判定破坏的标准。此时，循环动强度被定义为在一定振动次数（或一定动应力幅值）下达到某一指定破坏应变标准所需的动应力幅值（或循环次数）。

这种循环动强度的概念简单明了、实用直观，适合于作为实际工程中变形控制的指标，因此得到了广泛的应用。这种基于变形累积破坏意义上的土动强度的大小，具有很强的经验性。破坏标准的选取会影响动强度的大小。在一些情况下，土体变形达到指定的破坏应变标准并不一定代表变形会进一步发展或无法继续承担循环荷载作用。

循环荷载作用下的土体变形曲线，可分为破坏型曲线和衰减型曲线两种。前者变形随循环次数的增加而逐渐发展至破坏；后者变形速率逐渐变缓最后达到稳定状态（也被称之为安定状态）。一般将产生破坏型和衰减型两种曲线的分界循环应力称为临界动应力。临界动应力一般与围压的大小有关，其次与土体的种类、强度、变形模量、含水量、密实度、荷载作用频率等因素有关。

13.2.5　液化判定

影响饱和土体液化强度的因素有很多，其中包括土体本身的特性（土的类型、级配、密度、透水性等）和固结比（围压与轴压取值）、初始应力状态、振动频率、振动荷载幅值、固结时间等多个参数。

图 13-10 是中密砂（$D_r = 47\%$）与密砂（$D_r = 75\%$）的三轴实验结果。其中，σ_0' 为周围有效固结压力，σ_d 为轴向动应力，ε_d 为轴向应变。对不同密实度的时程曲线进行比较发现，密实度是导致砂土液化的关键性因素。随着密实度的降低，砂土抗液化性明显降低，临界振动

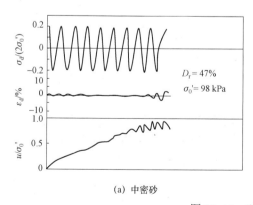
(a) 中密砂

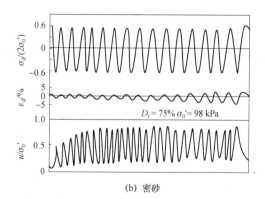
(b) 密砂

图 13-10　砂土循环动三轴实验

次数也越小。可以看出，中密砂的孔隙水压力上升很快，达到初始有效应力时应变突然增大，表明土样已发生液化。而密砂的孔隙水压力上升很慢，达到初始有效应力 σ'_0 时应变逐渐增大，但不超过某一极限值。此时再继续加荷只能引起有限量的应变，这一特性称为循环活动性。对于松砂，初始液化后发生大变形；而对于密砂，只发生有限的应变和软化，处于周期性的不稳定状态。研究表明，当孔隙水压力达到有效固结压力时，剪应变范围一般为 2.5%～3.5%，故而常将剪应变值达 3% 作为初始液化的标准。

砂性土在不排水条件下，当周期荷载所产生的累计孔隙水压力等于总应力（$u=\sigma$），即有效应力 $\sigma'=0$ 时，丧失抗剪强度，表现出流体特性，这种状态称为液化状态。在达到液化状态后，在循环荷载作用下将产生远大于达到液化状态前的变形。

在一定振动次数（或一定动应力幅值）下达到液化标准所需要的动应力幅值（或循环次数）也可以定义为一种动强度，有时也称为液化强度。以液化标准定义的动强度标准和意义都很明确。需要注意的是，液化的发生与土性和循环荷载作用方式均有关系，土体不发生液化不代表其没有发生动力破坏。比如，黏性土一般不会达到液化状态，而砂土在单向循环荷载（即循环偏应力最大值和最小值均出现在同一方向）作用下会达到瞬态极限平衡标准和破坏应变标准，但无法达到液化标准。

同样的试样在不同循环剪应力下达到同一种动力破坏标准所需要的循环次数并不相同。将不同动剪应力比下同样的试样达到破坏的循环次数 N 相连，可以得到液化剪应力比与循环次数的关系曲线，称之为动强度曲线，如图 13-11 所示。这里的循环剪应力比一般指剪应力幅值与固结时平均有效应力之比，有时也可以广义地表示为动应力比，即偏差应力或剪应力幅值与固结时平均有效应力或固结时竖向有效应力/围压之比。循环剪应力比越大，达到同样的破坏标准所需要的循环次数越少。破坏循环剪应力比（cyclic resistance ratio，CRR）

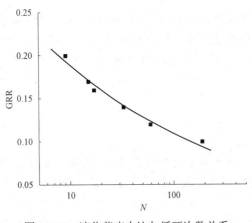

图 13-11 液化剪应力比与循环次数关系

与循环次数 N 一般满足：

$$CRR = aN^{-b} \tag{13-20}$$

式中：b 为一材料参数，一般砂土取值在 0.34 左右；参数 a 受到多种因素的影响，包括土性、固结应力、土的初始密度和组构、应力历史等。由图 13-11 可得出任一循环剪应力 τ_L 作用下发生初始液化的循环次数 N_L；反过来，也可通过对于某一循环次数 N_L，确定发生初始液化的剪应力幅值。

运用动三轴实验判别砂土液化的主要原理是比较通过实验计算得出的抗液化剪应力 τ_L 与地震剪应力 τ_c 的大小，当 $\tau_L < \tau_c$ 时，判定砂土液化。判别砂土液化的地震剪应力采用的是等效循环均匀地震剪应力，可用公式（Dobry，1982）表示为

$$\overline{\tau}_c = 0.65\tau_{max} = 0.65K_d \frac{\sum \gamma \Delta h}{g} a_{max} \tag{13-21}$$

式中：τ_{max} 为最大地震剪应力；K_d 为深度修正系数（见表 13-1）；γ 为土的天然容重；Δh 为土体高度；a_{max} 为地面最大加速度；g 为重力加速度。

表 13-1　深度修正系数

深度/m	1.5	3.0	4.5	6.0	7.5	9.0	10.5	12
深度修正系数	0.985	0.975	0.965	0.935	0.925	0.895	0.865	0.850

对同一密实度试样施加不同动载荷，试样达到液化条件时，存在唯一对应的循环次数。根据实验结果可形成 $\dfrac{\overline{\tau_d}}{\sigma_0} - \lg N$ 关系曲线，再由震级对应的等效循环次数找出对应的抗液化应力比，从而求得抗液化剪应力。

13.3　实 验 方 法

13.3.1　仪器设备

振动三轴仪是室内岩土实验室进行土体动力特性实验的基本仪器，振动三轴实验是将配制的试样在设定的侧向和轴向压力作用下进行饱和固结，然后在侧向或轴向施加振动荷载，使试样的剪应力产生周期性的改变。

动三轴实验具有以下优点：①可以模拟不同工况，进行不同应力路径条件下的实验；②可以很好地控制排水条件，在不排水条件下还可量测试样的超静孔隙水压力；③动三轴实验的试样制备相对容易，实验设备具有普遍性；④三轴实验中试样应力状态明确，应变量测简单可靠，可较容易地判断试样的破坏；⑤振动三轴实验除安装试样外，其余操作一般全程由计算机软件控制，可有效减少人为操作带来的误差；⑥振动三轴实验兼容所有静三轴实验的测试功能。

因此，利用振动三轴实验能方便地实现试样的饱和、检测、固结和动力加载，是确定饱和土体液化强度的有效实验手段，已成为土力学中一种重要实验手段。

振动三轴仪的形式有多种，根据产生激振力方式的不同，可以分为惯性式、电-磁激振式、气压式、惯性力振动式和电-液激振式等类型。一般电-液激振式动力控制系统包括液压油源、伺服控制器、伺服阀、轴向作动器等，要求激振波形良好，拉压两半周幅值和持时基本相等，相差应小于 10%。

一般而言，各种形式的振动三轴仪都由 3 部分组成：①压力室及试样固结的加压系统；②激振器及调节激振力大小的激振系统；③量测试样轴向应力、应变和孔隙水压力的量测系统。振动三轴仪的压力室与静三轴仪的压力室基本相同，结构材料、密封形式也大体一样。振动三轴仪与常规静三轴仪的主要区别在于动力控制系统和量测系统。其中动力控制系统用于轴向激振，施加轴向动应力；而在量测设备方面，振动三轴仪的量测记录一般采用电测设备，即将动力作用下的动孔隙水压力、动变形和动应力的变化，通过传感器转换成电量或电参数的变化，再经过放大，由数据采集器采集并在计算机中进行记录。同时由于动力实验中常需进行不同频率的激振，整个设备系统各部分均应有良好的频率响应，性能稳定，误差不应超过允许范围。

图 13-12　振动三轴仪实物图

图 13-12 是一种典型的振动三轴仪实物图。其基本架构包括一个用于动态控制轴向位移和轴向应力的主机、一个用于围压控制的压力体积控制器、一个用于测量试样体积变化和设置反压的控制器、一个采集和传输实验数据的 DCS 和一套高精度温度控制系统。

振动三轴仪的参数调节范围一般很广，以 GDS 动三轴仪为例，其动态加载频率范围是 0~5 Hz，其每个周期能够控制的数据点数为 1 000 点/s，最多能够存储的数据点数为 100 点每周期。动态轴压可加载 ±10 kN，精度为满量程的 0.1%。位移量程为 100 mm，位移分辨率为 0.208 mm，轴向位移精确度为满量程的 0.07%。GDS 温控动三轴温控量程为-20~+60 ℃，温控精度为 0.1 ℃。

在振动三轴实验中，可通过围压控制器和反压控制器调整试样所受的围压和反压。因此，振动三轴实验可在给定的围压条件下，施加不同大小的激振力使试样发生轴向振动。轴向振动可以选用控制轴力或控制轴向位移两种方式中的一种进行。在施加轴向振动时，应同时测量并记录振动过程中的轴向应力、应变和超孔隙水压力。图 13-13 为电机控制的振动三轴仪的连接示意图，它采用了经典的 GDS 压力体积控制器和 Bishop &Wesley 类型压力室。

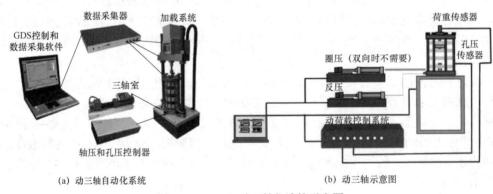

(a) 动三轴自动化系统　　　　　　　　　　　　　　(b) 动三轴示意图

图 13-13　GDS 动三轴仪连接示意图

13.3.2　试样制备、饱和、安装、固结与加载

振动三轴实验的流程如图 13-14 所示，主要步骤包括实验前检查与准备，制样、饱和，施加围压，等压固结，偏压固结，施加动力剪切等过程。图 13-14 中虚线框内的步骤，应根据土样的饱和度或实验类型来采用。

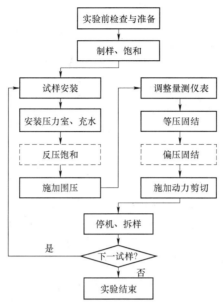

图 13-14 振动三轴实验的流程图

振动三轴实验试样的制备、饱和、安装过程与静力常规三轴实验相同，可参照 9.3 节、9.4 节和 9.5.1 节的内容进行。

1. 试样尺寸

振动三轴实验常用圆柱体试样，试样尺寸决定了整机的规模、大小和用途。采用的试样最小直径为 38 mm，最大直径为 300 mm，高度以试样直径的 2～2.5 倍为宜。按试样尺寸可将振动三轴实验试样和对应的适用振动三轴仪范围大致分为以下几种情形（见表 13-2）。

表 13-2 振动三轴实验常见的试样尺寸

振动三轴仪分类	试样直径/mm	试样高度/mm	适用范围
小型振动三轴仪	38	80～100	细粒土及砂土
	50	100～125	
中型振动三轴仪	100	200～230	部分粗粒土
	200	400～500	
大型振动三轴仪	300	750	粗粒土

2. 试样制备

在进行振动三轴实验时，所取土样应尽量保证在密度、含水率、饱和度及结构等方面与现场原位土层的实际情况类似。土样制备的好坏将直接影响到实验结果的合理与否。对天然地基，宜用原状试样。原状土样的试样制备应按 9.3.2 节中介绍的方法制取。

除可取原状土样进行实验外，也可在室内制备重塑土样。当采用重塑土样时，必须对它与现场实际土体之间的差别进行评估。重塑土样的试样制备应按 9.3.3 节的规定进行；砂土试样的制备应按 9.3.5 节的方法进行。对填土，宜模拟现场状态即现场条件下的含水率和密度进行重塑土样的制备。

3. 试样饱和

有关土样制备完成后的试样饱和步骤及饱和检测，应按 9.4 节中介绍的方法进行。其中，土样的饱和检测又称孔压系数 B 检测，其目的是检查试样是否完全饱和。一般是在不排水条件下，施加围压增量 $\Delta\sigma_c$，监测孔压的变化值 Δu，二者的比值为孔压系数 B。B 值越接近于 1，说明土样的饱和度越高。

4. 试样固结

试样饱和、安装并按需要进行反压饱和后，先进行等压固结：先对试样施加 20 kPa 的侧压力，然后逐级施加均等的周围压力和轴向压力，直到周围压力和轴向压力相等并达到预定压力。不等向固结应在等向固结变形稳定后，逐级增加轴向压力直到预定的轴向压力，加压时勿使试样产生过大的变形。每级施加压力后打开排水阀（反压固结试样维持反压），使试样排水固结。固结稳定标准如下：对黏土和粉土试样，1 h 内固结排水量变化不大于 0.1 cm³，砂土试样等向固结时，关闭排水阀后 5 min 内孔隙水压力不上升；不等向固结时 5 min 内轴向变形不大于 0.005 mm。固结完成后关闭排水阀，并计算振前干密度。

5. 试样加载

以固结不排水动剪切实验为例，待土样固结完成后，在不排水的条件下，对试样施加预先设置的轴向激振力进行动弹模实验。实验期间，测量系统将振动过程中通过压力传感器、位移传感器和孔压传感器所采集的试样所受循环动应力、试样产生的动力变形及孔隙水压力等值记录下来。数据控制器系统对实验数据进行相关计算处理，并输出数据结果与各种图形结果。

13.3.3 振动三轴实验类型

按照加载方式的不同，振动三轴实验可以分为动态压缩和动态拉压两种模式。这里仅针对动态压缩条件下的振动三轴实验进行介绍。

按照循环荷载激振方式的不同，可分为单向激振式和双向激振式。单向激振三轴实验又可称为侧压动三轴实验，它是指试样的围压保持不变，通过周期性地变化竖向轴压，并保持水平轴向应力不变，使试样在轴向上承受循环变化的大主应力，对试样施加轴向循环动荷载，在试样内部产生相对应的正应力、剪应力。试样在单向激振式动荷载作用下的受力加载示意图如图 13-3 所示。在施加动应力时需保持 σ_d 小于轴向静力 σ_0'，也即不出现 $\sigma_0' - \sigma_d < 0$ 的情况。因此，单向激振式荷载作用下，较难进行应力比 $\sigma_{1c}' / \sigma_{3c}'$ 较大情况下的液化实验。

双向激振三轴实验也称变侧压动三轴实验，是对试样水平方向和轴向方向同时施加循环荷载，且两个方向的动荷载以 180° 的相位差交替对其施加动应力。即在试样轴向应力增加 $\sigma_d / 2$ 的同时，减小同样大小的侧向应力。这样，在试样 45° 平面上的法向正应力可保持不变，而剪切应力大小为 $\sigma_d / 2$。双向激振式荷载作用下，可在不受应力比 $\sigma_{1c}' / \sigma_{3c}'$ 局限的条件下模拟土单元体所受的往返地震剪应力作用。和图 13-3 所示的单向振动实验中的土单元应力状态对比可知单向振动实验中水平向应力保持不变；而双向振动实验中，法向应力保持不变。

对于动态压缩实验，根据实验目的不同，振动三轴实验又可分为动强度（抗液化强度）实验、动力变形特性实验和动力残余变形特性实验三大类。

1. 动强度（抗液化强度）实验

试样在等压固结和/或偏压固结后关闭排水阀门，在动力剪切过程中不允许试样排水，测定并记录应力、应变和孔隙水压力的变化过程，直至达到破坏标准，确定动强度（抗液化强度）。

2. 动力变形特性实验

试样在等压固结和/或偏压固结后，在不排水条件下施加动荷载，记录试样的轴向应力和轴向动应变的变化过程，达到预定振次后停机，整理应力–应变滞回圈。

在进行动弹性模量和阻尼比随应变幅变化的实验时，为减少工作量，可采用多级加荷实验。当第一级动荷选择好后，即开机振动，达到预定振次（一般为 20 次）后停机，并立即打开排水阀。待试样中孔隙水压力消除后关闭排水阀，再进行下一级加荷实验。

3. 动力残余变形特性实验

动力残余变形特性实验为饱和固结排水振动实验，根据振动过程中排水量计算其残余体积应变的变化过程，根据轴向变形量计算其残余轴应变和残余剪应变的变化过程。

13.3.4　动强度（抗液化强度）实验（不排水动三轴实验）

动强度（抗液化强度）实验应按下列步骤进行：

（1）动强度实验为固结不排水振动三轴实验，实验中测定应力、应变和孔隙水压力的变化过程，根据一定的试样破坏标准，确定动强度（抗液化强度）。破坏标准可取应变等于 5% 或孔隙水压力等于周围压力，也可根据具体工程情况选取。

（2）试样固结完成后，在计算机控制界面中设定实验方案，包括动荷载大小、振动频率、振动波形、振动次数等。动强度实验动荷载通常采用应力控制，宜采用正弦波激振，振动频率宜根据实际工程动荷载条件确定振动频率，也可采用 1.0 Hz。

（3）在计算机控制界面中建立实验数据存储文件。

（4）关闭试样排水阀，并检查管路各个开关的状态，确认活塞轴上、下锁定处于解除状态。

（5）所有工作检查完毕确认无误后，通过计算机控制界面开始激振。

（6）当试样达到破坏标准后，再振 5～10 周停止振动。

（7）实验结束后卸掉压力，关闭压力源。

（8）描述试样破坏形状，必要时测定试样振后干密度，拆除试样。

（9）对于同一密度的试样，可选择 1～3 个固结比；在同一固结比下，可选择 1～3 个不同的围压；每一围压下用 4～6 个试样。可分别选择 10 周、20～30 周、100 周等不同的振动破坏周次进行实验，以整理动强度曲线。

（10）实验过程中的动荷载、动变形、动孔隙水压力及三轴室围压由计算机自动采集和处理。

13.3.5　动力变形特性实验（以固结不排水实验为例）

动力变形特性实验应按照下列步骤进行：

（1）在动力变形特性实验中，根据振动实验过程中轴向应力、轴向动应变的变化过程和应力应变滞回圈，计算动弹性模量和阻尼比。动力变形特性实验一般采用正弦波激振，振动频率可根据工程需要选择和确定。

（2）试样固结完成后，在计算机控制界面中设定实验方案，包括振动次数、振动的动荷载大小、振动频率和振动波形等。

（3）在计算机控制界面中建立实验数据存储文件。

（4）关闭试样排水阀，并检查管路各个开关的状态，确认活塞轴上、下锁定处于解除状态。

（5）所用工作检查完毕并确认无误后，通过计算机控制界面分级开始实验。实验过程中由计算机自动采集轴向动应力、轴向变形及试样孔隙水压力的变化过程。

（6）实验结束后，卸掉压力，关闭压力源。

（7）拆除试样。

（8）在进行动弹性模量和阻尼比随应变幅变化的实验时，一般每个试样只能进行一个动应力实验。为控制整体实验工作量，也可以采用多级加荷实验。对于同一干密度试样，在同一固结应力比下，可选 1～5 个不同的侧压力实验，每个试样采用 4～5 级动应力，宜采用逐级施加动应力幅的方法，后一级动应力幅值可控制为前一级的 2 倍左右，每级的振动次数不宜大于 10；每级动应力施加完成后，打开排水阀门，待排水完毕后，进行下一级加载。

（9）实验过程中的实验数据由计算机自动采集、处理，并根据采集的应力–应变关系，绘制应力应变滞回圈，整理出动弹性模量和阻尼比随应变幅的关系曲线。

13.3.6 动力残余变形特性实验（排水动三轴实验）

动力残余变形特性实验应按下列步骤进行：

（1）动力残余变形特性实验为饱和固结排水振动实验。根据振动实验过程中的排水量计算其残余体积应变的变化过程，根据振动实验过程中的轴向变形量计算其残余轴应变及残余剪应变的变化过程。

（2）动力残余变形特性实验一般采用正弦波激振，振动频率可以根据工程需要选择确定，一般采用较低的振动频率，确保实验过程中的试样充分排水。

（3）试样固结完成后，在计算机控制界面中设定实验方案，包括动荷载、振动频率、振动次数、振动波形等。

（4）在计算机控制界面中建立实验数据存储文件。

（5）保持排水阀开启，并检查管路各个开关的状态，确认活塞轴的上、下锁定处于解除状态。

（6）所有工作检查完毕确认无误后，通过计算机控制界面开始激振。

（7）实验结束后，卸掉压力，关闭压力源。

（8）在需要时测定试样振后干密度，拆除试样。

（9）对同一密度的试样，可选择 1～3 个固结比。在同一固结比下，可选择 1～3 个不同的围压。每一围压下用 3～5 个试样。

（10）整个实验过程中的动荷载、围压、残余体积和残余轴向变形由计算机自动采集和处理。根据所采集的应力应变（包括体应变）时程记录，整理需要的残余剪应变和残余体应变模型参数。

13.4　计　算　结　果

在第 9 章介绍过，三轴剪切实验的试样在固结后和剪切过程中试样高度、面积和体积会发生变化，因此必须进行尺寸上的修正。振动三轴实验中的尺寸修正原则与静三轴实验相同，可参照 9.7 节中介绍的方法进行处理。

根据实验类型和需要，一般要绘制主应力差–轴向应变曲线，有效主应力比–轴向应变曲线、孔压–轴向应变曲线、体应变–轴向应变曲线或在 p–q（p'–q'）坐标系中绘制应力路径关系曲线。

其他静、动应力指标按下列规定计算：

（1）固结应力比 K_c 按下式计算：

$$K_c = \frac{\sigma'_{1c}}{\sigma'_{3c}} = \frac{\sigma_{1c} - u_0}{\sigma_{3c} - u_0} \tag{13-22}$$

式中：K_c 为固结应力比；σ'_{1c} 为有效轴向固结应力（kPa）；σ'_{3c} 为有效侧向固结应力（kPa）；σ_{1c} 为轴向固结应力（kPa）；σ_{3c} 为侧向固结应力（kPa）；u_0 为初始孔隙水压力（kPa）。

（2）轴向动应力 σ_d 按下式计算：

$$\sigma_d = \frac{W_d}{A_c} \times 10 \tag{13-23}$$

式中：σ_d 为轴向动应力（kPa）；W_d 为轴向动荷载（N）；A_c 为试样固结后截面积（cm^2）。

（3）轴向动应变 ε_d 按下式计算：

$$\varepsilon_d = \frac{\Delta h_d}{h_c} \times 100 \tag{13-24}$$

式中：ε_d 为轴向动应变（%）；Δh_d 为轴向动变形（mm）；h_c 为试样固结后的高度（mm）。

（4）体积应变 ε_v 按下式计算：

$$\varepsilon_v = \frac{\Delta V}{V_c} \times 100 \tag{13-25}$$

式中：ε_v 为轴向动应变（%）；ΔV 为试样体积变化，即固结排水量（cm^3）；V_c 为试样固结后的体积（cm^3）。

（5）动强度（抗液化强度）计算应在实验记录的动应力、动变形和动孔隙水压力的时程曲线上，根据一定的试样破坏标准，确定动强度（抗液化强度）。破坏标准可取应变等于 5% 或孔隙水压力等于围压，也可根据具体工程情况选取。相应于该破坏试样 45° 面上的破坏动剪应力比 τ_d / σ'_0 应按下列公式计算：

$$\tau_d / \sigma'_0 = \sigma_d / 2\sigma'_0 \tag{13-26}$$

$$\sigma'_0 = (\sigma'_{1c} + \sigma'_{3c}) / 2 \tag{13-27}$$

式中：τ_d / σ'_0 为试样 45° 面上的破坏动剪应力比；τ_d 为试样 45° 面上的动剪应力（kPa）；σ'_0 为试样 45° 面上的有效法向固结应力（kPa）。

13.5 数据处理

本节以 Leap 对渥太华砂进行的一组振动三轴实验为例（Kutter et al., 2019），介绍动强度的数据整理方法。该实验的振动三轴实验原始数据及处理过程参见本章提供的电子资源。

13.5.1 动强度（抗液化强度）

图 13-15 是渥太华砂在初始孔隙比 0.515，围压为 100 kPa，轴向动应力 σ_d=120 kPa 条件下的固结不排水振动三轴实验曲线。在该次实验中，循环应力比 CSR 由下式计算：

$$CSR = \frac{\sigma_d}{2\sigma_0'}$$

$$\sigma_0' = \frac{\sigma_{1c}' + \sigma_{3c}'}{2}$$

（13-28）

本次实验以单向达到 2.5%轴向应变作为破坏标准，由轴向应变-周次关系曲线可以看出，在该实验条件下，渥太华砂在 14 周时发生破坏。

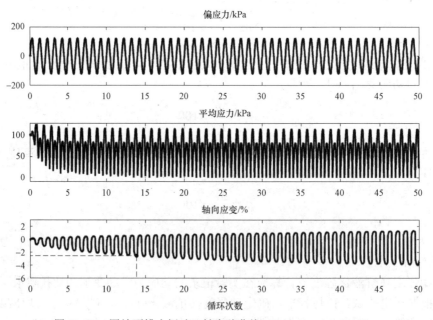

图 13-15　固结不排水振动三轴实验曲线（Kutter et al., 2019）

在相同孔隙比和初始静应力状态下，调整动应力幅值，对数个试样进行实验，可获得不同循环应力比下的破坏振次。将实验数据整理到半对数坐标系上，如图 13-16 所示，即可得到动强度曲线。

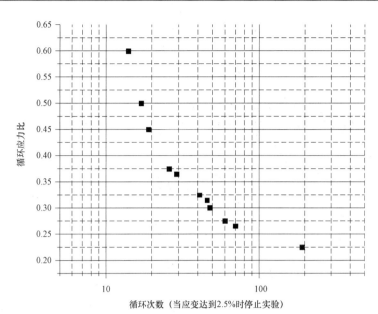

图 13-16   固结不排水振动三轴实验曲线（Kutter et al.，2019）

13.5.2   动模量与阻尼比

首先基于图 13-7（c），计算土体的动弹性模量。然后将不同动应力幅值的动弹性模量的倒数 $1/E_{d}$ 和动轴向应变 ε_{d} 整理在一个线性坐标系内，如图 13-17 所示。已有研究表明二者之间的关系可近似采用直线拟合，即

$$1/E_{d} = a + b\varepsilon_{d} \tag{13-29}$$

式中：a、b 分别为拟合直线的截距和斜率。当 $\varepsilon_{d} = 0$ 时，$1/a$ 即代表最大的动模量 $E_{d\max}$。

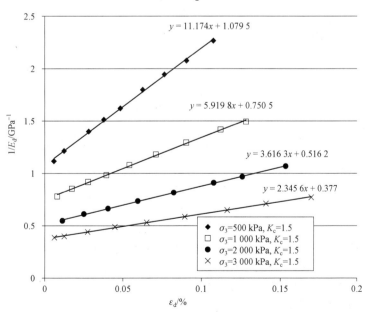

图 13-17   动弹性模量与动轴向应变关系曲线

E_{dmax} 和 σ_m 有以下关系：

$$E_{dmax} = k_2' P_a \left(\frac{\sigma_m}{P_a} \right)^n \qquad (13-30)$$

式中：P_a 为大气压力；对于三轴实验，$\sigma_m = (\sigma_1 + 2\sigma_3)/3$；$k_2'$ 和 n 为两个参数。将 E_{dmax}/P_a 和 σ_m/P_a 整理在双对数坐标系中，参数 k_2' 和 n 分别代表曲线的截距与斜率，如图 13-18 所示。

将式（13-30）代入式（13-29）可得

$$\frac{E_d}{E_{dmax}} = \frac{1}{1 + k_1' \bar{\varepsilon}_d} \qquad (13-31)$$

式中：

$$k_1' = k_2' b \sigma_m \qquad (13-32)$$

$$\bar{\varepsilon}_d = \frac{\varepsilon_d}{\left(\dfrac{\sigma_m}{P_a} \right)^{1-n}} \qquad (13-33)$$

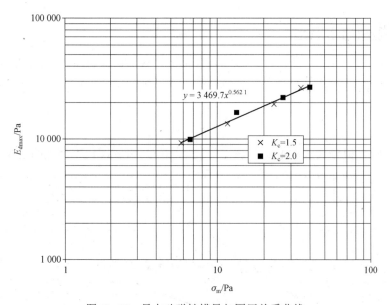

图 13-18　最大动弹性模量与围压关系曲线

令 $E_d/E_{dmax} = 0.5$ 时动应变为 $(\bar{\varepsilon}_d)_{0.5}$，则由式（13-32）可得

$$k_1' = \frac{1}{(\bar{\varepsilon}_d)_{0.5}} \qquad (13-34)$$

如图 13-19 所示，将 E_d/E_{dmax} 与 $\bar{\varepsilon}_d$ 整理在半对数坐标系中，可得到模量比曲线；将 λ 与 $\bar{\varepsilon}_d$ 整理在半对数坐标系中，可得到阻尼比曲线。

一般工程中常用动剪切模量和动阻尼比随动剪应变的变化曲线来描述土的非线性特性，其中动剪切模量和动剪应变可由下式计算：

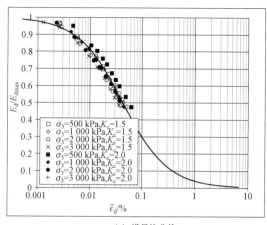
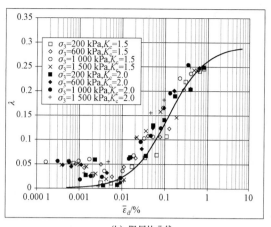

(a) 模量比曲线　　　　　　　(b) 阻尼比曲线

图 13-19　模量比曲线与阻尼比曲线

$$G_d = \frac{E_d}{2(1+\nu_d)} \tag{13-35}$$

$$\gamma_d = (1+\nu_d)\varepsilon_d \tag{13-36}$$

式中：ν_d 为动泊松比，一般可取为 0.33 或按工程实际情况取值。

Hardin 假定滞回圈为双曲线，相应的动剪切模量为

$$G_d = \frac{k_2}{1+k_1\gamma_d} P_a \left(\frac{\sigma_m}{P_a}\right)^n \tag{13-37}$$

式中的 2 个参数可以由下式计算得到：

$$k_2 = \frac{k_2'}{2(1+\nu_d)} \tag{13-38}$$

$$k_1 = \frac{k_1'}{1+\nu_d} \tag{13-39}$$

式中：k_2' 可采用式（13-30）拟合得到，即图 13-18 的截距；k_1' 可由式（13-34）计算得到。

13.5.3　动力残余变形

残余变形计算应根据所采用计算模型，分别整理残余体积应变、残余轴应变与振次关系曲线。这里以沈珠江残余变形计算模型为例，介绍动力残余变形成果整理方法。

动力残余体积应变增量 $\Delta\varepsilon_v$ 和残余剪切应变增量 $\Delta\gamma_s$ 按下式计算

$$\Delta\varepsilon_v = c_1(\gamma_d)^{c_2} \exp(-c_3 S_1) \frac{\Delta N_1}{1+N_1} \tag{13-40}$$

$$\Delta\gamma_s = c_4(\gamma_d)^{c_5} S_1 \frac{\Delta N_1}{1+N_1} \tag{13-41}$$

式中：ΔN_1 和 N_1 为等效振动次数的增量和累加量；c_1、c_2、c_3、c_4、c_5 为 5 个计算参数。

在整理资料时，一般以第 10 次循环的幅值为准。动力残余变形包括残余体积应变 ε_{vr} 和

残余剪切应变 γ_r，后者主要发生在不等向固结试样中，等向固结试样中有时也会出现少量残余剪应变，但其值较小，在整理资料时可将其忽略不计。一般来说，半对数曲线是描述残余变形发展趋势的一个较好选择。设 c_{vr} 和 c_{dr} 分别为各实验曲线在半对数坐标系上的斜率，则残余应变

$$\varepsilon_{vr} = c_{vr}\,\lg(1+N) \tag{13-42}$$

$$\gamma_r = c_{dr}\,\lg(1+N) \tag{13-43}$$

其次，将 c_{vr} 和 c_{dr} 表示为动剪应变幅值 γ_d 的函数，用剪应力比或应力水平 $S_1(=\tau/\tau_f)$ 代替 K_c，可使表达更为清晰。因此，建议采用经验公式计算：

$$c_{vr} = c_1 \gamma_d^{c_2} \exp(-c_3 S_1) \tag{13-44}$$

$$c_{dr} = c_4 \gamma_d^{c_5} S_1 \tag{13-45}$$

等向固结时 $S_1=0$，故式（13-44）、式（13-45）分别退化为 $c_{vr}=c_1\gamma_d^{c_2}$ 和 $c_{dr}=0$。

以往的研究表明，不同应力比（应力水平）对 c_{vr} 影响很小，故可假定 S_1 对 c_{vr} 无影响，即式（13-44）中的 $c_3=0$。

由式（13-44），对在 $C_{vr}-\gamma_d$ 的双对数关系曲线进行线性拟合，c_1 即为 $\gamma_d=1\%$ 处的直线截距，c_2 即为拟合直线的斜率。根据式（13-45），对 $c_{dr}/S_1-\gamma_d$ 的双对数关系曲线进行线性拟合，c_4 即为 $\gamma_d=1\%$ 处的直线截距，c_5 即为拟合直线的斜率。其中应力水平 S_1 根据静三轴实验结果求取。

13.6　应用实例

13.6.1　实验土样

本实验采用取自天津市津南区某调蓄水池工程现场的粉质黏土，其物理力学指标和颗粒级配分别如表 13-3 和图 13-20 所示。

表 13-3　土样物理力学指标

物理力学指标	取值
重度 $\gamma/$（kN/cm³）	19.8
天然含水率 $w/\%$	29.2
孔隙比 e	0.781
液限 $w_L/\%$	34.9
塑限 $w_P/\%$	19.2
塑性指数 I_P	15.7
液性指数 I_L	0.63
渗透系数 $k/$（cm/s）	9.04×10^{-8}
压缩系数 $a_{1-2}/$MPa⁻¹	0.37

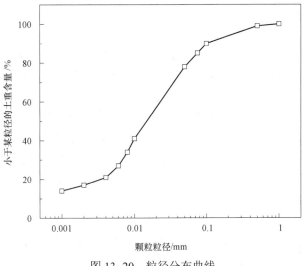

图 13-20　粒径分布曲线

13.6.2　实验步骤与方案

本实验共有 7 个步骤：制样、真空饱和、反压饱和、固结、动荷载实验和卸载试样。

1. 制样

本实验采用原状土，并对其进行制样，利用 TWS-20 型卧式手动推土器将薄壁取样管中的原状土缓慢推出，将土样放置在削土器上，用钢丝锯匀速切下多余的土体，直至土样呈现直径为 39.1 mm 的圆柱，取下土样用钢丝锯截取长度为 80 mm 的圆柱体，周围贴上保鲜膜，上下端面贴上润湿的滤纸，并放置于饱和器中。

2. 真空饱和

将装有土样的饱和器放入无水的抽气缸中进行抽气，保持-0.1 MPa 的压力 1 h。当抽气时间达到 1 h 后，缓慢注入清水，并保持真空度稳定。待饱和器完全被水淹没即停止抽气，并释放抽气缸的真空。试样在水下静置的时间为 24 h。

3. 反压饱和

在土样外侧套上橡胶膜，并放置于三轴压力室的底座上，随后将三轴压力室中充满水，向土样内部施加反压，通过水压力来使土样达到饱和状态。30 min 后，测量 Skempton 孔隙水压力系数 B 值，B 值为 1.0 被认为是饱和土体的性质，而实际上土体难以达到这样的理想状态，因此若 B 值达到 0.97，则认为土样达到饱和状态。

4. 固结

固结阶段选用偏压固结，侧压力系数取 0.5，根据所取土样的深度大致选取土样固结时的有效轴向应力、有效围压分别为 200 kPa 和 100 kPa；固结阶段完成的标准以排水量小于 1 mm³/min 为标准。

5. 动荷载实验

考虑土体在原位状态固结比的偏压固结实验得到的最大剪切模量与采用现场波速法实验得到的最大剪切模量更为相符，因此，固结阶段选用偏压固结，侧压力系数取 0.5，根据所取土样的深度大致选取土样固结时的有效轴向应力、有效围压分别为 200 kPa 和 100 kPa。固结阶段完成的标准以排水量小于 1 mm³/min 为标准。

动荷载阶段的目的是测量土体的动剪切模量。如图 13-21 所示，本阶段采用分级循环荷载进行加载，振动频率为 1 Hz，加载时设置为不排水实验，以位移来控制。采用正弦波型加载，共分为 28 个循环荷载级别（即最大位移分别设置为 0.001，0.002，0.003，0.004，0.005，0.006，0.007，0.008，0.009，0.01，0.02，0.03，0.04，0.05，0.06，0.07，0.08，0.09，0.1，0.2，0.3，0.4，0.5，0.6，0.7，0.8，0.9，1.0，单位 mm）。对于每级荷载的振动次数，一般选取为 2~10 次。若采用的振动次数过少，则由于土体应变发展具有滞后性，土体变形没有发展完全即进入下一个振级。若采用的振动次数过多，则会出现土体软化的现象，从而影响下一个振级的实验结果。因此，本实验中的每个荷载级别振动 5 次，选取第 4 个循环的滞回圈作为本级的滞回圈来进行后续分析。

6. 卸载试样

实验结束后，依次将反压、围压和轴向应力降为 0，再将试样从压力室中取出，取出的过程要尽量小心，避免过大的扰动影响后续的分析，最后整理实验仪器。

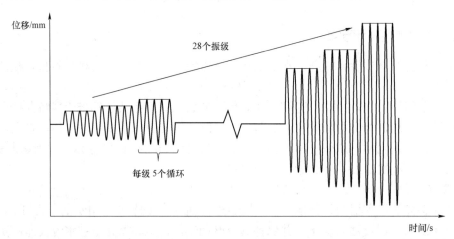

图 13-21　分级加载示意图

13.6.3　动剪切模量原始数据与数据分析

本实验采用由英国 GDS 公司生产的型号为 ELDyn 的标准型动态三轴实验系统，可获得动剪切模量原始数据见表 13-4。选取每个振级的第 4 个滞回圈进行分析以得到动剪切模量。

表 13-4　动剪切模量原始数据

剪应力/kPa	剪应变/%	动剪切模量/MPa
0	0.010 87	65.310 31
0.894 59	0.012 00	64.406 23
2.173 62	0.023 93	57.240 15
3.133 25	0.035 80	52.860 59
4.230 55	0.047 33	49.943 80
5.164 47	0.059 07	44.748 40

剪应力/kPa	剪应变/%	动剪切模量/MPa
5.419 18	0.071 27	40.657 07
6.249 06	0.082 93	38.951 79
6.967 28	0.094 67	35.554 28
7.099 23	0.106 27	33.339 85
7.728 75	0.118 40	31.350 49
13.697 57	0.236 73	20.554 79
18.924 09	0.354 73	14.711 50
27.898 1	0.473 07	11.442 28
26.432 88	0.591 47	9.594 44
28.976 29	0.710 27	8.546 01
32.302 72	0.828 93	7.003 96
33.659 24	1.073 00	5.475 13
35.430 26	1.193 33	5.251 70

　　绘制剪应力与剪应变关系骨干曲线和动剪切模量与剪应变关系曲线，分别如图 13-22 和图 13-23 所示。在应力应变滞回圈中，将各个滞回圈的顶点相连，即可得到软黏土在分级加载状态下剪应力-剪应变曲线，即骨干曲线。

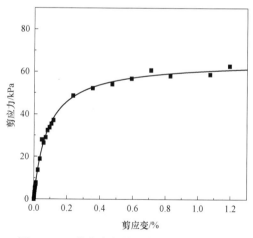

图 13-22　剪应力与剪应变关系骨干曲线

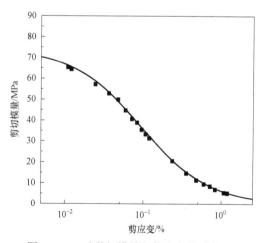

图 13-23　动剪切模量与剪应变关系曲线

13.7　习　　题

　　1. 振动三轴实验有什么作用？

　　2. 在振动三轴实验中，只要振动次数足够多，土体总会在动荷载作用下发生破坏。这种说法对不对，为什么？

3. 在振动三轴实验中，土体不允许排水。这种说法对不对，为什么？

4. 在测试动力变形特性、动强度和动力残余变形特性的 3 种振动三轴实验中，哪类实验对饱和度的要求最高？为什么？

5. 在振动三轴实验中，固结应力比的选择应遵循哪些原则？

6. 在测试动力变形特性、动强度和动力残余变形特性的 3 种振动三轴实验中，动力加载频率的选择应考虑哪些因素？为什么？

7. 相比于一般静力三轴仪，振动三轴仪在哪些方面提出了更高的要求？

为方便读者学习本章内容，本书提供相关电子资源，读者通过扫描右侧二维码即可获取。

扫码，获取本章电子资源

第14章

土体微观结构测量实验

随着技术的进步，土体微观结构的测量设备已逐步在各科研和工程单位普及。土体微观结构的测量结果已成为认识和理解土体工程行为的重要途径，并且基于土体微观结构的测量结果建立土体宏观性质的预测模型也获得了快速长足的发展。

土体微观结构的测量分为定量和定性两种。定量测量实验方法主要包括水银压入（mercury intrusion porosimetry，MIP；Penumadu et al.，2000；Cuisinier et al.，2004）实验、液氮吸附（nitrogen adsorption，Prost et al.，1998）实验、核磁共振（nuclear magnetic resonance，NMR）实验等。其中，通过 MIP 实验获得的是土体的累计孔隙体积分布曲线；通过液氮吸附实验获得的是土体比表面积曲线；通过 NMR 实验能够获得饱和水土体孔隙的孔径分布曲线。

定性测量实验方法主要包括扫描电镜（scanning electron microscopy，SEM；Collins et al.，1974）实验、光学显微镜（optical microscope，OM；Cousin et al.，2005）实验和 CT 扫描（X-ray scan）实验等。通过扫描电镜和光学显微镜实验获得的是土壤表面的光学照片；而通过 CT 扫描实验获得的是土壤内部的结构照片。

本章将针对岩土工程采用较多的 MIP、NMR 两种定量分析实验的基本原理和实验方法进行介绍。

14.1　水银压入实验

14.1.1　水银压入实验的基本原理

土壤孔径分布是认识和解释土体宏观行为的重要依据。目前有不少研究试图建立土壤孔隙分布和土壤饱和渗透系数、冻胀行为、变形行为、持水能力等土体工程特性之间的关系。

MIP 实验通常可以有效地测量内部孔隙开放且互相连通的碎散性多孔介质的孔径分布，其可测的孔径范围较广，从几纳米至几十微米不等。因此，通过 MIP 实验可测量的孔径分布曲线较为宽广，可跨过多个等级。MIP 实验的原理是将待测土体浸入非湿润流体（如汞）中，在外部施加压力，将汞压入试样孔隙中，直至孔隙完全被汞浸入，其微观机制如图 14-1（a）所示。在进行 MIP 实验时，首先将经过干燥处理的试样浸入汞中，并施加较小的初始压力。

随后逐步提高外部压力，直至待测试样的孔隙被汞完全充满。每次提高外部压力，均需测量该压力增量下被压入试样孔隙中的汞的体积，如图 14-1（b）所示。最终得到累计压汞体积与压力的关系曲线。

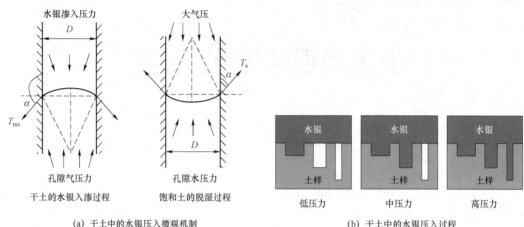

图 14-1 土体孔隙体积测量的水银压入实验

假设土体内部孔隙为圆柱形（参见图 14-1），在外部施加压力 P 时，被汞浸入的孔隙的尺寸可由下式计算：

$$r = \frac{2T_s \cos\alpha}{P} \tag{14-1}$$

式中：r 为孔隙孔径；T_s 为非湿润流体的表面张力，20 ℃时，汞的表面张力为 472 dynes/cm；α 为接触角，即气–液交界面的切线与固–液交界面之间的夹角。实际上，式（14-1）同样也适用于土体中的毛细现象。二者的区别在于，汞和土之间的接触角是钝角，因此 P 为压力；水和土之间的接触角是一个接近于 0 的锐角，P 为吸力。

当压力从 P_1 增加至 P_2 时，新浸入的汞体积即为孔径处于 $2T_s\cos\alpha/P_2$ 至 $2T_s\cos\alpha/P_1$ 之间的孔隙的体积。因此，累计浸入的汞量可表示为累计的孔隙体积。定义孔隙体积密度函数为

$$f(r) = \frac{\mathrm{d}v(r)}{\mathrm{d}r} \tag{14-2}$$

式中：$v(r)$ 为累积孔隙体积，即 1 g 干土中半径大于 r 的孔隙体积；$f(r)$ 为孔隙体积密度函数，即 1 g 干土中孔径等于 r 的孔隙体积。当孔隙半径接近于 0 时，$v(r)$ 表示干土中的全部孔隙体积，即：

$$\lim_{x \to 0} v(r) = e/G_s \tag{14-3}$$

式中：e 为孔隙比；G_s 为土粒比重。

由于孔隙半径 r 跨越了多个数量级，所以很多学者都采用下式计算孔隙体积分布：

$$f(r) = \frac{\Delta v(r)}{\Delta \ln(r)} \tag{14-4}$$

并采用对数坐标系来绘制孔隙体积分布，即绘制 $\ln r$ 和 $f(r)$ 的关系曲线。其中累积孔隙体积变化值可由下式计算：

$$\Delta v(r)=\int_{r_1}^{r_2}f(r)\mathrm{d}r=\int_{P_2}^{P_1}f(P)\mathrm{d}P \qquad (14\text{-}5)$$

式中：$\Delta v(r)$ 为当汞注入压力从 P_1 增加到 P_2 时，汞新浸入的孔隙体积；r_1 和 r_2 分别是 P_1 和 P_2 对应的孔隙半径，可由式（14-1）计算得到。

需要注意的是，低压力下的压汞体积对应的是土体中的大孔隙体积，高压力下的压汞体积对应的是土体中的小孔隙体积。由于压汞仪的加压范围有限，因此超大孔隙（毫米级）和超小孔隙（纳米级）都无法测量，其具体的孔隙体积测量范围可以根据压汞仪的加压范围，按照式（14-1）计算得到。例如，某种型号的压汞仪设备可提供的加压范围为 9.3 kPa 至 210 MPa，则由式（14-1）可得，该设备可测量的孔隙半径范围为 0.003～72 μm。处于该范围之外的孔隙半径无法测得，需要进行估算。

14.1.2　采用冷冻干燥法制备水银压入实验所需的干燥土样

在进行 MIP 实验之前，应首先对试样进行干燥处理。常用干燥方法有风干法、烘箱干燥法、冷冻干燥法等（Fratesi et al.，2004）。因为在风干法与烘箱干燥法的干燥过程中，土体孔隙会发生明显的收缩（Delage et al.，1984），影响微观结构的测量精度，因此风干法与烘箱干燥法不适合用于 MIP 试样的干燥处理。

已有研究表明，冷冻干燥法是对土体孔隙结构扰动最小的干燥技术（Gillott，1973）。相较于烘箱干燥法，冷冻干燥法测量结果的可重复性较高（Penumadu et al.，2000）。在冷冻干燥时，一般先使用液氮使待测土样快速冷冻，然后在冻干机中放置大约 24 h，使孔隙内的冰升华，从而获得脱水干燥后的试样。一般认为，在使用液氮快速冷冻土样的过程中，孔隙中的液态水没有足够的时间进行重结晶与迁移，而是直接转为冰晶。因此，该过程并不伴随由于冰水相变引起的体积膨胀，不会引起试样内部孔隙结构的改变。快速冷冻后，将试样放置在低温真空室内（一般低于-20 ℃），通过冰晶的升华使得试样脱水。

目前研究认为，对于 MIP 实验和 OM 实验前试样的脱水处理，冷冻干燥技术是最合适的方法（Penumadu et al.，2000）。

14.1.3　水银压入实验的实验步骤

MIP 实验首先需使用冷冻干燥法制备土样［见图 14-2（a）］，然后采用压汞仪测量其孔隙体积分布［见图 14-2（b）］，具体可以按照以下步骤进行：

（1）在土样上淋没液氮，使得土样快速冷冻，如图 14-2（a）所示。

（2）将冷冻的土样迅速转移到真空干燥机中，通过抽真空使得冻结土样的冰晶升华，从而得到用于 MIP 实验的干燥土样［见图 14-2（a）］。

（3）将制备好的干燥土样放入压汞仪的样品室。样品室的体积一般有 15 cc，5 cc，3 cc，1 cc 等多种规格。样品室的直径应大于土样最大颗粒直径的 5～10 倍。

（4）将样品室盖子拧紧密封，随后倒置插入压汞仪，然后拧紧注汞压头，将压汞仪密封，完成装样过程［见图 14-2（b）］。

（5）装样后逐级增加压力，将汞压入土样，并记录压入汞的体积，进而得到压汞体积和压力之间的关系曲线。

（6）压汞体积代表着孔隙体积，因此可以采用式（14-1）和式（14-4），基于压汞体积和压力之间的关系曲线计算得到累积孔隙分布曲线和孔隙体积分布曲线。

例如，针对某低塑性黏土进行压汞实验，其实验原始数据见表 14-1，计算之后得到的孔隙体积分布曲线如图 14-2（c）所示。

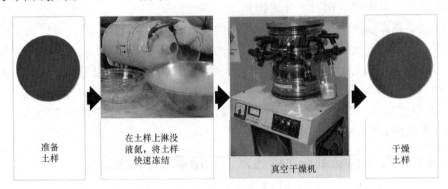

(a) 采用冷冻干燥法制备干燥土样

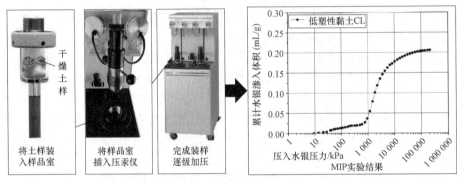

(b) MIP实验的过程及结果

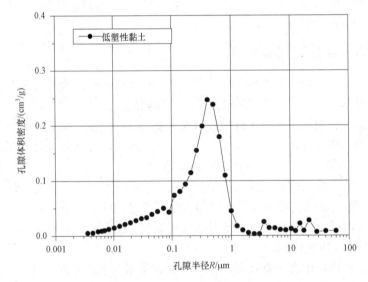

(c) 基于压汞体积和压力关系曲线计算得到的孔隙体积分布曲线

图 14-2　MIP 实验的实验步骤

表 14-1　**MIP 实验原始实验数据**

$P/$ psia	$r/$ μm	$v(P)/$ (mL/g)	$P/$ psia	$r/$ μm	$v(P)/$ (mL/g)
1.34	135.47	0.00	4 484.81	0.045	0.33
1.99	113.20	0.00	5 586.80	0.036	0.33
2.98	75.79	0.01	6 878.50	0.029	0.34
3.97	53.11	0.02	8 572.04	0.024	0.34
5.47	39.32	0.03	10 568.54	0.019	0.34
5.96	31.69	0.04	13 156.65	0.015	0.34
7.46	27.28	0.06	14 755.82	0.013	0.34
8.45	22.81	0.06	16 351.28	0.012	0.34
10.45	19.35	0.08	19 934.27	0.010	0.34
12.97	15.62	0.09	24 974.58	0.008	0.34
15.95	12.64	0.09	30 484.99	0.007	0.34
19.95	10.20	0.10	27 273.53	0.006	0.34
24.95	8.16	0.11	21 016.93	0.008	0.34
29.95	6.64	0.11	16 020.23	0.010	0.34
35.67	5.55	0.12	12 415.11	0.013	0.34
45.46	4.52	0.12	9 618.07	0.017	0.34
55.56	3.62	0.13	7 319.90	0.022	0.34
70.33	2.91	0.13	5 716.70	0.028	0.34
85.66	2.34	0.14	4 309.31	0.037	0.34
110.15	1.88	0.15	3 306.17	0.048	0.34
135.19	1.49	0.15	2 607.17	0.062	0.34
170.34	1.20	0.16	2 005.99	0.080	0.34
215.83	0.95	0.16	1 501.83	0.105	0.34
265.45	0.76	0.17	1 202.43	0.135	0.34
325.33	0.62	0.18	900.56	0.176	0.34
415.17	0.50	0.21	701.74	0.229	0.34
515.30	0.39	0.24	501.04	0.309	0.33
635.49	0.32	0.27	402.77	0.405	0.33
795.17	0.26	0.28	302.57	0.523	0.33
985.69	0.21	0.29	242.64	0.672	0.33
1 195.67	0.17	0.30	192.71	0.842	0.33
1 494.51	0.14	0.31	146.93	1.085	0.32
1 892.31	0.11	0.31	112.88	1.417	0.32
2 343.16	0.09	0.32	88.12	1.827	0.32
2 894.54	0.07	0.32	68.35	2.349	0.32
3 584.63	0.06	0.33	52.94	3.031	0.31

　　说明：psia 为磅/平方英寸（绝对值），1 psia=6.894 8 kPa；P，r，$v(P)$ 分别为汞压力、平均孔径、当前压力下累积进入孔隙的汞体积。

14.1.4　水银压入实验的注意事项

1. 接触角的影响

界面接触角被用来描述孔隙气体、孔隙液体和土体中固体颗粒之间的三相界面，气-液交界面的切线与固-液交界面之间的夹角即为接触角。当接触角小于 90°时，固、液之间具有吸引作用；反之则表示固、液之间相互排斥。目前有研究发现，汞的接触角随着孔径的增加，将从 100°变化至 170°（Neumann et al.，1979），但表面张力对接触角的影响可以忽略不计，如图 14-3 所示（Penumadu et al.，2000）。因此，在使用式（14-1）分析 MIP 实验数据时，需要根据孔径选择合适的接触角。

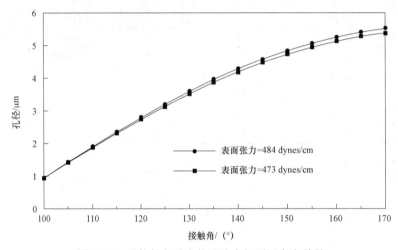

图 14-3　汞接触角随土体孔隙直径不同存在差异

另外，根据 Penumadu 等人（2000）的研究，汞-空气接触角的滞后性可忽略不计，如在高岭土中，汞的平均前进接触角为 162°，平均后退接触角为 158°。

2. 超量程孔隙的体积估计

不同型号压汞仪的孔径测量范围不同。如图 14-2（c）所示，该压汞仪可测得的孔径范围处于 3 nm～72 μm 之间。因此，需对处于压汞仪孔径测量范围之外的孔隙体积总量进行估算。

孔径小于 3 nm 的孔隙体积和土体的风干含水率较为接近，因此可基于风干土样的含水率估算得到。具体方法如下：首先将土样暴露在空气中，平衡数周之后，采用烘干法测量试样的风干含水量 w_r。例如，某实验室的空气稳定时的平均湿度为 62%，该湿度对应的土体总吸力约为 72 MPa；由式（14-1），代入水的表面张力和接触角，计算可得对应的孔径为 2 nm。也就是说，该土样中小于 2 nm 孔隙中的水分总质量为其风干含水量 w_r。如果忽略孔径处于 2～3 nm 之间的孔隙体积，并假设孔隙水密度为 1 g/cm³，则可基于风干含水量 w_r 估算其半径小于 3 nm 的孔隙体积。

孔径大于 72 μm 的孔隙体积可以通过总孔隙体积减去孔径小于 72 μm 的孔隙体积得到，其中总孔隙体积可通过式（14-3）计算得到，或采用试样干密度计算得到；孔径小于 3 nm 的孔隙体积通过上述方法估算得到；孔径处于 3 nm～72 μm 之间的孔隙可通过

MIP 测试得到。即

$$v(r < r_{\min}) \approx \frac{w_r}{\rho_w}$$

$$v(r > r_{\max}) = \frac{e}{G_s} - \frac{w_r}{\rho_w} - \int_{r_{\min}}^{r_{\max}} f(r)\mathrm{d}r$$

（14-6）

式中：$r_{\min} \sim r_{\max}$ 为压汞仪的孔径测量范围；v 为每 1 g 干土对应的孔隙体积。

14.2　核磁共振实验

核磁共振实验常用来测量孔隙介质中的孔隙水总量和赋存状态。岩土体、混凝土等材料都属于典型的孔隙介质，因此适用于核磁共振实验。在土力学领域，核磁共振实验主要用来测量岩土体的孔隙水体积分布曲线和冻土的未冻水含量。

14.2.1　核磁共振的基本原理

1. 氢核的核磁共振现象

了解核磁共振原理，要从原子核的自旋说起。自旋是物体相对于质心的旋转，如旋转的陀螺，沿自身的轴所作的运动。原子由原子核与核外电子构成，其中原子核由不带电的中子和带正电的质子组成。原子核像旋转的陀螺一样，围绕着自身的轴旋转，称之为自旋。

原子核的自旋运动产生的微观磁场称为自旋磁场，这个磁场与一般的小磁铁一样具有南极和北极，每个原子核可以看作一个小磁棒，其磁场方向与核的自旋轴一致。当没有外加磁场时，各小磁棒随机取向。一般物质中由于总是包含着大量随机取向的自旋原子核，在宏观上并没有磁性。

当把带有自旋的原子核置于外加恒定磁场 B_0 中时，自旋原子核可以吸收某一特定频率 f 的电磁波，发生能级跃迁，改变能量状态。这种现象就是核磁共振现象。只有存在自旋的原子核，才能被看成是"小磁棒"，能够在外加恒定磁场 B_0 作用下，发生核磁共振现象。

在核磁共振现象中，自旋原子核可以吸收的电磁波频率 f 被称为磁共振频率，可由下式计算：

$$f = \frac{\gamma B_0}{2\pi}$$

（14-7）

式中：B_0 为外加恒定磁场的磁感应强度；γ 为原子核的旋磁比。不同类型原子核的旋磁比 γ 值并不相同。对于氢核，$\gamma/2\pi = 42.58 \, \mathrm{MHz/T}$。因此只要给定磁感应强度 B_0，就可以计算得到氢核的共振频率 f。

虽然很多原子核都有自旋现象，但是考虑到原子核的对称性、原子核在磁场中的灵敏度、原子核在自然界的丰度，核磁共振最合适的原子核有氢原子核（$^1\mathrm{H}_1$）和氟原子核（$^{19}\mathrm{F}_9$）。因此目前的核磁共振一般都基于氢原子核进行。本章后面的讨论也都基于氢核的核磁共振展开，对此不再进行赘述。

在土样制备的过程中，为了减少 Fe 核等其他磁性原子核对氢核的核磁共振响应的干扰，通常采用聚四氟乙烯材料特制的环刀代替其他土力学实验中常用的钢质环刀。同时，土样制备的用水建议采用去离子水。

2. 氢核的弛豫过程

当大量 $^1H_1$ 原子核置于外加恒定磁场 $\boldsymbol{B}_0$ 中，这些自旋原子核会在宏观上产生一个净磁化矢量，称为宏观磁化矢量 $\boldsymbol{M}$，其方向与外加磁场 $\boldsymbol{B}_0$ 方向一致。宏观磁化矢量 $\boldsymbol{M}$ 是一个可被仪器检测的物理量，它与单位体积物质的自旋 $^1H_1$ 原子核的数量 N 成正比。

为了观测得到磁化矢量 $\boldsymbol{M}$，可用射频脉冲激发试样中的氢原子核，引起氢原子核共振，并吸收能量。在停止射频脉冲后，氢原子核按特定频率发出射电信号，并将吸收的能量释放出来，这个过程称之为氢核的弛豫过程。通过监测氢核的弛豫过程，可以确定试样中的氢核数量和赋存状态。

具体做法如下：

（1）施加恒定磁场 $\boldsymbol{B}_0$，让试样形成一个被极化的核自旋系统，此时磁化矢量记为初始磁化矢量 $\boldsymbol{M}_0$。

（2）在垂直于恒定磁场 $\boldsymbol{B}_0$ 的方向再施加一个频率等于磁共振频率的脉冲磁场 $\boldsymbol{B}_1$，自旋系统将吸收 $\boldsymbol{B}_1$ 场的能量，使得宏观磁化矢量 $\boldsymbol{M}$ 被激发，偏离 $\boldsymbol{B}_0$ 方向，偏离的角度 θ 称为扳转角。

（3）当脉冲磁场 $\boldsymbol{B}_1$ 的脉冲宽度正好使得扳转角 $\theta=\pi/2$，此时采集到的核磁共振信号最强，这时的脉冲磁场称为 90° 脉冲。

（4）当脉冲磁场 $\boldsymbol{B}_1$ 的脉冲宽度正好使得扳转角 $\theta=\pi$，此时作用后的宏观磁化矢量与作用前的宏观磁化矢量相比大小相等、方向相反，这时的射频脉冲称为 180° 射频脉冲。

（5）当停止射频脉冲 $\boldsymbol{B}_1$ 后，磁场中的核子将释放出吸收的能量，逐渐恢复到平衡状态，这个恢复过程称为弛豫。

由于弛豫过程的测量是假设恒定磁场 $\boldsymbol{B}_0$ 绝对均匀的情况下，然而自然界中的任何磁场都是非均匀性的。为了克服仪器本身磁场非均匀性的影响，核磁共振主要采用 Carr–Purcell–Meiboom–Gill（CPMG）脉冲序列施加射频脉冲 $\boldsymbol{B}_1$。

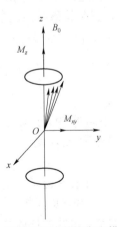

图 14-4　核磁共振中的纵向和横向定义

3. 弛豫过程曲线

如图 14-4 所示，定义恒定磁场 $\boldsymbol{B}_0$ 的方向为纵向（z 轴），垂直恒定磁场 $\boldsymbol{B}_0$ 的方向为横向（x–y 平面）。宏观磁化矢量 $\boldsymbol{M}$ 的弛豫过程在纵向和横向存在不同的特征，因此将其弛豫过程分为纵向弛豫和横向弛豫两种。

1）纵向弛豫

施加脉冲磁场 $\boldsymbol{B}_1$ 后，自旋系统吸收能量，发生能级跃迁，宏观磁化矢量 $\boldsymbol{M}$ 被扳转。当撤去脉冲磁场 $\boldsymbol{B}_1$ 后，宏观磁化矢量 $\boldsymbol{M}$ 的纵向分量 M_z 逐步增加，最后恢复到平衡前的状态，这一过程称为纵向弛豫。纵向磁化矢量从零恢复到最大值的 63%（$1-1/e$）时所需的时间定义为 T_1 时间。T_1 弛豫曲线遵循指数规律：

$$M_z(t) = M_0\left(1 - e^{-t/T_1}\right) \tag{14-8}$$

可以看出，M_z 呈指数规律逐步上升至初始值 M_0，其中 T_1 为纵向弛豫时间。纵向弛豫时间表征宏观磁化矢量 $\boldsymbol{M}$ 恢复到初始值 M_0 的快慢，T_1 越小，恢复越快，反之越慢。也就是说，弛豫时间 T_1 反映了纵向弛豫恢复过程的快慢。

纵向磁化矢量随纵向弛豫时间变化的曲线称为纵向弛豫曲线或 T_1 曲线。

2）横向弛豫

横向弛豫为撤去脉冲磁场 $\boldsymbol{B}_1$ 后，宏观磁化矢量 $\boldsymbol{M}$ 在 x–y 平面分量 M_{xy} 磁矩由最大值逐渐消失的过程。$\boldsymbol{B}_1$ 场结束后，$M_{xy} \neq 0$。横向弛豫过程中，通过核自旋之间的相互作用，在 x–y 平面上发生"相散"，M_{xy} 随着时间逐渐减小，最后达到 $M_{xy}=0$。

横向磁化矢量从最大值减小至最大值的 37%（1/e）处所需的时间定义为 T_2 时间。T_2 弛豫曲线也遵循指数规律：

$$M_{xy}(t) = M_0 \, \mathrm{e}^{-t/T_2} \qquad (14\text{-}9)$$

式中：M_{xy} 为弛豫开始后 t 时刻的横向磁化矢量；M_0 为刚开始时刻的最大磁化矢量。它是 T_2 曲线上的最大值，根据居里（Currie）定律，它存在如下形式的理论解（刘卫 等，2011）：

$$M_0 = M_{xy}(0) = \frac{N \gamma^2 h^2 (I+1) B_0}{12 \pi^2 k T} = C \times \frac{N}{T} \qquad (14\text{-}10)$$

式中：$M_{xy}(0)$ 为 $t=0$ 时刻的横向弛豫信号，为横向弛豫信号的最大值，亦称核磁信号峰值点；N 为原子核的自旋数；γ 为磁旋比；h 为普朗克常量；I 为自旋量子数，对于质子，$I=0.5$；k 为玻尔兹曼常量；T 为热力学温度；B_0 为外加恒定磁场的磁场强度；C 为常数。值得说明的是，M_0 的真实信号是很难监测到的，所以通常用首波信号 M_{Peak1st} 来代替。

从式（14-10）中可以看出，核磁信号峰值点 M_0 与 N 成正比。因此，核磁信号峰值点可用于测量孔隙介质中的体积含水量。但是需要注意的是，从式（14-10）还可以看出，M_0 除了和 N 有关外，还会受到外加恒定磁场强度 B_0 和环境温度 T 的影响。当其他条件相同时，核磁信号会随着温度的升高而降低。

横向弛豫磁化矢量随横向弛豫时间变化的曲线称为 T_2 原始回波串衰减曲线，这个曲线也被称之为 CPMG 回波衰减曲线。横向弛豫信号的典型 T_2 原始回波串衰减曲线如图 14-5 所示，其中，首波信号是首个回波点峰值对应的信号强度，代表着样品的总含氢量。对于不包含有机质的土体、岩石或者混凝土来说，其总含氢量由其总含水量决定，因此其首波信号代表着其总含水量。

弛豫过程测量的前提条件是假设恒定磁场 B_0 绝对均匀，然而自然界中的任何磁场都是非均匀性的。为了克服仪器本身磁场非均匀性的影响，核磁共振主要采用 CPMG 脉冲序列测试横向弛豫过程。

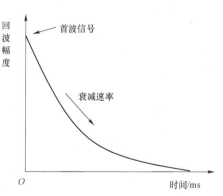

图 14-5　T_2 原始回波串衰减曲线

4. 孔隙水氢核的弛豫机制

核磁共振弛豫信号的衰减速率代表着孔隙水受束缚的程度。当孔隙水受束缚越强（自由能越低），其信号衰减速率越快。

因此，当岩土体等孔隙介质中的孔隙水赋存状态不同时，氢核的核磁共振响应不同，弛豫机制会存在显著的差异。按照自由水、毛细水、弱结合水、强结合水、结晶水的顺序，孔隙水的信号衰减速率由慢逐步变快，其具体特征如下所述。

1）自由水

自由水（亦称重力水）的弛豫主要和其黏度有关，其弛豫时间可按照下式计算：

$$T_{1B} \approx 3\left(\frac{K}{298\eta}\right) \tag{14-11}$$

$$T_{2B} \approx T_{1B} \tag{14-12}$$

式中：K 为热力学温度，K；η 为自由水的黏度，和环境温度和压力有关，大气压下 20 ℃水的黏度约为 1 mPa·s；T_{1B} 和 T_{2B} 分别为自由水的纵向和横向自由弛豫时间。

2）毛细水

毛细水的弛豫时间主要和其自由能状态有关，和其孔隙半径成正比，即

$$T_{1S} = \frac{R}{\alpha\rho_1}$$

$$T_{2S} = \frac{R}{\alpha\rho_2} \tag{14-13}$$

式中：T_{1S} 和 T_{2S} 分别为毛细水的纵向和横向表面弛豫时间；ρ_1 和 ρ_2 分别为纵向和横向的孔隙表面流体弛豫率，和孔隙表面电荷及矿物性质有关，可通过标定获得或者取经验值；α 为形状因子，对于管状和球状孔隙，α 分别为 2 和 3；R 为孔隙等效半径。需要指出的是，由于土体中的孔隙结构形状复杂，R 一般是将土体孔隙等效为毛细管束情况下的等效毛细管半径。

3）弱结合水（也称膜态水）

土颗粒表面存在弱结合水，亦称膜态水、薄膜水或吸附水。弱结合水的弛豫时间的计算公式与毛细水的类似，参见式（14-13）。值得说明的是，对弱结合水来说，式（14-13）中 R 的物理意义并不明确，与其说它是孔隙等效半径，不如说它代表着弱结合水的自由能状态。

4）强结合水和结晶水

强结合水和结晶水的性质和孔隙冰较为接近，其横向弛豫速度也非常快，会超出常规核磁共振的检测范围。因此一般核磁共振测量中，强结合水和结晶水无信号。

5）孔隙冰

水分子结冰后，其核磁共振的横向弛豫速度非常快，远高于孔隙水的弛豫速度，一般会超出常规核磁共振的检测范围。因此一般核磁共振测量中，孔隙冰无信号。

如图 14-6（a）所示，由于曲线 1 的衰减速率小于曲线 2 的衰减速率，说明第一条曲线对应的材料孔隙更大，孔隙水的自由能较高。类似地，如图 14-6（b）所示，吸附水的横向弛豫时间也比毛细水的横向弛豫时间要小。简而言之，越快的衰减速率和越小的横向弛豫时间 T_2，都说明其氢核受到的束缚越强、自由能越低。

5. 基于毛细管假定的 T_2 弛豫谱图

岩土体中孔隙水赋存于大小不同的孔隙之中。引入毛细管束假定，即假定孔隙水赋存于各种大小不同的毛细管之中，可基于通过核磁共振实验采集到的 T_2 原始回波串衰减曲线（CPMG 回波衰减曲线）计算其 T_2 弛豫谱图。具体方法如下：

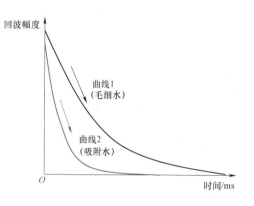

(a) 两种孔隙水的信号衰减曲线的对比

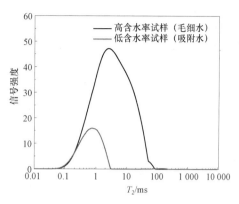

(b) 两种孔隙水的信号强度和 T_2 弛豫时间的关系曲线

图 14-6　核磁共振实验数据的特征

1）单一孔径毛细水的横向弛豫信号计算

对于单一孔径 R 毛细管中的孔隙水来说，其横向弛豫信号可按照式（14-14）计算，即

$$M_{xy}(t) = A_0 \exp\left[-\frac{t}{T_{2S}(R)}\right] \tag{14-14}$$

式中：$M_{xy}(t)$ 为 t 时刻的横向弛豫信号；A_0 是该毛细管中所有氢核产生的核磁信号峰值，可按照式（14-10）计算，和该毛细管中所有氢核数量 N 成正比；$T_{2S}(R)$ 为该毛细管中氢核的横向弛豫时间，可按照式（14-13）计算。

2）毛细管束的横向弛豫信号计算

假设实际土体中的毛细水存储于 m 种不同孔隙半径的毛细管束中，其中第 j 种毛细管的孔径为 R_j。对于半径为 R_j 的毛细管，其中存储的孔隙水所产生的核磁共振信号为

$$A_j(t) = A_{j0} \exp\left(-\frac{t}{T_{2j}}\right) \tag{14-15}$$

式中：A_{j0} 是该孔径为 R_j 毛细管中所有氢核产生的核磁信号峰值；T_{2j} 为半径为 R_j 的毛细管对应的横向弛豫时间。

于是全部毛细管束中孔隙水所产生的核磁共振信号为

$$M_{xy}(t) = \sum_{j=1,m} A_j(t) = \sum_{j=1,m} A_{j0} \exp\left(-\frac{t}{T_{2j}}\right) \tag{14-16}$$

可得

$$M_0 = M_{xy}(0) = \sum_{j=1,m} A_{j0} \tag{14-17}$$

由式（14-17）可知存在如下关系：T_2 谱图的总峰面积 $\sum\limits_{j=1,m} A_{j0}$ 和 T_2 曲线的峰值点信号 M_0 相等。

3）弛豫信号关系矩阵

基于如图 14-5 所示的 CPMG 回波衰减曲线，选择第 i 个时刻进行分析，得到时序记录

t_i，相应的核磁信号为

$$M_i = M_{xy}(t_i) = \sum_{j=1,m} A_j(t_i) = \sum_{j=1,m} A_{j0} \exp\left(-\frac{t_i}{T_{2j}}\right) \tag{14-18}$$

式中：A_{j0} 为半径为 R_j 的毛细管中所有氢核产生的核磁信号峰值。一般情况下，t_i 按照回波时间 T_E 等间距选取，即 $t_i = i \times T_E$。

总计采用 $i=1$，2，3，$\cdots$，n 个时刻的核磁信号（t_i，M_i）进行分析，可以得到如下形式的弛豫信号关系矩阵

$$\begin{bmatrix} M_1 \\ \vdots \\ M_n \end{bmatrix} = \begin{bmatrix} \exp(t_1/T_{21}) & \cdots & \exp(t_1/T_{2m}) \\ \vdots & & \vdots \\ \exp(t_n/T_{21}) & \cdots & \exp(t_n/T_{2m}) \end{bmatrix} \begin{bmatrix} A_{10} \\ \vdots \\ A_{m0} \end{bmatrix} \tag{14-19}$$

其中，令

$$\boldsymbol{B} = \begin{bmatrix} \exp(t_1/T_{21}) & \cdots & \exp(t_1/T_{2m}) \\ \vdots & & \vdots \\ \exp(t_n/T_{21}) & \cdots & \exp(t_n/T_{2m}) \end{bmatrix} \tag{14-20}$$

$$\boldsymbol{X} = \begin{bmatrix} M_1, & M_2, & \cdots, & M_n \end{bmatrix}^T \tag{14-21}$$

$$\boldsymbol{Y} = \begin{bmatrix} A_{10}, & A_{20}, & \cdots, & A_{m0} \end{bmatrix}^T \tag{14-22}$$

于是，式（14-19）可以改写为

$$\boldsymbol{Y} = \boldsymbol{B}^{-1}\boldsymbol{X} \tag{14-23}$$

4）T_2 弛豫谱图的计算

（1）给定取样数据点的数量 n，该值一般取系统默认值，如 $n=200$。

（2）设置 T_2 弛豫谱图的最小值 T_{2min}、最大值 T_{2max} 及 T_2 弛豫时间点数量。T_2 弛豫时间点数量即为待求解的幅值 A_{j0} 的数量 m。一般 T_{2j} 按照对数坐标系等间距取值，m 的建议取值范围为 100～200。对于土体，T_{2min} 和 T_{2max} 可分别取为 0.01 和 1 000。

（3）将 n 个时刻的（t_i，M_i）代入式（14-20），然后变换得到式（14-23）。

（4）基于式（14-23），求解得到 Y 值，即确定 m 个孔隙水组分的幅值 A_{j0}；

（5）绘制（T_{2j}，A_{j0}）的关系图，即为最终的 T_2 弛豫谱图。

需要注意的是，当 $n=m$ 时，式（14-23）可以通过解方程求解 A；当 $n > m$ 时，可以通过最小二乘等方法求得其最优解；当 $n < m$ 时，式（14-23）无解。因此计算 T_2 弛豫谱图时，m 应小于或等于 n。

T_2 弛豫谱图中式（14-23）的求解算法包括非负最小二乘法、奇异值分解法、罚函数法、联合迭代重建算法（SIRT）、BDR 算法等，一般内嵌于核磁共振的分析软件系统中，可以根据需要进行选择。

显然，当土中孔隙水赋存状态不同时，弛豫谱图会具有不同的特征。如果土中的孔隙水赋存状态较为接近，则其弛豫谱图具有单峰特征。如果孔隙水存在多种不同的赋存状态，如裂隙水、毛细水、薄膜水等，则其弛豫谱图具有多峰特征，并且每一个峰代表都代表着一种自由能较为接近的氢核（或水分）赋存形态。

14.2.2　核磁共振的实验步骤

核磁共振实验所采用的试样和设备如图 14-7 所示,包括聚四氟乙烯特制环刀、制样工具、磁体箱、控制柜等。

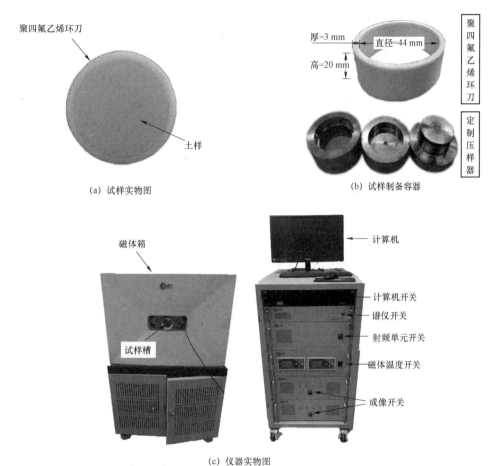

图 14-7　核磁共振实验采用的试样和设备

1. 核磁共振的试样要求

待测样品通常为圆形环刀试样［参见图 14-7（a）］。为了排除铁磁物质对主磁场均匀性的影响,常采用特制的聚四氟乙烯环刀代替常规不锈钢环刀,进行核磁试样的制备。标准的聚四氟乙烯环刀的规格是高 20 mm、直径 44 mm,参见图 14-7（b）。可采用压样法制备试样,随后可采用抽真空饱和法制备饱和试样。

2. 核磁共振的设备调试及准备工作

实验开始前,确保仪器所处室内环境温度为 28 ℃以下,仪器温度应保持恒定,仪器的工控机、射频柜保持开启,核磁共振实验可以按照以下步骤进行:

1）寻找中心频率

由于磁场很容易受到温度的影响,温度改变会使磁场强度发生改变,中心频率也会发生变化，因此需要调整射频脉冲频率使其达到与磁体频率一致，也就是寻找中心频率。

（1）将厂家提供的标准油样放入线圈中。

（2）在参数面板里选择所需的磁体–探头选项，序列名称中选择【Q-FID 序列】。

（3）单击【🔁】按钮进行单次采样，采样大约 10 s。

（4）单击【⬤】按钮停止采样。

（5）单击【📊】按钮，软件自动寻找中心频率 SF1+O1。当校正后的实部和虚部曲线没有明显的重叠，可以认为已找到中心频率，如图 14-8 所示。

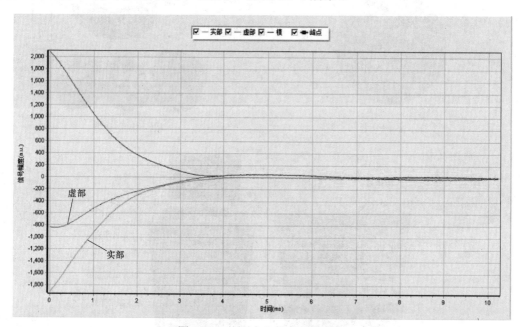

图 14-8　找到中心频率后的图像

2）校正脉冲的宽度

由于射频线圈的尺寸及射频功放的功率不同，所以激发样品所需的脉冲能量也不同。而脉冲能量又由脉冲幅度和脉冲宽度来决定，因此，改变硬脉冲宽度的本质就是在改变硬脉冲能量：

（1）单击【↑90°】按钮，自动弹出如图 14-9 所示的【自动寻找硬脉冲宽度】设置面板。

（2）采用出厂设置的默认值，单击【确定】，进行采集。

（3）软件自动寻找脉宽，结果如图 14-10 所示，一般只有一个波峰和一个波谷。

（4）找到脉宽后，软件会自动保存所需的脉冲宽度值。

3）设置参数 RG1、DRG1 和 PRG

由于探测器可接受的 NMR 信号很小，所以需要通过硬件来放大信号。放大参数的设置要合理，否则会导致信号失真或信号强度超出范围。需要设置的参数包括 RG1、DRG1 和 PRG，分别为模拟增益、数字增益和前置放大增益。一般而言，RG1 的增益范围为 [−4.5，43.5]（实数），DRG1 的增益范围为 [0，7]（整数），PRG 的增益范围为 [0，3]。

相应的操作步骤示例如下：

（1）将待测样品放入线圈中。

.

.

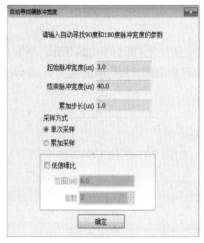

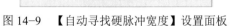

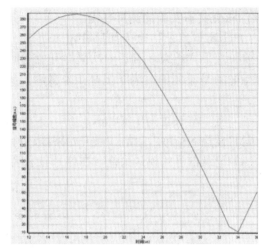

图 14-9　【自动寻找硬脉冲宽度】设置面板　　　　　图 14-10　寻找脉冲脉宽的结果

（2）新增的 FID 序列，可以根据所测样品的类型命名。

（3）将 RG1、DRG1、PRG 分别设置为 20、3、2。

（4）单击【🔬】开始采样。

当信号较弱时，可以增大 RG1、DRG1 和 PRG 的值来增加信号强度。但要注意，当信号放大参数过大时，易使信号失真（如图 14-11 所示）。这种情况下，可以先用信号最弱的样品观察信号是否太弱（如图 14-12 所示），再用信号最强的样品观察信号是否失真，从而确定合理的信号放大参数。

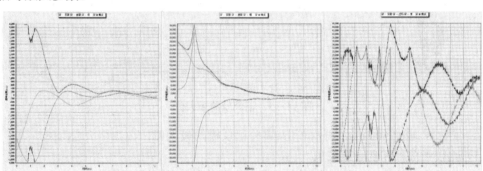

图 14-11　信号放大参数过大导致的信号失真

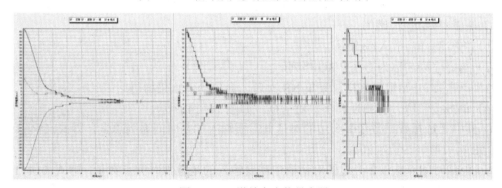

图 14-12　增益太小信号太弱

3. 核磁共振实验的测量过程

1）设置重复采样时间间隔 TW

前一次采样结束后到后一次采样开始的时间，称之为重复采样时间间隔 TW。不同样品的等待时间是不同的，为了提高工作效率，设置一个相对恰当的时间非常重要，具体步骤如下：

（1）将 TW 设置为 1 000 ms。

（2）设置 NS 为 2，单击 🔄 开始采样，待软件自动停止。

（3）记录信号的模最大值（在信号显示区的左上方，如图 14-13 所示）。

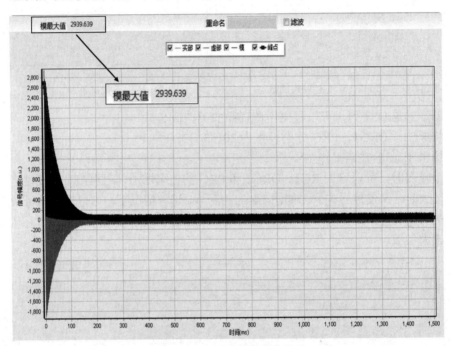

图 14-13 记录模的最大值

（4）将 TW 增加 500 ms，再次单击 🔄 并记录模的最大值。

（5）比较当前值和前一次的值。

（6）如果当前值比前一次的值要大，重复上述步骤直到变化范围小于 1%。

（7）当变化范围小于 1% 时，此时是恰当的 TW，单击 ➖ 停止采样。

2）测量样品的 T_2 时间

（1）将待测样品放入线圈中。

（2）选择序列名称为 Q-CPMG 序列。

（3）单击 🔄 开始累加采样，采集 NS 次后，会自动停止采样。

（4）单击按钮 🔺，弹出反演参数对话框，如图 14-14 所示。

① 其中【选择数据数量】旁边的对话框需要输入的是时间系列总量，即式（14-19）中的 m，图 14-14 中该值为 200。

②【弛豫时间点数量】旁边的对话框中需要输入的是弛豫时间点数量，即式（14-19）中的 n，图 14-14 中该值为 150。

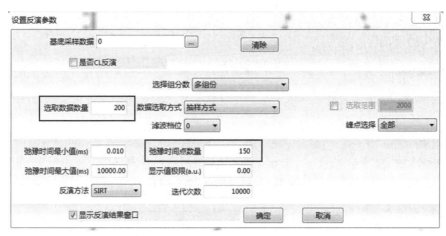

图 14-14 选择数据点数量和弛豫时间点数量

软件自动进行反演计算，在弹出的【反演】窗口显示反演结果，即为 T_2 弛豫谱图。

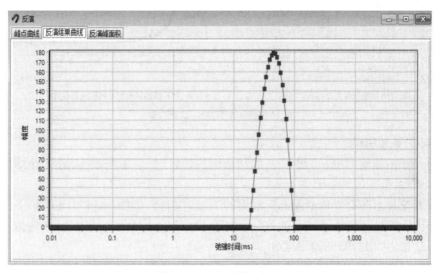

图 14-15 【反演】窗口

14.2.3 核磁共振实验的数据分析案例

由于纵向弛豫时间 T_1 的测量时间较长，所以在核磁共振的应用中普遍采用横向弛豫时间 T_2。以下重点讨论横向弛豫时间 T_2 的数据分析方法。

下面以某砂质黏土的核磁共振实验数据为例，说明该实验的数据分析过程。

1. 原始实验数据的读取

完成核磁共振实验后，获得的原始实验数据是样品的核磁信号随时间的衰减变化曲线，简称 CPMG 回波衰减曲线。该曲线的获取方法如下：

（1）找到该样品名称后缀为 pea 的文件［如图 14-16（a）所示］；

（2）采用记事本等软件打开该文件，该文件的内容如图 14-16（b）所示，其中第一列为回波时间（Time），单位为 ms，第二列为核磁信号（Amplitude），是一个量纲一的量；

（3）将该文本中的全部数据内容复制到 Origin 中，用于后续分析，如绘制二者的关系图，如图 14-16（c）所示。

砂质黏土.Inv	2022/11/22 16:28	INV 文件	5 KB
砂质黏土.Invfit	2022/11/22 16:28	INVFIT 文件	4 KB
砂质黏土.Invpar	2022/11/22 16:28	INVPAR 文件	1 KB
砂质黏土.pea	2022/11/22 16:28	PEA 文件	101 KB
砂质黏土.par	2022/11/22 16:28	PAR 文件	1 KB

(a) 核磁共振实验的 pea 数据存储文件

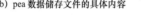
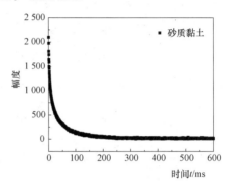

(b) pea 数据储存文件的具体内容　　(c) 核磁信号和时间的关系曲线

图 14-16　核磁共振实验数据

2. 绘制 T_2 弛豫谱图

基于第一步的原始数据，可进行 T_2 弛豫谱图的计算，然后可基于实验结果绘制弛豫谱图，其相应的步骤如下：

（1）打开文件名带有"PeakArea"前缀的 Excel 文件，如图 14-17（a）所示；

（2）选择持续时间和信号幅度的数据，如图 14-17（b）所示，其中 Time 为弛豫时间 T_{2j}，Proportion 这一列为信号幅度的强度 A_{2j}；

（3）绘制（T_{2j}，A_{2j}）关系曲线，其中 A_{2j} 应采用对数刻度，结果如图 14-17（c）所示。

基于如图 14-17（c）所示的 T_2 弛豫谱图，可以提取以下特征。

（1）峰顶点时间 T_{2j}。

峰顶点时间就是弛豫谱图上峰值点对应的弛豫时间。峰顶点时间代表着主要孔隙水的分子运动性。峰顶点时间越大，则表示该相态水的分子运动性越强，即被束缚程度越弱。如果有多个峰，可分别记录，并常用 T_{2j}（如 T_{21}，T_{22}，T_{23} 等）来表示每个峰对应的峰顶点时间。

由于分子运动性由其自由能状态决定，因此不同弛豫时间对应着不同的孔隙水相态。以毛细水为例，弛豫时间越大，其所在的孔径越大。

（2）峰起始时间和峰结束时间。

有时候，弛豫谱图上的峰非常明显，可以将其视为一个概率分布函数。然后按照 5% 的分位值，找到对应的弛豫时间，将其定义为峰起始时间和峰结束时间。它们二者决定了该相态水的分子运动性强弱范围，也就该相态水所处孔隙的大小。

| PeakArea--砂质黏土_2022-11-22-16-28-05 | 2022/11/22 16:28 | Microsoft Excel 工... | 20 KB |
| SampleSignal_2022-11-22-16-28-05 | 2022/11/22 16:28 | Microsoft Excel 工... | 10 KB |

(a) 核磁共振实验的 Excel 数据存储文件

Time(ms)	Proportion
0.01	0
0.010719	0
0.01149	0
0.012316	0
0.013201	0
0.01415	0
0.015167	0
0.016258	0
0.017426	0.000001
0.018679	0.000002
0.020022	0.000005
0.021461	0.000013
0.023004	0.000032

(b) 弛豫时间和信号强度的原始数据

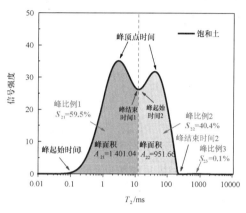

(c) 弛豫时间和信号强度的关系曲线

采样备注 砂质黏土					
峰序号	峰起始时间	峰顶点时间	峰结束时间	峰面积	峰比例(%)
1	0.016	2.967	12.751	1401.039	59.511
2	13.667	38.72	219.639	951.667	40.424
3	289.942	766.341	2673.842	1.534	0.065
面积总和				2354.24	

(d) T_2 弛豫谱图的特征计算结果示例

图 14-17　核磁共振实验的 T_2 弛豫谱图

（3）峰面积 A_{2j}。

峰面积指的是某个峰的累积面积，可以通过将图 14-17（b）中的"Proportion"列求和得到。峰面积表征该相态水的相对量大小，峰面积越大，则该相态水含量越多。如果有多个峰，常用 A_{2j}（如 A_{21}，A_{22}，A_{23} 等）来表示。

（4）峰比例 S_{2i}。

峰比例指的是峰面积和总面积的比值，即 $S_{2j} = A_{2j} / \sum A_{2j}$。峰比例表征该相态水占该样品总水分的含量。峰比例越大，则该相态水占比越多，常用 S_{2j}（如 S_{21}，S_{22}，S_{23} 等来表示）。

按照 14.2.1 节中提到的方法对图 14-17（c）的 T_2 弛豫谱图进行分析，最终获得的各项特征提取结果参见图 14-17（d）。该 T_2 弛豫谱图共有 3 个峰，代表了 3 种不同相态的孔隙水。每个峰都有各自的峰起始时间、峰顶点时间、峰结束时间、峰面积和峰比例 [由于第 3 个峰的峰面积很小，该峰可以忽略，在图 14-17（c）中仅注明了该峰的峰比例]。

14.2.4　核磁共振实验的注意事项

1. 孔隙半径的计算

对于孔隙介质，T_2 弛豫谱图的弛豫面积可以转化为孔径分布。弛豫时间和孔径几何形态存在以下关系：

$$\frac{1}{T_2} = \frac{\rho_2 \times S}{V} \tag{14-24}$$

式中：T_2 是弛豫时间；ρ_2 是表面弛豫率，是跟样品组成和成分相关常数；S 是孔的比表面积；V 是孔的体积。

式（14-24）可表达为

$$R = \alpha \rho_2 T_2 \tag{14-25}$$

式中：α 为与孔隙形状有关的参数，对于管状孔隙水取 2，对于球形孔隙水取 3。

需要注意的是，对于颗粒接触部位的棱镜状孔隙水、颗粒表面的薄膜水或黏土颗粒内部的层间水，形状因子的关系非常复杂，并不是一个定值。

2. 孔隙表面流体弛豫率 ρ_2 的取值

ρ_2 通常近似可看作常数，应通过标定获得。例如，考虑到累积核磁孔隙水体积分布曲线和土水特征曲线具有相同的物理意义，可基于二者的实测结果，进行 ρ_2 取值的计算。或者将累积核磁孔隙水体积分布曲线和水银压入实验的测量结果进行比对，确定 ρ_2 的取值。

当没有条件进行 ρ_2 取值的标定时，可以取经验值，见表 14-2。一般来说，土体孔隙比表面积越大，ρ_2 取值越小。

表 14-2　ρ_2 的经验取值表

材料名称	表面弛豫率 ρ_2/（μm/ms）
南宁膨润土（薛小杰，2020）	0.093
砂岩（薛小杰，2020）	0.002 5
大理石废粉土（陈国强，2022）	0.025
弱膨润土（吴畏，2018）	0.085
黏性土（张立波，2014）	0.316
石英（Seevers，1966）	0.003
陶瓷（Loren et al.，1970）	0.004
玻璃珠（Brown et al.，1892）	0.005
硅砂（Hinedi et al.，1997）	0.003
蒙脱石（Bouton et al.，1996）	0.001
伊利石（Bouton et al.，1996）	0.001
高岭石（Bouton et al.，1996）	0.001
海绿石（Bouton et al.，1996）	0.003
超软土（李彰明 等，2014）	0.003

3. 总峰面积和质量含水率、体积含水率的关系

采用核磁共振技术获得不同类型土在脱湿过程中各个点的总峰面积，可建立总峰面积与质量含水率（或体积含水率）之间的关系，具体的实验流程如下：

（1）按照指定的干密度，在最优含水率下压实土样；

（2）通过抽真空饱和法饱和土样；

（3）将饱和土样置于恒温恒湿的环境中进行脱湿实验，每隔一段时间称量土样的质量，并记录数据，随后立刻置于核磁共振仪中进行核磁实验，获得土样在该质量下的 T_2 时间分布曲线，然后取出土样重新放于恒温恒湿的环境中继续开展脱湿实验；

（4）重复以上步骤，建立土样的总峰面积与质量含水率（或体积含水率）之间的关系。

T_2 弛豫谱图的总峰面积与质量含水率的关系如图 14-18 所示，拟合结果见表 14-3。可以看出，对于不同类型的土，通过核磁共振技术测量得到的总峰面积与土体实际的质量含水率呈现良好的线性关系。此外，值得注意的是，对于不同类型、不同干密度的土体，其拟合曲线的斜率和截距均不同。

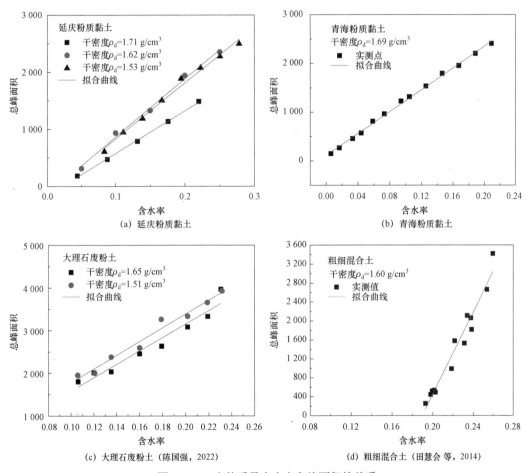

图 14-18　土体质量含水率和峰面积的关系

类似地，可以绘制总峰面积与土体的体积含水率之间的关系曲线，其线性拟合结果见表 14-4。对于不同类型的土，通过核磁共振技术测量得到的总峰面积与土体的体积含水率之间，同样具有良好的线性关系，其平均 R^2 为 0.97。

表 14-3　质量含水率与峰面积的拟合结果

土的名称	斜率	截距	决定系数 R^2
延庆粉质黏土（ρ_d=1.53 g/cm³）	9 788.6	−146.5	0.99
延庆粉质黏土（ρ_d=1.62 g/cm³）	10 169.6	−151.1	0.99
延庆粉质黏土（ρ_d=1.71 g/cm³）	7 425.3	−165.0	0.99
青海粉质黏土（ρ_d=1.72 g/cm³）	11 213.7	111.1	0.99
大理石废粉土（ρ_d=1.65 g/cm³）	15 699.2	9.6	0.94
大理石废粉土（ρ_d=1.51 g/cm³）	16 101.1	163.8	0.98
粗细混合土（ρ_d=1.60 g/cm³）	43 332.4	−8 211.3	0.96
平均值	16 247.1	−1 198.4	0.97

表 14-4　体积含水率与峰面积的拟合结果

土的名称	斜率	截距	决定系数 R^2
延庆粉质黏土（ρ_d=1.53 g/cm³）	6 397.7	−146.5	0.99
延庆粉质黏土（ρ_d=1.62 g/cm³）	6 277.5	−151.1	0.99
延庆粉质黏土（ρ_d=1.71 g/cm³）	2 356.6	−165.0	0.99
青海粉质黏土（ρ_d=1.71 g/cm³）	6 635.3	111.2	0.99
大理石废粉土（ρ_d=1.65 g/cm³）	9 514.9	9.60	0.94
大理石废粉土（ρ_d=1.51 g/cm³）	10 691.0	158.0	0.98
粗细混合土（ρ_d=1.60 g/cm³）	27 082.3	−8 211.2	0.96
平均值	9 850.8	−1 199.3	0.97

4. 孔隙水的质量分布曲线计算

总峰面积和土体的体积含水率或质量含水率成正比，这说明核磁信号的强度和孔隙介质中的含水率（或孔隙体积）成正比。

因此建议在核磁共振实验中，选用一个饱和样和一个相对干燥的土样，实测其密度、含水率和 T_2 弛豫谱图，然后进行土体体积含水率和 T_2 谱图总峰面积之间的关系曲线的标定，即

$$\theta_j = aA_j + b \qquad\qquad (14\text{-}26)$$

式中：A_j，θ_j 分别为某一 T_{2j} 值中对应的核磁信号强度和该孔隙水组分的体积百分比；a，b 为和土体类型、设备设定参数、测量环境温度有关的常数。得到该关系后，可以针对其他饱和度条件下的土样开展核磁共振实验，然后基于 T_2 弛豫谱图计算其孔隙水质量分布函数（或孔隙水体积分布函数）。

对于单个土样，可以在核磁共振实验后，采用烘干法测量其总含水率，进而按式（14-27）

基于 T_2 弛豫谱图计算其孔隙水质量分布函数。

对于孔隙介质，T_2 谱图的信号强度 A_j，与该孔径 R_j 毛细管中的氢核数量成正比，因此可以转化为孔隙水的质量分布曲线，即存在以下关系：

$$w_j = \frac{A_j}{\sum\limits_{j=1,m} A_j} w \qquad\qquad (14-27)$$

式中：w 为采用烘干法获得的土体含水率；w_j 为该孔隙水组分的质量百分比。

5. 归一化处理

核磁共振实验中的信号幅值大小与样品量有关，因此对于一个样品进行不同的测试时，可以直接用峰面积进行对比。对于不同的样品，其质量和体积并不相同，需要对核磁信号幅度进行归一化处理，常用的方法有质量归一化处理（每克干土中的水量）和体积归一化处理（每立方厘米土体中的水量）。

一般来说，对于相同的材料，核磁信号与质量（或体积）成正比，因此核磁信号幅度需除以各样品本身的质量（体积）。在对多个不同样品的数据进行对比分析时，需要考虑样品数据中测试样的质量（或体积）不一致对结果造成的影响，即进行质量归一化处理。

示例：如有 3 个不同工艺的样品的低场核磁数据，测试样品质量分别为 2 g，2.3 g，2.8 g。当进行该样品的对比分析时，在绘制弛豫谱图前，需要每个样品的纵坐标（Proportion）这一列中的每个点除以各自的样品质量，如图 14-19 所示，得到单位质量下的信号强度，再使用归一化后的信号幅度进行作图。

Time(ms)		Proportion	归一化纵坐标
	0.01	0	=D22/2.3
	0.010719	0	
	0.01149	0	
	0.012316	0	
	0.013201	0	
	0.01415	0	
	0.015167	0	
	0.016258	0	
	0.017426	0.000001	
	0.018679	0.000004	

图 14-19   核磁共振实验的幅值归一化处理

6. 薄膜水和毛细水界限的划分

在非饱和土等材料的核磁共振实验中，发现其亚微米级孔隙分布的终止弛豫时间［见图 14-20（a）］基本不变，但是其峰面积随饱和度降低而缓慢降低。在土体脱湿过程中，当饱和度低于其残余饱和度时，横坐标 T_2 的最大值基本保持不变，约为 2 ms。因此，很多学者将这个点定义为薄膜水和毛细水的分界点。

7. 冻土中的未冻水和孔隙冰

一般来说，冻土孔隙冰中的氢原子完全被束缚住，难以运动，因此在核磁共振中无法测量得到。因此冻土核磁共振实验测量得到的信号强度由其中的未冻水含量决定［如图 14-20（b）所示］。

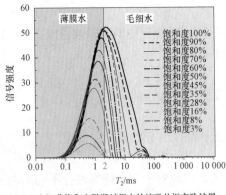
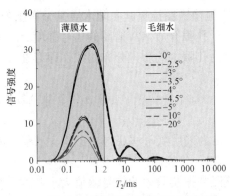

(a) 非饱和土脱湿过程中的核磁共振实验结果   (b) 冻土在降温过程中的核磁共振实验结果

图 14-20　非饱和土和冻土核磁共振的实验结果

冻土中的未冻水赋存状态和非饱和土非常接近，也分为毛细水和薄膜水两种，其中毛细水自由能较高，对应的弛豫时间较大；薄膜水自由能较低，对应的弛豫时间较低。随着温度的降低，土体中的重力水、毛细水、薄膜水依次冻结。

和非饱和土脱湿过程类似，如图 14-20（b）所示，当冻土温度低于一定阈值（如-3.5 ℃）时，横坐标 T_2 的最大值基本不发生变化，约为 1～2 ms。该值也与非饱和土在脱湿过程中的薄膜水和毛细水的分界点相近。

8. 未冻水含量的计算

利用 NMR 测量冻土温度和信号强度之间的关系。常用的测试方法是，先将试样放于冷浴中冷冻至指定温度 T_i，并保持恒温一段时间后，迅速取出试样，并放置在核磁共振仪中测试液态水中氢原子的核磁共振信号强度，然后调整冷浴至下一级温度 T_{i+1}，将试样放置其中，冷却至温度 T_{i+1}，同样保温一段时间，以便试样中形成均匀的温度场，再次取出试样，测试得到试样在 T_{i+1} 温度下的核磁信号强度。依照此流程逐步开展实验，最终得到冻土温度 T 和核磁信号强度之间的关系。

对于宏观磁化强度的测量可以使用自由感应衰减FID脉冲序列或自旋回波CPMG脉冲序列。CPMG 脉冲序列可以有效排除磁场均匀性的干扰，获得更精确的核磁信号值，但是 CPMG 脉冲序列需要在每个温度点进行控温，且测试时间较长；FID 脉冲序列检测迅速，在极短时间内获得试样的核磁信号强度，但不能排除磁场均匀性的干扰。两种脉冲序列各具优势和特点，从常用的测试方法的流程中可以看出，试样在核磁共振仪外进行温度控制，然后迅速置于核磁共振仪中进行测量，为了避免试样在测试过程中的时间过长，导致试样中部分冰融化为水，影响测量精度，通常采用 FID 脉冲序列快速获取试样的核磁信号强度。另外，某些较为先进的核磁共振仪自带冷却系统，可将试样保持在指定温度，无须取出即可直接测量该状态下试样的核磁信号强度，避免了试样取出过程中对温度的扰动，此时可以采用 CPMG 序列。

（1）未冻水含量的理论求解法。

根据居里（Currie）定律，核磁共振信号强度与氢核数目 N 成正比，与热力学温度 T 成反比。考虑到氢核数目 N 和土体含水率成正比，因此存在如下关系：

$$M_0(T)=C \cdot \frac{w}{T} \tag{14-28}$$

式中：w 和 T 分别为土体的含水率和环境温度。

因此在正温 T_0 下进行核磁共振实验，其核磁共振信号强度和土体含水率存在以下关系：

$$M_0(T_0)=C \cdot \frac{w_0}{T_0} \tag{14-29}$$

式中：C 为常数；w_0 和 T_0 分别为土体的初始含水率和初始热力学温度。

式（14-29）中的常数 C 可以表示为

$$C = \frac{M_0(T) \cdot T_0}{w_0} \tag{14-30}$$

于是，在负温 T_1 下进行核磁共振实验，其核磁共振信号强度和土体未冻水含量存在以下关系：

$$M_0(T_1) = C \cdot \frac{w_u}{T_1} \tag{14-31}$$

式中：w_u 为土体的未冻水含量；T_1 为负温条件下的热力学温度。联合式（14-30）和式（14-31），未冻水含量的理论解为

$$w_u = \frac{M_0(T_1) \cdot T_1}{M_0(T_0) \cdot T_0} \cdot w_0 \tag{14-32}$$

（2）未冻水含量的顺磁回归线求解方法。

除了采用上述理论方法计算未冻水含量外，还可以采用经验方法计算未冻水含量。经验方法的一般思路是：

① 采用某给定含水率 w_0 土样，在正温条件下标定其核磁共振信号曲线随温度变化的曲线，通常称为顺磁回归线，其表达为

$$y(T) = aT + b \tag{14-33}$$

式中：y 为核磁信号强度；T 为热力学温度；a、b 为线性拟合的两个参数。

② 具体的标定方法是：一般先设置数个正温测点，测试待测样品在不同正温条件下时的 FID 峰值，根据测试值拟合得到顺磁回归线 [式（14-33）]，如图 14-21 所示。

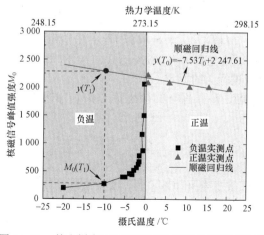

图 14-21　某土样在不同温度下的核磁共振测量结果

③ 在某负温 T_1 条件下，对该样品进行核磁共振实验，得到其信号强度。

④ 假定式（14-33）不仅适用于正温区间，而且适用于负温区间。即在给定某负温 T_1 条件下，如果土体未冻水含量为 w_0，则相应的核磁信号可按照式（14-33）计算。基于当前温度 T_1 下测得的核磁信号为 M_0，按照比例关系（见图 14-18），可知：

$$w_u = \frac{M_0(T_1)}{y(T_1)} w_0 = \frac{M_0(T_1)}{aT_1 + b} w_0 \tag{14-34}$$

式中：w_u 为 T_1 条件下的土中的未冻水含量；w_0 为土体的初始含水率。

（3）考虑线圈电阻率变化的未冻水含量求解方法。

在计算未冻水含量时，除了需要考虑温度对核磁信号强度的影响外［即方法（1）中的居里定律］，还需要进一步考虑温度对探头线圈电阻率的影响。当探头线圈电阻率改变时，核磁信号强度的测量值也将随之改变。

温度对探头线圈电阻率的影响近似呈线性关系，一般可表示为

$$\rho(T) = \alpha + \beta \times T \tag{14-35}$$

式中：ρ 为探头线圈的电阻率；T 为热力学温度；α、β 为线性拟合的两个参数。由于核磁共振的测量信号与线圈的电阻率成反比，因此相同含水率土样在不同温度下的测量结果满足以下理论关系：

$$M(T_0) \times \rho(T_0) = M(T) \times \rho(T) \tag{14-36}$$

式中：$M(T_0)$ 为参考温度 T_0 条件下的核磁信号强度；$\rho(T_0)$ 为参考温度 T_0 条件下的线圈电阻率。

因此，综合考虑式（14-28）和温度对线圈的影响式（14-36），相同含水率土样在不同温度下的测量结果近似满足：

$$\frac{M(T_0)}{M(T)} = \frac{K \times (\lambda + T)}{K_0 \times (\lambda + T_0)} \tag{14-37}$$

式中：$\lambda = \alpha/\beta$，是将线圈电阻率表达式中的两个参数整合在一起的经验参数，单位为 K。

由于 λ 只和设备的线圈有关，是一个定值，因此可事先通过实验标定获得。例如可以测定某硅油试样（其冻结温度较低，氢核总量不随温度发生变化）在不同温度 T 下的核磁信号强度，将其代入式（14-37），得

$$M(T)T^2 = -\lambda M(T)T + C_0 \tag{14-38}$$

式中，C_0 为常数，即为 $M(T_0) \times T_0 \times (\lambda + T_0)$。当实测数据点较多时，可以通过最小二乘法求解式（14-38）。例如可令 $y = M(T)T^2$，$x = -M(T)T$，然后通过线性拟合得到该直线的斜率，即为 λ。需要注意的是，式（14-38）为近似表达式，在不同温度范围内的参数可能有差异。应根据预期的实验温度范围进行 λ 的标定。

给定 λ 值，则可以将在温度 T_1 条件下的核磁信号 $M(T_1)$ 换算为参考温度 T_0 条件下的信号值，即

$$M(T_0) = \frac{T_1 \times (\lambda + T_1)}{T_0 \times (\lambda + T_0)} \times M(T_1) \tag{14-39}$$

因此当已知 T_0 条件下的含水率 w_0 时，可以通过核磁信号强度计算未冻水含量：

$$w_u = \frac{M(T_0)}{M_0(T_0)} w_0 \tag{14-40}$$

式中：T_0，$M_0(T_0)$，w_0 分别为已知含水率土样的测试温度、核磁信号测量值和含水率；$M(T_0)$ 为按照式（14-39）转换后的核磁信号值，w_u 为 T_1 条件下土中的未冻水含量。

14.3　习　　题

1. 开展水银压入实验时应采用干燥土样还是饱和土样进行实验？
2. 开展核磁共振实验时应采用干燥土样还是饱和土样？
3. 水银压入实验中，超量程的孔隙体积如何估计？
4. 核磁共振实验中的 T_2 弛豫谱图峰总面积和其首波信号有何关系？
5. 如何将 T_2 弛豫时间换算为孔隙等效半径？
6. 如何采用核磁共振实验测量土体中的未冻水含量？

为方便读者学习本章内容，本书提供相关电子资源，读者通过扫描右侧二维码即可获取。

🔲 扫码，获取本章电子资源

附录 A　不同等级土样要求的取样工具和方法

土样质量等级	取样工具或方法		适用土类										
			黏性土					粉土	砂土				砾砂软岩
			流塑	软塑	可塑	硬塑	坚硬		粉砂	细砂	中砂	粗砂	碎石土
I	薄壁取土器	固定活塞	++	++	+	−	−	+	+	−	−	−	−
		水压固定活塞	++	++	+	−	−	+	+	−	−	−	−
		自由活塞	−	+	++	−	−	+	+	−	−	−	−
		敞口	+	+	+	−	−	+	+	−	−	−	−
	回转取土器	单动三重管	−	+	++	++	−	++	++	++	−	−	−
		双动三重管	−	−	−	+	++	−	−	−	++	++	+
	探井（槽）中刻取块状土样		++	++	++	++	++	++	++	++	++	++	++
II	薄壁取土器	水压固定活塞	++	++	+	−	−	+	+	−	−	−	−
		自由活塞	−	+	++	−	−	+	+	−	−	−	−
		敞口	++	++	++	−	−	+	+	−	−	−	−
	回转取土器	单动三重管	−	+	++	++	+	++	++	++	−	−	−
		双动三重管	−	−	−	+	++	−	−	−	++	++	++
	厚壁敞口取土器		+	++	++	++	++	+	+	+	+	+	−
III	厚壁敞口取土器		++	++	++	++	++	++	++	++	++	++	−
	标准贯入器		++	++	++	++	++	++	++	++	++	++	++
	螺纹钻头		++	++	++	++	++	++	++	++	++	++	−
	岩芯钻头		++	++	++	++	++	++	++	++	++	++	++
IV	标准贯入器		++	++	++	++	++	++	++	++	++	++	−
	螺纹钻头		++	++	++	++	++	++	++	++	++	++	−
	岩芯钻头		++	++	++	++	++	++	++	++	++	++	++

注：1. ++表示适用；+表示部分适用；−表示不适用；2. 采取砂土试样应有防止试样失落的补充措施；3. 有经验时，可用束节式取土器代替薄壁取土器；4. 黄土取土器是专门在黄土层中取样的工具，适用于湿陷性土、黄土、黄土类土，在严格操作方法下可以取得 I 级土样；5. 三重管回转取土器的内管超前长度应根据土类不同予以调整，也可采用有自动调整装置的取土器。

附录 B 水的黏滞系数表

温度/ ℃	黏滞系数 $\eta/(10^{-3}\,\text{Pa}\cdot\text{s})$	η_T/η_{20}	温度校正 系数 T_D	温度/ ℃	黏滞系数 $\eta/(10^{-3}\,\text{Pa}\cdot\text{s})$	η_T/η_{20}	温度校正 系数 T_D
5.0	1.516	1.501	1.17	17.5	1.074	1.066	1.66
5.5	1.493	1.478	1.19	18.0	1.061	0.050	1.68
6.0	1.47	1.455	1.21	18.5	1.048	1.038	1.70
6.5	1.449	1.435	1.23	19.0	1.035	1.025	1.72
7.0	1.428	1.414	1.25	19.5	1.022	1.012	1.74
7.5	1.407	1.393	1.27	20.0	1.010	1.000	1.76
8.0	1.387	1.373	1.28	20.5	0.998	0.988	1.78
8.5	1.367	1.353	1.30	21.0	0.986	0.976	1.80
9.0	1.347	1.334	1.32	21.5	0.974	0.954	1.83
9.5	1.328	1.315	1.34	22.0	0.963	0.953	1.85
10.0	1.31	1.297	1.36	22.5	0.952	0.943	1.87
10.5	1.292	1.279	1.38	23.0	0.941	0.932	1.89
11.0	1.274	1.261	1.40	24.0	0.919	0.910	1.94
11.5	1.256	1.243	1.42	25.0	0.899	0.890	1.98
12.0	1.239	1.227	1.44	26.0	0.879	0.870	2.03
12.5	1.223	1.211	1.46	27.0	0.859	0.850	2.07
13.0	1.206	1.194	1.48	28.0	0.841	0.833	2.12
13.5	1.188	1.176	1.50	29.0	0.823	0.815	2.16
14.0	1.175	1.163	1.52	30.0	0.806	0.798	2.21
14.5	1.16	1.148	1.54	31.0	0.789	0.781	2.25
15.0	1.144	1.133	1.56	32.0	0.773	0.765	2.30
15.5	1.13	1.119	1.58	33.0	0.757	0.759	2.34
16.0	1.115	1.104	1.60	34.0	0.742	0.735	2.39
16.5	1.101	1.09	1.62	35.0	0.727	0.720	2.43
17.0	1.088	1.077	1.64				

附录C 密度计法中的温度校正值

悬液温度/℃	甲种密度计温度校正值 m_t	乙种密度计温度校正值 m_t	悬液温度/℃	甲种密度计温度校正值 m_t	乙种密度计温度校正值 m_t
10.0	−2.0	−0.001 2	20.0	0.0	+0.000 0
10.5	−1.9	−0.001 2	20.5	+0.1	+0.000 1
11.0	−1.9	−0.001 2	21.0	+0.3	+0.000 2
11.5	−1.8	−0.001 1	21.5	+0.5	+0.000 3
12.0	−1.8	−0.001 1	22.0	+0.6	+0.000 4
12.5	−1.7	−0.001 0	22.5	+0.8	+0.000 5
13.0	−1.6	−0.001 0	23.0	+0.9	+0.000 6
13.5	−1.5	−0.000 9	23.5	+1.1	+0.000 7
14.0	−1.4	−0.000 9	24.0	+1.3	+0.000 8
14.5	−1.4	−0.000 8	24.5	+1.5	+0.000 9
15.0	−1.2	−0.000 8	25.0	+1.7	+0.001 0
15.5	−1.1	−0.000 7	25.5	+1.9	+0.001 1
16.0	−1.0	−0.000 6	26.0	+2.1	+0.001 3
16.5	−0.9	−0.000 6	26.5	+2.2	+0.001 4
17.0	−0.8	−0.000 5	27.0	+2.5	+0.001 5
17.5	−0.7	−0.000 4	27.5	+2.6	+0.001 6
18.0	−0.5	−0.000 3	28.0	+2.9	+0.001 8
18.5	−0.4	−0.000 3	28.5	+3.1	+0.001 9
19.0	−0.3	−0.000 2	29.0	+3.3	+0.002 1
19.5	−0.1	−0.000 1	29.5	+3.5	+0.002 2
20.0	−0.0	−0.000 0	30.0	+3.7	+0.002 3

附录 D　密度计法中的土粒相对密度校正值

土粒相对密度	比重校正值	
	甲种密度计（C_s）	乙种密度计（C'_s）
2.50	1.038	1.666
2.52	1.032	1.658
2.54	1.027	1.649
2.56	1.022	1.641
2.58	1.017	1.632
2.60	1.012	1.625
2.62	1.007	1.617
2.64	1.002	1.609
2.66	0.998	1.603
2.68	0.993	1.595
2.70	0.989	1.588
2.72	0.985	1.581
2.74	0.981	1.575
2.76	0.977	1.568
2.78	0.973	1.562
2.80	0.969	1.556
2.82	0.965	1.549
2.84	0.961	1.543
2.86	0.958	1.538
2.88	0.954	1.532

附录 E 视频资源索引表

序号	视频主要内容	二维码
1	采用 SPSS 软件设计混合正交表	
2	击实法制样	
3	压样法制样	
4	真空饱和法实验	
5	土体颗粒分析实验	
6	比重实验	
7	采用蜡封法测量土体密度实验	
8	采用密度计法测定土的级配	

序号	视频主要内容	二维码
9	密度实验	
10		
11	含水率实验	
12		
13	液塑限联合测定实验	
14	最大干密度实验	
15	最小干密度实验	
16	击实实验	
17	表面振动击实实验	

续表

序号	视频主要内容	二维码
18	压缩固结实验	
19	直剪实验	
20	三轴剪切实验	
21	常水头渗透实验	
22	变水头渗透实验	
23	采用压力板法测量土水特征曲线	
24	采用滤纸法测量土水特征曲线	
25	采用露点水势仪法测量土水特征曲线	

参 考 文 献

蔡国庆，刘倩倩，杨雨，等，2021. 基于湿润锋前进法的不同应力状态砂质黄土土柱渗流试验 [J]. 水利学报，52（3）：291-299.

曹辉亮，2009. 土的含水率试验三种比对方法探讨 [J]. 中小企业管理与科技（下旬刊），（5）：210.

常丹，李旭，刘建坤，等，2014. 土体含水率测量方法研究进展及比较 [J]. 工程勘察，42（9）：17-22.

陈国强，2022. 压实大理石废粉的微观结构及持水特性 [D]. 桂林：桂林理工大学.

陈国兴，谢君斐，张克绪，1995. 土的动模量和阻尼比的经验估计 [J]. 地震工程与工程振动，15（1）：73-84.

陈家宙，陈明亮，何圆球，2001. 各具特色的当代土壤水分测量技术 [J]. 湖北农业科学，（3）：25-28.

陈立宏，2011. 土力学基础实验教程 [M]. 北京：中国科学技术出版社.

陈赟，陈云敏，周群建，2011. 基于 TDR 技术的多种岩土介质含水量试验研究 [J]. 西南交通大学学报，46（1）：42-48.

陈赟，梁志刚，周群建，等，2011. 饱和粉土含水量及孔隙比 TDR 原位测试研究 [J]. 工程勘察，39（1）：29-33.

陈正汉，孙树国，方祥位，等，2006. 非饱和土与特殊土测试技术新进展 [J]. 岩土工程学报，28（2）：147-169.

陈正汉，谢定义，王永胜，1993. 非饱和土的水气运动规律及其工程性质研究 [J]. 岩土工程学报，（3）：9-20.

陈仲颐，周景星，王洪瑾，1994. 土力学 [M]. 北京：清华大学出版社.

丁九龙，2019. 土力学实验教程 [M]. 北京：中国水利水电出版社.

高国治，张斌，张桃林，等，1998. 时域反射法（TDR）测定红壤含水量的精度 [J]. 土壤，（1）：48-50.

龚晓南，杨仲轩，2017. 岩土工程测试技术 [M]. 北京：中国建筑工业出版社.

何亮，王旭东，杨放，等，2007. 探地雷达测定土壤含水量的研究进展 [J]. 地球物理学进展，（5）：1673-1679.

贺为民，李德庆，杨杰，等，2016. 土的动剪切模量、阻尼比和泊松比研究进展 [J]. 地震工程学报，38（2）：309-317.

侯伟，姚仰平，2011. 剑桥模型与统一硬化模型对超固结土特性描述的对比分析 [J]. 工业建筑，41（9）：18-23.

黄飞龙，李昕娣，黄宏智，等，2012. 基于 FDR 的土壤水分探测系统与应用 [J]. 气象，38（6）：764-768.

雷志栋，杨诗秀，谢森传，1988. 土壤水动力学 [M]. 北京：清华大学出版社.

冷艳秋，林鸿州，刘聪，等，2014. TDR 水分计标定试验分析 [J]. 工程勘察，42（2）：1-4.

黎春林，2003. 探地雷达检测路面含水量和压实度的应用研究 [D]. 郑州：郑州大学.

李广信，张丙印，于玉贞，2013. 土力学 [M]. 2 版. 北京：清华大学出版社.

李广信，2002. 高等土力学 [M]. 北京：清华大学出版社.

李华，李同录，江睿君，等，2020. 基于滤纸法的非饱和渗透性曲线测试 [J]. 岩土力学，41（3）：895-904.

李松林，1990. 动三轴试验的原理与方法 [M]. 北京：地质出版社.

李兴国，1985. 三轴试验中砂性土的二氧化碳饱和技术 [J]. 大坝观测与土工测试，（4）：39-41.

李旭，范一锴，黄新，2014. 快速测量非饱和土渗透系数的湿润锋前进法适用性研究 [J]. 岩土力学，35（5）：1489-1494.

李彰明，曾文秀，高美连，2014. 不同荷载水平及速率下超软土水相核磁共振试验研究 [J]. 物理学报，63（1）：359-366.

林晓鹰，2001. 近红外水分仪的研制 [J]. 中国仪器仪表，（2）：13-14.

刘奉银，谢定义，俞茂宏，2003. 一种新型非饱和土 γ 射线土工三轴仪 [J]. 岩土工程学报，（5）：548-551.

刘奉银，谢定义，俞茂宏，2003. 应用 γ 射线测量三轴试验土样干密度和含水量 [J]. 水利水运工程学报，（3）：67-69.

刘丽，吴羊，陈立宏，等，2019. 基于数值模拟的湿润锋前进法测量精度分析 [J]. 岩土力学，40（S1）：341-349.

刘丽，吴羊，李旭，等，2021. 压实度对宽级配土水力特性的影响研究 [J]. 岩土力学，42（9）：2545-2555.

刘青，陈运德，刘平波，1994. WSHF-101 型红外水分仪的研制 [J]. 分析仪器，（1）：5-9.

刘卫，邢立，2011. 核磁共振录井 [M]. 北京：石油工业出版社.

马新岩，谢永利，杨晓华，等，2009. 电阻率法用于膨胀土含水量变化深度范围测定 [J]. 公路交通科技（应用技术版），5（12）：83-85.

苗强强，陈正汉，田卿燕，等，2011. 非饱和含黏土砂毛细上升试验研究 [J]. 岩土力学，32（S1）：327-333.

南京水利科学研究院土工研究所，2003. 土工试验技术手册 [M]. 北京：人民交通出版社.

庞康，李旭，2017. 含有细颗粒的砾类土干筛法的误差分析 [J]. 市政技术，35（4）：197-201.

彭士明，林家斌，2001. 中子土壤水分仪田间测量与烘干法精度分析比较 [J]. 地下水，（2）：67-68.

冉弥，邓世坤，陆礼训，2010. 探地雷达测量土壤含水量综述 [J]. 工程地球物理学报，7（4）：480-486.

沈珠江，徐刚，1996. 堆石料的动力变形特性 [J]. 水利水运科学研究，（2）：143-150.

沈珠江，2000. 理论土力学 [M]. 北京：中国水利水电出版社.

孙福廷，2002. 电阻值法测土壤含水量 [J]. 吉林水利，（7）：16-17.

孙静，袁晓铭，2003. 土的动模量和阻尼比研究述评 [J]. 世界地震工程，（1）：88-95.

孙文静，孙德安，2018. 非饱和土力学试验技术 [M]. 北京：水利水电出版社.

田慧会，韦昌富，魏厚振，等，2014. 压实黏质砂土脱湿过程影响机制的核磁共振分析 [J]. 岩土力学，35（8）：2129-2136.

王菲，2017. 非饱和土柱试验装置开发及毛细阻滞型防渗层参数试验研究 [D]. 北京：北京交通大学.

王贵彦，史秀捧，张建恒，等，2000. TDR 法、中子法、重量法测定土壤含水量的比较研究 [J]. 河北农业大学学报，（3）：23-26.

王谦，王平，王兰民，等，2013. 黄土液化试验中反压饱和技术的改进与应用 [J]. 世界地震工程，29（3）：145-151.

王睿，2014. 可液化地基中单桩基础震动规律和计算方法研究 [D]. 北京：清华大学.

王文焰，张建丰，1990. 在一个水平土柱上同时测定非饱和土壤水各运动参数的试验研究 [J]. 水利学报，（7）：5.

王旭东，何亮，杨放，等，2009. 探地雷达测定地基土含水量的实验研究 [J]. 工程地质学报，17（5）：697-702.

王亚彬，2004. 新型高周波纸张水分仪在包装行业的应用 [J]. 印刷世界，（7）：43.

吴世明，2000. 土动力学 [M]. 北京：中国建筑工业出版社.

吴畏，2018. 基于核磁共振技术的膨胀土干湿循环孔径分布试验研究 [D]. 桂林：桂林理工大学.

肖颖，2009. 基于激光二极管光源的近红外水分仪的研制 [D]. 镇江：江苏大学.

谢定义，2011. 土动力学 [M]. 北京：高等教育出版社.

徐枫，2005. 近红外水分仪的研制与开发 [D]. 天津：天津大学.

许海楠，谢强，赵梦怡，等，2017. 冷镜露点技术在非饱和成都黏土吸力测试中的应用 [J]. 工程地质学报，25（4）：953-958.

许伟，2008. TDR 表面反射法土体含水量测试理论及技术 [D]. 杭州：浙江大学.

薛小杰，2020. 基于核磁共振技术的岩土体孔隙分形特征 [D]. 桂林：桂林理工大学.

姚志华，陈正汉，黄雪峰，等，2012. 非饱和原状和重塑 Q_3 黄土渗水特性研究 [J]. 岩土工程学报，34（6）：1020-1027.

冶林茂，吴志刚，牛素军，等，2008. GStar-Ⅰ型电容式土壤水分监测仪设计与应用 [J]. 气象与环境科学，（3）：82-85.

殷宗泽，2007. 土工原理 [M]. 北京：中国水利水电出版社.

俞伟辉，2007. 土工试验中含水量的测定方法 [J]. 孝感学院学报，（S1）：171-172.

袁聚云，徐超，赵春风，等，2004. 土工试验与原位测试 [M]. 上海：同济大学出版社.

岳祖润，杨志浩，吴镇，等，2019. 哈齐客专基床粗粒土填料击实特性研究 [J]. 石家庄铁道大学学报（自然科学版），32（2）：56-59.

张成才，吴泽宁，余弘婧，2004. 遥感计算土壤含水量方法的比较研究 [J]. 灌溉排水学报，（2）：69-72.

张虎元，张秋霞，李敏，2012. 微波炉法测定遗址土含水率的可靠性研究 [J]. 岩土力学，33（S2）：65-70.

张建民，2012. 砂土动力学若干基本理论探究 [J]. 岩土工程学报，34（1）：1-50.

张立波，2014. 黏性土的微观孔隙结构试验研究 [D]. 武汉：湖北工业大学.

张晓虎，李新平，2008. 几种常用土壤含水量测定方法的研究进展 [J]. 陕西农业科学，（6）：114-117.

张学礼，胡振琪，初士立，2005. 土壤含水量测定方法研究进展 [J]. 土壤通报，（1）：118-123.

张悦，叶为民，王琼，等，2019. 含盐遗址重塑土的吸力测定及土水特征曲线拟合[J]. 岩土工程学报，41（9）：1661-1669.

张智韬，李援农，杨江涛，等，2008. 遥感监测土壤含水率模型及精度分析 [J]. 农业工程学报，（8）：152-156.

赵成刚，白冰，等，2017. 土力学原理 [M]. 2 版. 北京：北京交通大学出版社.

赵兴安，1995. 中子法测定土壤含水量简介 [J]. 黄河水利教育，（3）：39-40.

中华人民共和国建设部，2009. 岩土工程勘察规范：GB 50021—2001 [S]. 北京：中国建筑工业出版社.

中华人民共和国建设部，2008. 土的工程分类标准：GB/T 50145—2007 [S]. 北京：中国计划出版社.

中华人民共和国交通运输部，2020. 公路土工试验规程：JTG 3430—2020 [S]. 北京：人民交通出版社.

中华人民共和国水利部，1999. 土工试验规程：SL 237—1999 [S]. 北京：中国水利水电出版社.

中华人民共和国水利部，2019. 土工试验方法标准：GB/T 50123—2019 [S]. 北京：中国计划出版社.

中华人民共和国铁道部，2010. 铁路工程土工试验规程：TB 10102—2010 [S]. 北京：中国铁道出版社.

中华人民共和国住房和城乡建设部，2019. 岩土工程勘察安全标准：GB/T 50585—2019 [S]. 北京：中国计划出版社.

中华人民共和国住房和城乡建设部，2011. 建筑工程地质勘探与取样技术规程：JGJ/T 87—2012 [S]. 北京：中国建筑工业出版社.

中华人民共和国住房和城乡建设部，2011. 建筑地基基础设计规范：GB 50007—2011 [S]. 北京：中国建筑工业出版社.

周凌云，1993. 中子法和重量法测定土壤含水量的比较 [J]. 核农学通报，（6）：26-29.

朱安宁，吉丽青，张佳宝，等，2009. 基于探地雷达的土壤水分测定方法研究进展[J]. 中国生态农业学报，17（5）：1039-1044.

朱丙龙，2022. 土的本构模型参数优化确定方法 [D]. 北京：北京航空航天大学.

BOUTON J C, DRACK E D, GARDNER J S, et al, 1996. Measurements of clay-bound water and total porosity by magnetic resonance logging[J]. The log analyst, 37(6).

BROWN J A, BROWN L F, JACKSON J A, et al, 1982. NMR logging tool development: laboratory studies of tight gas sands and artificial porous material[C]// SPE unconventional gas recovery symposium. OnePetro.

CHEN L, LI X, XU Y, et al, 2019. Accurate estimation of soil shear strength parameters[J]. Journal of central south university, 26(4): 1000−1010.

CHEN Z Y, ZHANG Y P, LI J B, LI X, et al, 2021. Diagnosing tunnel collapse sections based on TBM tunneling big data and deep learning: a case study on the Yinsong Project, China[J]. Tunnelling and underground space technology, 108: 103700.

COLLINS K, MCGOWN A, 1974. The form and function of microfabric features in a variety of natural soils[J]. Geotechnique, 24(2): 223−254.

COUSIN I, ISSA O M, LE BISSONNAIS Y, 2005. Microgeometrical characterisation and percolation threshold evolution of a soil crust under rainfall[J]. Catena, 62(2−3): 173−188.

DELAGE P, LEFEBVRE G, 1984. Study of the structure of a sensitive Champlain clay and of its evolution during consolidation[J]. Canadian geotechnical journal, 21(1): 21−35.

DU S Z, CHIAN S C, 2019. Excess pore pressure generation in sand under non-uniform cyclic strain triaxial testing[J]. Journal of soil dynamics and earthquake engineering, 109(2): 119−131.

FRATESI S E, LYNCH F L, KIRKLAND B L, et al, 2004. Effects of SEM preparation techniques on the appearance of bacteria and biofilms in the Carter Sandstone[J]. Journal of sedimentary research, 74(6): 858−867.

GASKIN G J, MILLER J D, 1996. Measurement of soil water content using a simplified impedance measuring technique[J]. Journal of agricultural engineering research, 63(2): 153−159.

GEE G W, CAMPBELL M D, CAMPBELL G S, et al, 1992. Rapid measurement of low soil water potentials using a water activity meter[J]. Soil science society of America journal, 56(4): 1068−1070.

GEORGE B, DONALD B, 1960. Some new three level designs for the study of quantitative variables[J]. Technometrics, 2: 455−475.

GERCEK H, 2007. Poisson's ratio values for rocks[J]. International journal of rock mechanics mining sciences, 44(1): 1−13.

GILLOTT J E, 1974. Methods of sample preparation for microstructural analysis of soils[C]//Soil microscopy proceedings of the international working meeting on soil micromorphology.

HEAD K H, 1998. Manual of soil laboratory testing: effective stress tests[M]. John Wiley & Sons, Inc.

HILF J W, 1956. An investigation of pore-water pressure in compacted cohesive soils[M]. Boulder: University of Colorado.

HINEDI Z R, CHANG A C, ANDERSON M A, et al, 1997. Quantification of microporosity by nuclear magnetic resonance relaxation of water imbibed in porous media[J]. Water resources research, 33(12): 2697−2704.

IDRISS I M, BOULANGER R W, 2008. Soil liquefaction during earthquakes[M]. Earthquake

Engineering Research Institute.

LI X, ZHANG L M, FREDLUND D G, 2009. Wetting front advancing column test for measuring unsaturated hydraulic conductivity[J]. Canadian geotechnical journal, 46(12): 1431–1445.

LI X, ZHANG L M, WU L Z, 2014. A framework for unifying soil fabric, suction, void ratio, and water content during the dehydration process[J]. Soil science society of America journal, 78(2): 387–399.

LI X, ZHANG L M, 2009. Characterization of dual-structure pore-size distribution of soil[J]. Canadian geotechnical journal, 46(2): 129–141.

LI X, ZHANG Z, ZHANG L, et al, 2021. Combining two methods for the measurement of hydraulic conductivity over a wide suction range[J]. Computers and geotechnics, 135: 104178.

LIU Q, XI P, MIAO J, et al, 2020. Applicability of wetting front advancing method in the sand to silty clay soils[J]. Soils and foundations, 60(5): 1215–1225.

LIU E, CHEN S, Li G, ZHONG Q, 2011. Critical state of rockfill materials and a constitutive model considering grain crushing[J]. Rock soil mechanics, 32(S2): 148–154.

LOREN J D, ROBINSON J D, 1970. Relations between pore size fluid and matrix properties, and NML measurements[J]. Society of petroleum engineers journal, 10(3): 268–278.

MARTO A, TAN C S, MAKHTAR A M, et al., 2014. Critical state of sand matrix soils[J]. The scientific world journal: 290207.

NEUMANN A W, GOOD R J, 1979. Techniques of measuring contact angles[J]. Surface and colloid science, 11: 31–61.

NG C W W, LEUNG A K, 2012. Measurements of drying and wetting permeability functions using a new stress-controllable soil column[J]. Journal of geotechnical and geoenvironmental engineering, 138(1): 58–68.

PENUMADU D, DEAN J, 2000. Compressibility effect in evaluating the pore-size distribution of kaolin clay using mercury intrusion porosimetry[J]. Canadian geotechnical journal, 37(2): 393–405.

PESTANA J M, WHITTLE A J, GENS A, 2002. Evaluation of a constitutive model for clays and sands: clay behaviour[J]. International journal for numerical analytical methods in geomechanics, 26(11): 1123–1146.

PROST R, KOUTIT T, BENCHARA, et al, 1998. State and location of water adsorbed on clay minerals: consequences of the hydration and swelling-shrinkage phenomena[J]. Clays and clay minerals, 46(2): 117–131.

ROSCOE K, BURLAND J, 1968. On the generalized stress-strain behaviour of "wet clay". in engineering plasticity[M]. Cambridge.

ROSCOE K, SCHOFIELD A, THURAIRAJAH A, 1963. Yielding of clays in states wetter than critical[J]. Geotechnique, 13(3): 211–240.

SCHOFIELD A, WROTH C, 1968. Critical state soil mechanics[M]. London: Mcgraw-Hill.

SEED H B, CHAN C K, MONISMITH C L, 1955. Effects of repeated loading on the strength and deformation of compacted clay[J]. In highway research board proceedings, (34): 541−558.

SEEVERS D O, 1966. A nuclear magnetic method for determining the permeability of sandstones[C]// SPWLA 7th annual logging symposium. OnePetro.

SHENG D, YAO Y, CARTER J P, 2008. A volume−stress model for sands under isotropic and critical stress states[J]. Canadian geotechnical journal, 45(11): 1639−1645.

SIVAKUMAR V, WHEELER S J, 2000. Influence of compaction procedure on the mechanical behaviour of an unsaturated compacted clay: wetting and isotropic compression[J]. Géotechnique, 50(4): 359−368.

TEKESTE M Z, HABTZGHI D H, KOOLEN J, 2013. Cap-hardening parameters of cam-clay model variations with soil moisture content and shape-restricted regression model[J]. Agricultural engineering international: CIGR journal, 15(2): 10−24.

WANG N, YAO Y, CUI W, LUO T, 2022. Characteristic zones for initial state of sand under undrained shearing[J]. Transportation geotechnics, 32: 100683.

WHEELER S J, SIVAKUMAR V, 2000. Influence of compaction procedure on the mechanical behaviour of an unsaturated compacted clay: shearing and constitutive modelling[J]. Géotechnique, 50(4): 369−376.

YANG H, RAHARDJO H, WIBAWA B, et al, 2004. A soil column apparatus for laboratory infiltration study[J]. Geotechnical testing journal, 27(4).

YAO Y P, GAO Z W, ZHAO J D, et al, 2012. Modified UH model: constitutive modeling of overconsolidated clays based on a parabolic Hvorslev envelope[J]. Journal of geotechnical geoenvironmental engineering, 138(7): 860−868.

YAO Y P, HOU W, ZHOU A N, 2009. UH model: three-dimensional unified hardening model for overconsolidated clays[J]. Géotechnique, 59(5): 451−469.

YAO Y P, SUN D A, LUO T, 2004. A critical state model for sands dependent on stress and density[J]. International journal for numerical analytical methods in geomechanics, 28(4): 323−337.

YAO Y P, SUN D A, MATSUOKA H, 2008. A unified constitutive model for both clay and sand with hardening parameter independent on stress path[J]. Computers geotechnics, 35(2): 210−222.

YAO Y P, YAMAMOTO H, WANG N D, 2008. Constitutive model considering sand crushing[J]. Soils foundations, 48(4): 603−608.

YOBELE A B, 2017. Soil-inorganic nitrogen changes in rice fields under selected crop management interventions and hydrological conditions in Kilombero Floodplain, Tanzania[D]. Tanzania: Sokoine University of Agriculture.

ZHANG J M, WANG G, 2012. Large post-liquefaction deformation of sand: physical mechanism, constitutive description and numerical algorithm[J]. Acta geotechnica, 7(2): 69−113.

ZHANG J M, 1997. Cyclic critical stress state theory of sand with its application to geotechnical problems[D]. Tokyo: Tokyo Institute of Technology.

ZHANG L M, LI X, 2010. Microporosity structure of coarse granular soils[J]. Journal of geotechnical and geoenvironmental engineering, 136(10): 1425−1436.

ZHU B L, CHEN Z Y, 2022. Calibrating and validating a soil constitutive model through conventional triaxial tests: an in-depth study on CSUH model[J]. Acta geotechnica, 17(8): 3407−3420.